机工IT

数据驱动

机器学习实战之道

牛亚运 著

全彩
图解版

机械工业出版社
CHINA MACHINE PRESS

本书旨在帮助读者从零开始，系统掌握数据科学核心技术，并通过实战案例深化理解。本书共分为 8 章，包括数据科学技术简介，数据可视化技术，数据科学任务完整流程，初步探索性数据分析（EDA），数据工程（数据分析+数据处理），模型训练、评估与推理，模型发布、部署与监控，模型项目整体性分析、反思与优化，同时涵盖了数据采集、处理、可视化、建模及评估的全流程，配备详尽理论讲解与代码示例，助力读者在数据驱动的世界中游刃有余，解决实际问题，实现数据价值最大化。本书相关代码可扫描封底二维码获得。

无论是想要转行数据科学的职场人士，还是对数据科学充满好奇的学生和爱好者，这本书都将是不可多得的宝贵资源。

图书在版编目（CIP）数据

数据驱动：机器学习实战之道／牛亚运著.
北京：机械工业出版社，2025.3. -- ISBN 978-7-111-77930-8

Ⅰ.TP274；TP181
中国国家版本馆 CIP 数据核字第 20256PV103 号

机械工业出版社（北京市百万庄大街 22 号　邮政编码 100037）
策划编辑：杨　源　　　　　责任编辑：杨　源　丁　伦
责任校对：樊钟英　陈　越　责任印制：单爱军
中煤（北京）印务有限公司印刷
2025 年 5 月第 1 版第 1 次印刷
184mm×240mm・25 印张・627 千字
标准书号：ISBN 978-7-111-77930-8
定价：149.00 元

电话服务　　　　　　　　网络服务
客服电话：010-88361066　　机　工　官　网：www.cmpbook.com
　　　　　010-88379833　　机　工　官　博：weibo.com/cmp1952
　　　　　010-68326294　　金　书　网：www.golden-book.com
封底无防伪标均为盗版　　　机工教育服务网：www.cmpedu.com

前　言
PREFACE

写作背景与目的

在当今快速发展的科技时代，数据科学和机器学习已经成为推动各行各业创新和进步的关键力量。在如今这个数据爆炸的时代，如何有效地利用这些数据以获取有价值的洞见，解决实际问题，是人们面临的一大挑战。为了帮助广大读者掌握数据科学技术和机器学习方法，我决定撰写本书。

本书不仅致力于介绍数据科学和机器学习的基本概念和技术，还涵盖了从数据处理、分析、建模到最终的模型评估与优化的完整流程，旨在为读者提供一套系统、实用的工具和方法，使其能够在实际工作中独立完成数据科学项目。

在当今数据驱动的世界中，数据科学和机器学习成为各行各业解决复杂问题的核心工具。无论是在商业、金融、医疗、科技，还是在政府政策制定中，数据科学技术的应用都在不断拓展和深化。本书旨在为读者提供一个系统、全面、深入的数据科学和机器学习技术的实践指南，从理论到实战，让读者能够掌握并运用这些技术来解决实际问题。

本书的特色

本书具有以下几个显著特色。
- **系统性与实战性**　本书从数据科学的基础概念入手，逐步深入到各个具体技术和方法，涵盖了从数据采集、处理、可视化、建模到评估的完整流程。每个部分和章节都精心设计，配有详尽的理论讲解和实际操作代码实例，力求帮助读者在实际操作中加深理解、全面掌握数据科学和机器学习的核心技术。
- **详细的技术介绍与对比**　书中不仅介绍了 CRISP-DM 和 TDSP 等常见的数据科学生命周期模型，还详细对比了不同模型的优缺点，为读者在实际项目中选择合适的方法提供参考。
- **丰富的可视化技术**　针对不同类型的数据，介绍了多种可视化技术和实现方法，帮助读者更好地理解和展示数据。
- **实用的机器学习流程**　全面介绍了机器学习项目的各个阶段，包括初步探索性数据分析、数据清洗、特征工程、模型训练与评估等，为读者提供一套完整的机器学习项目流程指南。

本书的结构

本书分为两个主要部分，共 8 章。本书代码均使用 Python 3.9.20 编写，环境依赖及库版本详见 requirements.txt 文件内容（相关代码请扫描封底二维码获得）。

第 1 部分：数据科学技术实战

第 1 章：数据科学技术简介

本章将介绍数据科学技术的基本概念及其重要性。首先，讨论数据如何揭示趋势，产生见解，从而实现数据价值。接着，介绍数据科学生命周期，包括 CRISP-DM 和 TDSP 模型，并比较它们的特点和应用场景，为读者提供多种数据科学项目管理方法的选择。

第 2 章：数据可视化技术

数据可视化是数据科学的重要组成部分，本章将深入探讨各种可视化技术及其代码实现，包括从基础图表（如直方图、条形图、折线图）到复杂的多维图表（如散点图、热力图），以及三维图和动态图的创建和实现。本章还将介绍常用的可视化库及其对比，帮助读者选择最适合的工具。

第 3 章：数据科学任务完整流程

本章详细介绍数据科学任务的四大层次：问题定义、数据认知、机器学习核心流程和决策支持。内容涵盖数据收集、数据存储、数据采样、特征初筛、数据不均衡处理等多个方面，并通过代码实战展示具体操作，帮助读者全面掌握数据科学项目的每个步骤。

第 2 部分：机器学习流程五大阶段详解

第 4 章：初步探索性数据分析（EDA）

初步探索性数据分析是机器学习项目的第一步。本章将介绍 EDA 的基本概念及其重要性，通过数据载入、特征划分和初步数据概览，帮助读者理解数据的整体情况，为后续的数据处理和建模打下基础。

第 5 章：数据工程（数据分析+数据处理）

数据工程包括数据预处理和特征工程两个主要环节。本章将详细介绍数据清洗过程中对齐、缺失值、异常值和特殊值的处理方法，并通过代码实例展示实际操作。此外，特征工程部分将探讨特征构造和特征三化（归一化、编码化、向量化）的技术细节，帮助读者提升模型的性能。

第6章：模型训练、评估与推理

本章聚焦于模型的选择、训练、评估与调优，介绍常用的分类、回归和聚类算法，并通过代码实例展示不同模型的训练方法，还将详细讲解模型评估指标和调优技术，如超参数调优、模型调参方法等，帮助读者提高模型的准确性和效率。

第7章：模型发布、部署与监控

本章主要讨论了模型的发布、部署及监控。模型发布部分介绍了将模型从开发环境迁移到生产环境的具体步骤，包括使用 A/B 测试等技术手段进行模型性能比较。模型部署部分详细阐述了如何将模型集成到生产系统中，并展示了基于 API 的实际应用实例。最后，模型监控部分讲解了在生产环境中持续跟踪和评估模型性能的重要性，并介绍了常用的监控工具和技术，以确保模型的稳定运行和及时优化。

第8章：模型项目整体性分析、反思与优化

本章专注于对模型项目的整体性分析、反思与优化。首先，针对常见的模型过拟合和欠拟合问题，提供了 L1 和 L2 正则化的比较及其可视化理解。接着，从数据层面和算法层面探讨了如何通过数据增强、数据稀疏处理和多算法模型融合等手段进行优化。系统优化部分则介绍了在分布式服务器上进行数据处理和算法优化的方法。最后，通过代码优化部分，展示了多种提高代码执行效率和内存利用率的实战示例，确保整个模型项目在性能和资源利用上达到最优。

致谢

在本书的写作过程中，我得到了许多同仁、朋友和家人的帮助与支持。首先，要感谢所有为本书提供宝贵意见和建议的同行专家，你们的知识和经验使本书内容更加丰富和准确。其次，要感谢我的家人，你们的理解与支持是我坚持写作的重要动力。最后，感谢所有读者，正是你们对数据科学和机器学习的热爱和追求，激励我不断探索和进步。

希望本书能成为大家在数据科学和机器学习领域中的得力助手，并助力大家在实际工作中取得卓越的成果。

目录 CONTENTS

前　言

第 1 部分　数据科学技术实战

第 1 章　数据科学技术简介 / 2

1.1　数据科学技术概述 / 2
1.2　数据科学生命周期简介 / 5
　　1.2.1　数据科学生命周期概述 / 6
　　1.2.2　CRISP-DM 模型简介 / 9
　　1.2.3　TDSP 模型简介 / 10
　　1.2.4　五大模型对比与总结 / 11

第 2 章　数据可视化技术 / 14

2.1　基础图简介及代码实现 / 16
　　2.1.1　单维度可视化 / 16
　　2.1.2　多维度可视化 / 24
　　2.1.3　其他图的简介 / 28
2.2　多图组合的简介及代码实现 / 29
　　2.2.1　单关系图（Jointplot/JointGrid 函数） / 29
　　2.2.2　多变量关系矩阵图（pairplot/PairGrid 函数） / 32
　　2.2.3　数据分组矩阵图（FacetGrid 函数） / 34
2.3　三维图简介及其代码实现 / 34
　　2.3.1　三维散点图、三维柱状图、三维折线图 / 35
　　2.3.2　三维标签图——八象空间三维图 / 37
2.4　动态图简介及其代码实现 / 38
　　2.4.1　动态趋势图 / 38
　　2.4.2　动态轨迹图 / 39

2.5 常用的图可视化相关库 / 39
  2.5.1 常用库的概述 / 39
  2.5.2 不同库的对比 / 40

第3章 数据科学任务完整流程 / 42

3.1 数据科学任务流程概述 / 42
3.2 问题定义 / 44
3.3 数据认知 / 46
  3.3.1 数据认知概述 / 46
  3.3.2 数据收集 / 47
  3.3.3 数据渠道 / 50
  3.3.4 数据存储 / 55
  3.3.5 数据采样 / 57
  3.3.6 数据不均衡 / 60
  3.3.7 特征初筛 / 84
3.4 机器学习核心流程 / 84
3.5 决策支持 / 86

第2部分 机器学习流程五大阶段详解

第4章 初步探索性数据分析（EDA） / 90

4.1 EDA概述 / 90
4.2 载入数据 / 92
  4.2.1 载入数据概述 / 92
  4.2.2 载入数据代码实战 / 93
4.3 初步概览数据集信息 / 94
  4.3.1 初步概览数据集信息概述 / 94
  4.3.2 初步概览数据集信息代码实战 / 95
4.4 划分特征类型 / 97
  4.4.1 相关术语解释 / 97
  4.4.2 四大特征类型概述 / 99
  4.4.3 划分特征类型代码实战 / 101
4.5 分离特征与标签 / 101

4.5.1 分离特征与标签概述 / 101
4.5.2 分离特征与标签代码实战 / 101

第 5 章 数据工程（数据分析+数据处理） / 103

5.1 数据工程概述 / 103
5.2 数据清洗 / 107
　5.2.1 数据对齐——针对原生"类别型"特征 / 108
　5.2.2 缺失值的分析与处理 / 110
　5.2.3 异常值的分析与处理 / 115
　5.2.4 特殊值的分析与处理 / 127
5.3 数据分析与处理 / 129
　5.3.1 数据分析与处理概述 / 130
　5.3.2 校验两份数据集是否同分布 / 131
　5.3.3 目标变量的分析与处理 / 134
　5.3.4 "类别型"特征分析与处理 / 138
　5.3.5 "数值型"特征分析与处理 / 142
　5.3.6 组合关联统计分析 / 155
5.4 构造特征 / 159
　5.4.1 基于常识经验和领域知识构造特征 / 162
　5.4.2 基于纯技术构造特征 / 167
　5.4.3 基于业务规则和意义构造特征 / 183
　5.4.4 利用深度学习技术自动构造特征 / 186
　5.4.5 相关库和框架 / 189
5.5 特征三化 / 189
　5.5.1 特征三化概述 / 190
　5.5.2 "数值型"特征归一化 / 191
　5.5.3 "类别型"特征编码化 / 198
　5.5.4 特征向量化 / 208
5.6 优化特征集 / 210
　5.6.1 优化特征集概述 / 210
　5.6.2 特征删除 / 212
　5.6.3 特征筛选 / 217
　5.6.4 特征降维（狭义） / 233
5.7 特征导出（可选） / 241

目 录

第6章 模型训练、评估与推理 / 244

- 6.1 模型训练、评估与推理概述 / 244
- 6.2 数据集划分 / 245
- 6.3 模型选择与训练 / 248
  - 6.3.1 选择算法 / 249
  - 6.3.2 模型训练 / 253
- 6.4 模型评估与调优 / 256
  - 6.4.1 模型评估 / 256
  - 6.4.2 模型调优 / 264
- 6.5 模型预测结果剖析 / 278
  - 6.5.1 Bad-case 分析 / 279
  - 6.5.2 特征重要性挖掘 / 284
- 6.6 模型可解释性分析 / 289
  - 6.6.1 模型可解释相关图的简介 / 290
  - 6.6.2 模型可解释性分析代码实战 / 294
- 6.7 模型导出并推理 / 315
  - 6.7.1 模型导出 / 315
  - 6.7.2 模型推理（基于无标签的新数据） / 317
  - 6.7.3 模型导出并推理代码实战 / 318

第7章 模型发布、部署与监控 / 323

- 7.1 模型发布、部署与监控概述 / 323
- 7.2 模型发布 / 324
  - 7.2.1 模型发布概述 / 325
  - 7.2.2 模型发布代码实战 / 327
- 7.3 模型部署 / 328
  - 7.3.1 模型部署概述 / 329
  - 7.3.2 模型部署的实现 / 330
  - 7.3.3 模型部署的流程 / 331
  - 7.3.4 模型部署代码实战 / 332
- 7.4 模型监控 / 335
  - 7.4.1 模型监控概述 / 336
  - 7.4.2 模型监控常用工具 / 337
  - 7.4.3 模型监控代码实战 / 338

第 8 章 模型项目整体性分析、反思与优化 / 343

- 8.1 模型项目整体性分析、反思与优化概述 / 343
- 8.2 模型过拟合/欠拟合问题 / 344
  - 8.2.1 模型过拟合/欠拟合问题概述 / 344
  - 8.2.2 L1 正则化和 L2 正则化对比 / 347
  - 8.2.3 模型过拟合/欠拟合问题代码实战 / 348
- 8.3 数据层面优化 / 353
  - 8.3.1 数据层面优化概述 / 354
  - 8.3.2 数据增强 / 354
  - 8.3.3 数据稀疏及其优化 / 357
  - 8.3.4 数据泄露及其优化 / 359
  - 8.3.5 数据降内存 / 360
- 8.4 算法层面优化 / 363
  - 8.4.1 算法层面优化概述 / 364
  - 8.4.2 单算法优化 / 365
  - 8.4.3 多算法模型融合——模型提效技巧点 / 367
- 8.5 系统优化 / 371
  - 8.5.1 系统优化概述 / 371
  - 8.5.2 系统优化的常用思路和方法 / 372
  - 8.5.3 机器学习系统架构设计简介 / 373
- 8.6 代码优化 / 374
  - 8.6.1 代码优化概述 / 374
  - 8.6.2 代码优化代码实战 / 375

第 1 部分

数据科学技术实战

第1章 数据科学技术简介

1.1 数据科学技术概述

图 1-1 为本小节内容的思维导图。

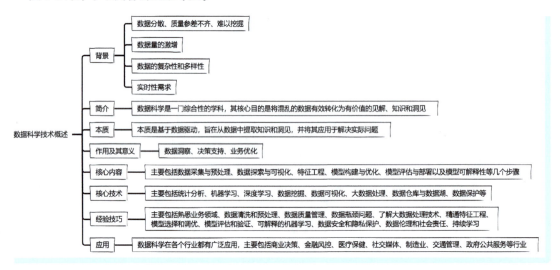

图 1-1 本小节内容的思维导图

> **传统痛点**
>
> 背景
>
> 在过去,组织和企业通常在海量数据的管理和分析时面临数据分散、质量参差不齐和难以挖掘有价值的信息的问题。此外,在数据量呈爆炸性增长的背景下,如何从海量数据中提取有价值的信息,成为一个亟待解决的问题。传统的分析方法较为有限,难以应对大规模、高维度和多源异构数据的复杂性。这导致了业务流程的低效性、决策的不确定性以及对潜在机会错失的可能性。因此,有效管理和分析数据成为一个不可或缺的需求。
>
> ● 数据量的激增:互联网、物联网和社交媒体的快速发展导致数据量呈指数级增长。传统的数据处理方法因效率低下、泛化能力差、处理非线性问题困难等,难以应对这种增长。据 IDC 2018 年 12 月发布的预测,全球数据总量预计将从 2018 年的 33ZB 增长至 2025 年的 175ZB,年复合增长率达 61%。175ZB 相当于 175 万亿 GB,每年数据增量约为 20 亿 GB,每日新增约 500 万 GB 的数据。

第1章 数据科学技术简介

（续）

背景	参考文献：https：//www.networkworld.com/article/966746/idc-expect-175-zettabytes-of-data-worldwide-by-2025.html ● **数据的复杂性和多样性**：数据来源广泛，格式复杂，包括结构化和非结构化数据（如文本、图像、视频等）。传统的分析方法无法有效处理这些异构数据。 ● **实时性需求**：许多应用场景（如金融交易、在线广告推荐、实时监控等）需要快速处理和分析数据以支持实时决策，这是传统方法难以满足的。 ● **价值挖掘不足**：大量数据未被充分挖掘其潜在价值，传统统计方法难以深入挖掘数据中的复杂模式和潜在关系。 **研究动机** 随着计算能力和存储技术的提升，以及机器学习和统计学理论的进一步发展，人们开始寻找更加高效的方法来处理、分析和利用海量数据，从而在商业、医疗、金融、交通等各个领域提供决策支持和预测能力。20世纪90年代后期，随着互联网和大数据时代的来临，数据量急剧增长，如何系统性地处理和分析这些数据成为一个新的研究热点。与此同时，机器学习技术也在不断成熟，越来越多的应用场景依赖数据进行预测和决策支持。在这些驱动下，数据科学作为一门新的交叉学科应运而生。
简介	数据科学是一门综合性的学科，涵盖统计学、计算机科学、信息科学等多个领域。它旨在利用统计学、机器学习、深度学习等技术，通过对大规模数据的收集、处理和分析，揭示数据中的规律和趋势，致力于从大量数据中发现潜在的知识、规律和模式，提取有价值的信息、洞见和知识，以支持决策制定、预测分析、行为理解等目的。数据科学的核心在于利用先进的数据处理技术和算法，通过系统化的分析，解决实际问题，而机器学习和深度学习则是实现这一目标的关键工具。 **目的：数据→洞见** ● **目的**：数据科学的研究目的在于通过数据分析和挖掘，将复杂混乱的数据有效转化为有价值的见解，揭示数据背后的规律和模式，为解决实际问题提供科学依据和具体方案。它致力于优化业务流程、改进产品和服务，以及推动创新。 ● **本质**：数据科学的本质是一种基于数据驱动的方法，利用数据、算法和计算能力，通过模型构建和优化，实现对数据的智能处理和分析。简而言之，数据科学旨在将数据转化为对实际问题的深刻理解，从而实现更智能、更高效的决策和行动。 ● 数据驱动的方法是一种脱离过往以人为中心的方式。在传统问题解决中，尤其在模式识别任务中，人们通常会结合各种因素后给出回答。人们根据经验和直觉进行反复试验，寻找线索，形成推进工作的方式。例如思考："这个问题好像有这样的规律性？"或"可能原因在别的地方。"相比之下，在数据科学中，机器学习方法致力于最大程度地避免人为介入，试图从收集到的数据中发现答案或模式。而基于神经网络的深度学习方法相较于传统机器学习更加强调自动化和解决复杂任务，减少了人为干预的程度。
作用及其意义	数据科学技术的主要作用和意义在于揭示数据中的趋势并生成深刻的见解。这些见解对于企业而言至关重要，因为它们可以基于这些信息做出更优的决策，并推出创新的产品和服务。数据科学的应用范围广泛，涵盖了商业决策、金融分析、医疗诊断等多个领域，它不仅能够解决具体问题，还能提供全新的洞察，并增加创新的可能性。 ● **数据洞察**：数据洞察是数据科学的核心应用之一，它涉及从大量数据中识别和提取有价值的信息和知识。 ● **决策支持**：数据科学通过提供数据支撑，帮助企业做出更加明智的业务决策。 ● **业务优化**：数据科学还通过数据驱动的方式优化业务流程和策略，以提升效率和效果。 总体而言，数据科学是一个多学科融合的领域，它通过数据驱动的方法来满足不同行业的数据管理和分析需求。它为企业提供了决策的依据，并支持企业实施智能化转型。在当今的大数据时代，数据科学是通过处理和利用数据以提供价值的重要实践。
核心内容	数据科学的流程主要包括以下几个阶段。 ● **数据采集与预处理**：从不同的数据源（如数据库、API、传感器等）获取数据，并对数据进行清洗（如处理缺失值、异常值等）、去重、标准化等预处理操作，确保数据质量和可用性。 ● **数据探索与可视化**：通过统计分析和可视化方法，对数据进行探索性分析，理解数据分布和特征，为后续建模提供指导。

（续）

核心内容	• 特征工程：根据业务需求和数据特点，进行特征选择、特征提取和特征转换等操作，创建新特征，增强模型的表现力，提高模型的预测能力和泛化能力。 • 模型构建与优化：根据问题类型选择合适的机器学习算法或深度学习模型，进行模型训练和参数调优，提高模型的准确性和效率。 • 模型评估与部署：对模型进行评估和验证，确保其满足业务需求，并将训练好的模型部署到实际应用场景中，同时持续监控和更新模型，实现数据价值的最大化。 • 模型可解释性：模型的可解释性是指模型的输出能够被人类理解和解释的能力，对非技术利益相关者至关重要。数据科学家需保证决策透明，以增强信任。例如，在金融、医疗和法律等敏感领域，模型的可解释性尤为重要，因为这些领域的决策可能会对个人和社会产生重大影响。
核心技术	数据科学的核心技术主要包括以下几个方面。 • 统计分析：这是数据科学的基础，涉及描述性统计、推断统计、假设检验、回归分析、贝叶斯统计等方法，为数据建模和分析提供理论支持。 • 机器学习：提供自动化和智能化的模型构建和优化方法，它包括监督学习（如回归、分类）、无监督学习（如聚类、降维）和强化学习。具体算法有逻辑斯谛回归、决策树、支持向量机、LightGBM 等。 • 深度学习：深度学习是机器学习的分支，其核心是神经网络算法，利用多层次的神经网络结构，包括卷积神经网络（CNN）、递归神经网络（RNN）、生成对抗网络（GAN）、Transformer 等，从大规模数据中学到抽象的特征表示，具有处理复杂问题的能力。目前，深度学习在计算机视觉、自然语言处理、大语言模型等领域取得显著成果。 • 数据挖掘：它结合统计学和机器学习技术，通过关联规则挖掘、聚类、异常检测等方法，从数据中发现有价值的信息，为业务提供深层次的洞察。 • 数据可视化：它通过图表、地图、散点图等方式，直观展示数据结果，帮助理解数据。 • 大数据处理：针对海量数据，使用 Hadoop、Spark、NoSQL 等技术进行存储、处理和分析。 • 数据仓库与数据湖：这两种技术都提供了大规模数据的存储和管理能力，支持大规模数据的查询和分析。 • 数据保护：随着数据隐私和安全的重要性日益增加，采用加密和隐私保护等技术，保护个人隐私和数据安全，是数据科学不可或缺的一部分。
经验技巧	数据科学实战过程中的经验技巧包括以下内容。 • 熟悉业务领域：了解业务需求和数据特点，有助于更好地进行数据分析和建模。 • 数据清洗和预处理：数据质量是关键，好的数据预处理能显著提升模型性能。保证数据质量和可用性，是后续建模和分析的基础。 • 数据质量管理：数据质量是数据科学项目的关键。建立和完善数据清洗、去重、标准化等流程，消除错误和冗余数据，确保数据的一致性和可靠性。 • 数据瓶颈问题：高质量的研发数据往往不足，尤其是在医药研发领域。例如，可以通过建立药物大数据实验室和多学科融合的方法，来扩大数据来源和提升数据质量。 • 了解大数据处理技术：随着数据量的激增，数据分析效率成为新的瓶颈。掌握并行计算、分布式存储和流处理等技术，提升数据分析的效率和实时性。 • 精通特征工程：选择和构建合适的特征，好的特征往往比选择复杂模型更重要。 • 模型选择和调优：根据数据特点和业务需求，选择合适的算法和模型，并进行参数调优，避免盲目追求复杂模型。 • 模型评估和验证：通过交叉验证、A/B 测试等方法，结合多种评估指标，全面评估模型的准确性和稳定性，以防止过拟合。 • 可解释的机器学习：机器学习模型往往被视为"黑箱"，其内部决策过程不透明。开发可解释的机器学习算法，如 ICE、PDP、SHAP 和 LIME 等，帮助解释模型的决策过程，提高模型的可靠性和可信度。 • 数据安全和隐私保护：在数据科学项目中，数据的安全和隐私至关重要。采用加密、权限控制、数据匿名化等技术，保护数据的安全和隐私，并遵守相关法律法规和伦理标准。 • 数据伦理和社会责任：在追求科技创新的同时，平衡科技进步与社会公正及人类利益之间的关系，确保数据科学在服务社会和促进人类进步方面发挥积极作用。 • 持续学习：鉴于数据科学领域的快速发展，不断学习新技术和方法，如自动化机器学习技术、大语言模型技术等，对于保持专业竞争力至关重要。

第1章 数据科学技术简介

（续）

应用	数据科学的应用非常广泛，最初，数据科学主要处理结构化数据，这是因为结构化数据（如关系型数据库中的数据）是高度组织化的，并且格式统一，容易进行规范化和查询。然而，随着数据量的增长、数据来源的多样化、机器学习以及深度学习技术的快速发展，数据科学开始能够处理非结构化数据。非结构化数据包括文本、图像、音频和视频等，这些数据没有固定的格式，因此更难以直接分析。但是，新的算法和计算能力使得分析这些复杂数据成为可能，如自然语言处理（NLP）用于文本分析，计算机视觉用于图像和视频分析等。 目前，数据科学在各个行业都有广泛应用，主要包括商业决策、金融风控、医疗保健、社交媒体、制造业、交通管理、政府公共服务等领域。 ● **商业决策**：在商业服务领域，数据科学通过分析企业内部数据（如市场数据、用户行为数据、销售数据等），帮助企业进行战略决策和营销计划制定。例如，进行市场细分和目标客户分析，制定针对性的产品和推广策略；通过分析用户购买倾向和产品销售数据，进行价格优化和销量预测。数据科学的这些应用帮助企业精准把握市场变化规律，制定优化后的业务策略（比如产品设计和客户管理等），增强市场理解和提高客户满意度，以提升企业竞争力和利润水平。 ● **金融风控**：在金融领域，数据科学技术用于投资分析、风险评估、欺诈检测、信用评分和量化交易，增强金融机构的服务能力和风险管理，提升决策效率和风险控制。尤其是在金融风控场景中，风险控制对于保障业务安全尤为重要，数据科学通过分析市场和客户相关数据（如产品数据、交易数据、信用报告等），进行风险控制和评估、交易预测以及个性化客户服务。此外，还可以通过分析历史数据来预测金融产品价格变动趋势，为投资决策提供参考；利用个人数据还可以提供更优化的金融解决方案。 ● **医疗保健**：在医疗保健领域，数据科学通过分析各类医疗数据（如患者病历、基因组数据、临床试验数据等），进行疾病预测、药物研发和个性化治疗管理。例如，通过挖掘大数据发现新病症标志，加快药物开发进度；利用自然语言处理技术分析病历，提高诊断准确率；通过数据聚类手段识别高风险人群，定制预防方案，从而提高医疗质量和效率。 ● **社交媒体**：在社交媒体领域，数据科学通过分析用户个人数据（如用户特征、兴趣爱好）以及社交行为数据（如关注人数、动态数量），提供个性化的内容推荐服务，例如推荐可能感兴趣的公众号或好友。同时，分析用户在平台上的互动数据可以优化内容管理和广告运营策略，比如针对热点话题进行内容精选，为产品和服务提供精准定向的推广。 ● **制造业**：在制造业领域，数据科学通过分析工厂内各类生产设备数据（如传感器数据、物流追踪数据等）和供应链数据，进行生产规划优化和质量控制。例如，识别产线瓶颈，调整生产流程提高效率；基于产品质量数据的反馈分析及时调整产品参数，以进行质量把控。 ● **交通管理**：数据分析有助于优化交通流量，预测交通状况，提高交通管理的效率。在交通规划领域，数据科学通过分析城市内各类交通数据（如实时车流数据、路况监控数据、车辆运行数据），为驾驶人提供可视化的交通图谱服务，比如实时了解路况拥堵情况。此外，运用数据预测模型预测最优规划出行路径，降低交通拥堵。同时，也可以通过数据分析识别产生事故的高风险路段和车辆运行异常，为交通管理提供建议，从而优化交通流动秩序和提高道路安全水平。 ● **政府公共服务**：在政府公共服务领域，数据科学通过分析人口数据（如地域分布、年龄结构等）和社会经济数据（如产业结构、就业情况），为政府部门提供参考决策，如城市规划、公共资源配置等。此外，也可以通过数据挖掘发现社会问题，为优化和完善相应政策提供依据。 数据科学的应用已经渗透到人们生活的方方面面，无论是提升商业决策的准确性、改进医疗诊断的效率，还是提升城市交通的流畅性，数据科学都在发挥着不可或缺的作用。随着技术的进步，数据科学的应用领域还将继续扩大，为社会带来更多创新和进步。

1.2 数据科学生命周期简介

图 1-2 为本小节内容的思维导图。

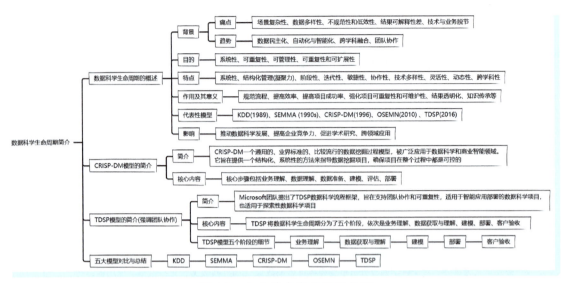

图 1-2 本小节内容的思维导图

1.2.1 数据科学生命周期概述

2019 年的一项调查显示，当时行业数据项目的失败率为 80%。2020 年的一项数据调查显示，87% 的企业主表示他们没有清晰、可重复的流程来领导盈利的数据项目。

传统痛点

数据科学生命周期的背景可以从数字化时代的数据处理挑战说起。随着信息技术的发展，数据的生成和存储能力大幅增长，如何从这些数据中提炼出有意义的结论和洞察，成为关键挑战。早期的数据科学过程分散且不系统，通常依赖于个别专家的直觉和经验，导致了多种挑战和痛点——

- 场景复杂性：由于如今数据量呈指数级增长，传统的数据处理和分析方法难以应对大规模、复杂的数据集。
- 数据多样性：数据来自不同的源，包括结构化数据和非结构化数据（如文本、图像、视频），整合和处理这些数据是一大难题。
- 不规范性和低效性：缺乏系统的工作流程框架指导、不同阶段之间缺乏清晰定义和划分容易导致工作流程混乱。缺乏标准化流程导致重复研究，在某个阶段会花费过多时间；由于项目管理不善（如项目任性/范围蔓延等），会使得团队协作效率低下。
- 结果可解释性差：没有统一的方法论，导致分析结果难以复现或解释。
- 技术与业务脱节：技术团队和业务团队之间缺乏有效沟通，可能导致技术解决方案与业务问题不匹配，使得资源浪费和项目失败。

由于以上这些问题的存在，数据处理和分析通常是孤立的、手动的和不成体系的，进而导致了数据质量低下、分析效率低下和决策支持不足等问题。

随着大数据、机器学习和深度学习的兴起，数据科学项目变得更加复杂，需要更系统和规范的方法来管理。现代数据科学的主要趋势包括以下几点。

- 数据民主化：随着技术的发展，数据变得更容易获取和存储，数据民主化趋势明显。
- 自动化与智能化：数据处理、分析和模型训练过程越来越自动化和智能化。
- 跨学科融合：数据科学、机器学习和深度学习等领域与其他学科的融合越来越紧密。
- 团队协作：在复杂的数据科学项目中，高效的团队协作和知识共享越来越重要。通过充分利用团队成员的专业知识和经验，提高项目的质量和效率。

第 1 章 数据科学技术简介

（续）

背景	**研究动机** 为了解决上述早期数据科学技术痛点，以及结合现代数据科学的主要趋势，逐步建立标准化的框架来指导数据科学项目的每个阶段，从而提高效率、可重复性和结果的可解释性。这催生了多种数据科学生命周期模型的提出和发展，如 KDD、SEMMA、CRISP-DM、OSEMN 和 TDSP 等，它们提供了一套系统化的方法论，以高效地从数据中提取有价值的信息和知识。生命周期框架系统地指导了数据科学项目从数据采集到结果应用的全过程，有利于提高工作效率和项目质量，同时也在不断进行标准化和扩展，以满足大数据和人工智能技术日新月异的需求。
简介	数据科学生命周期（Data Science Lifecycle，DSL）是一套系统化的方法和步骤，用于指导数据科学项目从数据获取到知识发现的整个过程。它覆盖了从问题定义到模型部署整个项目生命周期的一系列有序步骤。这些模型为数据科学家的工作提供了结构化的框架，确保数据处理、分析和建模过程的高效性和一致性。数据科学生命周期涵盖了从数据收集、数据清洗、数据探索、模型建立、模型评估到结果解释和部署的各个阶段。它旨在通过这些阶段有效地从数据中提取知识，并应用于实际问题。 ● 目的：数据科学生命周期模型的主要目的是确保数据科学项目能够以系统化和可重复的方式执行，并确保数据科学项目的可管理性、可重复性和可扩展性。它通过标准化数据科学流程，提升效率和效果，促进团队协作（一个共同的框架便于协作和交流），同时保证结果的可重复性（可以被验证）、有效性和可靠性。 ● 本质：数据科学生命周期模型是对数据科学项目中各个步骤的抽象和总结。它从数据获取开始，经过预处理、探索性分析、建模、评估，最终到结果解释和部署。这是一个迭代和灵活的框架，结合了统计、机器学习、数据可视化和其他数据处理技术，以解决具体的数据问题。
理解	如果从数据科学家的角度来分析，数据科学过程生命周期是指导数据科学家在整个数据分析过程中的框架。这个框架将数据科学家的工作划分成多个阶段，常见的流程主要包括原始数据收集、数据预处理、数据探索、特征工程、模型训练、模型评估、模型部署和模型维护等多个环节，最后是结果的解释和应用。明确的阶段划分和流程规范可以帮助数据科学家更加系统地开展工作，减少错误和浪费，提高工作效率。
特点	数据科学生命周期是一种用于解决数据驱动问题的系统方法，指导数据科学项目的各个阶段，每个阶段有明确的输入和输出，各阶段工作内容和产出清晰划分，便于追踪和管理工作进度。其主要特点如下。 ● 系统性：DSL 提供了一个全面而完整的框架，涵盖从项目起始到结束的每一个步骤，确保项目按照既定路径前进。 ● 结构化管理（凝聚力）：它为项目提供了一个结构化的管理框架，明确了项目成员的角色和职责，保障项目有一个清晰且凝聚力强的管理结构。 ● 阶段性：数据科学项目被划分为多个明确阶段，每个阶段都有具体的任务和目标，这有助于明确工作重点和提高工作效率。 ● 迭代性：从长期来看，DSL 是一个循环迭代的过程，每个阶段的工作都依赖于前一个阶段的输出，并根据后续阶段的反馈进行逐步调整，以优化最终结果。 ● 敏捷性：在 DSL 中，项目能够快速响应变化，不断迭代模型和分析方法，灵活调整项目方向，以应对不确定性和满足快速变化的需求。 ● 协作性：DSL 强调跨职能团队的合作，需要数据科学家、业务专家、技术人员等共同参与，以提高项目效率和质量。 ● 技术多样性：在项目的不同阶段可能需要使用不同的工具和技术，以适应不同的需求。 ● 灵活性：尽管 DSL 提供了一套标准化的步骤，但它允许根据特定项目需求进行灵活调整和定制。 ● 动态性：随着数据和环境的变化，DSL 中的各个环节也需相应调整以适应变化。 ● 跨学科性：DSL 结合了统计学、计算机科学、业务知识和商业理解等多个领域，打破了传统的分工模式，使得项目可以从多角度进行综合考量。 通过上述特点，可以看出，数据科学生命周期是一个高度结构化、迭代、灵活且跨学科的过程，它旨在通过系统化的方法，提高数据科学项目的成功率。

(续)

作用及其意义	数据科学生命周期的主要作用是提供一个结构化的方法，确保数据科学项目能够高效和有效地进行，对于数据驱动的决策和人工智能应用具有重要意义。它通过系统化组织和规划项目，提升成功率，确保模型在实际应用中有效。此外，通过规范的流程管理，数据科学项目可以更好地与其他业务流程整合，为企业的数字化转型和智能化升级提供有力支持。具体意义如下所示： ● 规范流程：DSL 规范了数据科学工作流程，提供了标准的数据处理和分析流程，提升了效率。 ● 提高效率：标准化流程通过自动化工具实现了数据收集和预处理的重复工作，节省人力成本，提升团队协作效率，优化资源分配。 ● 提高项目成功率：规范的过程管理能及时发现并修正问题，降低项目失败风险。系统化方法减少了不确定性和风险，生命周期框架明确了各个阶段，提升团队合作效率，减少错误和误判，确保数据分析结果和模型预测的可靠性。 ● 强化项目可重复性和可维护性：清晰的步骤和标准化流程促进了项目的可重复性，便于新数据和问题的集成解决，也简化了模型的迭代和维护。 ● 结果透明化：系统化的流程有助于提高分析结果的可解释性和透明度。 ● 知识传承：为新入门的数据科学家提供了学习和参考的标准，促进了知识的传承和传播。 ● 支持创新：提供了结构化的框架，使数据科学家能够更专注于创新和创造性问题的解决。 ● 降低运营成本：优化后的业务流程可以实现更高效的资源配置，从而降低长期运营成本。 ● 增强企业竞争力：数据驱动的决策能提升产品和服务质量，实现更好的客户体验和满意度，进而提升企业竞争力。
代表性模型	数据科学生命周期的代表性模型包括 KDD、SEMMA、CRISP-DM、OSEMN、TDSP，为数据科学家提供了有力的指导框架，具体如下所示： ● KDD（Knowledge Discovery in Databases）：1989 年由 Gregory Piatetsky-Shapiro 等人提出的 KDD，是数据挖掘的早期方法论，也是数据科学的先驱之一。KDD 关注从大规模数据中提取有用知识的过程，它通过机器学习、统计和数据库系统等技术，从大型数据集中发现模式和相关信息。 ● SEMMA（Sample, Explore, Modify, Model, Assess）：由 SAS 研究所在 1990 年代提出的 SEMMA 是一个通用的数据挖掘方法，扩展了 KDD 流程，并主要应用于 SAS Enterprise Miner 软件中，指导用户如何进行数据挖掘。 ● CRISP-DM（Cross Industry Standard Process for Data Mining）：1996 年由欧洲统计局提出、1999 年由 SPSS、NCR 等公司联合发布的 CRISP-DM 是一个跨行业标准的数据挖掘过程模型。它迅速成为数据科学和商业智能领域的通用行业标准。 ● OSEMN（Obtain, Scrub, Explore, Model, Interpret）：2010 年由 Hilary Mason 等人描述的 OSEMN 是现代数据科学的方法论，强调使用现代工具和技术（如 R 语言和 Python）来处理和分析数据，反映了数据科学领域的快速发展。 ● TDSP（Team Data Science Process）：2016 年由 Microsoft 团队提出的 TDSP 是一个数据科学流程框架，旨在支持团队协作和可重复性。它适用于各种数据科学项目，包括智能应用部署和探索性数据科学项目。 这些模型为数据科学项目提供了从数据获取到模型部署的全面指导，帮助数据科学家系统地管理项目的各个阶段，提高项目的成功率。
影响	数据科学生命周期（DSL）对数据科学领域产生了显著影响，改变了数据科学家的工作方式，并推动了数据分析行业的整体进步。DSL 通过提供一套标准的流程和工具，使得数据科学在多个领域，如商业智能、医疗健康、金融分析和社会科学中变得更加实用和易于应用。 DSL 方法论为数据科学家提供了结构化的指导，为业界建立了共同的沟通和标准。在处理日益增长的数据量和复杂性时，采用这些流程有助于提升工作效率，并确保项目的可重复性和可维护性。数据科学家在实际工作中会根据项目特点选择合适的任务流程，并结合领域知识和实践经验来应对数据挑战。因此，深入理解和熟练应用这些数据科学任务流程，对成功开展数据科学工作至关重要。 数据科学生命周期模型在数据科学领域的影响包括以下几点： ● 推动数据科学发展：系统化的流程和方法论促进了数据科学领域的成熟和发展。 ● 提高企业竞争力：企业通过数据科学周期模型更有效地利用数据，增强了决策能力和市场竞争力。

第 1 章 数据科学技术简介

（续）

影响	• 促进学术研究：为学术研究提供了标准化的方法，推动了数据科学理论和应用研究的进步。 • 跨领域应用：DSL 模型的应用已扩展到金融、医疗、制造等多个领域，促进了各行业的数字化转型。 尽管 DSL 带来了诸多益处，但也面临挑战，如适应快速变化的技术环境、处理大规模和复杂数据结构，以及在保护隐私的同时进行数据分析和共享。未来的研究需要在这些方面进行进一步的探索和发展。

1.2.2 CRISP-DM 模型简介

图 1-3 为 CRISP-DM 模型。

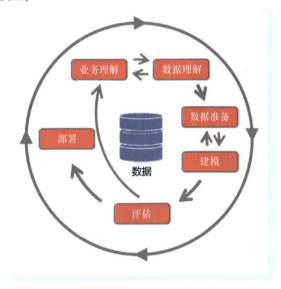

图 1-3 CRISP-DM 模型

简介	CRISP-DM（Cross Industry Standard Process for Data Mining）是由欧洲统计局在 1996 年提出，后由 Daimler Chrysler、SPSS 和 NCR 等公司在 1999 年联合开发的一个跨行业标准的数据挖掘过程模型。它被广泛应用于数据科学和商业智能领域，提供了一个结构化、系统性的方法来指导数据挖掘项目，确保项目在整个过程中都是可控的。如图 1-3 所示，该图表展示了 CRISP-DM 模型的六个关键阶段。 CRISP-DM 的优点在于其结构明确、可迭代性以及强调业务导向。然而，它也存在一些缺点，如文档要求过重、过于理论、缺乏现代数据项目管理方法论等。
核心内容	它包括以下六个核心步骤。 • 业务理解（Business Understanding）：理解业务目标和需求，将其转化为数据挖掘问题的定义，并制定初步计划。 • 数据理解（Data Understanding）：收集、探索和初步描述数据，通过统计和可视化手段了解数据的特征、质量、分布等。 • 数据准备（Data Preparation）：对数据进行清理、转换和集成，以便用于建模。这个步骤包括缺失值处理、异常值处理、特征选择等，为建模阶段做准备。 • 建模（Modeling）：选择适当的算法，设计测试和训练集，训练模型，并对模型进行调优。主要涉及机器学习、深度学习等技术。 • 评估（Evaluation）：对模型进行评估，确保其在新数据上的泛化性能。这一步骤通常需要使用交叉验证等技术。 • 部署（Deployment）：将最终模型应用于实际业务中，监测模型的性能，并确保其按照预期产生价值。

1.2.3 TDSP 模型简介

图 1-4 为 TDSP 模型的各个阶段。

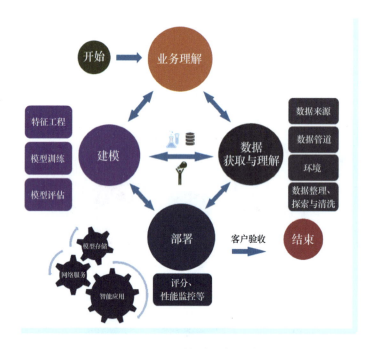

图 1-4 TDSP 模型的各个阶段

简介	TDSP（Team Data Science Process）是 Microsoft 团队在 2016 年提出的一个数据科学流程框架，旨在支持团队协作和可重复性。它适用于智能应用部署相关的数据科学项目，也适用于探索性数据科学项目。TDSP 强调团队协作和项目管理的方法论，注重团队成员之间的协作和沟通，并倡导使用现代数据科学技术和工具。 如图 1-4 所示，该图详细展示了数据科学生命周期各阶段的具体任务和相关的技术。
核心内容	TDSP 将数据科学生命周期分为了五个阶段，依次是业务理解、数据获取与理解、建模、部署、客户验收。 • 业务理解：确定项目目标和关键变量，识别相关数据源。 • 数据获取与理解：数据采集、数据清理和理解，建立数据管道，评估数据质量。 • 建模：特征工程、模型训练和优化，评估模型是否适用于生产。 • 部署：将模型与数据管道部署到生产环境（比如 API 接口），以供最终用户接收。 • 客户验收：确保管道、模型及其在生产环境中的部署符合客户的目标，验收产品是否满足需求，项目交付（移交给运维团队）。 具体内容见表 1-1
总结	TDSP 为数据科学项目提供了一套系统性的方法，涵盖从项目启动到部署的完整生命周期。通过标准化的流程和推荐的基础设施与工具，提高了数据科学项目的成功实施概率。

表 1-1 TDSP 模型的五个阶段

	目标	任务	文档产物
业务理解	• 确定模型目标变量和用于评估项目成功的关联指标。 • 确定业务可访问或需要获取的相关数据源。	• 确定项目目标：与客户和相关利益方合作，理解并识别业务问题，制定明确的问题，制定数据科学技术可以解决的业务目标。 • 确定数据源：查找相关数据，帮助回答项目目标的问题。	• 项目章程文档：项目结构定义中提供一个作为标准模板的动态文档，随项目进展而更新。 • 数据源：在 TDSP 项目数据报告文件夹的"原始数据源"部分描述数据源信息。 • 数据字典：描述客户提供的数据，包括模式信息和实体关系图。
数据获取与理解	• 生成清晰、高质量的数据集，并了解与目标变量的关系。 • 在适当的分析环境中定位数据集，以便进行建模。 • 开发刷新和评分数据的数据管道解决方案架构。	• 将数据导入目标分析环境。 • 探索数据以确定数据质量是否足以回答问题。 • 设置数据管道以对新数据进行评分或定期刷新数据。	• 数据质量报告：描述数据摘要、每个属性与目标的关系和变量排名等。 • 解决方案架构：描述数据管道的图表或说明，用于在建模后对新数据进行评分或预测。 • 决策检查点：在进行全面特征工程和模型构建之前，重新评估项目，确定是否值得继续进行。
建模	• 确定机器学习模型的最佳数据特征。 • 创建准确预测目标且信息丰富的机器学习模型。 • 创建适用于生产的机器学习模型。	• 特征工程：从原始数据中创建数据特征以便于模型训练。 • 模型训练：通过比较成功指标找到最准确回答问题的模型。 • 确定模型是否适用于生产。	• 特征工程报告：描述特征如何与彼此相关，以及机器学习算法如何使用这些特征。 • 解决方案架构：描述运行模型评分或预测所需的数据管道的图表或说明。 • 决策检查点：在评估模型是否足够用于生产之前，重新评估项目。
部署	• 通过数据管道将模型部署到生产或类似生产环境，供最终用户接受。	• 操作化模型：将模型和数据管道部署到生产或类似生产环境，以供应用程序消费。	• 系统健康和关键指标的状态仪表板。 • 带有部署细节的最终建模报告。 • 最终解决方案架构文档。
客户验收	• 最终确定项目交付物：确认管道、模型及其在生产环境中的部署是否符合客户的目标。	• 系统验证：确认已部署的模型和管道是否满足客户的需求。 • 项目移交：将项目移交给负责在生产中运行系统的实体。	• 项目的最终报告，用于客户退出。可根据需要进行定制。

1.2.4 五大模型对比与总结

在数据科学领域，常用的数据科学周期模型可以根据具体任务和项目的不同而有所变化。表 1-2 列举了五个常见的数据科学周期模型及其对比和总结。

表 1-2　五个常见的数据科学周期模型及其对比和总结

	时间	核心内容	特　　点	贡　　献
KDD	1989 年，由 Gregory Piatetsky-Shapiro 等人提出。	主要阶段（5 个）：数据选择、数据预处理、数据转换、数据挖掘、结果解释/评估。	强调从大规模数据中提取知识，涵盖数据预处理、数据挖掘和结果解释等步骤。 ● 是一个更广义的概念，涵盖了数据挖掘在内的整个知识发现过程。 ● 是逐步推进的过程，需要在不同阶段进行各种处理。 ● 强调从大量数据中发现有价值和有意义的知识。	奠定了数据挖掘领域的基础，被广泛应用于早期的数据科学研究和实践。
SEMMA	20 世纪 90 年代，由 SAS 研究所提出。	主要阶段（5 个）：采样、探索、修改、建模、评估。	特别适用于 SAS 软件，强调对数据的抽样、探索、修改、建模和评估。 ● 强调数据挖掘过程中的模型构建。 ● 专注于统计建模任务。 ● 是一个更结构化的流程，强调在每个阶段使用特定的工具和技术。 ● 强调对数据的逐步处理，从样本开始逐步建模，注重模型的评估。适用于业务智能和数据挖掘。	扩展了 KDD 流程，强化了数据处理和分析的系统化步骤。
CRISP-DM	1996 年，由欧洲统计局提出。	主要阶段（6 个）：业务理解、数据理解、数据准备、建模、评估、部署。	为跨行业标准，涵盖业务理解、数据理解、数据准备、建模、评估和部署六个阶段。 ● 结构明确，每个阶段都有详细的任务和输出。 ● 强调项目的迭代性质。 ● 强调业务导向，注重业务导向和数据理解的重要性。 ● 侧重于商业目标和结果。 ● 缺点是文档要求过重、过程偏理论、缺乏现代数据项目管理方法论等。 ● 目前应用最广泛。	成为数据科学和商业智能领域的行业标准，广泛应用于各种数据科学项目。
OSEMN	2010 年，由 Hilary Mason 等人提出。	主要阶段（5 个）：数据获取、数据清理、数据探索、建模、结果解释。	强调使用现代工具和技术（如 R 语言和 Python）处理和分析数据。 ● 注重在每个阶段使用相应的工具和方法。 ● 适用于相对简单和直接的数据科学任务。 ● 强调对整个流程的快速执行。	为现代数据科学的方法论，适应大数据和复杂数据的处理需求。
TDSP	2016 年，由 Microsoft 团队提出。	主要阶段（5 个）：业务理解、数据获取和理解、建模、部署、客户验收。	支持团队协作和可重复性，适用于智能应用部署和探索性数据科学项目。 ● 强调团队协作和项目管理的方法论，注重团队成员之间的协作和沟通； ● 每个阶段各自有特定目标、任务以及文档产物，强调文档化和项目的可复制性。 ● 倡导使用现代数据科学技术和工具。 ● 强调迭代性。	为团队提供了系统化的协作框架，促进了数据科学项目的高效开展。

（续）

	时间	核心内容	特点	贡献
对比		• KDD 和 SEMMA 相比 CRISP-DM，不包括最初的业务理解和最终部署阶段。其中 SEMMA 更专注于数据挖掘的技术步骤，加强了 KDD 在工业应用中的完整性。 • KDD 和 SEMMA 更关注数据问题而不是业务问题；相比之下，CRISP-DM 更广泛，包含部署阶段，但同样缺乏数据科学产品生命周期的运营阶段。 • TDSP 将许多现代敏捷实践与类似于 CRISP-DM 的生命周期结合在一起。		
总结		总体而言，KDD 作为早期的方法，侧重从大量数据中提取知识的过程，包括数据抽取、清理、转换和加载等步骤。SEMMA 聚焦于样本选择、探索性数据分析、数据修改、模型建立和评估，强调数据科学任务中的数据质量。CRISP-DM 被业界广泛采用，包括问题定义、数据理解、数据准备、建模、评估和部署六个阶段。OSEMN 方法注重数据获取、数据清理、数据探索、建模数据和解释模型的过程，覆盖了数据科学的全生命周期。TDSP 作为微软提出的方法，注重团队合作和持续改进，强调与业务伙伴协作、项目计划和部署的步骤。		

第2章

数据可视化技术

图 2-1 为本章内容的思维导图。

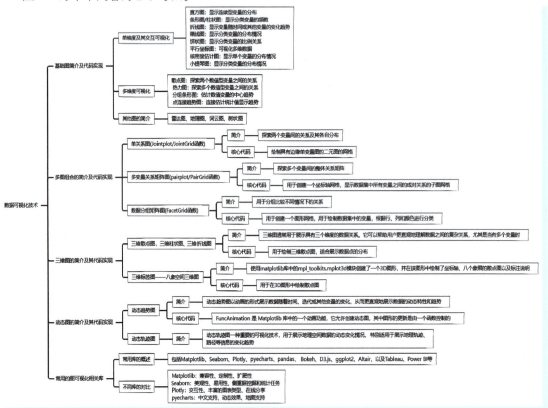

图 2-1　本章内容的思维导图

背景　在信息时代，数据量呈现爆炸式增长。如何从海量数据中提取有价值的信息成为一个巨大的挑战。传统的表格和文本形式难以直观展示数据特征和规律。例如，表格只能反映数值，却无法清楚展示数据之间的关系。此外，单纯依赖数值的方式无法有效识别数据中的模式和趋势，限制了人们对数据的深入理解和有效利用，导致决策效率低下。为了克服这些限制，数据可视化技术应运而生。它通过图形化的方式展示数据，使得数据特征和规律更加直观，使人们能够更快地理解和分析数据，从而更好地指导决策。

第 2 章 数据可视化技术

（续）

简介	数据可视化是一种将数据以图形化手段展示的方法，以提高数据理解和分析的效率。其核心是利用图表、图形和地图等视觉元素，将数据的分布、结构、关系和趋势直观地反映出来。 ● 目的：数据可视化的主要目的是通过图形化展示，帮助用户更好地理解数据特征、识别数据中的模式和趋势，发现潜在的数据质量问题，并有效地传达分析结果，为进一步的处理和决策提供指导。 ● 本质：数据可视化本质是以数据为核心，与单纯使用表格展示数据相比，通过图形化手段，清晰有效地传达和沟通信息。数据可视化不仅要展示数据的真实情况，还要通过美学形式增强信息的传达效果，以简化复杂数据并获得洞察。
理解	数据可视化是理解数据的有力工具。它是以客观数据为主体，从数据角度窥探这个世界。目的是描述真实，洞察未知，从浩如烟海的复杂数据中理出头绪，化繁为简，将数据变成看得见的财富，让行动的决策人在短时间内看得懂，从而实现更高效的决策。数据可视化无须为其实现功能用途的特点感到枯燥乏味，或者是为了看上去绚丽多彩而采取极端复杂的表现方式。为了有效地传达思想概念，美学形式与功能需要齐头并进，直观地传达关键的方面与特征，从而实现对于分布稀疏而又复杂的数据集的深入洞察。
作用及其意义	数据可视化在数据科学任务的整个流程中具有重要作用。具体包括以下几个方面。 ● 信息传达：数据可视化通过将复杂的数据简化为图形，帮助用户快速传达和分析重要的信息。这种直观的展示方式使得数据更容易被理解，加速决策过程。 ● 数据理解和分析：图形化展示提高了复杂数据的可解释性，使用户能够快速识别数据特征和模式，不仅加快了数据分析的速度，而且为深入数据处理提供了方向。 ● 数据质量提升：数据可视化有助于揭示数据中的异常和错误，从而提高数据质量。通过图形化手段，数据分析师可以更容易地识别和纠正数据问题。 ● 决策支持：数据可视化使得决策者能够快速获取关键信息，更高效地决策，实现数据价值的最大化。这种能力在不同领域，如商业智能、互联网、金融和医疗等行业中尤为重要。 综上所述，数据可视化不仅提高了数据的可访问性，还提高了数据分析的准确性和效率，对于数据驱动的决策过程至关重要。
常用图表类型	数据可视化技术涵盖了多种图表类型，本章节把数据可视化的核心内容分为基础图、多图组合、三维图和动态图。

表 2-1 列举了本章节可视化的核心内容。

表 2-1 本章节可视化的核心内容

基础图	基础图：侧重单张图。 ● 单维度图表：直方图、条形图、柱状图、折线图、箱线图、饼状图、平行坐标图、核密度估计图、小提琴图等。 ● 多维度图表：散点图、热力图、分组条形图、点连接趋势图、雷达图、地理图、词云图、树状图等
多图组合	多图组合：侧重交互矩阵图。 ● 交互矩阵图：单关系图、多变量关系矩阵图、数据分组矩阵图等
三维图	三维图：常用的图表类型包括三维柱状图、三维折线图、三维散点图、三维标签图等
动态图	常用的图表类型包括动态趋势图、动态图、轨迹图等
总结	不同类型的数据可视化技术有不同的侧重点。选择合适的可视化技术，可以更有效地传达数据中的关键信息和洞察。 ● 基础图通过单张图表展示单维度或多维度数据，强调直观性和简洁性。 ● 多图组合通过多个图表的交互展示复杂数据关系，强调多维度的信息展示。 ● 三维图通过三维空间展示数据，强调直观的立体感。 ● 动态图通过时间或交互性展示数据变化，强调数据的动态性和实时性

2.1 基础图简介及代码实现

简介	基础图：侧重单张图。主要侧重于通过单张图表展示数据。其目的是直观地反映数据的特征、趋势和关系，便于快速理解和分析。	
特点	• 单维度图表：直方图、条形图、折线图、箱线图、饼状图、平行坐标图、核密度估计图、小提琴图等。 • 多维度图表：散点图、热力图、条形趋势图、点连接趋势图、雷达图、地理图、词云图、树状图等。	
	单维度图表	单维度图表：这些图表主要展示单个变量的分布情况。 直方图（Histogram）：显示数据分布的频率。 条形图/柱状图（Bar Chart）：用于比较不同类别的数据大小。 折线图（Line Chart）：展示数据随时间或顺序的变化趋势。 箱线图（Box Plot）：展示数据的分布情况，包括中位数、四分位数和离群点。 饼状图（Pie Chart）：用于显示各部分占总体的比例。 平行坐标图（Parallel Coordinates Plot）：用于展示多维数据的分布和关系。 核密度估计图（Kernel Density Estimation）：显示数据的概率密度。 小提琴图（Violin Plot）：结合箱线图和密度估计图的特点，展示数据分布。
	多维度图表	多维度图表：这些图表展示多个变量之间的关系。其中，散点图适合展示两个数值型特征之间的关系，而热力图适合展示整个数据集中各个特征之间的相关性。 散点图（Scatter Plot）：展示两个变量之间的关系。 热力图（Heatmap）：通过颜色强度展示变量间的相关性或数据密度。 条形趋势图（Bar Trend Chart）：结合条形图和折线图，展示不同类别的数据趋势。 点连接趋势图（Connected Scatter Plot）：通过连接点展示数据的变化趋势。 雷达图（Radar Chart）：用于比较多变量的表现。 地理图（Geographical Map）：展示地理空间数据。 词云图（Word Cloud）：展示文本数据中词语的频率。 树状图（Tree Map）：用于显示层次结构和数据比例。

2.1.1 单维度可视化

1. 直方图：显示连续型变量的分布

简介	直方图（Histogram）：表示数据分布，特别适用于连续型变量。直方图则强调数据的分布情况，其长方形的宽度代表数据范围的区间，高度代表该区间内数据的频数或频率。	
核心代码	seaborn.histplot(data=None, x=None, y=None, hue=None, kde=True, stat="count", **kwargs) • 功能：用于绘制直方图，显示单个变量或两个变量之间的关系。 • 参数：data 是 DataFrame，x 和 y 是数据集中的变量名，hue 是用于分类的颜色变量，其他参数用于控制图形的样式和布局，**kwargs 是其他关键字参数。	
图表解读	如图 2-2 所示，左图描述了不同年龄段的人数分布情况，右图描述了不同票价区间内的票数分布情况。	
	左图解读	右图解读
坐标轴	横轴（x轴）：表示年龄（age），范围从 0 岁到 80 岁，间隔为 10 岁。 纵轴（y轴）：表示人数（count），范围从 0 人到 160 人，间隔为 20 人。	横轴（x轴）：表示票价（fare），范围从 0 到 500，间隔为 100。 纵轴（y轴）：表示票数（count），范围从 0 张到 800 张，间隔为 100 张。

第 2 章 数据可视化技术

（续）

（续）

	左图解读	右图解读
内容	蓝色曲线：可能代表某种数学模型或拟合曲线，用于描述年龄分布的趋势。 峰值在 25～30 岁：该年龄段的人数最多，表明这一年龄段的人口较为密集。 随着年龄增长，人数逐渐减少：尤其在 70 岁以后，人数急剧下降，显示出高龄人口的稀少。 在 30 岁以下年龄段区间，曲线下凹：说明在该年龄段内，人数不仅少而且呈现下降趋势，可能是因为这部分人群中的某些原因导致人口较少。	蓝色曲线：票价越高，票数越少，绝大多数票集中在较低的票价范围内，高价票罕见。 最高峰接近 800 张：表明低价票（0～200）是主要销售区间，市场需求较大。 右侧陡然下降：超过 300 的票价几乎没有票，说明市场对高票价接受度极低。 中部略微下凹：同样地，在 200～300 内，票数也呈现出少量减少的趋势，可能存在一些影响因素导致销量下降。
图表解读	a）直方图 - age 分布	b）直方图 - fare 分布

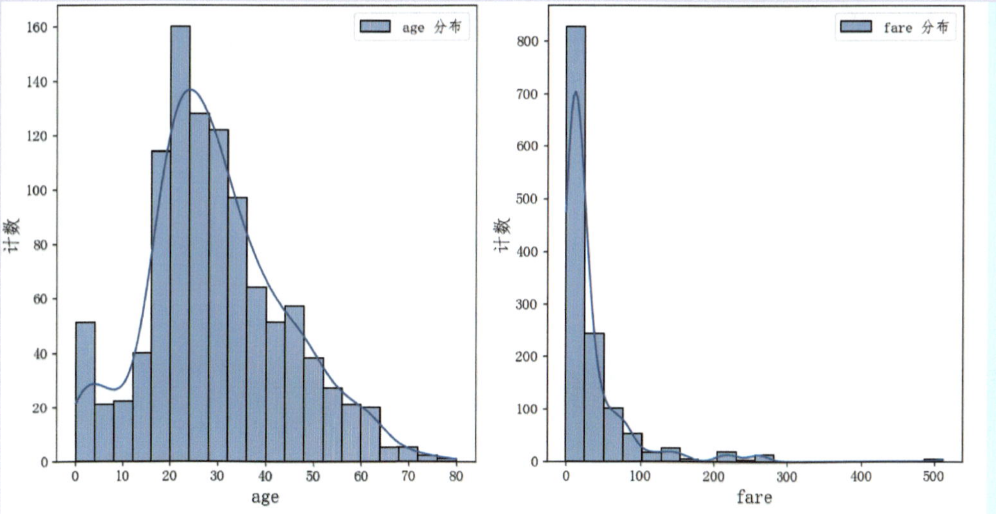

图 2-2 基于泰坦尼克号数据集中乘客"年龄"和"票价"特征的分布直方图

2. 条形图/柱状图：显示分类变量的频数

简介	条形图（Bar Chart）/柱状图（Column Chart）：显示分类变量的频数。适用于不同类别之间的比较。柱状图与条形图非常相似，不同之处在于柱状图的长方形是垂直放置的，而条形图的长方形是水平放置的。对比而言，条形图和柱状图主要用于展示分类数据（即类别型数据），而直方图用于展示连续数据（即数值型数据）的分布情况。
核心代码	seaborn.countplot(x=None,y=None,hue=None,data=None,**kwargs) • 功能：用于绘制计数条形图或柱状图，显示一个或多个分类变量的频数。 • 参数：x 和 y 是数据集中的变量名，hue 是用于分类的颜色变量，其他参数用于控制图形的样式和布局。

(续)

	左 图 解 读	右 图 解 读
坐标轴	横轴（x轴）：表示数量（count），范围从0到700。 纵轴（y轴）：表示船舱等级（pclass），范围从0到3。	横轴（x轴）：C、Q、S三个字母分别代表不同的登船港口。 纵轴（y轴）：表示登船港口（embarked），范围从0到914。
图表解读 内容	条形颜色：蓝色、橙色、绿色分别代表不同的舱位等级。 1.0条形表示头等舱的数量为约100。 2.0条形表示二等舱的数量为约250。 3.0条形表示三等舱的数量为约650。 比较和分析：从图中可以看出，三等舱的数量最多，远超过头等舱和二等舱。这意味着该航线或服务更受欢迎的可能是经济舱。	数据解释： C港登船的人数为约270。 Q港登船的人数为约123。 S港登船的人数为约914。 比较和分析：S港的登船人数显著高于其他两个港口，表明该航线或服务在S港可能有较高的需求或更多的航班。

如图2-3所示，左图条形图展示了不同舱位等级的乘客数量分布，右图柱状图描述了不同登船港口的乘客登船数量。

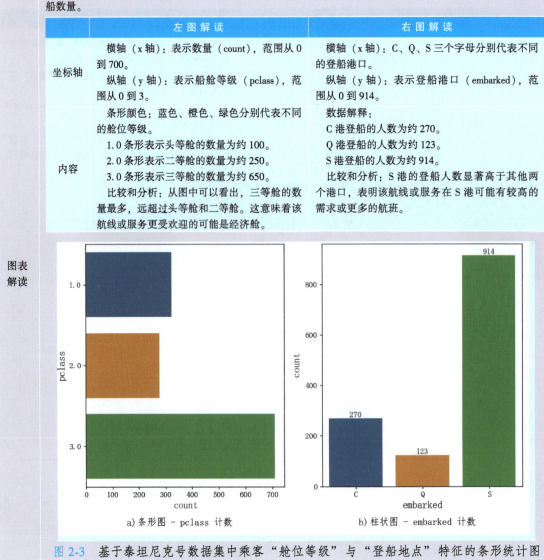

a) 条形图 - pclass 计数   b) 柱状图 - embarked 计数

图 2-3 基于泰坦尼克号数据集中乘客"舱位等级"与"登船地点"特征的条形统计图

3. 折线图：显示变量随时间或其他变量的变化趋势

简介	折线图（Line Chart）：描绘变量随着另一变量的变化趋势。具体来说，折线图是一种通过连接数据点并在平面上绘制线条来展示数据趋势的图表。它适用于展示随着一个或多个变量的变化而改变的数据，尤其适用于时间序列数据，可以清晰地展示数据的趋势和变化情况。
核心代码	seaborn.lineplot(x=None, y=None, **kwargs) • 功能：用于绘制折线图，显示一个或多个变量随时间或其他变量的变化趋势。 • 参数：x 和 y 是数据集中的变量名，hue 是用于分类的颜色变量，其他参数用于控制图形的样式和布局。

第 2 章
数据可视化技术

（续）

图表解读	坐标轴	如图 2-4 所示，折线图描述了年龄（age）与票价（fare）之间的关系。 横轴（x 轴）：表示 age，范围从 0 到 80 岁，间隔为 10 岁。 纵轴（y 轴）：表示 fare，范围从 0 到 300，间隔为 50 元。 数据线条：蓝色折线代表不同年龄段的人的票价信息。 阴影区域：代表了每个年龄段票价的区间值，通过阴影的长度及宽度变化来体现。
	内容	根据图表内容，可以观察到以下几点。 随着年龄的增长，票价呈现出波动的趋势。在 20 岁之前，票价较低且变化不大；在 20 至 40 岁之间，票价有所上升，达到最高点；之后开始下降，但在 60 岁左右又出现了一个小高峰；之后再次下降，直至 80 岁。 票价的区间值随年龄增长也有所变化。在年轻的时候，区间值较小，表明票价变化不大；随着年龄的增长，尤其是进入中年阶段，区间值明显扩大，表明票价波动较大。
	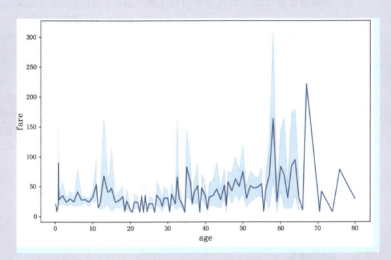 图 2-4　基于泰坦尼克号数据集中乘客"年龄"特征的分布变化趋势折线图	

4. 箱线图：显示变量的分布情况

简介	箱线图（Box Plot）：用于展示数据的分散程度和离群值，适合比较多个类别的数据。具体来说，箱线图是一种用于显示数据分布和离群值的图表。它先把数据按顺序排列，并通过展示五个统计量（最小值、下四分位数（Q1 或 25th 百分位数）、中位数（50th 百分位数）、上四分位数（Q3 或 75th 百分位数）、最大值，以及可能存在的离群值，帮助人们了解数据的中心趋势和散布情况，尤其适用于比较多个类别的数据。
核心代码	seaborn.boxplot(x=None,y=None,hue=None,data=None,**kwargs) ● 功能：用于绘制箱线图，显示一个或多个分类变量的分布情况。 ● 参数：x 和 y 是数据集中的变量名，hue 是用于分类的颜色变量，其他参数用于控制图形的样式和布局。
图表解读	如图 2-5 所示，左图描述了年龄分布的箱线图；右图描述了不同船舱等级（pclass）与年龄 age（pclass）之间关系的分组箱线图，并根据目标变量（target）进行分组对比。

(续)

	左图解读	右图解读
坐标轴	横轴（x 轴）：表示年龄（age），从 0 岁到 80 岁。 纵轴（y 轴）：没有特定的标度，只是展示年龄的分布情况。	横轴（x 轴）：表示船舱等级（pclass），从 1.0 到 3.0，分别代表头等舱、二等舱和三等舱。 纵轴（y 轴）：表示年龄（age），从 0 岁到 80 岁。
内容	箱体（箱线图的主干部分）：显示年龄数据的中间 50% 的范围。箱子的上下边界分别表示第一个四分位数（Q1）和第三个四分位数（Q3）。 中位数（箱体内部的水平线）：表示年龄数据的中位数，大约在 28 岁。 须（Whiskers）：表示数据的范围，一般是 1.5 倍的四分位距（IQR），这部分包括了数据的大部分范围。 离群点（Outliers）：位于箱线图虚线之外的点，显示为图中的黑色小圆点，表示年龄的极端值（超过 65 岁）。	箱线图分组：图中有六个箱线图，每个船舱等级下根据目标变量（target）分为两组，目标变量 0 和 1 分别用蓝色和橙色表示。 目标变量 0 和 1：根据目标变量的命名，一般可以认为 0 和 1 分别表示不同的类别，例如未生还和生还等。 船舱等级和年龄的关系：一等舱乘客的年龄分布较广，且中位数年龄较高。三等舱乘客的年龄分布相对较窄，中位数年龄较低。 不同目标变量（0 和 1）在各个船舱等级中的年龄分布可能存在差异，这可以提供关于不同群体之间关系的洞察。

图表解读

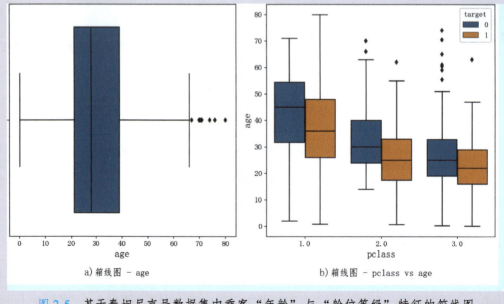

a) 箱线图 – age b) 箱线图 – pclass vs age

图 2-5 基于泰坦尼克号数据集中乘客"年龄"与"舱位等级"特征的箱线图

5. 饼状图：显示分类变量的比例关系

简介	饼状图（Pie Chart）：表示部分占整体的比例，适用于展示类别之间的相对比例。
核心代码	matplotlib.pyplot.pie(x,explode=None,labels=None,colors=None,**kwargs) ● 功能：用于绘制饼状图，显示一个或多个分类变量的比例关系。 ● 参数：x 表示每个扇形片段的大小，explode 指定突出显示的扇形，labels 为每个扇形添加标签，colors 指定每个扇形的颜色等。
图表解读	如图 2-6 所示，左图描述了不同船舱等级乘客的比例分布，右图描述了不同登船地点乘客的比例分布。 |	左 图 解 读	右 图 解 读
---	---	---
坐标轴	使用不同的扇形区域表示各个类别的比例。	使用不同的扇形区域表示各个类别的比例。
内容	通过饼图可以清晰地看到各个船舱等级乘客的比例分布，蓝色等级舱乘客占比最多，超过一半。	通过饼图可以直观地看到不同登船地点乘客的比例分布，绝大部分乘客来自蓝色区域表示的登船地点。	 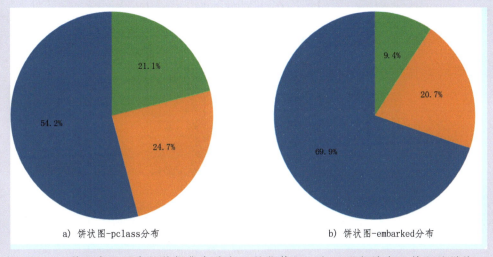 a) 饼状图-pclass分布　　　　　b) 饼状图-embarked分布 图 2-6　基于泰坦尼克号数据集中乘客"舱位等级"与"登船地点"特征的饼状

6. 平行坐标图：可视化多维数据

简介	平行坐标图（Parallel Coordinate Plot，PCP）：平行坐标图是一种多变量数据可视化方法，通过在平行的坐标轴上绘制各个变量的值，并将这些坐标连接起来形成线段，以展示不同变量之间的关系。每个变量对应于图表中的一个垂直坐标轴，而每个数据点则表示为一条连接各个坐标轴的线段。PCP 可以有效地显示多维数据的模式、关联和异常值，对于分类和聚类等任务非常有帮助。
核心代码	pandas.plotting.parallel_coordinates(data,class_column,cols=None,**kwds) ● 功能：用于绘制平行坐标图，这是一种用于可视化多维数据的方法，特别是在数据集有多个分类标签时。它将每个特征的值表示为一条线，不同类别的数据用不同颜色表示。 ● 参数：data 是 DataFrame，class_column 是包含类别标签的列名，cols 是用于绘制的特征列名列表。

平行坐标图的解读及示例（图 2-7）如下所示。

	图 2-7 解读
坐标轴	横轴（x 轴）：表示不同的特征（features），分别是 sex、embarked、pclass、age、sibsp、parch 和 fare。 纵轴（y 轴）：表示特征的标准化或归一化值，范围一般为 0 到 1 或 0 到 3（根据具体数据进行缩放）。 线条颜色：蓝绿色线条表示目标变量为 1（代表生还），洋红色线条表示目标变量为 0（代表未生还）。
内容	平行坐标图通过多维特征之间的连线，展示了各特征之间的关系以及目标变量在特征空间中的分布情况。通过观察线条的走向、交叉和颜色分布，可以发现不同特征之间的关联性，以及不同目标变量在这些特征上的分布特点。

图表解读

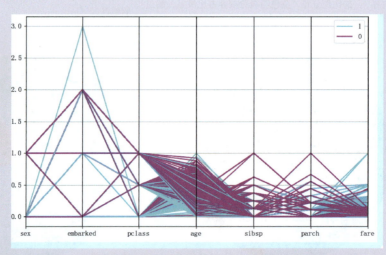

图 2-7　基于泰坦尼克号数据集中多个特征的平行坐标图

7. 核密度估计图：显示单个变量的分布情况

简介	核密度估计图（Kernel Density Estimation，KDE）：核密度估计图是一种用于估计概率密度函数的非参数方法，通过对每个数据点周围的区域进行核函数的加权平均来估计密度函数。在 KDE 图中，数据的密度被表示为平滑的曲线，该曲线反映了数据在整个变量范围内的分布情况。KDE 图通常用于探索数据的分布特征和识别潜在的数据模式。
核心代码	seaborn.distplot(a = None, bins = None, hist = True, kde = True, rug = False, fit = None, hist_kws = None, kde_kws = None, **kwargs) ● 功能：用于绘制直方图和核密度估计图，显示单个变量的分布情况。 ● 参数：a 是数据集，其他参数用于控制图形的样式和布局。
图表解读	如图 2-8 所示，左图通过直方图清晰地反映了每个年龄段的人数及比例，右图通过密度估计图更直观地展现了年龄与密度的关系

第 2 章
数据可视化技术

（续）

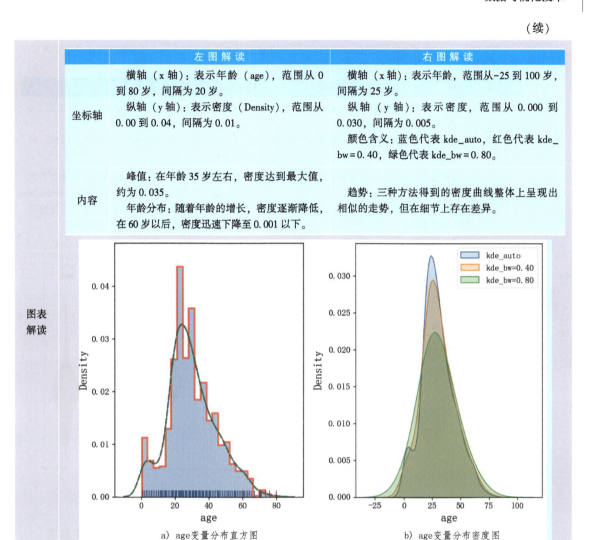

	左 图 解 读	右 图 解 读
坐标轴	横轴（x 轴）：表示年龄（age），范围从 0 到 80 岁，间隔为 20 岁。 纵轴（y 轴）：表示密度（Density），范围从 0.00 到 0.04，间隔为 0.01。	横轴（x 轴）：表示年龄，范围从 -25 到 100 岁，间隔为 25 岁。 纵轴（y 轴）：表示密度，范围从 0.000 到 0.030，间隔为 0.005。 颜色含义：蓝色代表 kde_auto，红色代表 kde_bw=0.40，绿色代表 kde_bw=0.80。
内容	峰值：在年龄 35 岁左右，密度达到最大值，约为 0.035。 年龄分布：随着年龄的增长，密度逐渐降低，在 60 岁以后，密度迅速下降至 0.001 以下。	趋势：三种方法得到的密度曲线整体上呈现出相似的走势，但在细节上存在差异。

图表解读

a）age 变量分布直方图　　　　b）age 变量分布密度图

图 2-8　基于泰坦尼克号数据集中乘客"年龄"特征的核密度估计图

8. 小提琴图：显示分类变量的分布情况

简介	小提琴图（Violin Plot）：小提琴图结合了箱线图和核密度估计图的特点，旨在展示数据的分布形状和概率密度。在小提琴图中，中间的厚实部分表示数据的主要分布区域，而两端的尖端则表示数据的稀疏区域。小提琴图的宽度可以根据数据密度进行调整，因此能够更好地显示不同数据区域的分布情况，同时保留了箱线图的离群值信息。
核心代码	seaborn.violinplot(x=None, y=None, hue=None, data=None, **kwargs) ● 功能：用于绘制小提琴图，显示一个或多个分类变量的分布情况。 ● 参数：x 和 y 是数据集中的变量名，hue 是用于分类的颜色变量，其他参数用于控制图形的样式和布局。

(续)

如图 2-9 所示，左图用小提琴图展示了不同年龄阶段的数据分布情况，右图用小提琴图描述了客舱等级与年龄的联合影响。

	左图解读	右图解读
坐标轴	横轴（x轴）：表示年龄（age），范围从 0 到 80，间隔为 20。 纵轴（y轴）：没有特定的标度，只是展示年龄的分布情况。	横轴（x轴）：船舱等级（pclass），范围从 1.0 到 3.0。 纵轴（y轴）：年龄（age），范围从 0 到 80，间隔为 20。
内容	宽度变化：随着年龄的增长，数据分布的宽度逐渐变窄。 趋势分析：随着年龄的增长，数据的平均值似乎略有下降。	三个客舱等级中，年龄在 20 岁以下的乘客占比较少，20 岁以上的乘客占比逐渐增加，在 50 岁左右达到峰值，随后开始下降。其中，头等舱乘客的平均年龄略高于二等舱和三等舱乘客。

图表解读

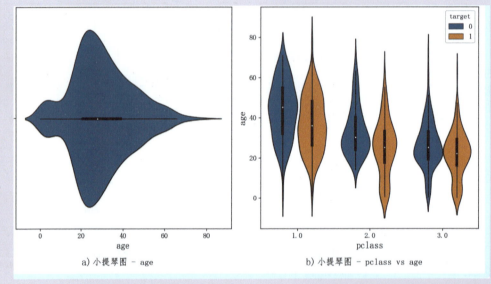

a) 小提琴图 – age　　　　　b) 小提琴图 – pclass vs age

图 2-9　基于泰坦尼克号数据集中乘客"年龄"和"舱位等级"特征的小提琴图

▶▶ 2.1.2　多维度可视化

1. 散点图：探索两个数值型变量之间的关系

简介　散点图（Scatter Plot）：用于展示两个数值型变量之间的关系，每个点表示一个数据样本。比如，可以对入模特征及其与标签间的关系实现可视化。根据图形结果，如果散点图上的点沿着一条"瘦"直线排列，则说明这两个变量强相关；如果这些点形成一个球型，则说明这些点不相关。

核心代码

sns.scatterplot(x,y,hue=None,style=None,data=None,**kwargs)
- 功能：用于绘制散点图，显示两个数值变量之间的关系。如果指定了 hue，还可以根据第三个变量的不同值用不同的颜色显示数据点。
- 参数：x 和 y 是数据集中的变量名，hue 是用于分类的颜色变量，style 是用于分类的标记样式变量，data 是 DataFrame，其他参数用于控制图形的样式和布局。

（续）

如图 2-10 所示，左图和右图都展示了不同年龄段个体的票价分布情况，而右图只是在左图的基础上又区分了 target 两种分类下的具体分布情况。

	左 图 解 读	右 图 解 读
坐标轴	横轴（x 轴）：表示年龄（age），范围从 0 到 80，间隔为 10。 纵轴（y 轴）：表示票价（fare），范围从 0 到 500，间隔为 100。	

图表解读

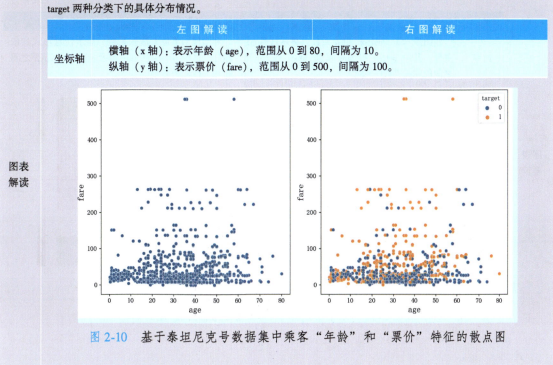

图 2-10 基于泰坦尼克号数据集中乘客"年龄"和"票价"特征的散点图

2. 热力图：探索多个数值型变量之间的关系

简介	热力图（Heat Map）：通过颜色编码在二维空间中显示数据密度，用于展示多个数值型变量之间的关系。比如，可以计算皮尔森相关系数矩阵或者互信息系数矩阵。注意，热力图不适合维度特别高的问题，如果数据集中有几十个以上的特征，则很难用这种方法整体把握相关性。
核心代码	sns.heatmap(data, cmap=None, annot=None, fmt='.2g', **kwargs) ● 功能：用于绘制热力图，显示矩阵数据或二维数据集中的数值关系。热力图通过不同的颜色来表示数据的大小，通常用于展示数据的分布或相关性。 ● 参数：data 是一个二维数组或 DataFrame，cmap 是颜色映射表，annot 用于在热力图上显示数值，其他参数用于控制图形的样式和布局。

如图 2-11 所示，左图描述了数据集各个特征之间 Pearson 相关系数值，右图描述了各个特征之间 MIC 系数值。

	左 图 解 读	右 图 解 读
图表解读 坐标轴	横轴（x 轴）和纵轴（y 轴）是相同的，分别标注为 pclass, age, sibsp, parch, fare 和 body。 右侧的颜色条从深蓝色（-1.0）到深红色（1.0），表示 Pearson 相关系数的范围。蓝色表示负相关，红色表示正相关。	右图的横纵坐标轴也标注为 pclass, age, sibsp, parch, fare 和 body，与左图一致。 右侧的颜色条从粉红色（接近 0.0）到绿色（接近 1.0），表示最大信息系数（Maximal Information Coefficient, MIC）的范围。粉红色表示低度相关，绿色表示高度相关。

(续)

(续)

	左图解读	右图解读
内容	左图展示了 Pearson 相关系数，显示线性相关性，其中 pclass 和 fare 以及 sibsp 和 parch 之间的相关性较为明显。	右图展示了最大信息系数，显示任意形式的依赖性，其中 pclass 和 fare 以及 sibsp 和 parch 之间的相关性较为显著。
图表解读	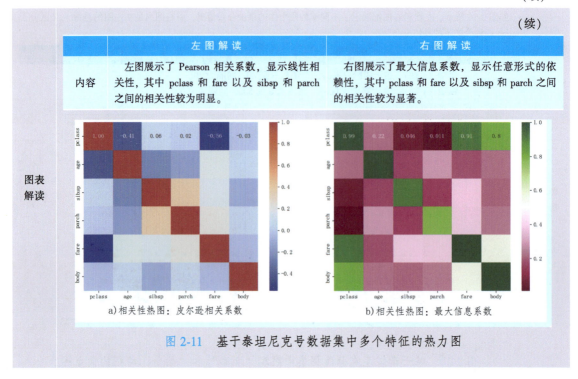 a) 相关性热图：皮尔逊相关系数	b) 相关性热图：最大信息系数

图 2-11 基于泰坦尼克号数据集中多个特征的热力图

3. 分组条形图：估计数值变量的中心趋势

简介	分组条形图（Grouped Bar Plot）：适合用于估计数值变量的中心趋势（比如均值、中位数等），每个矩形条的高度代表这个估计，并使用误差条提供该估计周围的不确定性的一些指示。
核心代码	seaborn.barplot(x=None, y=None, data=None, hue=None, ** kwargs) ● 功能：用于绘制分组条形图，显示一个或多个分类变量的平均值和置信区间。条形图的高度通常表示估计的统计值（如平均值、中位数等），误差条表示置信区间，即纵坐标为数值型变量。 ● 参数：x 和 y 是数据集中的变量名，hue 是用于分类的颜色变量，data 是 DataFrame，其他参数用于控制图形的样式和布局。
图表解读	如图 2-12 所示，左图描述了不同性别与年龄分布关系的柱状图，右图描述了不同性别以及目标变量（target）类别下的平均年龄。

	左图解读	右图解读
坐标轴	横轴（x 轴）：表示 sex（性别），包括 female（女性）、male（男性）两个类别。 纵轴（y 轴）：表示 age（年龄），范围从 0 到 30 及之上。	
内容	左图展示了不同性别的整体平均年龄，女性的平均年龄略低于男性。误差条（上方的小竖线）表示平均年龄的标准误差。 女性的平均年龄约为 29 岁，男性的平均年龄约为 31 岁。	右图进一步细分了 target 变量，展示了不同性别在 target 为 0 和 1 时的平均年龄差异：女性在 target 为 1 时年龄较大，而男性在 target 为 0 时年龄较大。

（续）

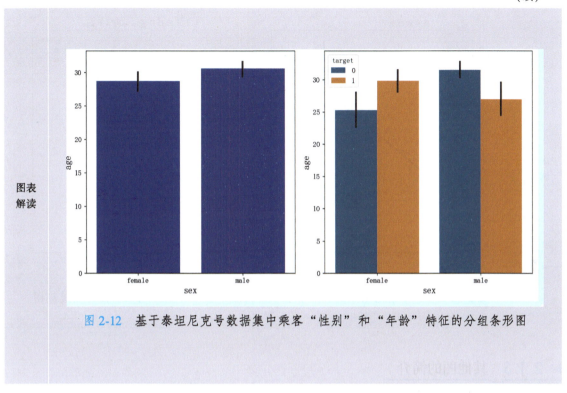

图 2-12　基于泰坦尼克号数据集中乘客"性别"和"年龄"特征的分组条形图

4. 点连接趋势图：连接估计统计值显示趋势

简介	点连接趋势图：用于绘制点图，通过点和线段来表示分类变量的统计值，适合于显示不同类别之间的趋势和比较。点图特别适合于显示随时间或其他连续变量的变化趋势。
核心代码	seaborn.pointplot(x=None, y=None, hue=None, data=None, **kwargs) ● 功能：用于绘制点图，显示一个或多个分类变量的估计统计值。点图通过点来表示估计的统计值，并通过线段将这些点连接起来，可以更清楚地显示趋势。 ● 参数：x 和 y 是数据集中的变量名，hue 是用于分类的颜色变量，data 是 DataFrame，其他参数用于控制图形的样式和布局。
图表解读	如图 2-13 所示，左图展示了不同性别与年龄关系分布的点状图，右图展示了不同性别以及目标变量（target）类别下的平均年龄。

	左图解读	右图解读
坐标轴	横轴（x 轴）：表示 sex（性别），包括 female（女性）、male（男性）两个类别。 纵轴（y 轴）：表示 age（年龄），范围从 0 到 32 及之上。	
内容	左图展示了不同性别的整体平均年龄，女性的平均年龄略低于男性，且误差条显示了年龄数据的变动范围。	右图进一步细分了 target 变量，展示了不同性别在 target 为 0 和 1 时的平均年龄差异：女性在 target 为 1 时年龄较大，而男性在 target 为 0 时年龄较大。

(续)

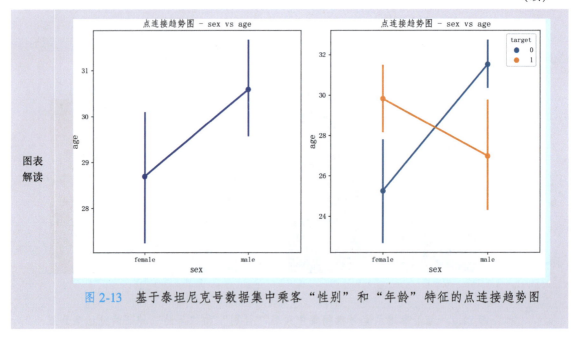

图2-13 基于泰坦尼克号数据集中乘客"性别"和"年龄"特征的点连接趋势图

2.1.3 其他图的简介

- 雷达图（Radar Chart）：雷达图是一种以雷达式显示多变量数据的图表形式，通过在同一张图上绘制多个变量的坐标轴，并连接数据点，展示了不同变量之间的关系和相对大小。雷达图常用于比较不同项目或个体在多个维度上的表现。

  如图2-14所示，雷达图展示了两个类别（0和1）在多个维度（pclass，age，sibsp，parch，fare，body）上的分布。变量的值越远离中心，表示该类别在该变量上的值越大。

- 词云图（Word Cloud）：词云图是一种通过将单词按照其重要性或频率排列，并以视觉上吸引人的方式显示的图表。通常情况下，频率较高的单词会以较大的字体尺寸显示，而频率较低的单词则以较小的字体尺寸显示。词云图常用于展示文本数据中的关键词、主题或热点。

  如图2-15所示，词云呈心形布局，展示了与人工智能（AI）相关的热门投资领域关键词，文字的大小表示关键词的热度。关键词如"智能"、"机器人"、"AI"、"大数据"、"人脸识别"等显示了人工智能领域的热点。

- 地理图（Geographic Map）：地理图是一种将数据与地理位置相关联的可视化方式，通常使用地图来显示数据的地理分布和空间关系。地理图可以展示地区之间的差异、趋势以及与地理位置相关的特征。比如，中国官方地理图展示了中国各省份的地理分布，可以根据需要进一步对一些省份和直辖市用高亮颜色标注，进而着重强调这些地区。

- 树状图（Tree Diagram）：树状图通常指决策树、随机森林等算法所生成的树状结构。比如，决策树通过逐步分割输入数据来构建树状结构，每个节点表示一个特征，每个分支表示一个特征取值，叶节点表示最终的分类或回归结果。

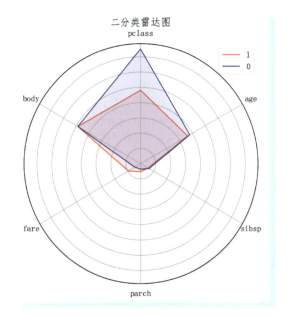

图 2-14　基于泰坦尼克号数据集中多个特征的雷达图　　图 2-15　基于"心型"的词云图

2.2　多图组合的简介及代码实现

简介	多图组合：多图组合侧重于通过多个图表的组合和交互展示复杂的数据关系。其目的是在一个视图中呈现多维度的信息，帮助用户深入理解数据。
特点	单关系图：展示两个变量之间的关系。 多变量关系矩阵图：展示多个变量之间的相互关系和相关性。 数据分组矩阵图：用于对数据进行分组展示，显示不同组之间的关系和差异。 交互性：允许用户通过交互操作（如点击、悬停）来查看不同数据维度的详细信息。

2.2.1　单关系图（Jointplot/JointGrid 函数）

简介	单关系图用于探索两个变量间的关系及其各自分布。
核心代码	seaborn.jointplot(x, y, data=None, kind="scatter", **kwargs) ● 功能：绘制具有边缘单变量图的二元图的网格。即用于创建一个显示两个变量之间关系的图形，同时显示它们的单变量分布（即边缘分布）。它可以创建散点图、回归图、密度图（如核密度估计图）等。它是 JointGrid 的高级封装，也可以通过参数调整来改变图形的外观和展示方式。 ● 参数：x 和 y 是数据集中的变量名，data 是 DataFrame，kind 是图形类型。比如，"scatter" 为散点图，"hist" 为直方图，"hex" 为六边形图，"kde" 为核密度估计图，"reg" 为线性回归图，"resid" 为线性回归的残差图。 seaborn.jointGrid(x, y, data=None, **kwargs)

核心代码	- 功能：创建一个图形网格，用于绘制两个变量之间的关系。jointGrid 和 jointplot 类似，可以定制更多属性，如标题、图例等，允许更灵活地定制联合图。同时，它比 jointplot 提供了更多的自定义选项，允许用户分别绘制上、下、左、右的图形。 - 参数：x 和 y 是数据集中的变量名，data 是 DataFrame。
图表解读	图 2-16 至图 2-18 所示的三张图分别用特征交互的散点图、特征交互的六边形图和核密度估计图展示了泰坦尼克号乘客的年龄与舱位等级之间的关系。通过这些图，可以更全面地了解乘客年龄在不同舱位等级上的分布情况。 - 散点图（内中心）中的每一个点表示一个乘客。从图中可以看出不同舱位等级的乘客年龄分布情况。图的上方和右侧分别有年龄和舱位等级的直方图（外边缘），显示了各变量的边际分布。 - 六边形图（内中心）展示了年龄与舱位等级之间的关系，使用不同颜色的六边形展示数据点的密度。颜色越深表示该区域的数据点越多，可以更直观地表示数据点的集中区域。图的上方和右侧分别有年龄和舱位等级的直方图（外边缘），显示了各变量的边际分布。 - 核密度估计图（内中心）使用等高线来表示年龄与舱位等级之间的联合分布密度。等高线越密集，表示该区域的乘客密度越高。图的上方和右侧分别有年龄和舱位等级的核密度估计曲线（外边缘），显示了各变量的边际分布。 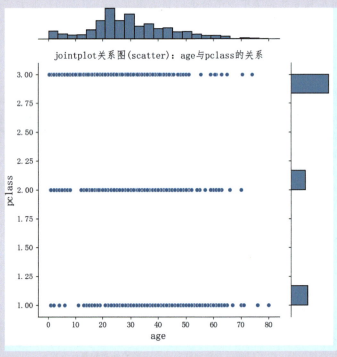 图 2-16　基于泰坦尼克号数据集中乘客"年龄"和"舱位等级"特征交互的散点图及其分布图

（续）

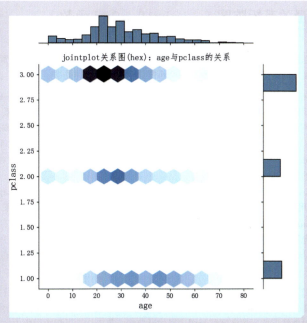

图 2-17　基于泰坦尼克号数据集中乘客"年龄"和"舱位等级"特征交互的六边形图及其分布图

图表解读

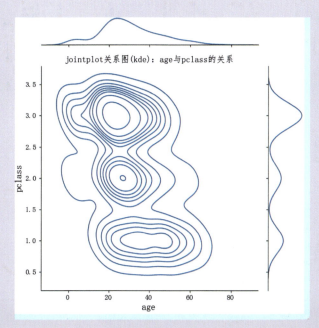

图 2-18　基于泰坦尼克号数据集中乘客"年龄"和"舱位等级"特征的核密度估计图及其分布图

2.2.2 多变量关系矩阵图（pairplot/PairGrid 函数）

简介	多变量关系矩阵图用于探索多个变量间的整体关系矩阵，初步检查或快速探索多个变量间的整体关系。如果绘制所有变量之间的关系矩阵图，那么每个小图显示变量之间的关系。
核心代码	seaborn.pairplot(data=None,hue=None,kind="scatter",diag_kind="hist",**kwargs) • 功能：用于创建一个坐标轴网格，显示数据集中所有变量之间的成对关系（默认自动获取所有数值型特征）的子图网格。它可以创建散点图、回归图、密度图等，并在对角线上显示每个变量的单变量分布（即边缘分布）。它是 PairGrid 的高级封装，可以帮助用户快速了解数据集中各个变量之间的关系。 • 参数：data 是 DataFrame，hue 是用于分类的颜色变量，diag_kind 用于设置对角线的图形格式，其他参数用于控制图形的样式和布局。 seaborn.PairGrid(data=None,hue=None,kind="scatter",palette="Set2",**kwargs) • 功能：用于创建一个坐标轴网格，显示数据集中所有变量之间的成对关系（默认自动获取所有数值型特征）。它比 pairplot 提供了更多的自定义选项，允许用户分别绘制上、下、左、右的图形。可以对每个子图进行不同设置，允许更灵活地定制成对图。 • 参数：data 是 DataFrame，hue 是用于分类的颜色变量，palette 用于设置调色板，其他参数用于控制图形的样式和布局。
图表解读	图 2-19 至图 2-21 所示三张图片分别使用不同的方式展示了数据集中的多变量关系。图 2-19 所示子图全部为散点图；图 2-20 所示对角线子图为直方图，非对角线为散点图；图 2-21 所示对角线子图为直方图，对角线上侧为回归图，对角线下侧为核密度估计图。通过这些图，可以全面了解数据集中的变量分布和变量之间的关系。 x 轴和 y 轴：每个子图的坐标轴代表数据集中的不同变量，如 age（年龄）、pclass（舱位等级）和 fare（票价）。 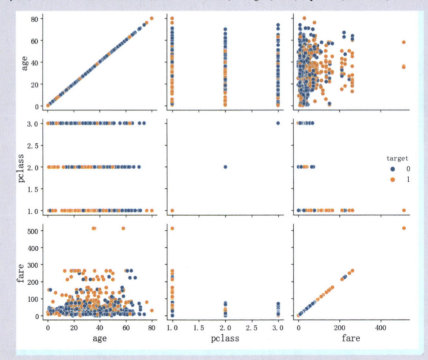

图 2-19　基于泰坦尼克号数据集中多个特征的矩阵分布散点图——pairplot 成对关系图（['scatter', None]）：数值型特征（自动）之间的关系

（续）

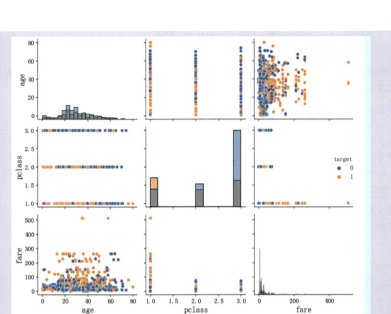

图 2-20　基于泰坦尼克号数据集中多个特征的矩阵分布散点图——pairplot 成对关系图（['scatter','hist']）：数值型特征（自动）之间的关系

图表解读

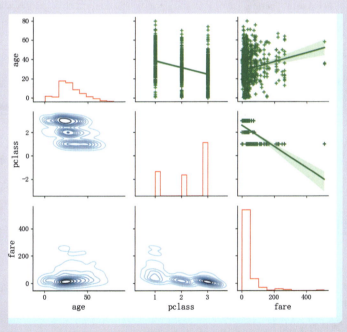

图 2-21　基于泰坦尼克号数据集中多个特征的矩阵分布图——PairGrid 成对关系图（['scatter','hist']）：数值型特征（自动）之间的关系

2.2.3 数据分组矩阵图（FacetGrid 函数）

简介	数据分组矩阵图用于分组比较不同情况下的关系。比如通过面板（facet）来分组数据，为每个分组绘制同样的图形类型（如散点图、直方图等），用于比较不同分组之间的差异。
核心代码	seaborn.FacetGrid(data, row=None, col=None, hue=None, **kwargs) • 功能：用于创建一个图形网格，用于绘制数据集中的变量，并根据行、列和颜色进行分类。它允许用户创建多个子图，每个子图显示不同变量的数据。它可以绘制基于不同子集数据的多个图形，子集数据由指定的变量分割。它可以帮助用户在同一个图形中同时比较多个子集数据的分布情况，通常结合其他绘图函数一起使用。 • 参数：data 是 DataFrame，row、col 和 hue 是用于分类的变量，其他参数用于控制图形的样式和布局。
图表解读	图 2-22 通过不同的子图展示了乘客年龄和票价在不同舱位等级和性别下的分布情况，并用颜色区分了目标变量（是否获救）的不同类别。总体来看，头等舱乘客的票价跨度较大，而三等舱乘客的票价集中在较低范围。此外，当乘客是女性且为头等舱时被获救（目标变量为1）的概率最大。 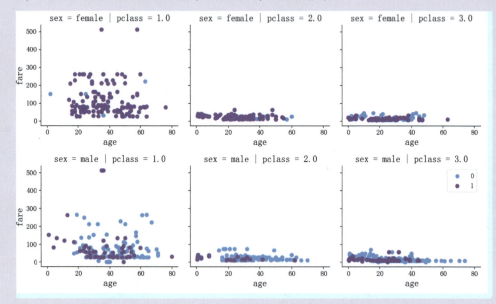 图 2-22　基于泰坦尼克号数据集中多个特征的数据分组矩阵图

2.3 三维图简介及其代码实现

简介	三维图主要侧重于通过三维空间来展示复杂的多维数据关系和模式。三维空间提供深度感和立体感使得数据的关系更加直观。
特点	不同三维图的特点如下。 三维散点图（3D Scatter Plot）：展示三个变量之间的关系。 三维柱状图（3D Bar Chart）：展示多个类别和多个变量的数值比较。 三维折线图（3D Line Chart）：展示数据随时间或顺序变化的多维趋势。 三维标签图（3D Label Chart）：在三维空间中标注数据点，提供额外的信息。

2.3.1 三维散点图、三维柱状图、三维折线图

简介	在数据科学的数据可视化领域,三维图通常用于展示具有三个维度的数据关系。它可以帮助用户更直观地理解数据之间的复杂关系,尤其是当有多个变量时。三维图常用于探索数据的特征之间的相互关系,或者展示某种模型的结果。
核心代码	ax = fig.add_subplot(111, projection='3d') ax.scatter(x, y, s=z, c=color, marker=marker, label=label, alpha=alpha, **kwargs) • 功能:用于绘制三维散点图,适合展示数据点的分布。 • 参数:x、y、z 代表数据点的坐标数组,c 代表数据点的颜色,marker 代表数据点的标记形状,label 代表图例的标签,alpha 代表散点的透明度。 ax = fig.add_subplot(111, projection='3d') ax.bar3d(x, y, z, dx, dy, dz, **kwargs) • 功能:适合展示具有三个独立变量的数据集,例如三维柱状图。它允许在三维空间中绘制一系列的条形,每个条形都有其特定的 x、y、z 坐标,即拥有长度、宽度和高度。 • 参数:x、y、z 定义了条形的角坐标,dx、dy、dz 分别定义了条形在 x 轴、y 轴和 z 轴上的长度、宽度和高度。 ax = fig.add_subplot(111, projection='3d') ax.plot(x, y, zs=z, c=color, linestyle=linestyle, linewidth=linewidth, **kwargs) • 功能:用于绘制三维线图,适合展示数据点随时间或其他变量的变化趋势。它将一系列的点连接起来,形成一条或多条线。 • 参数:x、y、z 是数据点的坐标数组,还可以指定颜色、线型、宽度等属性。
图表解读	图 2-23 通过三维散点图展示数据集中的不同类别数据点的分布情况。可以观察到不同乘客的年龄、票价、舱位等级之间的关系,以及生还与否的分布情况。这有助于理解特征之间的相互关系,并通过可视化的方式识别数据中潜在的模式或规律。

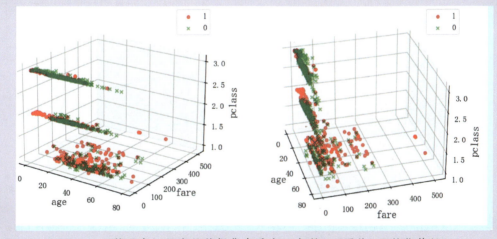

图 2-23 基于泰坦尼克号数据集中乘客"年龄""票价""舱位等级"以及目标变量特征的三维散点图

图 2-24 展示三维柱状图可视化数据集在三个维度上的分布情况。用户可以直观地看到每年每个季度的销售额分布情况。颜色和高度的结合使得用户能够快速识别不同年份和季度之间的销售额差异，并进行数据分析和决策。通过此三维柱状图，可以方便地观察数据在时间维度（年和季度）和数值维度（销售额）上的变化趋势，识别出销售的高峰和低谷。

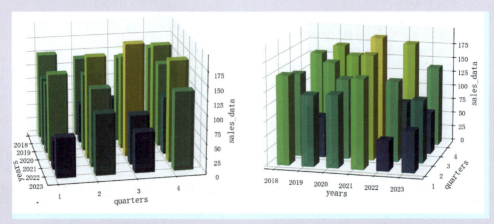

图 2-24　基于销售数据集中乘客"年度""季度"和"销售额"特征的三维柱状图

第三组图通过三维折线图展示了特定数据集在三个维度上的变化趋势。用户可以直观地看到不同年份在每个季度的销售额变化趋势。每条线代表一个年份的数据变化，可以观察到不同年份的销售趋势是否有明显的季节性变化，或者是否存在逐年增长或下降的趋势。这有助于用户分析和理解数据在时间维度（年和季度）上的动态变化，从而为制定业务策略提供支持。

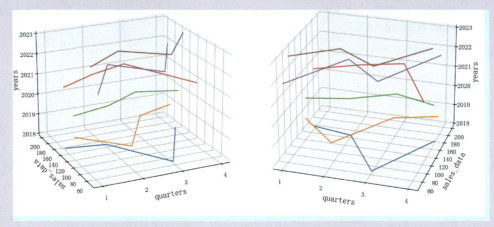

图 2-25　基于销售数据集中乘客"年度""季度"和"销售额"特征的三维折线图

这三组图形分别通过三维散点图、三维柱状图和三维折线图，直观地展示数据集在不同维度上的分布和变化情况。三维散点图有助于理解特征之间的相互关系，三维柱状图帮助识别数据在时间和数值上的变化，三维折线图则用于观察数据在时间维度上的动态趋势。通过这些可视化图形，用户可以更好地分析数据，发现潜在的模式，为决策提供支持。

2.3.2 三维标签图——八象空间三维图

简介	使用 Matplotlib 库中的 mpl_toolkits.mplot3d 模块创建了一个 3D 图形,并在该图形中绘制了坐标轴、八个象限的散点图以及标注说明。
核心代码	ax.scatter(x1_Up,y1_Up,z1_Up,c='r',s=marker_size,label=xyz1_Up_label_name) ● 功能:用于在 3D 图形中绘制散点图。 ● 参数:x1_Up, y1_Up, z1_Up 这三个参数表示散点的 x、y、z 坐标位置。c='r'这个参数指定了散点的颜色。在这里,颜色被设置为红色('r')。s=marker_size 这个参数指定了散点的大小。其中,marker_size 是一个变量,应该在代码中的其他位置定义了其具体数值。label=xyz1_Up_label_name 这个参数指定了散点的标签,即图例中对应的标签名称。其中,xyz1_Up_label_name 是一个变量,应该在代码的其他位置定义了其值。 ax.text(x1_Up,y1_Up,z1_Up,s=xyz1_Up_label_name,color='r',fontsize=11) ● 功能:用于在 3D 图形中添加文本标注。 ● 参数:x1_Up, y1_Up, z1_Up 这三个参数表示文本标注的位置,与散点相同。s=xyz1_Up_label_name 这个参数指定了要显示的文本内容,即象限的名称。其中,xyz1_Up_label_name 是一个变量,应该在代码的其他位置定义了其值。color='r'这个参数指定了文本的颜色。在这里,颜色被设置为红色('r')。fontsize=11 这个参数指定了文本的字体大小。在这里,字体大小被设置为 11 个单位。
图表解读	图 2-26 展示了不同类别数据点在三维空间中的分布情况。通过这样的三维空间标签图,可以直观地了解不同类别客户在三维空间中的分布情况,帮助分析者更好地理解客户数据,并可能为进一步的客户分类分析提供参考。 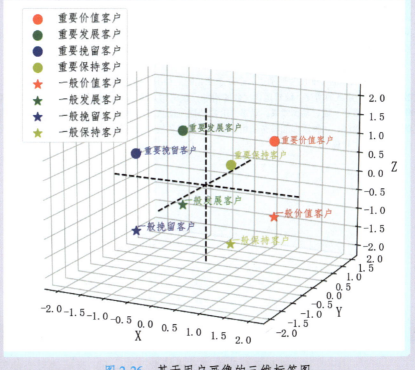 图 2-26 基于用户画像的三维标签图

2.4 动态图简介及其代码实现

简介	动态图侧重于通过时间或交互性展示数据的变化和趋势。其目的是让用户能够动态地探索和分析数据变化，获取更深入的洞察。比如，允许用户通过交互操作（如拖动、缩放）来查看不同时间点或维度的数据变化。
特点	两种动态图的特点如下。 动态趋势图（Dynamic Trend Chart）：展示数据随时间变化的趋势，通常通过动画效果呈现。 动态轨迹图（Dynamic Trajectory Chart）：展示数据点在空间或时间上的轨迹和运动路径。

2.4.1 动态趋势图

简介	在数据科学的数据可视化阶段中，动态趋势图扮演着重要角色。它们能够以动画的形式展示数据随着时间、迭代或其他变量的变化，从而更直观地展示数据的动态特性和趋势。动态趋势图通常用于展示时间序列数据的趋势、模型训练过程中的指标变化、优化算法的收敛过程等。它们可以提供更丰富的视觉信息，帮助数据科学家和决策者更好地理解数据，做出更准确的分析和决策。
核心代码	FuncAnimation(fig, func, frames=None, init_func=None, blit=False, **kwargs) • 功能：FuncAnimation 是 Matplotlib 库中的一个动画功能。它允许创建动态图，其中图形的更新是由一个函数控制的。这个函数通常称为"更新函数"，它接受一个参数（在这个例子中是 epoch），并使用这个参数来更新图形中的数据。 • 参数：fig 用于绘图的 Figure 对象，func 是更新函数，frames 指定动画的帧数，init_func 是初始化函数用于设置初始状态，blit 用于控制是否使用 blitting 优化，以确定是否加快动画的更新速度。
图表解读	如图 2-27 所示的 GIF 图片展示了一个动态变化的趋势图，描述了训练过程中损失函数（Loss）的值随迭代次数（Epoch）递减的情况。随着迭代次数的增加，损失值逐渐减小，呈现出下降的趋势。这表明模型在逐渐优化，误差在减小。通过动画效果，动态 GIF 趋势图生动直观地展示了数据的变化过程，使观众更容易理解数据的动态变化趋势。这种图形能够帮助用户更好地理解和展示模型训练过程中损失函数的变化，为分析模型的优化效果提供了直观的支持。 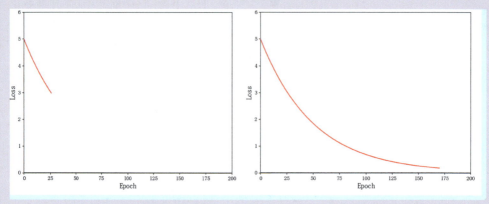 图 2-27 损失函数的值随迭代次数（Epoch）衰减的动态趋势图

2.4.2 动态轨迹图

简介　在数据科学和机器学习任务中的数据可视化阶段，动态轨迹图作为一种重要的可视化技术，用于展示地理空间数据的动态变化情况，特别适用于展示地理轨迹、路径等信息的变化趋势。这种图表通常呈现为一系列地点之间的连接线或箭头，表示地点之间的移动路径或流向。

图表解读　图 2-28 所示动态轨迹图通过结合热点图和箭头流向图，生动地展示了 A、B、C、D 四个城市的地理位置及其之间的动态流动路径。通过这种可视化手段，用户可以直观地了解城市的热度和流动关系，为数据分析和决策提供了有力支持。

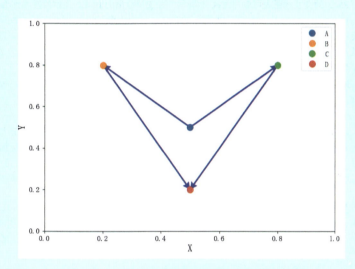

图 2-28　带有热点和箭头流向的动态轨迹图

2.5 常用的图可视化相关库

2.5.1 常用库的概述

常用的库　数据可视化常用的库包括 Matplotlib、Seaborn、Plotly、pyecharts、pandas、Bokeh、D3.js、ggplot2、Altair，以及 Tableau、Power BI 等。这些库提供了丰富的功能和灵活性，可以满足不同类型和复杂度的数据可视化需求。

在数据科学和机器学习任务中，数据可视化有很多种方法实现，比如采用编程语言或者诸如 Tableau、Power BI 之类的第三方工具。在本书中，为了在实现上更具有灵活性和自主性，主要采用 Python 语言实现。在 Python 编程语言中，常用的图可视化相关库包括 Matplotlib、Seaborn、Plotly 和 pyecharts 等。

分类	下面是对在数据科学和机器学习任务中常用的图可视化相关库的介绍。 • Matplotlib：在 Python 中，Matplotlib 是最常用的绘图库之一。其目标是为 Python 提供类似于 MATLAB 的绘图功能。许多其他 Python 可视化工具都是基于 Matplotlib 开发的，包括 pandas 和 Seaborn。Matplotlib 提供了广泛的绘图功能，包括线图、散点图、柱状图、饼图、3D 图等。它的接口相对较低级，允许用户完全控制图表的细节。此外，Matplotlib 也支持在 Jupyter Notebook 等环境中进行交互式绘图。 • Seaborn：Seaborn 是建立在 Matplotlib 之上的统计数据可视化库。它旨在提供更简单的 API 和更美观的默认样式，以绘制统计图表。Seaborn 提供了一系列高级接口，用于绘制常见的统计图表，如散点图、箱线图、分布图、热力图等。它也能够与 pandas 数据结构无缝集成，使得数据可视化变得更加简单和直观。 • Plotly：Plotly 是一个支持交互式绘图的数据可视化库，提供了 Python、R、JavaScript 等多种语言的 API。Plotly 提供了丰富的图表类型，包括线图、散点图、柱状图、3D 图等，并支持丰富的交互功能，如缩放、悬停、点击等。Plotly 的交互式图表可以在 Web 上展示，并支持导出为 HTML 文件或嵌入到 Jupyter Notebook 中。 • pyecharts：pyecharts 是一个基于 ECharts 的 Python 可视化库，由 Apache ECharts 团队开发。ECharts 是一个由百度开发的开源可视化库，支持各种图表类型和丰富的交互功能。pyecharts 提供了丰富的图表类型，包括柱状图、折线图、饼图、地图、热力图等，并具有良好的交互性，支持悬停、点击、缩放等交互操作。由于 pyecharts 基于 Web 技术实现，因此生成的图表具有良好的跨平台性和可移植性。 • pandas：pandas 是一个数据分析库，提供了数据结构和函数，可用于数据清理、整理和初步分析，同时也包含了部分数据可视化的相关函数。 • Bokeh：Bokeh 专注于创建大规模、交互式和可扩展的可视化图表。 • D3.js：D3.js 是一个基于 JavaScript 的库，用于生成动态和交互式数据可视化，适用于网页嵌入。 • ggplot2：ggplot2 是一个用于数据可视化的 R 语言库，基于 Grammar of Graphics 构建，简化了图表的创建过程。 • Altair：Altair 是一个基于 Vega 和 Vega-Lite 的 Python 可视化库，提供了一种声明性的方法来创建图表。
总结	数据可视化技术通过将复杂的数据以图形化方式展示，提高了数据理解和分析的效率，帮助发现潜在问题，支持决策，并有效传达信息。随着数据量的不断增长，数据可视化在各个领域的应用越来越广泛，其重要性也日益凸显。通过合理选择图表类型和使用合适的可视化库，可以更好地实现数据价值的最大化。

2.5.2 不同库的对比

在 Python 语言中，常用的图可视化库有很多。表 2-2 从多个不同的维度对比 Matplotlib、Seaborn、Plotly、pyecharts 库。

表 2-2 四个常见可视化库的对比

	Matplotlib	Seaborn	Plotly	pyecharts
简介	Matplotlib 是最早、最大、最全面的 Python 数据可视化库之一，拥有非常丰富的图表类型，如线图、散点图、柱状图、饼图等	Seaborn 是基于 Matplotlib 的一个数据可视化库，它提供了更高层次的图表封装，简化绘图过程，使用难度低	Plotly 是一个交互式图表库，支持动态数据分析，支持多种输出格式（如 html），支持多种编程语言（如 Python），并提供在线可视化平台	pyecharts 是一个基于 Echarts 的 Python 数据可视化库，专门用于制作中文图表，多用于产品展示交互案例
特点	兼容性、定制性、扩展性	美观性、易用性、侧重数据挖掘和统计任务	交互性、丰富的图表类型、在线分享	中文支持、动态效果、地图支持

（续）

	Matplotlib	Seaborn	Plotly	pyecharts
易用性	作为Python最早的可视化库之一，它提供了非常强大的绘图功能，但对于初学者来说，有时候需要花费一些时间来学习其API	建立在Matplotlib之上，提供了更高级别的接口和更美观的默认样式，使得可视化更加简单	提供了交互性可视化的强大功能，通过Plotly Express接口可以很容易地生成复杂的图表，同时支持绘制动画、3D图等	以ECharts为基础，通过Python接口实现，提供了丰富的图表类型和交互功能，适用于生成交互式的数据可视化
可视化类型	支持大多数常见的2D图和一些基本的3D图	主要用于统计数据可视化，提供了更高级别的接口，方便绘制统计图表，如散点图、箱线图、分布图等	支持丰富的图表类型，包括线图、散点图、柱状图、热力图、地图等，还支持绘制动态图和3D图	支持的图表类型非常丰富，包括柱状图、折线图、饼图、地图、热力图等，且具有良好的交互性
交互性	基本的交互功能，相比其他库较为有限	主要专注于静态图，交互性相对较弱	以交互性为重点，可以生成高度交互式的图表，支持缩放、悬停、点击等操作	通过Web技术实现了强大的交互功能，支持丰富的交互操作和动画效果
性能	性能良好，适合绘制中小规模的静态图	基于Matplotlib，性能与Matplotlib相当	对大规模数据和复杂图表的性能表现良好，但生成图表时可能稍慢	由于采用了Web技术，渲染性能较Plotly略差，但在大多数情况下仍表现良好
社区支持和文档	作为历史最悠久的库之一，拥有庞大的社区和丰富的文档资源	虽然相对年轻，但也有较大的社区支持，文档相对丰富	拥有活跃的社区和详细的文档，同时也有大量示例和教程	在国内拥有较大的用户群体，有着丰富的中文文档和社区资源

数据科学任务完整流程

图 3-1 为本章内容的思维导图。

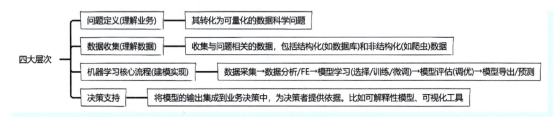

图 3-1　本章内容的思维导图

3.1　数据科学任务流程概述

简介	数据科学任务流程是一组迭代的数据科学步骤，用于完成项目或分析。尽管每个数据科学项目和团队可能有所不同，但大多数数据科学项目通常会经历相同的一般数据科学步骤生命周期。 本章节总结了数据科学任务流程的通用核心步骤，包括问题定义、数据收集、数据准备预处理与特征工程、模型建模与训练、模型评估、模型部署、模型维护、决策支持等，并分为了四大层次。当然，这些步骤并不是线性的，可以根据项目的需要在各个步骤之间自然地迭代，以确保项目的成功。

在数据科学任务流程中，四大层次的具体内容见表 3-1。

表 3-1　数据科学任务流程四大层次

	阶段	主要工作	作用及其意义	技术/工具
四大层次	问题定义（理解业务）	• 确定业务问题，明确要解决的问题和目标。 • 将业务问题转化为可量化的数据科学问题	• 明确项目的方向和目标，确保数据科学工作的目标与业务需求一致。 • 帮助团队理解问题的背景和重要性，确保各方对项目有共同的理解	如业务沟通、利益相关者会议、问题拆解

第 3 章 数据科学任务完整流程

（续）

阶段	主要工作	作用及其意义	技术/工具
数据收集（理解数据）	• 收集与问题相关的数据，包括结构化（如数据库）和非结构化（如爬虫）数据。 • 从不同数据源收集数据，并将其存储在一个地方以便后续分析。 • 主要涉及数据库技术和大数据技术来管理数据	• 提供项目所需的原始数据基础，确保后续分析有足够且合适的数据支持。 • 通过收集多种数据，增加数据的多样性和全面性，提高分析结果的可靠性	如数据库（如 MySQL/MongoDB 等）、数据湖/数据仓库、ETL 工具（如 Apache NiFi）、API 调用、爬虫工具（如 scrapy）等

机器学习核心流程步骤具体见表 3-2。

表 3-2 机器学习的核心流程步骤

	阶段	主要工作	作用及其意义	技术/工具
四大层次	数据准备（预处理）	检查和清洗原始数据，比如统一数据格式、转换数据类型、修正数据错误、删除重复值、处理缺失值、检测异常值、归一化等	消除噪声和异常值，确保数据质量，使数据集更加可靠，分析结果更加可信	SQL、Python（pandas、NumPy）、R（dplyr） 数据清洗开源工具（如 OpenRefine）
	数据探索	进行数据可视化和描述性统计分析。通过可视化形式，可以与没有技术背景的利益相关者进行有效沟通	发现数据中的模式、趋势和关系，为进一步的建模和分析提供基础	Python（pandas、Matplotlib、Seaborn、Plotly） R（ggplot2） 数据可视化工具（Tableau、PowerBI）
机器学习核心流程（建模实现）	特征工程	从原始数据中挖掘、抽取、创建有价值的新特征，比如特征选择、特征编码、特征构造、特征转换、特征降维等	挖掘和提取有价值的特征，提升模型的预测能力	Python（pandas、Featuretools、Scikit-learn）
	模型建模（模型训练）	选择合适的模型，调整模型参数，根据数据特性和问题类型进行训练，进而拟合模型	使用机器学习和深度学习技术建立预测模型，解决具体问题	Python（Scikit-learn、TensorFlow、PyTorch） R（caret）
	模型评估	使用交叉验证和混淆矩阵等技术评估模型性能。主要涉及测试模型，收集反馈，迭代循环，直到结果满意。常见指标：如 ACC、AUC、F1、MAE、RMSE 等	确保模型在实际应用中的有效性和可靠性	Python（Scikit-learn）

(续)

阶段		主要工作	作用及其意义	技术/工具

(续)

阶段		主要工作	作用及其意义	技术/工具
四大层次	机器学习核心流程（建模实现）	模型部署	将训练好的模型部署到生产环境中。设置必要的基础设施和接口，确保模型能够被访问和使用。部署阶段需要确保模型的稳定性和可扩展性。 • 常见部署方式有API、Web服务、移动应用等。获得模型的最佳方法是构建一个API，然后与其他系统集成	这是一种交付机制，将模型提供给用户或另一个系统。使模型在实际业务中进行预测服务，集成到生产环境的系统中	模型转换、容器化（Docker、Kubernetes） Web应用程序框架（Python：Flask、FastAPI，R：Shiny） 模型部署平台（TensorFlow Serving、Clipper） 云服务（AWS、Azure、Google Cloud）
		模型监控（模型运维）	监控模型在生产环境中的表现。根据需要及时更新模型，以适应新的数据和业务变化	确保模型长期稳定运行，并在性能下降时进行调整和重新训练	监控工具（Prometheus、Grafana）、版本控制（Git）
	通过以上步骤，数据科学项目能够系统地处理和分析数据，生成可靠的预测模型，并确保其在生产环境中的有效应用。			
	决策支持	• 将模型的输出集成到业务决策中，为决策者提供依据。 • 通过数据讲故事的方法，解释模型的结果和影响。	• 确保数据科学成果能够真正应用于业务决策，提升业务价值。 • 通过清晰的解释和可视化，帮助决策者理解复杂的模型结果，做出明智的决策。	• 模型解释工具：SHAP、LIME • 可视化工具：Python（matplotlib、seaborn）

3.2 问题定义

图3-2为本小节内容的思维导图。

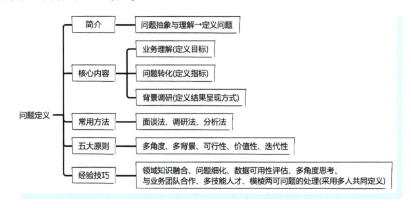

图3-2 本小节内容的思维导图

第 3 章 数据科学任务完整流程

简介	问题定义是数据科学生命周期中的第一步,也是数据科学任务中至关重要的阶段,它为整个项目奠定了基础。问题定义阶段是数据科学项目的起点,它涉及理解业务需求、确定问题的主题、范围、明确研究目的和项目目标,并将业务问题转化为可量化、可解决的数据科学问题。这一阶段的成功与否直接影响整个项目的成败。 ● 目标:明确解决什么问题,而问题定义的质量将直接影响后续工作。具体来说,明确要解决的具体问题和问题相关背景。识别关键利益相关者,制定初步项目计划。此阶段应确定项目价值、风险、参与者、资源需求等,将业务问题转化为数据科学问题。 ● 意义:为数据收集、建模、结果解释等一系列步骤提供明确的方向。通过深入理解业务问题和需求,确保数据科学项目能够产生实际业务价值。
核心内容	需要考虑实际业务问题,了解相关领域的知识,确定分析的数据来源,定义需要分析的指标和目标,以及确定最终的结果应该是什么样的。具体内容如下所示。 ● 业务理解(定义目标):深入了解业务领域,与领域专家合作,明确业务目标、需求和限制条件。 ● 问题转化(定义指标):将业务问题转化为可量化的数据科学问题,即将数据问题转化为可操作的内容,通过明确预测、分类、聚类等任务,进而定义或采用相关的量化指标。 ● 背景调研(定义结果呈现方式):研究领域内最新的技术和方法,了解相关研究和实践案例。确定结果的呈现方式,使其对业务决策有意义。
常用方法	在问题定义阶段,常用方法包括面谈法、调研法、分析法,具体如下所示。 　　T1(方法1)、面谈法:与业务团队和相关领域专家召开会议,通过例如连续提出多个问题的方法进行业务问题讨论和明确目标。 　　T2(方法2)、调研法:通过文献和数据调研,了解相关领域的研究和数据情况。 　　T3(方法3)、分析法:通过数据分析方法,识别问题和解决方案。比如对问题采用SWOT分析,确保全面了解问题的各个方面。之后,再分析问题的解决方案,例如是采用机器学习还是其他方式。
五大原则	在问题定义阶段,先确定问题的整体目标,然后再逐渐精准和缩小范围。具体的原则如下所示。 ● 多角度(确保问题正确和明确):确保问题清晰明确,能够被具体解决。问题定义要能清楚描述问题背景、目标、范围和筛选标准。通过多角度的分析,确保问题的全面性和准确性。 ● 多背景(获取尽可能多的背景信息):了解数据的来源和质量,确保数据可靠性。需要尽可能多的背景信息才能使数字成为洞察力。 ● 可行性(技术上可操作性):问题定义要考虑可获得的数据和可实施的范围,确保技术上可操作和实现。 ● 价值性(以业务为导向):问题定义应始终以业务需求为导向,确保解决的问题对业务有实际价值。 ● 迭代性:问题定义是一个迭代的过程,需要不断地更新和完善。通过实践检验和数据分析,不断修正和改进问题定义。
经验技巧	在问题定义阶段,常用的经验技巧如下所示。 ● 领域知识融合:将数据科学与领域知识相结合,以确保问题定义具有实际意义。这要求团队与领域专家密切合作,确保建模过程中考虑到业务的实际需求。 ● 问题细化:将整体问题拆解为更小、可管理的子问题,有助于更好地建模和解决。通过细化问题,团队能够更清晰地了解需要解决的各个方面,并有助于确定合适的数据科学方法。 ● 数据可用性评估:在问题定义阶段,评估可用数据的质量、完整性和可靠性至关重要。团队需要明确哪些数据可用,它们的来源,以及是否符合问题解决的要求。这有助于避免在后续阶段出现数据质量问题。 ● 多角度思考:从不同角度全面思考问题,确保考虑到业务、技术和数据等多方面因素。这有助于发现问题的多重视角,提高问题定义的全面性和准确性。 ● 与业务团队合作:与业务团队和数据科学团队保持密切合作,确保对问题的共同理解。有效的沟通和合作是问题定义阶段成功的关键,确保团队在问题定义上达成一致,共同为解决方案奠定基础。 ● 多技能人才:在问题定义阶段,一般由项目负责人或产品经理负责,并且需要同时具备领域知识、数据分析、建模技能、业务分析等多技能的团队成员。这确保了团队能够全面理解问题,并从多个角度制定解决方案。 ● 模棱两可问题的处理:在实际的问题定义阶段,经常会遇到模棱两可的意见。如果业务人员提出的问题存在模棱两可的意见时,多人共同定义的方法是一种常用而有效的策略。这有助于确保问题定义的清晰性和准确性。例如,通过组织研讨会或会议,来确保多人的观点都被考虑。

3.3 数据认知

图 3-3 为本小节内容的思维导图。

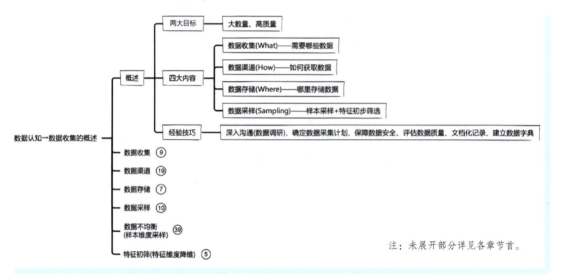

图 3-3 本小节内容的思维导图

3.3.1 数据认知概述

简介	数据认知阶段是数据科学任务流程中的关键环节，其核心在于全面了解和准备所涉及的数据，为后续的分析和建模奠定可靠的基础。数据认知阶段涉及确定需要采集的数据类型、数据来源、数据存储方式以及数据采样策略等。这一阶段的目的是确保获得的数据既高质量又可靠，同时数量足够满足业务需求，并为机器学习任务做好准备。 ● 本质：数据认知的本质是通过对数据的全面了解，为数据分析和建模提供坚实的基础。数据被视为机器学习的核心，因为它们是寻找答案、发现模式和讲故事的基石。 ● 目的：数据认知的主要目的是确保数据的数量和质量能够满足业务需求，为后续的分析和建模提供必要的前提条件。 ● 意义：数据认知阶段的作用在于为解决已定义问题提供必要的见解。数据的数量和质量直接影响到后续分析的可靠性和模型的准确性。因此，这个阶段的意义在于确保数据准备工作得到妥善处理，以便在数据分析过程中能够提取出有价值的信息。
四大内容	本小节介绍数据收集、数据获取、数据存储和数据采样。 ● 数据收集（What）——需要哪些数据：确定需要哪些数据来解决问题，并从不同的来源进行收集。 ● 数据获取（How）——如何获取数据：明确如何获取数据，包括数据传输途径和协议。 ● 数据存储（Where）——哪里存储数据：选择合适的方式来存储收集到的数据，以便于后续的访问、处理和分析。 ● 数据采样（Sampling）——样本采样+特征初步筛选：从大规模数据集中选择样本，以便在初步分析阶段快速了解数据的特征，并进行特征的初步筛选。

（续）

经验技巧	在数据认知阶段，以下经验技巧可帮助确保任务顺利进行。 - 深入沟通（数据调研）：此阶段需与利益相关者频繁交流，以提升对问题的深度理解。尤其是与业务团队和数据提供方进行深入沟通，全面了解业务需求和数据特征。即使是初步发现也应当向利益相关者呈现，并积极征求反馈，确保对需求的准确理解。 - 确定数据采集计划：在数据采集之前，制定详细的数据采集计划。该计划应包括数据类型、来源、数量以及质量标准等详细信息，为后续工作提供清晰的指导。 - 保障数据安全：数据安全和隐私保护是数据收集的核心问题。在整个数据采集过程中，必须遵守相关法律和隐私规定，确保数据的安全性和合规性。 - 评估数据质量：数据的完整性、一致性和可信度是数据质量的关键指标。进行数据质量评估，包括数据去重、验证、缺失值处理等质量控制步骤，以确保数据质量满足任务要求。 - 文档化记录数据收集过程：记录详细的数据收集过程，包括数据来源、采集日期、质量控制和数据转换过程等。这有助于日后的沟通和解释，提高团队协作效率。 - 建立数据字典：建立数据字典，详细记录数据的含义、格式和来源。这有助于整个团队共同理解数据，提高沟通效率和协作水平。

3.3.2 数据收集

图 3-4 为本小节内容的思维导图。

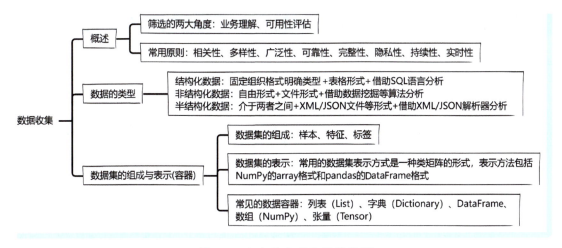

图 3-4 本小节内容的思维导图

1. 数据收集概述

数据收集（What）——需要哪些数据

简介　　在数据收集阶段，主要关注的是从不同来源获取所需的数据。这一阶段涉及结构化和非结构化数据的收集，其目标是确保收集到的原始数据与问题域（前边已定义问题）相关。这些数据可能包括传感器数据、数据库中的信息、外部数据源等。数据收集时，需要考虑数据的来源、格式、频率和时效性。在机器学习项目中，数据采集阶段尤为关键，因为数据的质量和多样性将直接影响最终模型的性能和结果的可靠性。

　　注意，本阶段的数据收集可能包含一些基础的数据处理，用于确保数据初步可用。但是，这些处理较为简单，目的是让数据准备好进入后续的分析阶段。而在后续机器学习的核心流程中的数据预处理阶段，将进行更全面和深入的数据处理，以满足模型训练的高标准需求。

(续)

筛选角度	在数据收集阶段，筛选的角度如下所示。 • 基于业务理解：目的是找出所有可能影响目标变量的自变量。 • 数据的可用性评估：考虑数据的获取难度、覆盖率和准确率。
常用原则	在数据收集过程中，应遵循以下原则。 • 相关性：只收集与问题有关且有助于分析和决策的必要数据。 • 多样性：可以从多种不同渠道和数据源中主动获取信息。 • 广泛性：旨在获取全面、多角度的数据，以支持综合性分析。 • 可靠性：保证数据的质量和可靠性，重视数据来源和质量，评估存在的偏差和噪声。 • 完整性：尽量确保收集的数据完整，不漏失重要信息，以减少偏差和缺失值，避免对后续分析产生偏见。 • 隐私性：在数据获取和存储过程中，遵循相关法规和隐私保护原则，确保敏感信息得到妥善处理。 • 持续性：不断收集新数据来更新和扩充数据集。 • 实时性：涉及实时数据的收集，以满足及时性需求。

2. 数据的类型

在数据收集阶段，数据的类型主要包括结构化数据、非结构化数据和半结构化数据。三种数据类型的对比见表 3-3。

表 3-3 结构化数据、非结构化数据、半结构化数据的对比

	结构化数据	非结构化数据	半结构化数据
关键词	固定组织格式（明确类型） 表格形式 借助 SQL 语言分析	自由格式 文件形式 借助数据挖掘等算法分析	介于两者之间的格式 XML/JSON 文件等形式 借助 XML/JSON 解析器分析
简介	结构化数据，是按照明确定义（或预定义）的固定格式来组织、存储和管理的数据。通常存储在关系型数据库中，以表格形式呈现	非结构化数据是指以自由形式存储的数据，没有固定格式或规则，难以使用关系数据库进行管理。通常以文本、图像等形式存在，难以用传统的表格结构表示	具有结构化与非结构化数据的特征，有一定的结构但没有严格的表格结构。比如不同记录可能包含不同类型的字段。 非结构化数据可能包含不规则的格式和可变的字段；结构化数据可能包含一些预定义的标记或元数据，这些标记可以用于表示数据的结构和关系
表现和存储方式	数据以表格形式组织的数据，通常存储在关系型数据库（RDBMS，如 MySQL、Oracle）中。具有明确的字段和数据类型，易于处理和管理。每一行代表一个记录，每一列代表一个属性或字段	数据以自由格式存在，没有明确定义的数据结构和格式（即没有固定的列和行），通常可以存储在文件文档、NoSQL 数据库中。典型的非结构化数据类型包括文本、图像、音频、视频等	半结构化数据通常以 XML、JSON、YAML 或 NoSQL 数据库等格式存储
查询和分析的工具	支持使用 SQL 等查询语言对关系型数据库管理系统进行复杂的查询和分析，可以轻松进行排序、过滤和查询	查询和分析较为困难，通常需要使用特殊的技术，比如数据挖掘算法、自然语言处理（NLTK、spaCy）、图像处理库（OpenCV）、音频处理工具（Librosa），以便从大量的无序数据中提取有用的信息	查询相对灵活，可以使用类似 XPath（对 XML）或 JSONPath（对 JSON）的语言进行查询。需要特定的工具和技术，如 NoSQL 数据库（MongoDB、Cassandra）、XML/JSON 解析器

第3章 数据科学任务完整流程

（续）

	结构化数据	非结构化数据	半结构化数据
示例	订单信息表中，包括订单号、客户名、产品、数量等字段	社交媒体评论、图像识别结果、音频文件记录等	XML格式的配置文件、JSON格式的API响应
应用领域	金融领域、数据库管理系统、企业资源规划（ERP）等	社交媒体分析、图像识别、自然语言处理等	Web数据抓取、配置文件、日志文件分析等
数据类型	典型的结构化数据类型包括整数、浮点数、字符串、布尔型、日期等。 • 数值型（Numerical）：用来表示数量的数据类型并可以算术运算和比较，比如整数、浮点数和分数等。 • 字符型（Character）：由字符和字符串组成，用于表示文本和符号。比如人名、地址、电子邮件和电话号码等。 • 布尔型（Boolean）：用于表示逻辑条件，只有两种取值，比如True和False。 • 时间型数据（Time）：用于表示时间。比如订单日期、创建日期、生日等	非结构化包括文本型、图像型、音频型、视频型等。 • 文本型（Text）：包括各种文档、日志文件、社交媒体帖子等，通常以纯文本形式存在，也可以是富文本格式，如HTML。 • 图像型（Image）：用于表示视觉信息，包括照片、图形、扫描文档等。常见的图像文件格式包括JPEG、PNG、GIF等。 • 音频型（Audio）：用于表示声音或音乐内容，包括语音录音、歌曲、音效等。常见的音频文件格式包括MP3、WAV、AIFF等。 • 视频型（Video）：用于表示动态影像内容，包括电影、视频片段、动画等。常见的视频文件格式包括MP4、AVI、MOV等	半结构化数据在各种数据应用场景中都有广泛的应用，如Web数据挖掘、文本数据分析和大数据处理等。 • XML：可扩展标记语言。 • JSON：JavaScript对象表示法

3. 数据集的组成与表示（容器）

数据集的组成	数据集的组成主要包括样本、特征、标签等内容。 样本（Instances）：数据集的基本单元是样本，也称为实例或观测。每个样本通常表示数据中的一个个体或事件，可以是一行记录（数据库）、一张图片、一段文本、一个声音片段等，具体取决于问题的性质。 • 模型通过学习多个样本来建立对输入和输出之间的关系。 特征（Features）：特征是数据集中的输入变量，用于描述每个样本的属性或特性。特征可以是数值型、类别型或其他类型的数据。在图像数据中，像素值可以作为特征；在文本数据中，单词或词向量可以作为特征。 • 在机器学习中，特征是模型学习的基础。 标签（Labels）：如果是对于监督学习问题，样本还会有一个关联的标签，表示样本所属的类别或目标值。目标可以是二分类、多分类或回归问题中的数值。标签可以是类别型（分类任务）或数值型（回归任务）。 • 在机器学习中，标签是模型需要预测的结果。 在机器学习案例中，常见的主要是有监督学习任务，其中数据集的组成主要包括两类数据：用于预测的特征x和要预测的结果y。预测目标y可以有多种数据类型，一种常见的情况是y是实数类型，例如，预测消费者会花多少钱，这类任务称作回归任务。
数据集的表示	数据集的表示在机器学习项目中至关重要，尤其是对于结构化数据。结构化数据通常以类矩阵的形式表示，其中每一行代表一个样本，每一列代表一个特征。这种表示方法允许使用诸如NumPy的array和pandas的DataFrame等数据结构，它们分别适用于不同的数据处理和分析需求。

·49

(续)

数据集的表示	尽管如此，从统计学的角度看，将数据集视为矩阵有时可能过于严格。在统计学中，矩阵的元素通常是数值类型，可以进行数学运算，如加法、乘法和转置。但在机器学习中，样本特征可能包含不同类型的数据。例如，某些特征可能是连续的数值（如年收入），而其他特征可能是类别变量（如婚姻状态），这些类别变量通常不能进行数学运算。为了处理这些多样化的数据类型，Python 提供了多种数据容器。
常见的数据容器	在数据科学领域，本阶段主要以数据科学的视角进行分析，主要研究对象是结构化数据。而 Python 作为一种高效、灵活的编程语言，提供了多种数据容器来适应不同的数据处理需求。具体如下所示。 • 列表（List）：列表是 Python 中的一种有序可变序列，能够存储不同类型的数据。它支持动态地增加、删除或修改元素，适合处理动态变化的数据集合。 • 字典（Dictionary）：字典是一种键值对的无序集合，通过键快速访问存储的值，适用于需要通过特定键快速查找数据的场景，如结构化数据的索引和映射。Python 的 JSON 库可以将 JSON 数据转换为字典，便于处理非结构化数据。 • DataFrame：DataFrame 是 pandas 库提供的一种二维标记数据结构，用于处理结构化数据，类似于 Excel 表格或 SQL 表。它由行和列组成，每列可以是不同的数据类型。DataFrame 支持丰富的数据处理功能，如数据清洗、转换、聚合等，是数据分析的基石。 • 数组（NumPy）：NumPy 库提供了多维数组对象，是进行科学计算的基础。NumPy 数组由同类型数据组成，能够有效地进行数值运算，并且提供了大量的数学函数库。它适用于矩阵计算、统计分析等数值密集型任务。 • 张量（Tensor）：在深度学习框架中，张量是表示数据的基本单元，并可以将其看作是 NumPy 数组在多维和自动微分方面的扩展。张量可以有不同的维度，可以是标量（0 维张量）、向量（1 维张量）、矩阵（2 维张量）以及更高维度的数组，支持复杂的计算，并且能够自动计算梯度，是训练深度学习模型的关键数据结构。 在数据科学项目中，根据数据的特性和处理需求选择合适的数据结构至关重要。合理选择不仅可以提升数据处理效率，还能增强代码的可读性和可维护性。

▶▶ 3.3.3 数据渠道

图 3-5 为本小节内容的思维导图。

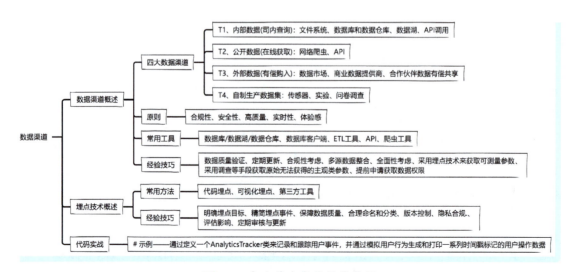

图 3-5 本小节内容的思维导图

第 3 章 数据科学任务完整流程

1. 数据渠道概述

简介

数据渠道（How）——如何获取数据

数据渠道是指数据从源头到目标的传输途径，包括不同的通道和传输协议。在数据科学和机器学习项目中，数据渠道的选择直接关系到所采集数据的质量和多样性。要确保获取的数据具有充分的覆盖面，并且符合隐私和法规要求。

常用的数据获取方法包括结构化数据库查询、无结构化文本或图片爬取等。例如，大多数公司会将销售相关的数据存储在 CRM 或客户关系管理软件平台中，可以通过 CRM 将数据导出为 CSV 文件以供进一步分析。

四大数据渠道

在数据获取阶段，常用的数据获取方法分类如下所示。

T1、内部数据（司内查询）：内部数据通常是组织内部已经存在的数据，可以直接从内部系统进行查询和提取。要注意，需要提前获取对应系列的访问权限。
- 文件系统：从本地或网络文件系统中读取数据是常见的方式，数据可以以 CSV、JSON、XML 等格式存储。这种方式适用于小规模数据或离线分析场景。
- 数据库和数据仓库：利用公司内部的数据库或数据仓库系统，通过 SQL 或类似的查询语言执行查询，提取所需的数据。这可以包括关系型数据库（如 MySQL、Oracle 等）或非关系型数据库（如 MongoDB、Cassandra 等）。
- 数据湖：数据湖采用分布式文件系统实现弹性存储，可以存储结构化、半结构化和非结构化的大量原始数据。适用于大规模数据处理和查询，支持批处理和流处理。
- API 调用：如果公司内部的系统提供 API 接口，可以通过调用这些 API 来获取数据。这种方式通常用于非关系型数据库、实时获取数据、系统间数据交互的场景。

T2、公开数据（在线获取）：可以采用网络爬虫技术、API 技术等获取公开数据。
- 网络爬虫：对于互联网上公开可用的数据，可以使用网络爬虫技术来抓取信息。这可以包括网页内容、社交媒体数据、官方公开数据集、平台竞赛数据集等。其中常用的竞赛平台如下所示。
  国内平台：DataCastle 平台、AI Challenger 平台、阿里的天池大数据竞赛。
  国外平台：谷歌的 Kaggle 平台数据集、加州大学的 UCI 数据库。
- API：许多服务提供了 API 供开发者获取数据，如社交媒体平台、金融数据提供商、地理信息服务等。通过 API 可以实时或批量地获取数据，通常使用 HTTP 请求进行交互。

T3、外部数据（有偿购入）：外部数据通常需要通过购买或获取服务的方式获得。
- 数据市场：一些在线数据市场提供各种数据集的购买和下载服务。这些数据集可以涵盖多个领域，包括社交媒体数据、地理信息数据等。
- 商业数据提供商：有很多第三方数据提供商（比如咨询类公司）专门提供各种行业的数据，例如市场调研数据、金融数据、人口统计数据等，有偿获取其数据集。购买这些数据可以补充内部数据，使分析更全面。
- 合作伙伴数据有偿共享：与其他公司（比如国企与银保类公司）建立合作伙伴关系，通过协商和交流数据，实现数据共享。这需要确保遵守相关法规和保护数据隐私。

T4、自制生产数据集。
- 传感器：在物联网应用中，传感器是重要的数据收集工具，例如温度传感器、加速计、图像传感器等。通过传感器可以实时采集环境数据，用于监测和控制系统。
- 实验：在工业界或学术界，可以通过设计和进行实验，收集观察数据来建立数据集。
- 问卷调查：自己设计数据集进行自采集、问卷调查、自定义生产等，比如从网上（基于经验知识）收集各种数据。

在实践中，选择内部数据还是外部数据取决于项目的具体需求和数据的可用性。对于简单的问题，内部数据可能已经足够支持分析；而对于其他复杂类型的问题，可能需要引入外部数据以获取更全面的视角。但是，在使用外部数据时，须确保遵守相关法规和隐私政策，以及与数据提供方的合同约定。

原则

在采集数据过程中，应遵循以下原则。
- 合规性：确保采集过程符合法律和伦理标准。要严格遵循隐私政策和法规，明确告知用户数据收集的目的，并在可能的情况下获得用户的明确同意。
- 安全性：采取必要的安全措施，确保在数据传输和存储过程中不会出现泄露或损坏。
- 高质量：确保采集到的数据质量高，数据应该准确、完整，且具有代表性。
- 实时性：根据业务需求和数据的变化速度，确定数据采集的频率，以保持数据的实时性。
- 体验感：在数据采集过程中，尤其是在采集用户数据时，必须确保采集操作不会对用户的整体体验造成负面影响。因为强制性的数据收集、频繁的弹窗或影响页面加载速度的操作，可能导致用户流失或对产品产生不满。

(续)

常用工具	在数据获取阶段数据科学中的数据收集阶段涉及多种类型的工具，包括数据库/数据湖/数据仓库、数据库客户端、ETL 工具、API、爬虫工具等。这些工具各自具有独特的用途和功能，用于满足不同的数据存储和获取需求。 ● 数据库和数据湖/数据仓库：关系型数据库如 MySQL 用于存储结构化数据，非关系型数据库如 MongoDB 适用于存储半结构化和非结构化的数据。数据仓库存储经过处理和优化的数据，以支持分析和查询，而数据湖通常存储原始、未加工的数据。 ● 数据库客户端：用于执行 SQL 查询的数据库客户端工具，如 DBeaver、DataGrip 等。 ● ETL 工具：ETL（Extract, Transform, Load）工具用于从不同数据源提取、转换和加载数据，有助于确保数据的一致性和可用性。常见的 ETL 工具有 Apache NiFi、Talend、Apache Spark 等。 ● API：利用程序接口获取网络数据，提供了一种让不同软件系统之间进行交流和数据传输的方式。 ● 爬虫工具：是用于从网页抓取数据的工具，例如 Scrapy、BeautifulSoup 等，可以实现网页数据的自动化采集。
经验技巧	在数据获取阶段，一些经验技巧如下所示。 ● 数据质量验证：在数据收集阶段，要进行数据质量验证，包括缺失值、异常值和重复值的处理。使用统计方法或可视化工具来检测和处理异常数据。 ● 定期更新：对于需要实时数据的应用，确保建立定期的数据更新机制，以保持模型的准确性。使用定时任务或流处理技术实现数据的实时更新。 ● 合规性考虑：在数据收集过程中，要遵守数据隐私和法规，确保数据的合法性和安全性。采用匿名化或脱敏等技术来保护个人隐私。 ● 多源数据整合：整合多个数据源可以丰富特征，提高模型的表现。但在整合过程中要注意处理不同数据源之间的一致性和对齐性。 ● 全面性考虑：在设计数据采集方案时，需要全面考虑业务需求和可行性。有些参数可能无法直接获取，但可以通过相关指标或用户行为的变化来推测。 ● 采用埋点技术来获取可测量参数：一些参数，比如用户停留时间和页面进入与退出时间差，可以通过代码埋点等手段相对容易地获得。这些参数对于了解用户行为和改进产品功能至关重要。 ● 采用调查等手段获取原始无法获得的主观类参数：在实际应用中，有些参数可能是难以获得的，比如用户的真实情感状态、内部想法等。在这种情况下，可以采用用户反馈调查、社交媒体挖掘等方式来获取相关信息。 ● 提申申请获取数据权限：由于数据可能分布在不同系统中，一般都需要与各系统负责人协调获取授权。如果是涉及大量的数据，这个过程可能需要数周的时间。所以，尽早与相关部门沟通数据需求，以确保有足够时间完成授权流程。

2. 埋点技术概述

背景	在数据科学和机器学习任务中，数据质量和数据量直接影响着模型的性能和分析的准确性。传统数据收集方法如日志分析、问卷调查等存在实时性差、精度低和覆盖范围有限等痛点。随着互联网和移动应用的迅速发展，对用户行为的深入理解变得至关重要。埋点技术的出现，正是为了解决传统用户数据分析中的痛点，如用户行为数据采集的不全面、不准确、不及时等问题。它使得企业能够实时获取用户在应用中的具体行为数据，进而分析用户的使用习惯、偏好和需求，以便更好地指导产品迭代和用户体验优化。
简介	埋点技术，又称事件追踪技术，是一种常用的数据采集方法，是在数据科学项目中数据收集阶段的一种关键技术，通过在应用程序或网站中植入特定代码片段，来捕捉和记录用户与软件交互过程中产生的各种事件和行为。这些事件包括但不限于用户输入、页面访问、按钮点击、停留时间、表单提交等用户行为数据，还包括页面加载时间、错误日志等应用性能数据。 ● 目的：埋点技术的主要目的是收集详尽、准确的用户行为数据，以便数据科学家和业务分析师能够进行深度分析，进而为产品改进、业务优化和用户体验提升提供数据支持。 ● 本质：埋点技术本质上是一种数据采集手段，通过在应用代码中插入轻量级的追踪代码，实现对用户行为的监测和记录。当用户触发埋点事件时，数据会被发送到后端系统进行存储和处理。这些数据为后续的行为分析、模式识别和产品优化提供了坚实的基础。

第3章 数据科学任务完整流程

（续）

作用及其意义	埋点技术的核心作用在于收集高质量的用户行为数据，这对于数据科学家来说至关重要。这些数据可以帮助数据科学家进行用户行为模式分析、用户分群、个性化推荐、产品功能优化等。此外，埋点技术还使实时监控应用性能和用户反馈成为可能，使得企业能够快速响应市场变化和用户需求，提升竞争力。 埋点技术的应用为数据科学项目的数据收集提供了高效、精确和全面的解决方案，不仅提升了数据质量，还为数据驱动的决策提供了坚实的基础。特别是在 A/B 测试、用户细分和个性化推荐等场景中，埋点数据成为关键的数据来源。
常用方法	**常用方法** - 代码埋点：在应用或网站的源代码中手动插入特定的埋点代码。这种方法灵活性高，但需要开发人员对应用的逻辑和用户行为有深入理解。这种方法通常是通过 JavaScript 实现，主要适用于 Web 应用和移动应用。 - 可视化埋点：利用可视化工具（如 Analytics、Tealium 等），采用图形界面，通过拖拽、设置等方式实现埋点配置，无须手动编写代码，降低了技术门槛。这种方法对于非技术人员更为友好，但在复杂场景下可能受限。 - 第三方工具：使用专门的埋点工具或分析平台，这些工具通常提供了丰富的埋点管理和分析功能，简化了数据采集的流程，可以实现快速部署和修改，但定制化程度较低。
经验技巧	在埋点技术中，常用的经验技巧如下所示： - 明确埋点目标：在实施埋点前，需明确所需收集的数据类型，并确保这些数据与业务目标相一致，从而避免不必要的埋点和数据冗余。 - 精简埋点事件：避免过度埋点，只收集对业务决策有直接影响的必要数据，以降低数据存储和处理成本。 - 保障数据质量：在数据传输和存储过程中，确保数据的完整性和准确性，通过数据质量验证来保障分析的可靠性。 - 合理命名和分类：良好的埋点设计应包括清晰的命名和分类体系，便于数据分析和理解。 - 版本控制：由于应用会不断迭代更新，进行埋点的版本控制是必要的，以适应应用的演进。在应用的不同版本中保持埋点的一致性，记录埋点的版本变化，确保数据的连续性和可比性。 - 隐私合规：在收集用户数据时，必须确保遵循相关法律法规，保护用户隐私。埋点时需采用匿名化等手段保护用户个人信息，确保符合相关法规和规定。 - 评估影响：埋点代码应尽量精简，以减少对应用性能的影响。尤其在频繁交互的页面，需权衡性能与采集需求，确保埋点操作不会显著影响应用的响应速度和用户体验。可以通过异步方式发送埋点数据，减少对前端性能的影响。 - 定期审核与更新：定期检查埋点数据的准确性和完整性，确保分析结果的可靠性。随着业务的变化，需要定期审查和更新埋点策略，确保采集的数据仍然满足业务需求。

3. 代码实战

示例——通过定义一个 AnalyticsTracker 类来记录和跟踪用户事件，并通过模拟用户行为生成和打印一系列时间戳标记的用户操作数据。

下边的代码创建了一个名为 AnalyticsTracker 的类，用于跟踪用户事件。用户事件包括浏览商品、加入购物车和完成购买等。示例模拟了两个用户在网站上的一系列行为，然后通过调用 get_data 方法来获取收集到的数据，并打印输出。在实际场景中，数据可能会被存储到数据库或者发送到数据分析服务供进一步处理和分析。

```
import time
class AnalyticsTracker:
    def __init__(self):
```

```python
        self.data = []

    def track_event(self, event_name, user_id, timestamp=None):
        if timestamp is None:
            timestamp = int(time.time())
        self.data.append({
            "event_name": event_name,
            "user_id": user_id,
            "timestamp": timestamp
        })

    def get_data(self):
        return self.data

# 模拟用户行为
def simulate_user_behavior():
    tracker = AnalyticsTracker()

    # 用户 1 浏览商品
    tracker.track_event("view_product", user_id=1)
    time.sleep(1)

    # 用户 2 浏览商品
    tracker.track_event("view_product", user_id=2)
    time.sleep(1)

    # 用户 1 加入购物车
    tracker.track_event("add_to_cart", user_id=1)
    time.sleep(1)

    # 用户 2 加入购物车
    tracker.track_event("add_to_cart", user_id=2)
    time.sleep(1)

    # 用户 1 完成购买
    tracker.track_event("purchase_complete", user_id=1)
    time.sleep(1)

    # 用户 2 完成购买
    tracker.track_event("purchase_complete", user_id=2)

    return tracker.get_data()

# 运行模拟
if __name__ == "__main__":
    data = simulate_user_behavior()
```

```
print("收集到的数据:")
for event in data:
    print(event)
```

运行代码,输出结果即收集到的数据如下所示。

```
{'event_name': 'view_product', 'user_id': 1, 'timestamp': 1718128320}
{'event_name': 'view_product', 'user_id': 2, 'timestamp': 1718128321}
{'event_name': 'add_to_cart', 'user_id': 1, 'timestamp': 1718128322}
{'event_name': 'add_to_cart', 'user_id': 2, 'timestamp': 1718128323}
{'event_name': 'purchase_complete', 'user_id': 1, 'timestamp': 1718128324}
{'event_name': 'purchase_complete', 'user_id': 2, 'timestamp': 1718128325}
```

3.3.4 数据存储

图 3-6 为本小节内容的思维导图。

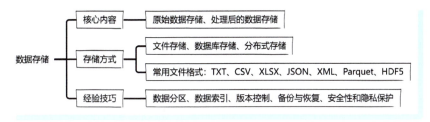

图 3-6 本小节内容的思维导图

1. 数据存储概述

	数据存储(Where)——哪里存储数据
简介	数据存储是指将采集到的原始数据以结构化、有组织的形式有效地保存在某个物理介质(如硬盘、内存、云存储等)上。数据存储不仅要确保数据安全、可靠和易于管理,还要便于后续的检索、分析、预处理和模型训练等工作。
核心内容	在数据科学和机器学习项目中,数据存储通常分为原始数据存储和处理后的数据存储两个阶段。具体如下所示。 ● 原始数据存储:原始数据可能来自多个来源,如传感器、日志文件、数据库等。这个阶段的关键是以原始形式保存数据,确保不损失任何信息。数据可以以文件形式存储,也可以使用数据库系统进行管理。 ● 处理后的数据存储:在进行数据清洗、特征工程等处理后,得到的数据需要进行有效的存储。这可能包括数据表、数据框架、数据库表等结构化形式,以方便后续的数据分析和模型训练。
存储方式	存储方式包括文件存储、数据库存储、分布式存储等内容。 T1、文件存储:常见的文件格式包括 CSV、XLS、TXT、JSON、Parquet 等,适用于小规模数据或者需要与其他工具共享的情况。还包括编程框架自带定义的储存类型,比如 TensorFlow 的 .pd 文件存储。一般情况下,每一行代表其中一个样本实例,而不同的列代表不同的特征(属性)。 ● 文本格式:如 CSV、TSV、XML 等。简单高效但是信息量有限。 ● 结构化格式:如关系数据库存储。能表达复杂结构化信息。 ● 二进制格式:如图像、音频、视频等多媒体格式。存储资源密集型数据。 ● 图数据格式:如 JSON,或者采用专门的图数据库。

（续）

存储方式	● 对象存储格式：对象存储会将数据对象化，生成唯一 ID 来标识对象，对象可以包含元数据。 T2、数据库存储：使用关系型数据库（如 MySQL、PostgreSQL、Oracle）或非关系型数据库（如 MongoDB、Cassandra）进行数据存储，以支持高效的数据查询和管理。 T3、分布式存储：针对大规模数据，使用分布式存储系统如 HDFS 或云存储服务（如 AWS S3、Azure Blob Storage、阿里云、华为云等）来存储和管理数据。此外，数据湖也是分布式存储的一种形式。云服务将数据存储在云端，用户可以通过互联网来访问数据。云存储的优点在于数据的备份和恢复更加方便，同时具有更好的可扩展性和灵活性。
经验技巧	在数据存储阶段，常用的经验技巧如下所示。 ● 数据分区：在存储大规模数据时，采用适当的数据分区策略可以提高查询性能。按照时间、地理位置等进行数据分区是常见的做法。 ● 数据索引：对于关系型数据库，建立合适的索引有助于加速查询。在非关系型数据库中，选择合适的数据模型以最小化查询时间。 ● 版本控制：对于经常变化的数据集，采用版本控制策略有助于追溯数据的变化，便于排查和回溯分析。 ● 备份与恢复：建立定期的数据备份机制，确保数据的安全性，并具备快速恢复的能力。 ● 安全性和隐私保护：采用适当的安全措施包括脱敏、加密、访问控制，以保护数据隐私和完整性。对于敏感数据，特别需要加密脱敏处理，确保在数据可用性的同时最小化潜在风险。 ● 数据脱敏：数据脱敏是一种通过去除或替换敏感信息的方法将数据变形，例如通过脱敏规则。目标是在保持数据可用性的同时，降低对个人隐私的潜在风险。在涉及客户安全数据或商业敏感数据时，需要在不违反规定的前提下对真实数据进行改造，如身份证号、手机号、卡号等个人信息都需进行数据脱敏。

2. 常用文件格式的简介

在数据科学和机器学习任务中，TXT、CSV、XLSX、JSON、XML、Parquet、HDF5 都是用于存储和传输数据的文件格式。它们具体的简介和特点见表 3-4。

表 3-4 常用文件格式的简介和特点

格式	简介	特点
TXT	TXT 文件是纯文本文件，其中包含了只包含基本文本字符的文档。它们通常不包含任何格式或样式，只是简单的文本内容	TXT 文件通常用于存储和传输文本数据，它们非常简单，易于创建和编辑。由于其无格式性质，因此通常用于存储结构简单的数据
CSV	CSV 文件（Comma-Separated Values，逗号分隔值）是一种简单的文本格式，用于存储表格数据。每个数据记录占一行（即一个样本），字段之间用逗号分隔。CSV 文件易于阅读和处理，适用于大多数数据科学项目	CSV 文件适用于将表格数据导出到不同的应用程序中，因为它们是一种通用的、简单的数据格式。CSV 文件可以在电子表格软件（如 Microsoft Excel、Google Sheets）和数据库之间轻松地导入和导出数据
XLSX	XLSX 文件是 Microsoft Excel 电子表格的一种文件格式。它可以存储多个工作表，每个工作表中包含了单元格、数据、公式、图表等内容	XLSX 文件是一种强大的电子表格格式，具有丰富的功能和灵活性。它们可以包含复杂的公式、数据验证、宏等功能，适用于各种数据分析、报告和管理任务
JSON	JSON 文件（JavaScript Object Notation，JavaScript 对象表示法）是一种轻量级的数据交换格式，常用于在不同系统之间传输结构化数据。它以易于理解和编写的文本格式来表示数据对象，并且采用基于键值对的形式来组织数据	JSON 文件适用于各种编程语言，并且易于阅读和编写。它支持数组、对象、字符串、数字等数据类型，常用于 Web 开发中的 API 通信、配置文件、日志记录等场景。JSON 文件的结构简洁清晰，对于表示嵌套和复杂数据结构非常方便

（续）

格式	简　介	特　点
XML	XML 文件（extensible Markup Language，可扩展标记语言）文件是一种用于表示和传输数据的标记语言。它通过使用自定义标签来描述数据的结构和内容，具有良好的可读性和扩展性	XML 文件被广泛应用于数据交换和配置文件等领域。它们可以用于表示复杂的层次结构数据，并支持元数据描述。XML 文件的缺点是相对冗长，但由于其通用性和可扩展性，仍然在许多应用中得到广泛使用
Parquet	Parquet 文件是一种列式存储格式，旨在有效地存储和处理大规模数据集。它采用了一种高效的压缩算法和列式存储结构，以最大程度地减少存储空间和提高查询性能	Parquet 文件通常用于大数据处理框架（如 Apache Hadoop、Apache Spark）中，可以加快数据加载和查询速度，同时减少存储成本。由于其高效的压缩和存储格式，Parquet 文件适用于大规模数据分析和数据仓库场景
HDF5	HDF5（Hierarchical Data Format version 5，层次数据格式版本 5）文件是一种用于存储和组织大规模科学数据的文件格式。它支持多种数据类型、压缩算法和元数据，适用于存储实验数据、模拟结果、图像等各种科学数据	HDF5 文件具有高度可扩展性和灵活性，能够处理大规模的多维数据集。它们通常用于科学计算、生物学等领域，支持高效的数据存储、检索和分析
SQL 数据库	数据可以存储在关系型数据库中，比如 DB 文件。SQL 数据库文件是使用结构化查询语言（SQL）管理和操作的数据库文件。它们可以包含表格、视图等数据库对象，用于存储和管理组织的数据。常见的 SQL 数据库系统包括 MySQL、PostgreSQL、SQLite 等	SQL 数据库文件常用于各种应用程序和系统中，例如 Web 应用、企业应用、移动应用等。它们提供了强大的数据管理和查询功能，支持事务处理、数据完整性、安全性等特性，是许多应用中的关键数据存储方式

3.3.5 数据采样

图 3-7 为本小节内容的思维导图。

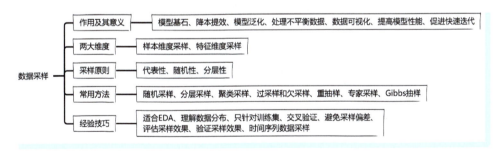

图 3-7　本小节内容的思维导图

1. 数据采样概述

背景	在数据科学项目中，数据采样是数据收集阶段的一个关键环节。传统的数据采集面临以下几个痛点。 ● 数据量过大：随着信息技术的快速发展，人们能收集和处理的数据量急剧增加。然而，并非所有数据都有价值，过多的数据可能导致分析过程缓慢甚至无法进行。同时，在很多场景中，处理和存储海量数据的成本非常高。

(续)

背景	• 数据质量参差不齐：大规模数据集中往往包含了大量的噪声、冗余数据和异常值，直接使用这些数据可能会对模型的训练和预测产生负面影响。 • 计算资源限制：对于一些复杂模型，如深度学习模型，训练时需要大量的计算资源。使用完整数据集进行训练可能会超出计算资源的承受范围。 • 时间效率限制：在某些实时或近实时的应用场景中，需要快速地从数据中提取有价值的信息，使用全量数据进行处理可能会耗时过长，不利于快速迭代和实验。 因此，数据采样的动机在于通过合理的样本选择，在有限的资源和时间内完成高效的数据分析和建模，既能减少数据量，又能保证所选数据具有代表性。
简介	数据采样（Sampling）：数据采样是从大规模数据集中选择一小部分样本（即选择子集），以代表总体（即对总体数据的概括），使得在初步分析阶段可以快速了解数据的特征。 • 本质：数据采样的本质是通过从总体中随机或有选择性地选取一个具有代表性的子集，应尽可能准确真实地反映总体数据的分布和特征，进而获得对总体特征的估计，以确保对总体的推断是合理的。 • 目标：数据采样的目标是在维持数据集代表性（或统计特性）的前提下，保持模型性能，同时降低计算和存储成本，提高计算效率，并准确反映整体数据的分布。通过合理的采样，可以在模型训练和评估中更有效地使用有限的计算资源。
作用及其意义	具体来说，数据采样的作用及其意义包括以下几点。 • 模型基石：数据采样是构建高质量模型的基石，良好的数据采集策略能够为机器学习项目的成功奠定坚实的基础。 • 降本提效：通过采样减少数据量，可以降低计算成本、提高分析速度，加速模型训练和调试，同时节省资源，特别是在计算资源有限的情况下。 • 模型泛化：通过采样获得的样本集合能够更好地代表整体数据的分布，有助于模型更好地泛化到未见过的数据。可以避免模型过拟合，提高模型的泛化能力。 • 处理不平衡数据：在面对不平衡数据集时，采样可以平衡类别分布，提高模型对少数类的识别能力。 • 数据可视化：对于大规模数据，采样有助于可视化和探索性数据分析，使得对数据的理解更为直观。 • 提高模型性能：通过选择具有代表性的样本，有时候可以筛选掉噪声样本，进而可以提高模型的泛化能力。 • 促进快速迭代：在较短时间内完成数据预处理和模型训练，支持快速迭代和验证。

数据采样是数据科学中的重要环节，可以基于两个主要维度进行：样本维度和特征维度。两者的对比见表3-5。

表3-5 样本维度采样和特征维度采样对比

		样本维度采样	特征维度采样
两大维度	简介	从数据集中随机地、有偏地或者根据一定的规则地选择一部分样本，构建样本集合	选择数据集中的一部分特征（属性），用于降维或排除无关特征
	区别	作用于数据集的行或实例	作用于数据集的列或属性
	目的	确保样本集合代表性，解决类别不平衡，反映整体数据集特征	提高数据处理和分析效率，减少计算复杂性
	常用方法	过采样、欠采样、分层采样、组合采样等	特征选择、特征工程、主成分分析等
	适应场景	适用于解决数据集中的类别不平衡问题	适用于减少特征维度以简化模型或提高效率
	总结	在实际应用中，采样方法的选择取决于需要解决的问题和数据集的特性。此外，可以互补使用这两种采样方法。例如，可以先进行特征维度采样以减少计算复杂性，然后再进行样本维度采样以解决剩余的类别不平衡问题。结合使用这两种方法可以在保持数据代表性的同时，降低计算成本和处理复杂性	

第 3 章 数据科学任务完整流程

（续）

采样原则	在数据采样阶段，应遵循以下原则。 • 代表性：采样方法应符合统计学原则，以保证样本能够代表整体数据的特征。采样样本的规模应足够大，以确保对整体数据分布的准确反映。 • 随机性（或保均衡性）：采样应随机进行，以避免选择偏差。 • 分层性：在处理多类别分类或回归任务时，可以采用分层采样，确保每个类别在样本中的比例是合理的。
适合场景	数据采样适用于以下场景。 • 过大数据集：当数据集过大，难以一次性加载到内存时，随机采样是一个有效的选择。此时，要确保采样样本足够大，以保持数据的代表性，同时使分析更加可行。 • 不平衡数据集：在处理不平衡数据集时，可以通过过采样或欠采样来平衡类别，帮助模型更好地学习少数类别。 • 快速原型开发：在模型原型开发阶段，采样可以加速实验和调试过程，从而迅速迭代和优化模型设计。
经验技巧	在数据采样阶段，以下是一些实用的经验技巧。 • 适合 EDA：在探索性数据分析（EDA）阶段，采样可以帮助快速了解数据的大致特征。 • 理解数据分布：在采样之前，了解数据集的分布至关重要，以便选择合适的采样策略。例如，在不平衡数据集上，可以选择分层采样或过采样。 • 只针对训练集：采样通常应用于训练集，因为训练集用于模型的训练。 • 交叉验证：在进行交叉验证时，应在训练集上进行采样，以避免信息泄露，确保模型的泛化性能不受影响。 • 避免采样偏差：采样过程中应保持随机性，避免引入任何形式的偏差，特别是在处理不平衡数据集时。 • 评估采样效果：通过统计指标和模型性能来评估采样效果，确保采样数据能有效代表原始数据集。 • 验证采样效果：采样后的数据集应在统计上与原始数据集保持相似性。 • 时间序列数据采样：处理时间序列数据时，应考虑时间因素，可以采用滑动窗口或滑动平均等方法来采样。

2. 数据采样的常用方法

在数据采样阶段，选择合适的采样方法可以在保持模型性能的同时提高整体工作流程的效率。常用的数据采样方法见表 3-6。

表 3-6 常用的数据采样方法

		内 容	优 点	缺 点
常用方法	随机采样	简单随机采样（Simple Random Sampling，SRS）：简单地从总体中随机选择样本，每个样本被选中的概率相等，确保样本是无偏的	简单、直观，样本的选择不受主观因素影响，具备普适性	可能无法捕捉到总体中的所有特征，特别是在数据分布不均匀的情况下，代表性不足
	分层采样	分层采样（Stratified Sampling）：将总体分为若干层（或子集），然后在每一层（或类别）内进行随机抽样，确保每一层都有代表性（样本比例与整体一致）	保留了整体数据集中不同类别的分布。可以确保每个层的特征都被考虑，提高样本的代表性	需要预先了解数据的分层信息，可能会增加采样的复杂度；不适用于层次结构不明显的情况
	系统采样	系统采样（Systematic Sampling）：按照一定的间隔从数据集中选择样本，比如每隔 k 个选一个	简便易行、均匀分布、高效性	存在周期性偏差、不适用于不规则数据、依赖于初始点选择

(续)

		内容	优点	缺点
常用方法	聚类采样	聚类采样（Cluster Sampling）：先对数据进行聚类，将总体划分为若干个簇，然后从每个簇中随机选择代表性的样本，能保持簇内采样数据差异较小	可以确保每个簇的特征都被考虑，可以挖掘数据的潜在分布和关系，提高样本的代表性	需要预先进行聚类分析，实现相对复杂，可能对计算资源有较高要求
	过采样和欠采样	过采样和欠采样：针对不平衡数据集，通过增加少数类样本（过采样）或减少多数类样本（欠采样），以平衡数据分布	解决不平衡数据集问题，提高模型对少数类别的识别能力	可能导致模型对多数类别的泛化能力下降，造成信息损失
	重抽样	通过有放回地随机抽取样本，生成新的样本集。这个过程可以重复进行，产生多个采样数据集。如 Bootstrap 自助抽样法。	可以提高模型的稳定性和准确性	可能导致某些数据点被多次抽取，而其他数据点未被抽取，从而引入过度拟合
	专家采样	通过专业领域内的专家知识和经验来选择样本的一种采样方法。专家根据其对问题的了解，有目的地选择样本以确保样本的代表性和有效性	能够充分利用专家领域知识，确保样本更具代表性	易产生个人偏见；可能受到专家主观因素的影响，不够客观，导致不具备普适性
	Gibbs 抽样	Gibbs 抽样是一种基于马尔可夫链的抽样方法，用于从联合分布中抽取样本。如果在某些情况下需要利用马尔可夫链蒙特卡洛方法进行参数估计或贝叶斯推断，Gibbs 抽样可以成为一种选择。在这种情况下，Gibbs 抽样被用于从多维概率分布中抽取样本，以便更好地理解参数的后验分布	适用于高维参数空间，能够灵活地探索复杂分布。可以从任意的分布中获取样本，可以收敛到稳态分布，获取稳定的结果	计算复杂度较高，需要足够的计算资源

注意：Gibbs 抽样是马尔可夫链蒙特卡洛（MCMC）方法的一种，通过在多维空间中的条件分布中进行随机抽样，用于模拟复杂概率分布。其核心思想是通过联合分布中的条件分布，来逐步抽取每个变量的取值，从而得到一个满足联合分布的样本。Gibb 抽样通过不断迭代的抽样，来生成的近似样本，其分布与原始联合分布趋于一致。

▶▶ 3.3.6 数据不均衡

图 3-8 为本小节内容的思维导图。

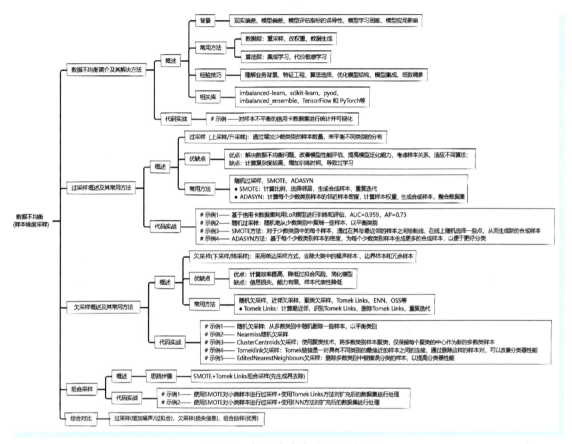

图 3-8 本小节内容的思维导图

1. 数据不均衡简介及其解决方法

在数据科学和机器学习的分类任务中，数据不均衡是一种常见的现象，指的是不同类别的样本数量差异较大，这在现实世界中是普遍存在的。这种场景下面临的主要痛点如下。

- 现实世界中正负样本的不均衡性（现实偏差）：在许多实际场景中，正负样本的分布是不均衡的。例如，在信用卡欺诈检测、医疗疾病诊断等领域，异常或罕见事件（如欺诈交易或疾病案例）的样本数量远远少于正常事件。这种不平衡可导致模型在训练过程中对多数类过度拟合，从而影响模型在真实世界中的表现，尤其是对少数类别的预测能力。例如，在医学图像分类中，恶性肿瘤样本较少，但对患病预测非常重要。而在金融欺诈检测中，欺诈交易相对较少，但需要高效地检测出来。
- 模型对正负样本的敏感性（模型偏差）：大多数机器学习模型在训练过程中对正负样本的数量敏感。由于训练数据中多数类样本占主导地位，这种不均衡可导致模型在训练和评估阶段的性能偏向数量较多的类别，即模型学到的特征主要集中在多数类别上，而对少数类别的识别能力较弱，这会严重降低模型的准确度和泛化能力。
- 模型评估指标的误导性：在数据不均衡的情况下，传统的准确度指标不能有效地反映模型的性能，因为模型可能只是简单地预测多数类别而忽略少数类别。例如，在一个99%是正常交易的欺诈检测数据集中，即使模型总是预测正常交易，准确率也会很高。
- 模型学习困难：如逻辑斯谛回归和神经网络等机器学习算法在处理不均衡数据时，容易被多数类主导，导致少数类样本的特征无法有效学习。
- 模型应用影响：在实际应用中，模型可能需要对少数类别有更高的敏感度和准确度。例如，在医疗诊断中，假阴性（未能检测出疾病）可能比假阳性（错误地检测出疾病）带来更严重的后果。

（续）

背景		在机器学习的分类任务中，如果数据集中某一类别的数据样本数量远远多于其他类别，就形成了不平衡数据集。在这种情况下，一般会导致分类器在训练过程中对多数类别过拟合，从而降低对少数类别的识别能力，进而对模型的性能和泛化能力产生负面影响，因此需要通过数据采样方法来保持数据集的均衡性。 ● 本质：在面对数据不均衡的场景时，需要将样本的类别分布调整到一个更加平衡的状态，使得分类器可以更好地学习特征并实现准确分类。 ● 目标：数据不均衡问题广泛存在于实际应用中，对模型的训练和评估提出了巨大挑战。解决数据不均衡旨在提高模型对少数类别的识别能力，同时保持或提高对多数类别的预测性能。
常用方法		为了解决数据不均衡问题，研究者和工程师们提出了多种技术和策略，这通常涉及重新采样数据集，改变类别分布，或者调整模型训练过程。 对于数据不均衡场景，常规做法是对大类样本欠采样，对小类样本过采样。但是欠采样过程会导致损失大量的信息，过采样会引入大量的副本数据，容易出现过拟合现象。为解决上述问题，业界提出了多种改进方法，主要包括数据层面的采样方法、算法层面的改进方法，有时候也包括评估层面的调整方法，比如调整评估指标和混淆矩阵（采用适合不均衡数据集的评估指标）等，具体如下所示。
		1、数据层面——重采样、改权重、数据生成
	重采样	T1、重采样：包括过采样（SMOTE/ADASYN）、降采样（Tomek Link）、组合采样（SMOTE+Tomek Links）。重采样可以通过过采样增强少数类别样本或欠采样减少多数类别样本，让各类样本数量相近。这种方法简单直接，但是过采样可能会引入过多噪声，而欠采样要小心信息损失。 ● 过采样：增加少数类别的样本数量，直到与多数类别的样本数量相当。常用的方法包括随机过采样、合成样本生成（SMOTE）、ADASYN 等。特别地，在图像数据领域，还包括对图像的镜像、旋转等操作。 ● 降采样：减少多数类别的样本数量，使其与少数类别的样本数量相当。常用的方法包括随机欠采样、TomekLink 等。 ● 组合采样：结合过采样和欠采样技术，如 SMOTE 和 Tomek Links 组合使用。
	改权重	T2、改权重（调整损失权重）：在损失函数中为少数类样本赋予更高的权重，以减轻数据不均衡的影响，例如交叉熵损失函数中的权重调整。通过在模型训练中引入类别权重，给少数类别分配更大的权重，使得模型更加关注少数类别。这可以通过调整模型的超参数来实现。 ● 基于损失函数的加权方法：例如 scikit-learn 中的支持向量机（SVM）中，可以通过 class_weight 参数来指定类别权重。注意，此方法虽然不改变原始数据分布，但是过高的权重可能引入偏差。
	数据生成	T3、数据生成（如 SMOTE/插值法/生成模型）：通过生成新的样本来平衡不同类别之间的样本数量差异。通过一定的算法生成新的少数类别样本，有助于改善数据集的分布，但可能会引入噪声。常见的方法包括 SMOTE、基于插值的方法和基于生成模型（比如 GAN）的方法，其中 GAN 可以生成逼真的少数类别样本，帮助平衡类别分布。
		2、算法层面——集成学习、代价敏感学习
	集成学习	T4、集成学习（如 Bagging、Boosting、EasyEnsemble 算法）：使用集成方法，如投票、堆叠，将多个模型的预测结果结合起来，也可以采用划分不相交子集的集成学习法。但是在模型集成时要注意平衡每个基模型的训练数据。 ● Bagging：通过自助采样（Bootstrap）生成多个训练集，并训练多个基分类器，最后通过投票或平均的方式进行预测。 ● Boosting：如 AdaBoost、Gradient Boosting，通过迭代训练多个基分类器，将注意力集中在被错误分类的少数类样本上，每次迭代都根据前一个分类器的错误率调整样本权重，最后通过加权投票的方式进行预测。 ● EasyEnsemble：通过将大类样本划分成不相交子集，并与小类样本结合，形成一系列平衡的分类子问题，分别单独训练这些子分类器；接着通过元学习，将子分类器的输出组合成最终的集成分类器，以提高对少类别的分类性能。例如，在信用卡非法使用检测问题上，这种方法大大降低了总代价。

		T5、代价敏感学习（如 MetaCost 算法）：代价敏感学习是一种处理类别不平衡和不同错误代价的方法。其核心思想是考虑不同类别的错误带来的代价可能不同。与简单的改权重方法相比，代价敏感学习是一种更为广泛的概念，不仅调整类别权重，还采用其他方式考虑不同类别间的代价关系。比如 MetaCost 算法，它考虑了不同类别的代价，通过在元学习的框架下估计不同类别的错误代价，然后根据这些代价进行样本加权，使得模型更加关注高代价的类别。
常用方法	代价敏感学习	在传统的机器学习中，所有类型的错误（如假阳性和假阴性）都被视为同等重要，但在代价敏感学习中，为不同的分类错误赋予不同的代价权重，对错分小类样本做更大的惩罚，迫使最终分类器对正类样本有更高的识别率，从而优化模型的分类性能。 在许多实际应用中，不同类型的分类错误可能会导致不同的后果，例如医学诊断中的误诊、信用评估中的欺诈等。因此代价敏感学习有助于更准确地评估分类器的性能和对不同类型错误的敏感度。
经验技巧		在实际应用中，经验技巧如下所示。 ● 理解业务背景：深入了解业务场景，明确少数类别的重要性，有助于合理调整不均衡数据的处理策略。 ● 特征工程：对特征进行处理和选择，提高模型对少数类样本的识别能力。 ● 算法选择：选择适合处理不均衡数据的算法，如随机森林、XGBoost 等，这些算法在处理数据不均衡问题时表现较好。 ● 优化模型结构：调整模型结构，如增加少数类别的注意力机制、改变网络层结构等，有助于提升对少数类别的学习能力。 ● 模型集成：通过集成多个模型的预测结果，减小单一模型可能带来的偏差。 ● 细致调参：在调参过程中，根据数据分布调整学习率、批量大小等参数，以及根据具体问题调整模型的参数，如改变分类阈值或使用不同的性能指标（如 F1 分数、ROC-AUC），以适应不同类别的样本。

在数据不均衡问题的处理中，常用的 Python 库有 imbalanced-learn、scikit-learn、XGBoost、LightGBM、CatBoost、pyod、imbalanced_ensemble、TensorFlow 和 PyTorch。对这些库进行的详细描述和示例代码说明见表 3-7。

表 3-7 对库进行的详细描述和示例代码说明

	相关库	简　介	相关代码
相关库	imbalanced-learn	imbalanced-learn 是一个专门用于处理不均衡数据集的 Python 库，提供了多种采样方法，如 SMOTE、ADASYN、Tomek Links 等。这些方法可以有效平衡类别分布，提高模型性能	from imblearn.over_sampling import SMOTE from imblearn.under_sampling import RandomUnderSampler from imblearn.combine import SMOTEENN
	scikit-learn	scikit-learn 是一个广泛使用的机器学习库，它提供了加权损失函数和评估指标计算等功能，这些功能可以与 imbalanced-learn 结合使用，以更好地处理不均衡数据	from sklearn.ensemble import RandomForestClassifier from sklearn.metrics import classification_report, roc_auc_score
	XGBoost/LightGBM/CatBoost	这些梯度提升库允许在训练过程中设置类别权重，以处理不均衡数据。通过设置如 scale_pos_weight 等参数，可以提高模型对少数类别的敏感度	import xgboost as xgb model = xgb.XGBClassifier(scale_pos_weight=ratio)
	pyod	pyod 提供了多种异常检测算法，可以用于识别异常样本，在处理不均衡数据时发挥重要作用	from pyod.models.knn import KNN from pyod.models.iforest import IForest
	imbalanced-ensemble	imbalanced-ensemble 专注于解决分类问题中的类别不平衡，通过集成学习的方法改善模型对少数类别的学习能力	from imbens.ensemble import BalancedRandomForestClassifier from imbens.ensemble import EasyEnsembleClassifier

相关库	简　介	相关代码
TensorFlow 和 PyTorch	TensorFlow 和 PyTorch 是两个主流的深度学习框架，它们提供了灵活的接口，可以在损失函数中自定义类别权重或引入样本权重，以处理不均衡数据	

在处理数据不均衡问题时，选择合适的工具和方法至关重要。上述库和技术提供了多种手段，可以有效地提升模型在不均衡数据集上的表现。选择具体方法时，应根据具体问题的特点进行权衡和实验，以找到最优方案。

代码实战

 # 示例——对样本不平衡的信用卡数据集进行统计并可视化。

```
# 单独分析目标变量：可知严重不均衡
value_count = data_df_init[label_name].value_counts()
print(value_count)
plot_class_distribution(data_df_init, label_name, data_name)
0    284315
1       492
```

如图 3-9 所示，可知，信用卡数据集（creditcard）中目标变量极度不平衡，其中类别 0 有 284315 个样本，占 99.8%，而类别 1 只有 492 个样本，占 0.2%。这种不平衡会导致模型倾向于预测多数类，从而忽视少数类的预测性能。解决此问题可以考虑采样技术、加权损失函数或集成方法。

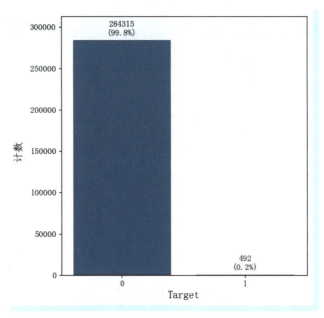

图 3-9　信用卡数据集（creditcard）的目标变量分布及百分比

2. 过采样概述及其常用方法

简介	过采样（上采样/升采样，Oversampling）是一种用于处理分类问题中数据不平衡的技术。在不平衡的数据集中，某些类别的样本数量远多于其他类别，这可能导致机器学习模型在训练过程中对多数类别产生偏见，从而影响模型的性能，尤其是对少数类别的预测能力。过采样通过增加少数类别的样本数量，来平衡不同类别的分布，进而提高模型的泛化能力和性能。图3-10是描述过采样的示意图。 ● 本质：通过改变数据分布，使得模型能够在训练过程中更加关注少数类别，从而提高对少数类别的识别能力。 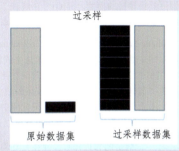 图3-10　原始数据集与过采样数据集示意图
优缺点	**优点** ● 解决数据不均衡问题：通过增加少数类别的样本数量，使得模型更好地学习到少数类别的特征，从而解决了数据不均衡问题。 ● 改善模型性能评估：在数据不均衡的情况下，模型可能偏向多数类别，导致评估指标不准确。过采样能够更准确地评估模型在各个类别上的性能。 ● 提高模型泛化能力：通过适当增加样本数量，尤其是少数类别的样本数量，有助于提高模型的泛化能力，减少对多数类别的过度依赖。 ● 考虑样本关系：一些如SMOTE的过采样方法考虑了合成样本时与周围样本的关系，有助于生成更具代表性的少数类别样本，进一步提高模型性能。 ● 适应不同算法：过采样方法可以应用于不同的机器学习算法，包括决策树、支持向量机、神经网络等，使其更适应处理不均衡数据的场景。 **缺点** ● 计算复杂度较高：部分过采样方法可能增加计算复杂度，特别是在生成合成样本时需要考虑样本之间的关系，需要权衡计算成本和性能提升。 ● 增加训练时间：过采样并没有引入新数据，而是通过复制样本或生成合成的少数样本来增加样本数量，虽然有助于平衡类别分布，但也随之增加了训练时间。 ● 导致过学习：过采样有时也可能导致对某些少数类样本过度关注，产生过学习效果。模型在训练集上表现良好，但在未见过的数据上可能失去泛化能力。
常用方法	过采样常用的方法如下所示。 ● 随机过采样（Random Oversampling）：随机地从少数类别中复制一些样本，以平衡类别。特点是简单易行，不需要复杂的算法，但是可能引入噪声，使模型对训练数据过拟合。 ● SMOTE：对于少数类别中的每个样本，通过在其与最近邻的样本之间绘制线，在线上随机选择一些点，从而生成新的合成样本。特点是能够有效缓解过拟合问题，降低噪声影响，但是在处理非线性决策边界时，其效果可能劣于处理线性问题。 ● ADASYN：ADASYN是SMOTE的改进版本，基于每个少数类别样本的密度，为每个少数类样本生成更多的合成样本，以便更好地区分类别。特点是能够更灵活地处理不同密度区域的少数类别，但是计算复杂度相对较高。

(1) SMOTE 过采样概述

背景	早期的过采样方法直接复制已有的少数类样本，然而，这种方式未能增加样本多样性，容易导致模型对这些样本过于依赖，产生过拟合，对提高少数类识别率没有太大帮助。例如，在岩石水雷问题中，样本数据来源于实验环境，未必完全代表实际港口中的情况。可以通过对其中一个类别进行抽样，即复制一个类别的部分样本使其样本比例与实际环境中的比例相一致。后来，出现了一些较高级的过采样方法，即通过采用一些启发式技巧，有选择地复制少数类样本，或者生成新的少数类样本，比如 SMOTE。 SMOTE 是由 Nitesh V. Chawla 等人于 2002 年提出的一种有效的过采样方法，主要用于解决类别不平衡问题，进而更容易训练出对少数类别更具鲁棒性的模型。SMOTE 在解决二分类问题中的少数类过采样方面表现出色，已成为解决不平衡数据问题的重要工具之一，在医疗、金融等领域广泛应用。
简介	合成少数类过采样技术（Synthetic Minority Over-sampling Technique，SMOTE）是一种用于处理数据不均衡问题的技术，主要用于二分类问题中的少数类过采样。通过插值法生成新的少数类样本来平衡数据集。 SMOTE 方法引入了合成样本的概念，其核心思想是通过对少数类样本进行分析，利用其内在的特点来生成新的样本，为少数类样本合成新的"假样本"，从而增加少数类的数量，以平衡数据集中各类别的样本数量，从而提高模型在少数类上的性能。本质上，SMOTE 通过在特征空间中对少数类样本进行插值，生成一些合成的样本，以扩充少数类数据规模，使得原始的少数类样本更加丰富，以达到样本均衡的效果。
思路步骤	SMOTE 为每个少数类样本选择一定数量的邻近样本，并在其与邻近样本之间的连线上插值来生成新的合成样本。它通过合成少数类的"假样本"来实现过采样，解决由于少数类样本数量不足导致的分类偏差问题。SMOTE 利用了 k 近邻算法思想，包括关注少数类、k 个邻居、线性插值、合成少数类的"假样本"，其具体思路步骤如下所示。 • 计算比例：计算少数类和多数类的比例，根据比例差异，确定为少数类生成的假样本数量。 • 选择邻居：对于每个少数类样本，从其 k 最近邻中选择若干个邻居（通常选择 k=4 或 5）。其中，可以采用欧式距离等度量方法进行计算。 • 生成合成样本：对于每个选定的少数类样本，从其选定的邻居中随机选择一个，并在它们之间的连线上生成新的合成样本（可以随机选取点）。这个过程可以看作是在特征空间中插值，可以确保生成的样本在原有样本的连线上。 • 重复迭代：重复上述步骤，直到达到设定的过采样倍数或生成足够数量的少数类"假样本"。
常用方法	SMOTE 过采样思路如图 3-11 所示。 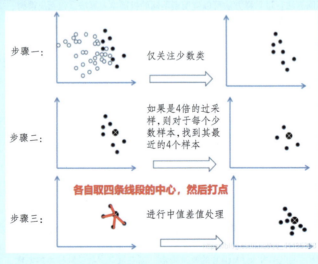

图 3-11　SMOTE 过采样思路图

经验技巧	• SMOTE 不太适合非线性分布场景：SMOTE 算法是在少数类样本与其邻近样本之间通过线性插值方式生成新的"假样本"，如图 3-12 所示。但是，如果原始数据呈明显的非线性分布，如 U 型曲线分布，则 SMOTE 采用的线性插值可能会导致插入在其他类样本点周围，从而给其他类"生硬"插入样本，增加数据重复度。也就是说，如果原始数据分布比较复杂，且存在明显的非线性聚类特点，单纯使用 SMOTE 通过线性插值方式增加样本可能不太合适，因为可能会给其他类"误插入"样本，这与 SMOTE 追求的平衡学习效果相反。所以，对于这类分布较为复杂的数据，需要结合数据的实际分布特点设计更好的合成样本生成策略，而不仅限于 SMOTE 的线性插值方式，以免降低处理后数据的质量。 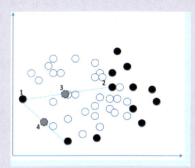 图 3-12 SMOTE 的实现原理示意图

（2）ADASYN 过采样的概述

背景	面对样本数据不平衡时，早期的解决方案（如 SMOTE）虽然通过合成新样本来增加少数类的样本数量，但在某些情况下可能并不有效。SMOTE 的一个主要缺点是它对所有少数类样本一视同仁，因为该方法假设所有少数类样本需要采样相同数量，而没有考虑到不同样本的学习难度。这意味着即使是容易学习的少数类样本，SMOTE 也会为它们生成新的合成样本，这可能导致过拟合或增加计算复杂度，进而使得模型泛化能力下降。 在 2008 年，Haibo He 等在《ADASYN: Adaptive synthetic sampling approach for imbalanced learning》这篇文章中提出 ADASYN。该算法通过自适应地为不同难度的少数类样本生成合成样本，为学习难度较高的样本生成更多的合成样本。 ADASYN 通过更加智能和自适应的方式处理数据不平衡问题，提高了机器学习模型在处理不平衡数据时的性能和效率。目前已被广泛应用于各种二分类问题中，并取得了良好的效果。
简介	自适应合成采样（Adaptive Synthetic Sampling，ADASYN）是一种自适应合成采样方法，通过合成新的少数类别样本来平衡类别分布，主要用于处理二分类问题中数据不平衡。ADASYN 基于少数类样本难度生成新的样本，适应不同区域的样本分布。ADASYN 的核心思想是根据每个少数类别样本的邻近样本密度来调整合成样本的权重，使得在稀有类别附近生成更多的样本。 ADASYN 本质是通过非均匀地为少数类样本生成"假样本"，来进一步优化少数类数据分布，使得新生成的样本更加接近实际分布，即与原始样本具有相似的分布。它通过在少数类样本中寻找样本密度较低的样本进行过采样，并且生成的新样本数量不同，根据密度不同来分配新样本的数量。弥补了 SMOTE 方法假设所有少数类样本需要采样相同数量的假样本的不足，并且计算复杂度较低，因此可以快速处理大型数据集。 ADASYN 不仅减少了由于类别不平衡引入的偏差，而且还自适应地将分类决策边界向难以学习的样本移动，从而提高了分类器对不平衡数据的泛化能力。

(续)

思路步骤	ADASYN 方法具体的思路步骤如下所示。 ● 计算每个少数类别样本的邻近样本密度：计算每个少数类别样本的邻近样本密度（比如 k 个最近邻），即周围样本的数量。 ● 计算样本权重：对于每个少数类别样本，计算其邻近样本密度的平均值，并将其作为权重，可以反映该样本周围的数据分布情况。权重越大，表示该样本附近的密度越低。可以使用核密度估计或直方图等方法来估计分布。 ● 生成合成样本：对每个少数类别样本，根据其权重，生成相应数量的合成样本。合成样本的生成采用插值的方式，考虑邻近样本的特征。主要是为了更多地关注那些位于决策边界附近或被多数类包围的少数类样本。 ● 整合数据集：将原始数据集和生成的合成样本整合，形成新的平衡数据集，用于模型训练。
经验技巧	经验技巧如下所示。 ● 针对复杂样本分布：当数据集中的样本分布呈现复杂的非线性结构时，ADASYN 的自适应性能够更好地适应不同类别样本之间的复杂关系。 ● 适用于大规模数据集：由于 ADASYN 的计算复杂度相对较低，尤其适用于处理大规模的数据集。 ● 最好先降采样降噪后再使用 ADASYN 方法：一般建议在使用 ADASYN 方法时，同时使用一些降采样的技术进行欠采样，避免生成过多的噪声样本和虚假数据。

（3）代码实战

示例 1——基于信用卡数据集利用 LoR 模型进行训练和评估，其中，AUC = 0.959，AP = 0.73。

```
mark_name = 'Default'
print('%s 方法' % mark_name)
model_train_eval(mark_name,X_train, y_train, X_test, y_test)
```

图 3-13 展示的是在默认情况下，使用逻辑斯谛回归（LoR）的模型在信用卡数据集（creditcard）上的 ROC 曲线和 PR 曲线的可视化效果。由图可见，PR 曲线离右上相对较远，即召回率（Recall）为 0.8 时，精确率（Precision）只能达到 0.6 左右。当 ROC 曲线的 AUC 值为 0.9555 时，AP 值只有 0.7429，说明模型具有较大的提升空间。

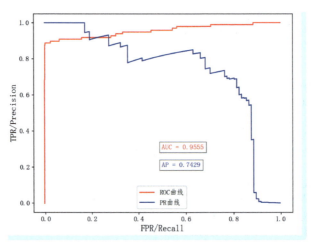

图 3-13 LoR 模型（默认）的 ROC 曲线与 PR 曲线可视化（信用卡数据集）

注意：AUC 值和 AP 值是评估二分类模型性能的两个重要指标，但它们侧重的方面不同。AUC 值关注的是模型区分正负样本的整体能力，不考虑具体的阈值选择；AP 值关注的是模型在实际应用中的正类样本上的精确率和召回率的平衡表现，更适合评估模型在处理不平衡数据集时的性能。

示例 2——随机过采样：随机地从少数类别中复制一些样本，以平衡类别。

```
mark_name = 'OsROS'  # Oversampling RandomOverSampler
print('%s 方法' % mark_name)
ros = RandomOverSampler(random_state=42)
X_train_ros, y_train_ros = ros.fit_resample(X_train, y_train)
model_train_eval(mark_name, X_train_ros, y_train_ros, X_test, y_test)
df_y_PK_plot(mark_name, y_train, y_train_ros)
```

如图 3-14、图 3-15 所示，经过随机过采样方法处理后，相比默认情况下，模型的 AUC 值和 AP 值均有提升。此外，模型最优点可以保证精确率和召回率同时达到 0.8 以上，分类性能较默认情况下有一定提升。

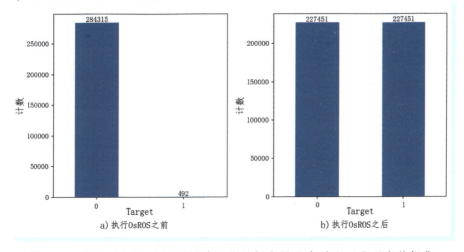

图 3-14 使用 OsROS 方法采样前后的目标变量分布对比（信用卡数据集）

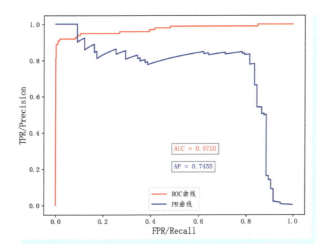

图 3-15 经过 OsROS 处理后 LoR 模型的 ROC 曲线与 PR 曲线可视化（信用卡数据集）

示例3——SMOTE 方法：对于少数类别中的每个样本，通过在其与最近邻的样本之间绘制线，在线上随机选择一些点，从而生成新的合成样本。

```
mark_name = 'OsSMOTE'  # Oversampling SMOTE
print('%s 方法' % mark_name)
smote = SMOTE(random_state=42)
X_train_smote, y_train_smote = smote.fit_resample(X_train, y_train)
model_train_eval(mark_name, X_train_smote, y_train_smote, X_test, y_test)
df_y_PK_plot(mark_name, y_train, y_train_smote)
```

如图 3-16、图 3-17 所示，经过 SMOTE 方法处理后，相比默认情况，模型的 AUC 值和 AP 值均有提升。此外，与随机过采样方法相比，模型在分类性能上也有了一定的提高。

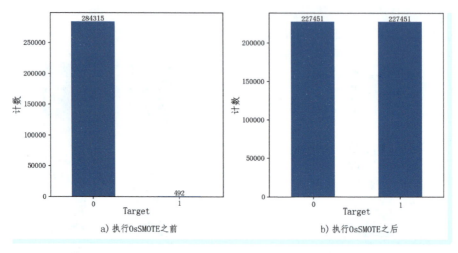

图 3-16　使用 OsSMOTE 方法采样前后的目标变量分布对比（信用卡数据集）

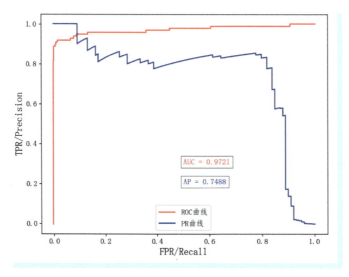

图 3-17　经过 OsSMOTE 处理后 LoR 模型的 ROC 曲线与 PR 曲线可视化（信用卡数据集）

示例 4——ADASYN 方法：基于每个少数类别样本的密度，为每个少数类别样本生成更多的合成样本，以便于更好分类。

```
mark_name = 'OsADASYN'  # Oversampling ADASYN
print('%s 方法' % mark_name)
adasyn = ADASYN(random_state=42)
X_train_ada, y_train_ada =adasyn.fit_resample(X_train, y_train)
df_y_PK_plot(mark_name, y_train, y_train_ada)
model_train_eval(mark_name, X_train_ada, y_train_ada, X_test, y_test)
```

如图 3-18、图 3-19 所示，使用 ADASYN 方法与 SMOTE 方法结果差异不大，优化效果有限，很可能是因为小类样本中离群点较少导致。

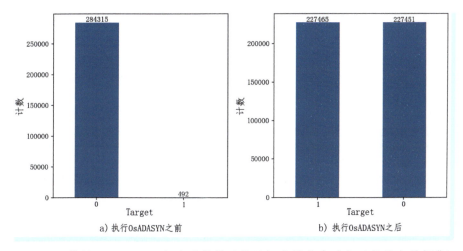

图 3-18 使用 OsADASYN 方法采样前后的目标变量分布对比（信用卡数据集）

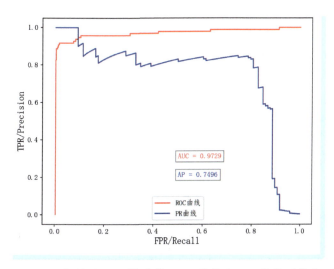

图 3-19 经过 OsADASYN 处理后 LoR 模型的 ROC 曲线与 PR 曲线可视化（信用卡数据集）

3. 欠采样概述及其常用方法

简介

欠采样（下采样/降采样，Undersampling），主要通过减少多数类别的样本数量，即移除样本数较多的类别样本，舍弃部分大类样本的方法，使得多数类别与少数类别之间的样本数量更加平衡。欠采样示意图如图 3-20 所示。

- 本质：下采样的本质是采用单边采样方式，去除大类中的噪声样本、边界样本和冗余样本。通过舍弃多数类别的部分样本，以减少多数类别的样本数量，从而实现数据集的类别平衡。

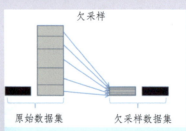

图 3-20　欠采样示意图

优缺点

优点
- 计算效率提高：由于减少了多数类别的样本数量，从而降低了模型训练和预测的计算复杂度，提高了效率。
- 降低过拟合风险：通过减少多数类别样本的数量，降低了模型对多数类别的过度学习，有助于提高模型的泛化能力，减少过拟合的风险。
- 简化模型：欠采样有助于模型更全面地学习特征，避免模型过于偏向少数类别而忽略多数类别的特征。

缺点
- 信息损失：欠采样可能会导致多数类别的信息损失，降低模型对整体数据分布的理解能力。
- 能力有限：欠采样只是去除冗余样本和噪声样本，但在大多数情况下，这类样本只是小部分，因此这种方法能够调整的不平衡度相当有限。
- 样本代表性降低：减少多数类别的样本数量可能导致样本不再代表真实的数据分布，从而影响模型的泛化性能。

常用方法

在欠采样阶段，常用方法包括随机欠采样、近邻欠采样、聚类欠采样、Tomek Links、ENN、OSS 等方法，具体如下所示。
- 随机欠采样：随机从多数类别中删除一部分样本，直到多数类别和少数类别的样本数量平衡。
- 近邻欠采样：基于近邻关系，删除多数类别样本中与少数类别样本距离较近的一些样本，以保留更具代表性的样本。
- 聚类欠采样：采用 Kmeans 等算法将多数类实例聚类，然后从每个聚类中随机选择一部分样本删除，这可以保留多数类的结构信息。这种方法利用聚类减小了欠采样过程中的信息损失，但增加了处理时间，并且效果优劣取决于原始数据集是否表现出分簇趋势。
- Tomek Links：基于 Tomek Links 的方法通过删除多数类别中与少数类别相邻但相异的样本，可以增强数据集的边界，进而改善样本分布。
- Edited Nearest Neighbors（ENN）：通过删除多数类别中与邻近的少数类别样本预测结果不一致的样本，以改善样本平衡。
- One-Sided Selection（OSS）：结合了 Tomek Links 和 ENN 方法，同时考虑了样本的近邻关系和类别信息。基于边界样本对的概念，通过删除多数类别中一些离群的样本，来减少多数类别的样本数量，保留多数类别中更紧密、更具代表性的样本，以平衡类别分布。具体来说，OSS 首先使用 Tomek Links 方法找到多数类别和少数类别之间的边界样本对，然后，从多数类别中移除那些与边界样本对中的任何一个样本相邻的样本。这个过程有效地去除了多数类别中的一些离群样本，保留了更加紧密和具有代表性的样本，从而有助于实现类别分布的平衡。

（1）Tomek Links 方法概述

简介

Tomek Links 是一种用于处理数据不均衡问题的欠采样技术，通过删除多数类别中与少数类别样本最近邻但类别标签不同的样本，以改善数据分布的平衡。Tomek Links 的核心是在特征空间中距离最近的两个不同类别的样本对，通过移除这些样本对，试图创建一个更具代表性、更平衡的数据集。Tomek Links 的本质是试图消除多数类别中属于边界的、与少数类别样本最近邻的样本，以减少对模型的负面影响。Tomek Links 方法示意图如图 3-21 所示。

图 3-21　Tomek Links 方法示意图

Tomek Links 是指在样本空间中，存在一对样本点 x 和 y，使得它们互为最近邻且属于不同的类别。换句话说，x 和 y 之间的距离最近且它们属于不同的类别。这种情况下，x 和 y 就构成了一个"Tomek 连接"。因为它认为，当一个少数类实例与一个多数类实例的距离足够近时（即都影响对方的决策边界），这对实例很有可能被错误分类。然后，通过检测并删除样本空间中的 Tomek Links，从而降低相邻类别的样本之间的干扰，进而提高分类器的性能。

思路步骤

Tomek Links 技术的实施思路步骤如下所示。
- 计算最近邻：对于每个样本，计算其与数据集中所有其他样本的距离，找到其最近邻。比如可以采用 K 近邻算法实现。
- 识别 Tomek Links：通过比较每个样本与其最近邻的类别标签，识别出那些形成 Tomek Links 的样本对（相邻但异类）。
- 删除 Tomek Links：将被识别为 Tomek Links 的样本对作为样本空间中的噪声，从数据集中移除。
- 重复迭代：重复上述过程，直到不再找到新的 Tomek Links。

经验技巧

Tomek Links 技术的实施经验技巧如下所示。
- 适用于近邻关系敏感的模型：Tomek Links 方法在处理数据不均衡时，特别适用于那些对近邻关系敏感的模型，例如 K 近邻算法。这是因为 Tomek Links 能够通过去除最近邻中的不同类别样本，改善模型性能。
- 合理设置阈值：在应用 Tomek Links 方法时，需要注意设置阈值。较小的阈值可能去除更多信息，而较大的阈值可能留下更多噪声，找到一个合理的阈值是关键。删除错误分类边缘实例的同时，尽可能减少对少数类有效信息的损失，以达到平衡的效果。
- 谨慎删除：在使用 Tomek Links 方法进行数据清洗时，应该谨慎选择要删除的样本点。目标是尽可能保留更多的有用信息，避免过度删除可能对模型性能有积极影响的样本。通过仔细权衡，确保删除的样本对于整体模型性能的提升是有益的。
- 结合其他方法：Tomek Links 可以与其他欠采样或增补方法结合使用，从而更全面地提高数据集的平衡性。例如，结合 SMOTE 等增补方法，先去除 Tomek Links，然后进行 SMOTE 增补，有助于减少删除实例带来的信息损失，并改善整体数据分布。

（2）代码实战

示例1——随机欠采样：从多数类别中随机删除一些样本，以平衡类别。

```
mark_name = 'UsRUS'  # UnderSampling RandomUnderSampler
print('%s 方法' % mark_name)
rus = RandomUnderSampler(random_state=42)
X_train_rus, y_train_rus = rus.fit_resample(X_train, y_train)
df_y_PK_plot(mark_name,y_train,y_train_rus)
model_train_eval(mark_name,X_train_rus, y_train_rus, X_test, y_test)
```

如图3-22、图3-23所示，随机欠采样后的PR曲线波动更为剧烈，对比默认情况下，AP值反而下降，可知，这是由于欠采样过程中大类样本存在大量的信息损失，影响分类器的分类性能。

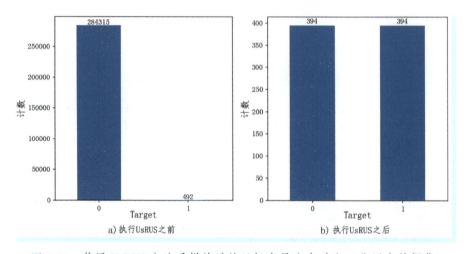

图 3-22 使用 UsRUS 方法采样前后的目标变量分布对比（信用卡数据集）

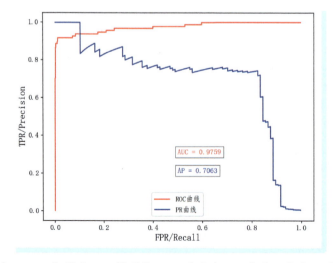

图 3-23 经过 UsRUS 处理后 LoR 模型的 ROC 曲线与 PR 曲线可视化（信用卡数据集）

示例 2——Nearmiss 随机欠采样

```
'''
NearMiss 方法在随机欠采样的基础上,添加了某些规则来选择样本,通过设定 version 参数来实现三种不同采样规则
NearMiss-1:选择离 N 个最近的小类样本的平均距离最小的大类样本
NearMiss-2:选择离 N 个最远的小类样本的平均距离最小的大类样本
NearMiss-3:首先,对于每一个小类样本,保留它们的 M 个近邻样本;然后,选择与 N 个最近小类样本的平均距离最大的大类样本
'''
fromimblearn.under_sampling import NearMiss
versions = [1, 2, 3]
for version in versions:
    nm =NearMiss(version=version)
    X_train_nm, y_train_nm = nm.fit_resample(X_train, y_train)
    mark_name = 'UsNearMiss_%s'%version
    print('%s 方法' % mark_name)
    df_y_PK_plot(mark_name, y_train, y_train_nm)
    model_train_eval(mark_name,X_train_nm, y_train_nm, X_test, y_test)
```

如图 3-24、图 3-25 所示,NearMiss-1 和 NearMiss-3 方法导致 AUC 值和 AP 值显著下降。AP 值大幅降低使分类器性能不及默认分类器。这是因为这两种方法容易受到噪声的影响,特别是小类样本中的离群点会导致采样结果失去代表性。相比之下,NearMiss-2 方法在减弱噪声影响方面效果更好,但也并未显著提升分类效果,可知该方法不太适合当前分布类型的数据集。

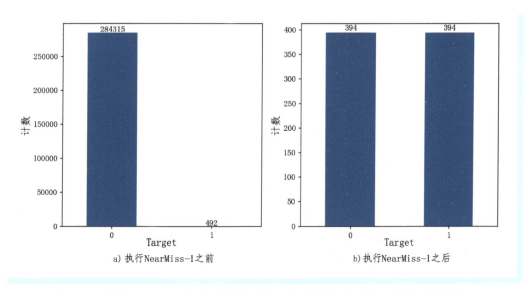

图 3-24 使用 NearMiss 方法采样前后的目标变量分布对比(信用卡数据集)

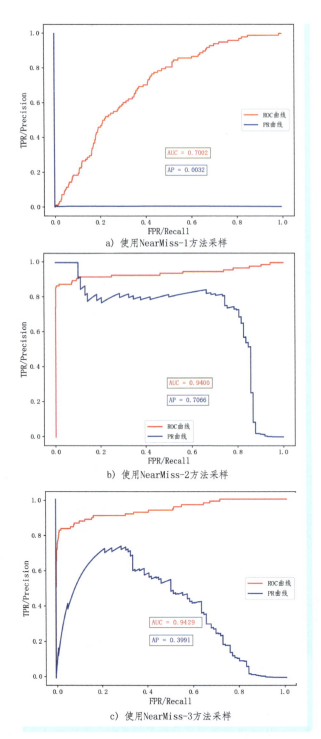

图 3-25 使用 NearMiss 方法采样的 LoR 模型的 ROC 曲线与 PR 曲线可视化(信用卡数据集)

示例 3——ClusterCentroids 欠采样：使用聚类技术，将多数类别样本聚类，仅保留每个聚类的中心作为新的多数类样本。

```
'''
ClusterCentroids 方法利用 K 均值算法生成原始数据集的聚类中心作为采样点,以减少大类样本的数量。这是一种原型生成算法,不直接使用原始数据集,而是生成新的数据点。
虽然这种方法减少了欠采样过程中的信息损失,但同时会显著增加处理时间,并且其效果优劣取决于原始数据集是否表现出分簇趋势。
'''
mark_name = 'UsCC'  # UnderSampling ClusterCentroids
print('%s 方法' % mark_name)
cc = ClusterCentroids(random_state=42)
X_train_cc, y_train_cc = cc.fit_resample(X_train, y_train)
df_y_PK_plot(mark_name, y_train, y_train_cc)
model_train_eval(mark_name,X_train_cc, y_train_cc, X_test, y_test)
```

如图 3-26、图 3-27 所示，经过 ClusterCentroids 方法处理后，PR 曲线最优点未提升，AP 值下降。初步判断是由于一些特征数据之间存在较大差异，导致原始数据集中的大类样本无法聚类成簇。因此，由聚类形成的数据集无法代表原始数据，导致分类效果较差。

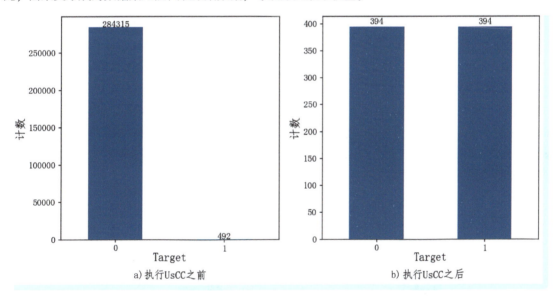

图 3-26　使用 UsCC 方法采样前后的目标变量分布对比（信用卡数据集）

示例 4——TomekLink 欠采样：Tomek 链接是一对具有不同类别的最接近的样本之间的连接，通过删除这样的样本对，可以改善分类器性能。

```
mark_name = 'UsTomekLinks'  # Undersampling TomekLinks
print('%s 方法' % mark_name)
tl = TomekLinks()
```

```
X_train_tl, y_train_tl = tl.fit_resample(X_train, y_train)
df_y_PK_plot(mark_name, y_train, y_train_tl)
model_train_eval(mark_name,X_train_tl, y_train_tl, X_test, y_test)
```

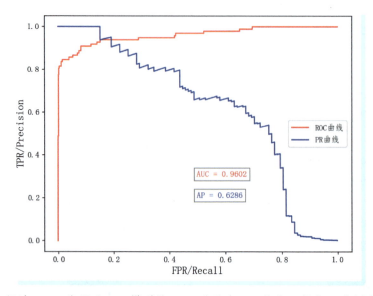

图 3-27 经过 UsCC 处理后 LoR 模型的 ROC 曲线与 PR 曲线可视化（信用卡数据集）

如图 3-28、图 3-29 所示，经过 Tomek Links 方法处理后，对比默认情况，AUC 提高，说明这种处理方法提高了模型区分正负样本的能力。而 AP 的略微下降，说明在处理不平衡数据时，虽然 TomekLinks 方法提高了区分能力，但在具体的精确率和召回率的综合表现上，稍逊于默认模型。由此可知，TomekLinks 方法在提升模型区分能力方面有效，但在实际应用中需要综合考虑其对精确率和召回率的影响，选择合适的模型和处理方法。

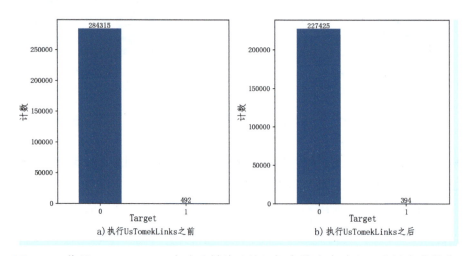

图 3-28 使用 UsTomekLinks 方法采样前后的目标变量分布对比（信用卡数据集）

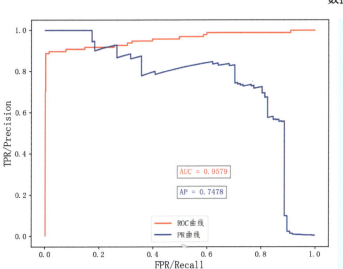

图 3-29　经过 UsTomekLinks 处理后 LoR 模型的 ROC 曲线与 PR 曲线可视化（信用卡数据集）

示例 5——EditedNearestNeighbours 欠采样：删除多数类别中被错误分类的样本，以提高分类器性能。

```
mark_name = 'UsENN'  # Undersampling EditedNearestNeighbours
print('%s 方法' % mark_name)
enn = EditedNearestNeighbours()
X_train_enn, y_train_enn = enn.fit_resample(X_train, y_train)
df_y_PK_plot(mark_name, y_train, y_train_enn)
model_train_eval(mark_name, X_train_enn, y_train_enn, X_test, y_test)
```

如图 3-30、图 3-31 所示，经过 EditedNearestNeighbours 方法处理后，对比默认情况，AUC 值略有提升，表明模型的整体区分能力有所提高。AP 值略有下降，表示模型在处理不平衡数据时，某些阈值下的精确率和召回率可能有所降低。

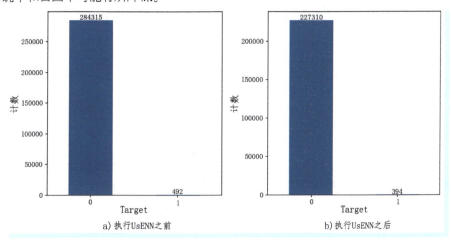

图 3-30　使用 UsENN 方法采样前后的目标变量分布对比（信用卡数据集）

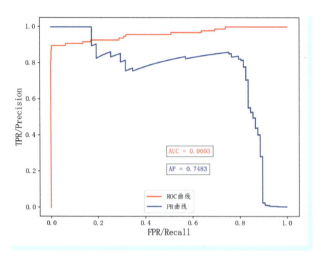

图 3-31　经过 UsENN 处理后 LoR 模型的 ROC 曲线与 PR 曲线可视化（信用卡数据集）

4. 组合采样

简介	SMOTE+Tomek Links 组合采样方法是一种结合了基于 SMOTE 过采样方法和基于 Tomek Links 欠采样方法的技术，弥补了两种方法的不足，用于解决类别不平衡问题。该组合采样法可以减少过采样和欠采样过程中的错误估计，同时有效去除近邻之间的噪声和重叠，提高分类器的准确性和泛化能力。其原理如图 3-32 所示。 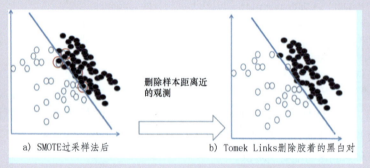 图 3-32　SMOTE 和 Tomek Links 组合采样原理示意图
思路步骤	该方法的核心思想是先通过 SMOTE 方法生成合成样本来增加少数类样本数量，然后使用 Tomek Links 方法来删除一些重复或者噪声样本，以达到平衡数据集的目的。进而提高分类器的性能。 ● SMOTE 过采样：首先使用 SMOTE 算法对少数类样本进行过采样，生成新的合成少数类别样本，以增加数据集的平衡性。 ● Tomek Links 欠采样：对于经过 SMOTE 处理后的新样本和原始的样本数据，计算 Tomek Links，并将 Tomek Links 中涉及的噪声样本删除，进一步提高样本的质量和分离度。

代码实战

示例 1——使用 SMOTE 对小类样本进行过采样，并使用 Tomek Links 方法对扩充后的数据集进行处理。

```
mark_name = 'SMOTE_TL'
print('%s 方法' % mark_name)
```

```
smote = SMOTE()
X_train_smote, y_train_smote = smote.fit_resample(X_train, y_train)
tomek_link = TomekLinks()
X_train_st, y_train_st =tomek_link.fit_resample(X_train_smote, y_train_smote)
df_y_PK_plot(mark_name, y_train, y_train_st)
model_train_eval(mark_name,X_train_st, y_train_st, X_test, y_test)
```

如图 3-33、图 3-34 所示，经过 SMOTE+Tomek Links 方法处理后，对比默认情况，AUC 值和 AP 值均有提升，表明模型的整体区分能力以及在正类样本上的精确率和召回率的平衡能力上都有所提高。

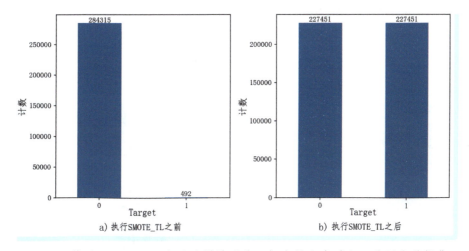

图 3-33 使用 SMOTE_TL 方法采样前后的目标变量分布对比（信用卡数据集）

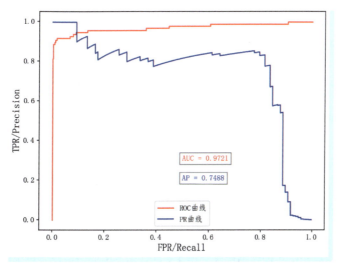

图 3-34 经过 SMOTE_TL 处理后 LoR 模型的 ROC 曲线与 PR 曲线可视化（信用卡数据集）

示例2——使用 SMOTE 对小类样本进行过采样，并使用 ENN 方法对扩充后的数据集进行处理。

```
mark_name = 'SMOTE_ENN'
print('%s 方法' % mark_name)
smote = SMOTE()
X_train_smote, y_train_smote = smote.fit_resample(X_train, y_train)
enn = EditedNearestNeighbours()
X_train_se, y_train_se =enn.fit_resample(X_train_smote, y_train_smote)
df_y_PK_plot(mark_name, y_train, y_train_se)
model_train_eval(mark_name,X_train_se, y_train_se, X_test, y_test)
```

如图 3-35、图 3-36 所示，经过 SMOTE+ENN 方法处理后，对比默认情况，其改变类似于 SMOTE+Tomek Links 方法，AUC 值和 AP 值也均有提升，表明模型的整体区分能力以及在正类样本上的精确率和召回率的平衡能力上也都有所提高。

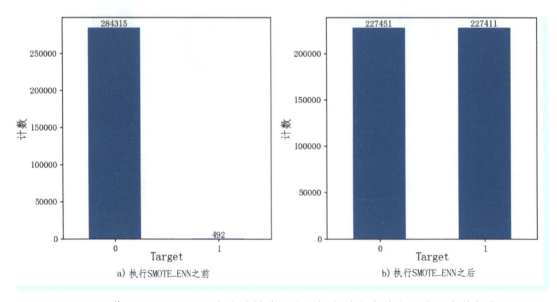

a) 执行SMOTE_ENN之前　　　　　　　　b) 执行SMOTE_ENN之后

图 3-35　使用 SMOTE_ENN 方法采样前后的目标变量分布对比（信用卡数据集）

总的来说，对于信用卡欺诈交易检测这类类别不平衡现象非常严重的数据集，欠采样的信息损失问题造成的影响较大，欠采样方法效果普遍不佳，而过采样的过拟合问题通过改进采样方法和增加样本量可以较好地解决。此外，采用过采样和欠采样结合的方法处理后的分类效果最好，但也会大大增加时间成本，需要进行权衡。

5. 综合对比三种采样方法

在数据科学和机器学习任务中，数据不均衡是一个常见的问题，为了解决这个问题，常用的方法包括采用过采样、欠采样和组合抽样等技术。表 3-8 是从多个维度对比这三种采样方法。

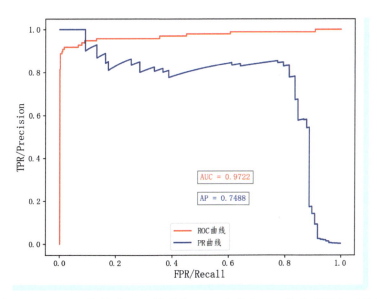

图 3-36　经过 SMOTE_ENN 处理后 LoR 模型的 ROC 曲线与 PR 曲线可视化（信用卡数据集）

表 3-8　三种采样方法的对比

	过 采 样	欠 采 样	组 合 抽 样
简介	通过增加少数类别的样本数量来达到平衡数据集的目的。这种方式可以保留更多信息，但也可能会增加噪声	通过减少多数类别的样本数量来达到平衡数据集的目的。这种方式计算效率高，但也可能导致信息丢失	同时结合欠采样和过采样的方法，综合利用两者的优势。这种方式提高了数据平衡的效果，但计算成本较高
目的一致	可以使模型更加关注少数类别，从而提高分类性能		
原方法缺点	T1、随机过采样法：随机复制少数样例以增大它们的规模。过采样会引入大量的副本数据，计算耗时且容易出现过拟合现象	T1、随机欠采样法：随机选择与少数样例同个数的多数样例，达到同样规模。欠采样会导致损失大量的信息	
改进方法	T2、SMOTE：关注少数类、合成新样本、类似 KNN、插值生成、改善分类边界。 T3、AdaSyn：自适应合成、考虑样本分布、合成多样本、低密度更多插值、近似真实分布。 T4、Borderline-SMOTE：仅在少数类的边界上插值、专注增加对分类边界有贡献、减少合成冗余	T2、Tomek Links：消除噪声、相邻但异类、一对一去除（一命抵一命）、保留更重要性。 T3、ENN：比较样本其最近邻的类别、保留更具有代表性的数据。 T4、OSS：边界样本对、单侧选择、删除离群、保留的数据更具有紧密性	T1、SMOTE + Tomek Links 综合采样：SMOTE 扩充小类、Tomek Links 消除强边界、平衡且去噪。 T2、SMOTE + ENN 综合采样：SMOTE 扩充小类、ENN 消除学习错误区域、减少噪声、提高少数类质量、优化数据集的均衡性和准确性
总结	针对不平衡数据集，常规做法是通过过采样和欠采样分别处理小类和大类样本。 ● 在评价分类结果时，由于悬殊的类别分布，ROC 曲线的参考价值较低，PR 曲线更具参考价值，特别是对于严重不平衡的数据集。 ● 在类别严重不平衡的情况下，欠采样方法的信息损失问题影响较大，效果较差；而过采样方法可通过改进和增加样本量解决过拟合问题。结合过采样和欠采样的方法通常能获得最佳分类效果，但会增加时间成本，需要权衡考虑。		

3.3.7 特征初筛

图 3-37 为本小节内容的思维导图。

图 3-37 本小节内容的思维导图

1. 特征初步筛选概述

简介	特征初步筛选：在数据处理过程中，特征初步筛选是为了降低计算复杂性，提高效率。本步骤侧重于最基础的特征筛选，主要是针对特征非常多的场景，通过去除冗余和无意义特征来降低数据集的维度，简化数据分析难度。 注意：本阶段仅是指初步的、简单的特征筛选，筛选标准相对宽泛，后续还需要根据模型效果进行优化。更细致的特征工程方法请参考后续内容——数据工程。
三种角度	特征初步筛选的主要角度如下所示。 • 物理意义角度：根据特征本身是否具有实际意义，删除与目标变量无关或无实际意义的特征，例如可以剔除像 ID 编号（如销售 ID）等对目标变量没有贡献的特征。 • 技术指标角度：根据特征本身的多样性。删除多样性过低或过高的特征，比如某列特征值全相同（如某次客户调查数据中性别特征都为男性），或者特征空间分布过于分散的特征。这类特征对模型建模没有帮助。 • 业务规则角度：基于业务理解，删除对目标变量没有影响的特征。这种角度的筛选有助于保留与业务目标相关的特征，提高模型的预测性能。

2. 代码实战

 # 示例——以 CSV 文件为例，采用 pandas 等工具筛选要入模的字段。

```
import pandas as pd
# 读取数据集,只选择'Pclass','Sex','Age','SibSp','Parch','Fare','Survived'列
data = pd.read_csv('titanic.csv',usecols=['Pclass','Sex','Age','SibSp','Parch','Fare','Survived'])
# 显示数据集的前几行
print(data.head())
```

3.4 机器学习核心流程

图 3-38 为本小节内容的思维导图。

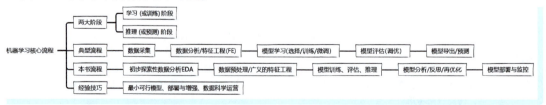

图 3-38 本小节内容的思维导图

图 3-39 为机器学习流程图。

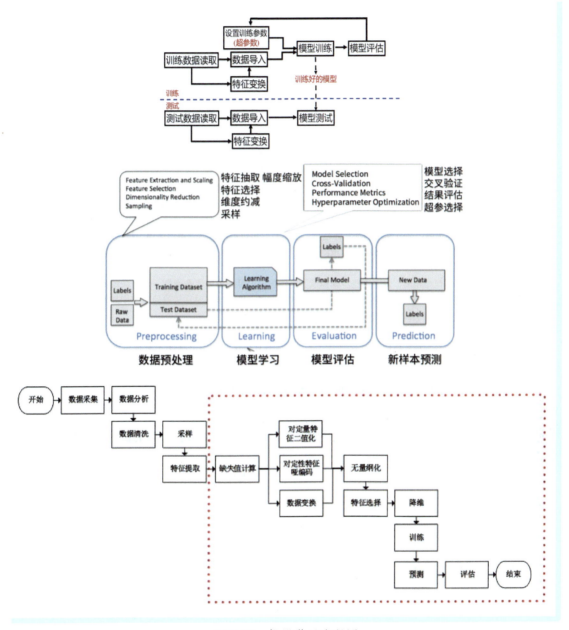

图 3-39 机器学习流程图

两大阶段	机器学习的两大阶段包括学习阶段和推理阶段，具体如下所示。 ● 学习（或训练）阶段：基于数据，进行模型学习。具体来说，模型通过学习历史数据中的模式和规律来建立自己的表示，并调整自身的参数以最小化预测误差。 ● 推理（或预测）阶段：基于学到的模型，对未知数据进行推理（分类或回归）。具体来说，模型利用已经学到的知识对新数据进行预测或推理，即利用已训练好的模型来对未知数据做出预测或决策。

（续）

典型流程	机器学习典型的五大流程：数据采集→数据分析/FE→模型学习（选择/训练/微调）→模型评估（调优）→模型导出/预测，具体如下所示。 • 数据采集：这是机器学习项目的起点，涉及收集原始数据。这些数据可以是结构化的，如数据库中的记录，也可以是非结构化的，如图像、文本或音频文件。数据采集是任何机器学习项目的第一步，因为没有数据就没有学习的基础。 • 数据分析/特征工程（FE）：在数据采集之后，需要对数据进行预处理和清洗，以确保数据的质量。此外，特征工程是识别和准备数据特征以训练模型的过程。特征工程对于模型的性能至关重要，因为模型的优劣在很大程度上取决于输入数据的特征。 • 模型学习（选择/训练/微调）：这是机器学习的核心阶段，涉及选择合适的算法，并通过训练数据集来训练模型。在训练过程中，模型会学习如何从输入数据中预测输出。微调是指对模型进行调整以提高其性能，这可能包括改变模型的结构或调整其参数。 • 模型评估（调优）：在模型经过训练后，需要通过一个独立的评估数据集来评估其性能。模型评估有助于团队了解模型的泛化能力，即模型在未见过的数据上的表现。调优是基于评估结果对模型进行进一步的优化，以提高其准确率或其他相关指标。 • 模型导出/预测：经过模型训练和评估后，最终被导出以便在实际应用中使用。推理/预测阶段是指使用训练好的模型对新的、未见过的数据进行预测。这个阶段是机器学习项目的最终目标，即将模型应用于实际问题中。 从数据采集到模型预测，以上这些步骤构成了机器学习项目的整个生命周期。每个阶段都是紧密相连的，前一个阶段的输出通常是后一个阶段的输入。通过这种方式，机器学习项目从原始数据中提取有价值的信息，最终形成可以用于决策支持的预测模型。
本书流程	本书实现机器学习核心流程的章节则进一步系统性地总结了机器学习的核心流程包括初步探索性数据分析EDA，数据预处理/广义的特征工程，模型训练、评估、推理，模型分析/反思/再优化，模型部署与监控，模型全流程优化几个环节，更多具体内容详见机器学习流程五大阶段详解部分。
经验技巧	在机器学习核心流程阶段，经验技巧如下所示。 • 最小可行模型：这个概念借鉴了"最小可行产品"的概念。重点是通过尽早试验来验证假设正确性，从而获取有价值的反馈用以完善模型。在控制环境下对模型进行初步验证，然后在实际环境下再进行验证，查验模型是否能真正发挥作用。 最小可行模型是一个新模型的版本，它允许团队以最少的努力收集关于模型有效性的最大数量的验证学习。更简单地说，不要一开始就开发一个成熟的产品，然后发布。相反，拿出一些有价值的东西，获取关于它是否正确的反馈。如果不正确，就改变方向。 • 部署与增强：需要将模型产品化，同时持续提升和优化模型性能。将模型投入实际应用，同时不断改进模型提高精准度。 如果在几次迭代之后项目看起来不太好，那就取消这个项目，看看是否能以其他方式提供价值。 • 数据科学运营：重在对模型、数据和利益相关者进行长期管理，以确保模型质量和价值持续提供。长期维护模型和数据，监控效果，与参与者保持交流，不断优化提升模型素质。

3.5 决策支持

图 3-40 为本小节内容的思维导图。

第 3 章
数据科学任务完整流程

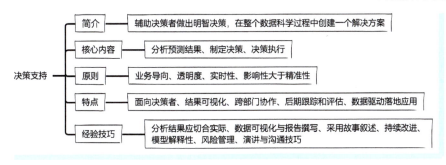

图 3-40　本小节内容的思维导图

决策支持概述如下：

简介

数据科学工作的目标不仅是产出高性能的模型，更重要的是洞察问题本质并推动行动。机器学习和深度学习模型在解决各种问题上取得显著成果，但仅仅训练模型不足以解决实际业务问题。决策执行阶段的关键在于将模型的预测结果有效地应用到实际决策中，从而为企业或用户带来实际价值。

正如 Richard Hamming 所说，"计算的目的不在于数据，而在于洞察事物"。数据科学的任务是在整个生命周期过程中创建解决方案，将定性见解与定量分析中的数据结合起来，制作能够促使人们采取行动的故事。

在数据科学任务中，决策支持阶段包括传达分析结果、提供决策建议并进行落地执行，是整个数据科学生命周期过程的最后一个步骤，也是最关键的部分。该阶段将分析结果传达给利益相关者，并在此基础上制定决策和执行行动计划。这一阶段的目标是将数据科学的成果转化为实际的业务价值，体现了数据科学在实际应用中的重要性。其本质是通过将模型的预测结果转化为实际操作，并实现对业务的优化。

- 目的：本阶段的目的是将模型预测的结果和分析成果有效地传递给业务决策者，帮助决策者了解数据所揭示的信息，以辅助决策者做出明智的决策。
- 核心思想：通过深度分析模型预测结果，制定合理的决策方案，并在实际业务中执行这些决策，以实现最大化的价值。
- 意义：决策执行是整个数据科学流程的终点，它直接影响着业务的成功与否，体现了数据科学在实际应用中的价值。

核心内容

决策支持阶段的核心内容如下所示。

（1）分析预测结果：对模型的预测结果进行深入分析，比如了解其可信度、置信区间等信息，识别模型的优势和局限性。透彻的分析有助于决策者更好地理解模型的输出。
- 清晰展示（可视化+启发式）：将数据分析结果清晰地可视化和总结，启发性地展现其中发现与规律。
- 提供分析结果：利用总结、图表和建议等形式，向决策者介绍分析结果及其含义。将其分析结果通过可视化、报告、演示文稿等方式传达给相关利益相关者。

（2）制定决策：基于预测结果，制定符合业务目标和约束条件的决策方案。这可能涉及多个决策变量和不同的业务场景。决策制定过程应具备透明性，确保决策者能够理解模型的预测依据，提高对决策的信任度。

（3）决策执行：数据驱动落地应用。将制定的决策方案在实际业务中执行，可能包括调整资源分配、改变营销策略、优化生产流程等。

原则

决策支持阶段应遵循的原则如下所示。
- 业务导向：决策应该始终以业务目标为导向，确保模型预测的结果与业务需求相一致。
- 透明度：决策制定过程应当具有透明性，决策者需要理解模型的预测依据，以提高对决策的信任度。
- 实时性：部分业务场景要求决策的快速响应，因此决策执行阶段需要具备实时性，确保决策能够迅速生效。
- 影响性大于精准性：在当前阶段，重要的是强调分析结果的启发性和影响性，而不是绝对的准确性。因为机器学习模型难以达到100%的准确率，存在一定误差。尽管结果可能不完全准确，但如果能够提供重要的启发和洞察，就可能会对决策产生巨大影响。因此，决策执行阶段更注重根据分析结果做出明智的决定和行动，而不是过于强调结果的精准程度。

（续）

特点	决策支持阶段的主要特点如下所示。 - 面向决策者：需要根据决策者的角色和需求，定制分析内容和展现形式。 - 结果可视化：通过图表、报告等形式将复杂的数据分析结果转化为易于理解的视觉呈现。 - 跨部门协作：这一步骤通常涉及与其他部门（如市场、销售、产品等）的合作，以确保分析结果能够得到有效的执行。 - 后期跟踪和评估：在决策和执行计划制定完成后，需要跟踪和评估其执行情况，并进行必要的调整和改进。 - 数据驱动落地应用：最终在实际业务中落地应用分析结果，实现数据驱动。
经验技巧	决策支持阶段的经验技巧如下所示。 - 分析结果应切合实际：必须要有数据支撑，同时要围绕决策者的目标和痛点设计。 - 数据可视化与报告撰写：通过可视化工具，常用的如 Matplotlib、Tableau、Power BI 等，来创建直观的图表展示分析结果。报告应简洁明了，阐述分析结果、关键发现以及建议。 - 采用故事叙述：通过讲述一个与分析结果相关的故事，更好地吸引受众的注意力，提高信息传递的效果。 - 持续改进：往往需要根据决策者的反馈，不断优化和改进分析内容，直到获得足够的信任。 - 模型解释性：选择具有较好解释性的模型，以便更好地理解模型的预测结果，并更容易将其转化为可执行的决策。 - 风险管理：在决策执行中考虑潜在的风险，并采取相应的风险管理策略，以确保业务的稳健运行。 - 演讲与沟通技巧：加强软技能，比如演讲和沟通能力。演示分析结果时可以通过互动的方式以有效传达信息。同时采用明确简洁的语言，避免专业术语，吸引受众注意。

第 2 部分

机器学习流程五大阶段详解

初步探索性数据分析（EDA）

图 4-1 为本章内容的思维导图。

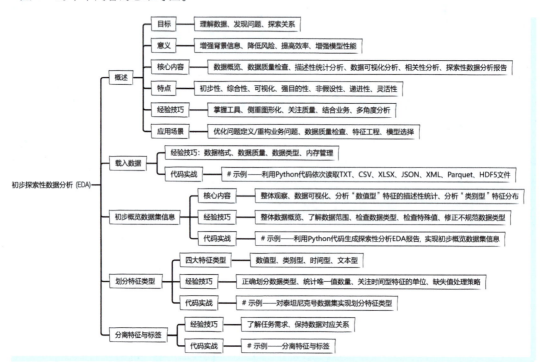

图 4-1 本章内容的思维导图

4.1 EDA 概述

| 背景 | 随着大数据时代的到来，数据量急剧增长，数据多样性也在提升。此外，随着数据科学和机器学习应用的广泛普及，数据分析的重要性日益凸显。数据科学家和数据分析师们需要从海量数据中提取有价值的信息，而初步探索性数据分析则成为数据科学流程中不可或缺的一环。|

第 4 章
初步探索性数据分析（EDA）

（续）

简介	初步探索性数据分析（Exploratory Data Analysis，EDA）是数据科学任务流程中的首要步骤，是在正式建模之前对数据集进行初步观察和分析的过程。EDA 旨在通过统计和可视化方法初步了解和分析数据集的整体分布、结构特性和内在规律，从而获得宝贵洞见，为后续的数据预处理、特征工程和建模工作提供启示、指导和依据。EDA 通过对数据进行系统性的分析和图形化呈现，发现可能存在的模式和关联，进而揭示数据中的模式、异常、趋势和关系。总体而言，EDA 是数据科学中至关重要的阶段，它有助于建立对数据的深刻理解，为后续分析和建模阶段提供有力支持。
本质	EDA 的本质在于通过图表、统计和汇总等手段，对数据进行简单但是全面的探索，初步了解数据的特征和分布。通过对数据的观察和分析，发现数据中的模式、异常和趋势，以便为后续的数据处理和建模流程提供基础和指导。
目标	在初步探索性数据分析阶段，核心目标如下所示。 ● 理解数据：对数据集有初步的理解，了解数据的来源、结构和内容，明确数据的特点和局限性。对数据进行概览，获取数据收集、存储和质量方面的基本信息的总体认识，以更好地理解数据。 ● 发现问题：初步揭示数据的分布特征，并发现数据中的异常值、缺失值、噪声值、错误数据等，为数据清洗和预处理提供依据。当然，也可以检查原始假设是否成立，及是否需要进一步处理。 ● 探索关系：初步分析变量之间的关系，如线性关系、非线性关系、相关性等，为特征选择和模型构建提供参考。 ＊注意：此处只是初步分析，更详细的内容可参考"第 5 章 数据工程"的"5.2 数据清洗"以及"5.3 数据分析与处理"。
意义	在初步探索性数据分析阶段，核心意义如下所示。 ● 增强背景信息：通过描述性统计数据、有趣的见解、报告或仪表板的形式呈现初步发现，提供数据团队可能忽略的信息。这有助于更全面地了解数据的背景和特征，使决策者能够基于更充分的信息做出决策。 ● 降低风险：通过初步探索，可以暴露一些数据问题，提前发现数据中可能存在的异常情况和潜在问题。这有助于提升数据质量，减少后续建模和预测的风险，从而保障分析结果的准确性和可靠性。 ● 提高效率：EDA 有助于快速了解数据，并根据初步结果确定后续工作的方向。这使得数据预处理和特征工程更加有针对性，从而提高了建模效率，节约了时间和资源。 ● 增强模型性能：更好地理解数据有助于选择合适的模型和参数，进而提高建模效果和性能。通过 EDA，可以发现数据之间的关系和规律，为模型选择提供指导，使得模型更加精准地捕捉到数据的特征和变化趋势，从而提高模型的预测准确度和泛化能力。
核心内容	在初步探索性数据分析阶段，核心内容如下所示。 ● 数据概览：了解数据集的基本信息，如数据量、变量类型、缺失值等。 ● 数据质量检查：检查数据是否存在缺失值、异常值等问题。 ● 描述性统计分析：计算数据的均值、方差、分位数等统计量，了解数据的分布情况。 ● 数据可视化分析：绘制各种图表（如直方图、箱线图、散点图等），直观地展示数据的分布和特征。 ● 相关性分析：计算不同特征之间的相关系数，了解特征之间的相关性。 ● 探索性数据分析报告：总结分析结果，提炼数据中的关键信息和规律。
特点	在初步探索性数据分析阶段，特点如下所示。 ● 初步性：EDA 是数据分析的第一步，旨在初步了解数据集的特征和潜在模式。它是相对初始性和基础性的阶段，不涉及复杂的处理技巧。 ● 综合性：EDA 通常涉及数据的统计分析、可视化、相关性分析等多个方面，通常包括多个变量之间的关系分析，以更全面地理解数据集。 ● 可视化：EDA 大量使用图表、图像等可视化手段，直观地展示数据特征。强调图形化展示，使得数据的特征更容易理解和传达给非专业人员。 ● 强目的性：EDA 的目的在于为后续的数据处理和建模工作提供基础和指导。 ● 非假设性：EDA 不对数据分布进行假设，即不依赖于事先的假设或模型，而是更注重实际数据的探索，通过直观的数据探索来发现可能的模式。 ● 递进性：EDA 是一个逐步深入的过程，从整体到局部，从表面到本质，逐步揭示数据集的特征和规律。 ● 灵活性：EDA 没有固定的步骤和流程，可以根据数据的特点和需求进行调整和扩展，并根据数据的特性采用不同的方法和工具。

经验技巧	在初步探索性数据分析阶段，常用的经验技巧如下所示。 • 掌握工具：熟练掌握数据分析工具和技术，如 Python 中的 NumPy、pandas 和 Matplotlib/Seaborn 等库。 • 侧重图形化：注重数据可视化，通过图表直观地展示数据的分布和特征，有助于发现数据的规律和异常情况。 • 关注质量：注意数据质量，及时处理数据中的缺失值和异常值，以确保分析的准确性和可靠性。 • 结合业务：结合业务背景，选择合适的分析方法和指标，确保分析结果具有实际意义，能够为业务决策提供有效支持。 • 多角度分析：多角度、多层次地进行数据分析，尽可能全面地了解数据的特征和规律，从而更好地把握数据的本质。 初步探索性分析可以得到数据处理和建模的一些经验性结论，这对项目具有指导意义。但需要注意，这些结论仅为早期分析和初步推断，在后续阶段仍需要进行进一步验证和检查，以确保分析结果的可信度和可靠性。
应用场景	在初步探索性数据分析阶段，主要的场景应用如下所示。 • 优化问题定义/重构业务问题：在 EDA 阶段，通过对数据的初步观察和分析，有助于更深入地了解问题背后的真实含义，并重新审视和定义业务问题。毕竟，在"问题定义"阶段定义的内容并非是"金科玉律"。随着数据分析的深入，"问题定义"可以通过优化以适应实际情况。 • 数据质量检查：EDA 可以用来检查数据集中是否存在缺失值、异常值或错误，以确保数据的质量。 • 特征工程：EDA 帮助识别重要的特征，为建模过程中的特征工程提供指导。 • 模型选择：EDA 可以揭示变量之间的关系，帮助选择适当的模型和算法。
实战步骤	1）载入数据集。 2）初步概览数据集信息。 3）划分特征类型：一般划分为类别型和数值型数据。 4）分离特征与标签。

4.2 载入数据

4.2.1 载入数据概述

简介	初步探索性数据分析的载入数据阶段的核心是加载数据集，将数据从外部源导入到计算机编程环境（如 Python、R 语言等），以便进一步的分析和处理。加载数据集是数据科学和机器学习项目的第一步，为后续的数据探索和分析奠定基础。这一步通常使用数据处理工具（如 pandas 库等）进行。
经验技巧	在载入数据阶段，经验技巧如下所示。 • 数据格式：根据数据集的存储格式，选择正确的加载函数。数据集可以是结构化的，如表格形式的数据，也可以是非结构化的，如文本、图像或音频数据。常见的数据格式包括 TXT、CSV、XLSX、JSON、XML、Parquet、Hdf5、数据库等。 • 数据质量：在加载数据之前，检查数据源本身的质量，确保数据的可靠性。 • 数据类型：确保每列的数据类型正确。有时数据加载时会自动进行类型推断，但最好手动检查以防止错误。 • 内存管理：对于大型数据集，要考虑内存管理。有时候可能需要分块加载或使用其他技术来降低内存消耗。
代码实战	（1）pandas 函数加载 CSV、XLXS、Parquet 等格式数据。 （2）open 函数加载 TXT 格式数据。 （3）NumPy 库函数转为 array 格式数据。

4.2.2 载入数据代码实战

示例——利用 Python 代码依次读取 TXT、CSV、XLSX、JSON、XML、Parquet、HDF5 文件。

```python
# 读取 TXT 文件
def read_txt_byopen(file_path):
    with open(file_path, 'r') as file:
        data = file.read()
    return data
def read_txt_bypd(file_path):
    import pandas as pd
    data = pd.read_csv(file_path, delimiter='\t')
    return data

# 读取 CSV 文件
def read_csv(file_path):
    import pandas as pd
    data = pd.read_csv(file_path)
    return data

# 读取 XLSX 文件
def read_xlsx(file_path):
    import pandas as pd
    data = pd.read_excel(file_path)
    return data

# 读取 JSON 文件
def read_json(file_path):
    import json
    with open(file_path, 'r') as file:
        data = json.load(file)
    return data

# 读取 XML 文件
def read_xml(file_path):
    import xml.etree.ElementTree as ET
    tree = ET.parse(file_path)
    root = tree.getroot()
    return root

# 读取 Parquet 文件
def read_parquet_bypd(file_path):
    import pandas as pd
    data = pd.read_parquet(file_path)
```

```
    return data
def read_parquet_bypq(file_path):
    import pyarrow.parquet as pq
    data = pq.read_table(file_path).to_pandas()
    return data

# 读取 HDF5 文件
def read_hdf5(file_path):
    import h5py
    with h5py.File(file_path, 'r') as file:
        data = file['data'][:]    # Assuming dataset is named 'data'
    return data
```

4.3 初步概览数据集信息

4.3.1 初步概览数据集信息概述

简介	初步概览数据集信息阶段涉及对数据的基本统计和结构性信息的了解，通过生成初步的数据报告，为进一步的分析和建模提供基础。在这一阶段，需要查看数据集的基本信息，如数据的维度、数据类型、特征值的分布等，以对数据集有一个整体的了解。同时，需要查看数据集的头几行或尾几行，使用统计方法来描述数据的基本特征，例如均值、中位数、标准差等。 • 作用：通过初步了解数据的特征，为后续的数据预处理、特征工程和建模阶段奠定基础。
核心 内容	在初步概览数据集信息阶段，核心内容如下所示。 • 整体观察：统计并分析整体数据集形状（样本个数、特征个数）、特征名、特征类型、头部、尾部数据。 • 数据可视化：通过统计图表（如直方图、箱线图、折线图等）观察数据的形状，判断数据是否偏态，是否存在异常值等。 • 分析"数值型"特征的描述性统计：计算数据的基本统计指标，如平均值、中位数、标准差等，以了解数据的集中趋势和分散程度。比如计算出"数值型"特征七个基本统计量：Min、Max、Mean、Std、1/4 分位数、2/4 分位数、3/4 分位数。 • 分析"类别型"特征分布：对于类别型变量，查看其分布情况，了解各类别的频数和比例。比如利用 for 循环统计"类别型"特征的不重复类别及其长度，且统计每个类别的个数。
经验 技巧	在初步概览数据集信息阶段，经验技巧如下所示。 • 整体数据概览：快速浏览数据的前几行，以获取数据的整体印象，确保数据加载正确。 • 了解数据范围：查看数值型列的最小值、最大值，以了解数据的范围。这对于发现异常值或极端值很有帮助。 • 检查数据类型：检查每列的数据类型，确保它们符合预期。例如，数值型、文本型、日期型等。 • 检查特殊值：检查是否有特殊值、异常值或不合理的数据，这可能需要后续的数据清洗和处理。 • 修正不规范数据类型：有的原始数据某个特征内的存储数值不规范，则需要对该特征的数据类型进行修正。
代码 实战	T1、利用自定义的 Print_DataInfo（data_name, df_data）函数来输出数据集的基本信息。 • 其中 data_train.describe()函数可以输出所有数值型字段的常用统计量。 T2、利用 ProfileReport 函数一键生成 EDA 数据报告，并导出到 html 文件查看。

4.3.2 初步概览数据集信息代码实战

示例——利用 Python 代码生成探索性分析 EDA 报告,实现初步概览数据集信息。

```
# 初步概览数据集信息:生成探索性分析 EDA 报告
from ydata_profiling import ProfileReport
profile= ProfileReport(data_df)
profile.to_file("%s_profile.html"%data_name)
```

如图 4-2~图 4-5 所示,代码利用 ydata_profiling 库生成数据集的概述报告,并将其保存为 HTML 文件,系统地描述了数据集的各个维度,可以帮助用户快速了解数据特征和潜在问题,如数据集规模、各个特征变量类型、缺失值个数以及各个特征分布情况等。

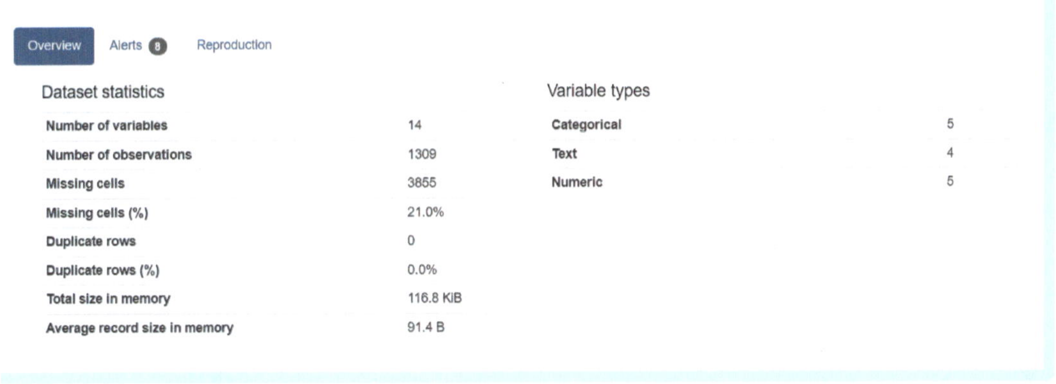

图 4-2 基于泰坦尼克号数据集的概述报告图——摘要内容

图 4-3 基于泰坦尼克号数据集的概述报告图——注意内容

图 4-4　基于泰坦尼克号数据集的概述报告图——"目标"特征和"船舱等级"特征的统计描述

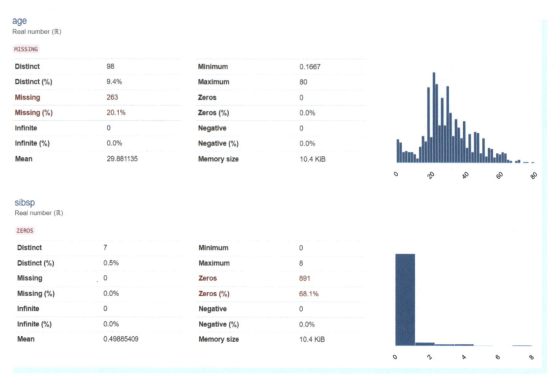

图 4-5　基于泰坦尼克号数据集的概述报告图——"年龄"和
"兄弟姐妹和配偶数量"特征统计描述

第4章 初步探索性数据分析（EDA）

4.4 划分特征类型

4.4.1 相关术语解释

为了使读者对关键术语的认知达成统一，在进行特征类型划分之前，本书对相关术语进行了详细对比与解释。表 4-1 至表 4-4 总结了相关术语的核心概念，并对它们进行了综合和梳理，以便在数据分析和建模过程中更好地理解和应用这些术语。

表 4-1 术语概念对比——数字、数值

对比项	数字	数值
关键词	符号，抽象，计数，离散的	有物理意义的值，具体，度量，连续的
简介	数字是表示数量的符号，如 0、1、2、3 等	数值是数字加上计量单位的结果，通常由一个或多个数字组成。数值可以是整数、小数或分数，如 100.1 克、50 元等
特点	● 抽象性：数字本身不包含具体的物理意义。 ● 通用性：数字在不同领域和场景中具有相同的含义。 ● 简洁性：数字表示简单，便于计算和传输。 ● 离散性：数字只能是整数，是离散的。	● 具体性：数值包含了数字和计量单位，具有明确的物理意义。 ● 局限性：数值通常适用于特定的领域和场景，不同领域的数值无法直接比较。 ● 详细性：数值表示较为详细，包含更多信息。 ● 连续性：数值是连续的，可以是任意实数
适应场景	● 数学计算：数字可以直接比较大小，如计数、加减乘除、函数运算等。 ● 数据存储：如数据库、电子表格等。 ● 编程语言：如变量、常量表示等	● 实际应用：数值需要换算到同一单位后比较大小，如度量、物理量测量、经济数据分析等。 ● 报告展示：如统计报告、科研论文等。 ● 日常生活：如购物、烹饪等涉及具体数量的场景
联系	数字本身是一种抽象的符号，而数值则是数字所代表的具体的数量或量，它们通常是通过一些度量或计数方式得到的。例如，一个人的身高是 1.75 米，其中 1.75 就是一个具体的数值，而"1"、"7"、"5"是构成这个数值的数字。	
注意事项	数字是基本符号，而数值是这些符号组合后表示的具体数量。在数据预处理过程中，一般需要将数值型特征转换成数字型特征，比如 OneHot 编码等，以便机器学习算法能够对其进行处理和分析。	

表 4-2 术语概念对比——定量变量、定性变量

对比项	定量变量	定性变量
简介	定量变量是指可以用数值表示其大小、程度或数量的变量。通常具有连续或离散的数值，比如年龄、身高、体重、收入、温度等。 ● 定量变量（数值型特征）包括连续性变量（如温度）和离散性变量（如年龄）。所以，离散性特征是定量型变量的一种	定性变量也称为类别变量或分类变量，指不能用数值直接表示，而是用类别、标签或属性来描述的变量，表示某种性质或特点。通常表现为分类或顺序数据。比如性别、颜色、血型、职业等。 ● 定性变量包括定类变量（如血型）和定序变量（如问卷满意度）

（续）

对比项	定量变量	定性变量
特点	• 数值性：可以用数字来表示。 • 可量化：可以进行数学运算（如加、减、乘、除）。 • 可度量化：通常有明确的度量单位	• 非数值性：不能用数字直接表示，而是用文字或符号。 • 不可量化：不能进行数学运算，但可以进行逻辑比较。 • 非度量化：没有固定的度量单位，而是通过分类或顺序来区分
适应场景	• 统计分析：如平均数、中位数、标准差等统计量的计算，尤其是机器学习中的特征工程。 • 科学实验：如测量长度、重量、温度等。 • 经济数据：如收入、支出、GDP等经济指标	• 分类研究：如市场调查、社会调查中的性别、品牌偏好等分类数据。 • 质性研究：如访谈、观察研究中对行为、态度的描述。 • 调查问卷：如满意度调查中的"非常满意""满意""不满意"等顺序数据

表 4-3 术语概念对比——"类别型"特征、"数值型"特征

对比项	类别型特征	数值型特征
简介	类别型特征是指其值属于有限集合，且这些值表示不同的类别或组别，通常不具有数值上的大小关系。 • 相关概念包括定性变量、离散变量	数值型特征是指其值是数值，可以是整数或浮点数，具有明确的数值大小关系。 • 相关概念包括定量变量、连续变量。 注意，"数值型"特征既包括"连续性"特征，又包括部分"看似"的"离散性"特征，比如年龄（一般都是整数）
特点	• 离散性：特征值是离散的，不具有连续性。 • 无序性：特征值通常没有顺序上的意义，如颜色、性别等。 • 非数值性：特征值不是数值，而是标签或类别	• 连续性：特征值可以是连续的，也可以是离散的，但具有数值上的大小关系。 • 有序性：特征值具有明确的顺序，可以进行比较和排序。 • 数值性：特征值是数值，可以直接用于数学运算
适应场景	• 分类问题：如判断邮件是否为垃圾邮件，用户的性别、职业等。 • 文本分析：如文本分类、情感分析中的文本标签。 • 机器学习：在数据预处理中进行独热编码（One-Hot Encoding）处理	• 回归问题：如预测房价、股票价格等，用户的年龄、收入等。 • 数据分析：如统计数据分析、时间序列分析中的各种数值指标。 • 特征类型分类：在划分特征类型阶段，之所以采用"数值型"而不采用"数字型"，因为"数值型"本身主要涉及连续性的变量，但是却有些"类别型"编码变量的表现形式也是"数字型"，但其实际意义是离散性，比如红色=1、黄色=2等，即数字之间没有大小之分，只是个代号。 • 机器学习：可以直接作为模型的输入特征，或者通过标准化、归一化等处理后使用

表 4-4 术语概念对比——"类别型"特征、定性特征、"离散性"特征

对比项	类别型特征	定性特征	离散性特征
简介	类别型特征（Categorical Feature）是指其值表示不同的类别或组别，通常是名义变量（如颜色、性别）或有序变量（如教育程度），但不表示数值大小	定性特征（Qualitative Feature）是指其值表示某种属性或类别，不涉及数值大小，可以是名义或有序的	离散性特征（Discrete Feature）是指其值是离散的，通常表示为整数或特定类别，不具有连续性。例如，一个人的年龄可以是离散性特征，因为年龄只能是整数，而不能是小数

第 4 章
初步探索性数据分析（EDA）

（续）

对比项	类别型特征	定性特征	离散性特征
特点	• 离散性：特征值是离散的，不连续。 • 无序性/有序性：可以是名义（无序）或有序（有顺序意义）的。 • 类别有限性：特征值代表不同的类别	• 非数值性：特征值不是数值，而是标签或类别。 • 描述性：特征值用于描述对象的属性，不涉及数量。 • 分类性：特征值用于将对象分类到不同的组别	• 离散性：特征值是分离的，有明确的间隔。 • 有限性：特征值通常有一个有限的集合。 • 计数性：特征值可以是计数结果，如次数、频率等
适应场景	• 分类问题：如根据用户的性别、兴趣分类。 • 数据挖掘：用于识别不同的群体或模式。 • 机器学习：需要通过独热编码或其他编码方式处理	• 质性研究：如社会科学研究中的调查问卷分析。 • 市场研究：如消费者偏好分析。 • 产品分类：如根据产品的颜色、大小等属性分类	• 计数数据：如一天内的顾客访问次数。 • 问卷调查：如调查参与者选择的选项数量。 • 统计分析：如泊松分布、二项分布等离散概率模型的分析
相同点	（1）三者概念存在重叠：类别型特征、定性特征和离散性特征在定义、特点和适用场景上的相似之处和差异。需要注意的是，这三个术语在某种程度上有重叠，例如，类别型特征和定性特征都可以是非数值的，而离散性特征可以是类别型的或定性的。 （2）类别型特征和定性特征是概念上的同义词：这两种特征不具有数值大小或等级之分，即无序性和没有大小性，仅表示数据的属性。一般均用于描述数据的分类或者归属关系，即把不同的数据划分为不同的类别或者属性。例如性别（"男""女"）、水果种类（"苹果""梨子""桔子"等）。 （3）类别型特征、定性特征、离散性特征在特征工程中指的是同一类特征的不同名称。 （4）无序性和没有大小性：三者共同的特点是没有任何大小或者等级之分，只有一些相互区分的类别		
不同点	（1）"离散性"特征是特殊的"类别型"特征：离散性特征是指具有有限个数取值的特征，可以被视为一种特殊的类别型特征。例如，考试成绩、家庭人口数、每月的天数（28、29、30、31）等。 （2）类别型特征和定性特征描述的是数据的属性，离散性特征描述的是数据取值的范围和属性。举例来说，对于一个餐厅的菜单数据集，其中包含了每个菜品的名称、类别和价格等特征。在这个数据集中，菜品的名称和类别就是类别型特征或定性特征，因为它们是用来描述菜品属性的；菜品的价格则是离散性特征，因为价格只能取有限的离散值，而不能是任意连续的值		
应用	在实际数据分析中，不同类型的特征需要经过适当的处理和转换。例如，类别型特征和定性特征可能需要通过独热编码或其他编码方式处理，而离散性特征可能需要进行归一化或标准化处理，以便于进一步的分析和建模		

4.4.2 四大特征类型概述

简介	特征类型划分：本阶段将数据集中的特征按照它们的类型进行分类。特征通常可以分为"数值型"（例如连续型和离散型）、"类别型"（例如标称型和有序型）以及时间型特征。 • 作用：特征类型划分的目的是为了后续的数据预处理和特征工程做好准备，因为不同类型的特征需要不同的处理方法。
四大类型	常见的特征类型包括数值型、类别型、时间型、文本型等四大数据类型，每种类型需要不同的处理和分析方法。这四种特征类型的对比见表4-5。

（续）

表 4-5 四种常见特征类型对比

		简 介	分 类
四大类型	数值型	数值型特征（Numerical Features）：指在数据中表示数值或数量的特征。这些特征包括连续型数值和离散型数值。在机器学习中，对数值型特征，一般情况下直接输入，如果范围太大或者不符合类似高斯分布，需要进行数据变换（包括线性变换或非线性变换），提高模型的稳定性和性能	● 连续型数值：具有无限个可能取值的数值，如房价、温度、身高等。 ● 离散型数值：具有有限个可能取值的数值，如计数、排名、人口数量等
	类别型	类别型特征（Categorical Features）：指表示离散类别的特征，例如颜色、教育程度等。在机器学习中，对类别型特征的处理通常包括编码操作，将类别映射为数值，以便模型能够正确理解和处理。常用的编码方式包括独热编码（One-Hot Encoding）和标签编码（Label Encoding）	● 名义型：没有顺序关系的类别，如颜色、性别等。 ● 有序型：具有顺序关系的类别，如教育程度、社会经济地位等
	时间型	时间型特征（Temporal Features）：指与时间相关的特征，既包括连续型又包括离散型特征，例如订单时间、浏览时长等。在时间序列分析和预测中，时间型特征起着关键的作用。处理这类特征通常涉及时间的特征分解，提取年、月、日、小时等信息，并可能进行周期性分析，以揭示数据中的时间模式和趋势	● 时间戳：具体的时间点，如订单时间。 ● 时间间隔：表示两个时间点之间的时间差，如活动持续时间
	文本型	文本型特征（Textual Features）：是指文本数据中的特征，如自然语言文本。在自然语言处理和文本挖掘中，对文本型特征的处理包括文本清洗、分词、词向量表示等。常见的方法有 TF-IDF（Term Frequency-Inverse Document Frequency）和 Word Embeddings（词嵌入），用于将文本数据转化为机器学习模型能够理解的形式	● 自然语言文本：需要进行自然语言处理（NLP）
经验技巧	在划分特征类型阶段，经验技巧如下所示。 ● 正确划分数据类型：了解每个特征的数据类型，包括数值型、类别型、时间型等，以便正确划分特征类型。因为不同的特征类型，在不同的机器学习算法中具有不同的处理方式和重要性。比如在树类算法中，"类别型"特征通常更容易处理，而在神经网络算法中，"数值型"特征通常更受重视。 ● 统计唯一值数量：对于类别型特征，检查其唯一值的数量。如果唯一值很多，可能需要考虑进行特征编码或降维。 ● 关注时间型特征的单位：对于时间型特征，注意时间的单位和间隔，这对于后续的时间序列分析非常重要。 ● 缺失值处理策略：考虑特征中是否存在缺失值，缺失值的处理方式可能因特征类型的不同而异。		
代码实战	T1、pandas 中的 select_dtypes 函数。 T2、自定义统计（for 循环+if 判断）分析各个特征的数据类型。 T3、将 dataframe 中每列及其数据类型以字典格式导出到 CSV 文件。		

▶ 4.4.3 划分特征类型代码实战

示例——对泰坦尼克号数据集划分特征类型。

```
# 划分特征类型
numeric_features = list(data_df.select_dtypes(include=['int','float']).columns)
categorical_features = list(data_df.select_dtypes(include=['object']).columns)
datetime_features = list(data_df.select_dtypes(include=['datetime']).columns)
print("Numeric Features:", numeric_features)
print("Categorical Features:", categorical_features)
print("Datetime Features:", datetime_features)
```

运行代码，输出结果如下所示。

```
Numeric Features: ['pclass', 'age', 'sibsp', 'parch', 'fare', 'body']
Categorical Features: ['name', 'ticket', 'cabin', 'boat', 'home.dest']
Datetime Features: []
```

4.5 分离特征与标签

▶ 4.5.1 分离特征与标签概述

背景	分离特征与标签是建立有监督学习模型的前置步骤。在监督学习任务中，模型的训练通常需要使用标记好的数据，其中包括特征和对应的标签。其中，特征是用于描述数据的属性，也是用来训练模型的输入变量，而标签是模型的输出变量或要预测的目标。
简介	分离特征与标签：在机器学习任务中，通常需要将数据集中的特征和标签（或目标变量）分开，即分别提取出来。 • 作用：分离特征与标签是为了在模型训练阶段能够正确地对数据进行拆分，使得模型能够学习到特征与标签之间的关系，并进行有效的预测或分类。
经验技巧	在分离特征与标签阶段，经验技巧如下所示。 • 了解任务需求：在分离特征与标签之前，需要清楚地了解任务的具体需求。确定好需要预测的目标是什么，这有助于正确地选择标签。 • 保持数据对应关系：在分离特征与标签时，需要确保特征与标签之间的对应关系不变。这意味着在拆分数据集时，特征和标签需要保持相同的顺序或索引，以免导致数据对应错误。
代码实战	T1、利用 pandas 在读取文件时设置 usecols 参数指定列 ID。 T2、利用 pandas 的 loc 函数切片法。 T3、利用 pandas 的 drop 函数分离 label，是最常用的方法。

▶ 4.5.2 分离特征与标签代码实战

示例——分离特征与标签。

```
# 分离特征与标签
import pandas as pd
```

```python
# T1、利用 pandas 的 drop 函数分离特征与标签
df_X = data_df.drop(label_name,axis=1)
df_y = data_df[label_name]

# T2、利用 pandas 的 loc 函数切片法获取特征与标签
df_X = data_df.loc[:, data_df.columns != label_name]
df_y = data_df[label_name]

# T3、利用 pandas 在读取文件时设置 usecols 参数指定特征与标签
df_X = pd.read_csv(data_file_path,usecols = features_name)
df_y = pd.read_csv(data_file_path,usecols = label_name)
```

第 5 章

数据工程（数据分析 + 数据处理）

图 5-1 为本章内容的思维导图。

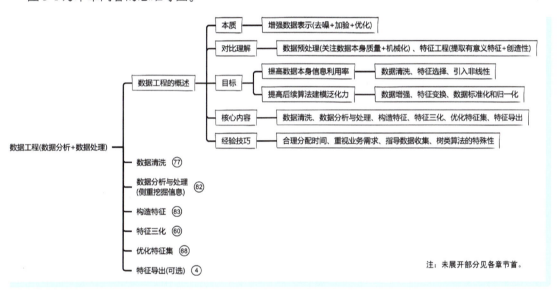

图 5-1　本章内容的思维导图

5.1　数据工程概述

背景　　在机器学习领域，有一句广为流传的话——数据和特征决定了机器学习的上限，而模型和算法只是逼近这个上限而已。这句话揭示了数据预处理及特征工程在机器学习中的核心地位。数据的质量直接影响算法的结果，而好的特征能够提供更强的灵活性。在数据科学以及机器学习项目中，高质量的数据往往比算法本身更为重要，有时简单模型配合优质数据就能取得惊人的效果。
　　换句话说，算法大多数的时候就是一个加工机器，至于最后的产品如何，取决于原材料（数据）的好坏。所以，在实际应用中，数据预处理及特征工程阶段的重要性不言而喻。良好的数据预处理和特征工程能够大幅提升模型的性能，有时甚至比选择合适的算法更加关键。

(续)

本质	数据工程阶段的本质是增强数据表示，即将数据转换为能更好地表示潜在问题的特征，从而提高机器学习的模型性能。具体如下所示。 • 去噪：异常值处理是为了去除噪声。 • 加验：填补缺失值可以加入先验知识等。 • 优化：构造特征的目的是为了优化数据的表达。
简介	本书定义的数据工程主要包括数据预处理和特征工程两个部分。 • 数据预处理涉及数据清洗、缺失值处理、异常值处理、标准化数据、数据转换等操作，其目的是消除数据中的噪声、填补缺失值、处理异常值等，以确保数据质量，减少对模型性能的负面影响。 • 特征工程则包括特征选择、特征构造、特征编码、特征降维等步骤，其目的是创造新的特征或者对原始特征进行转换，以提高模型的性能和泛化能力，减少模型过拟合的风险。 本章将数据工程划分为六大阶段：数据清洗、数据分析与处理、构造特征、特征三化、优化特征集、导出模型数据集。核心要点主要包括处理缺失值、类别特征编码、狭义特征工程等内容。 注意：本章节所述的数据工程整个过程，尽管是按照顺序撰写，但其中一些步骤需要经常交叉使用和回顾，通过不断查明问题，逐步优化并最大化特征表示，从而达到更好的性能。
作用及其意义	数据工程的重要意义在于提升输入特征的质量，在保证效果的同时降低算法的复杂性，使得模型更加易于理解和管理。通俗来讲，该阶段主要目标是使得入模的特征质量非常好，好到即使采用一般的算法模型也能获得很好的性能，当然，这也更易于理解和维护，并为后续的建模工作打下坚实的基础。
目标	在数据工程阶段，主要目标如下所示。 （1）提高数据本身信息利用率：不同的机器学习算法和模型对数据中信息的利用率是不同的，所以要尽可能提高数据本身信息利用率，比如进行数据清洗、特征选择、引入非线性等。 • 数据清洗：将原始数据中的错误、缺失、重复、异常等不规范的部分进行清理和处理，确保数据的准确性和完整性。 • 特征选择：从原始数据中选择和提取与问题相关的特征，去掉对问题不重要的特征，减小数据维度，提高模型的效率和准确性。 • 引入非线性：比如对"类别型"特征哑编码可以达到非线性的效果。类似地，对"数值型"特征多项式化，或者进行其他的变换，都能达到非线性的效果。 （2）提高后续算法建模泛化能力：预处理可以有效提高模型的效果和泛化能力，比如数据增强、特征变换等。 • 数据增强：通过对原始数据进行一系列操作，例如旋转、翻转、加噪声等，生成更多的训练样本，提高模型的鲁棒性和泛化能力。 • 特征变换：有些算法喜欢高斯分布的数据，比如 LiR、LoR、NB、LDA、PCA、GMM、DNN 等。 • 数据标准化和归一化：将不同量纲、分布不同的特征转化为相同的标准形式，避免特征之间的差异对模型造成影响。
核心内容	本章节的核心内容主要包括数据清洗、数据分析与处理、构造特征、特征三化、优化特征集、特征导出。
经验技巧	在数据工程阶段，经验技巧如下所示。 • 合理分配时间：数据预处理阶段可能需要耗费相当时间，特别是数据清理，但也要避免过度投入。若在此阶段花费过多时间，可能会在没有证明其价值的项目上浪费大量时间。 • 重视业务需求：充分利用业务领域知识有助于选择适当的特征和预处理方法，提高模型效果。结合业务进行特征提取可以使模型效果事半功倍，因此要多结合业务需求提取有意义的信息。 • 指导数据收集：在分析自身收集的数据时，会发现很多数据并不直接适用于建模，因此需要对数据进行整理。不必自行采集数据，而是将需求提供给专业的采集人员，有目的性和针对性地采集数据。这样可以尽量保证输入数据的干净和丰富性。 • 树类算法的特殊性：树类算法如决策树、随机森林、XGBoost 和 LightGBM 等对数据预处理要求较少。标准化、归一化、二值化等操作不是必须的操作步骤，因为这些算法具有内在的鲁棒性，能够处理不同范围和分布的特征。

第 5 章
数据工程（数据分析+数据处理）

（续）

在数据工程阶段，常用的库及其函数有很多，比如 pandas 库、Scikit-learn（sklearn）库等。其中，利用 sklearn 库中的 preproccessing 来进行数据预处理，可以覆盖本阶段的大多数问题。具体内容如下所示。

代码实战		
	pandas	fillna( )：用填充指定的缺失值。 dropna( )：删除含有缺失值的行或列。 apply( )：对 DataFrame 中的每个元素应用函数。 get_dummies( )：对分类变量进行独热编码。
	NumPy	numpy.mean( )：计算数组的平均值，可用于填充缺失值。 numpy.std( )：计算数组的标准差，可用于标准化特征。 numpy.log( )，numpy.sqrt( )：对特征进行对数变换或平方根变换。
	Scikit-learn	SimpleImputer( )：是用于填充缺失值的简单填充器。 StandardScaler( )，MinMaxScaler( )：是用于标准化或归一化特征的缩放器。 SelectKBest( )，SelectPercentile( )：是用于特征选择的工具，基于统计学的方法选择最佳特征。 PolynomialFeatures( )：生成多项式特征，扩展特征空间。 FunctionTransformer( )：对特征进行任意函数转换。
	Feature-engine	MissingIndicator( )：标记缺失值的存在。 MeanMedianImputer( )：用均值或中位数填充缺失值。 RareLabelEncoder( )：将低频类别合并为一个单独的类别。 LogTransformer( )，PowerTransformer( )：对数变换或幂变换。
	Featuretools	EntitySet( )：用于管理实体和实体之间的关系。 dfs( )：自动构建特征矩阵。 encode_features( )：对类别特征进行编码。
	TensorFlow / PyTorch	在深度学习任务中，数据预处理和特征工程通常在模型的输入部分进行，可以使用 TensorFlow 或 PyTorch 的数据预处理模块，例如 tf.data.Dataset 或 torch.utils.data.Dataset，以及相应的数据转换函数和类。

对比理解：数据预处理和特征工程

数据预处理和特征工程在数据科学和机器学习的流程中都扮演着关键的角色，协同工作以确保模型的性能和鲁棒性。数据预处理阶段的结果是"清洁"后的数据，作为特征工程的输入。特征工程阶段的结果是经过选择和构建的"有效特征"，作为模型训练的输入。它们共同构建了数据科学和机器学习模型的输入空间。两者都致力于提高数据质量和模型性能，但侧重点不同，具体见表 5-1。

表 5-1 数据预处理和特征工程对比

	数据预处理（关注数据本身质量+机械化）	特征工程（提取有意义特征+创造性）
原始定义	数据预处理是数据分析和机器学习中的核心步骤之一，旨在清理和转换原始数据，以提高模型的性能和可解释性。 数据预处理通常是在原始数据收集后进行的，其主要目的是准备数据以便进行后续的分析和建模	狭义的特征工程是利用领域知识和数据分析技巧，构建新的特征或对原有特征进行转换，以提高模型的性能和泛化能力。特征工程则是在数据预处理之后进行的，其主要目的是通过选择、提取和构建特征来改善模型的性能
核心内容	数据分析+数据处理：通常包括数据清洗、缺失值处理、异常值处理、标准化和归一化、数据转换等步骤。	特征分析+特征处理：通常包括特征选择、特征构造、特征编码、特征降维等步骤。 ● 特征选择：选择对目标变量具有重要影响的特征，减少冗余和噪声。

·105

（续）

	数据预处理（关注数据本身质量+机械化）	特征工程（提取有意义特征+创造性）
核心内容	• 数据清洗：删除重复项、纠正错误、规范化数据（比如数据类型转换）等。 • 缺失值处理：填充或删除缺失值，确保数据完整性。 • 异常值处理：检测和处理异常值，以防止其对模型产生负面影响。 • 标准化和归一化：将不同特征的数值范围缩放到相似的尺度，以确保模型对所有特征的影响平等。 • 数据转换：对数据进行变换，使其形式和模型的假设一致，如对数变换、平方根变换等	• 特征构造：利用已有特征创建新的特征（比如两个特征的差异、比例、幂次方等），来重复创建更强大的新特征——黄金特征，以提供更多信息。例如，从日期中提取季节、创建交叉特征等。 • 特征编码：将"类别型"特征转换为模型可以理解的数值形式，如独热编码、标签编码等。 • 特征降维：使用降维技术如主成分分析（PCA）或 t-分布邻域嵌入（t-SNE）等减少数据维度，保留关键信息
侧重点	提高数据本身质量：数据预处理主要关注数据本身的质量和一致性	发挥特征的最大潜力或创建强大的新特征——黄金特征：特征工程更侧重于提取、构建和选择与问题相关的特征，以提高模型的预测能力。当然，这通常也是提高模型准确性的最有效方法
目的	确保数据的质量和适用性：数据预处理旨在消除数据中的噪声和不一致性，避免在训练模型时对数据造成影响，使得数据更加可靠、完整和一致，使数据适用于模型训练	提取和加工数据中的有用信息：目的是最大限度地从原始数据中提取提取和选择更有用、更具代表性的特征，以提高模型的准确性和可解释性
本质	数据预处理的本质是指将原始数据转换成模型可以使用的形式，清理数据，以产生更加整洁的数据集	特征工程的本质是一项工程活动，是指从原始数据中提取和选择最有用的特征（有意义的特征），以提高模型的性能和准确度
特点	• 机械化：数据预处理可重复使用相同流程。 • 简单化：数据预处理主要涉及数据的清洗、转换和整合等基本操作，不需要太多的领域知识或复杂的技术	• 复杂性：特征工程是一个入门简单但精通非常难的事情。因为它是一个需要人工参与、各种组合尝试、多次迭代的过程。 • 难以复制性：特征工程需要基于数据和任务的理解，创造性地构建特征，较难复制。 • 耗时性：特征工程需要数据科学家构造和选择哪些变量用作入模特征，非常耗时（会占据开发一个 ML 项目 80%～90%的时间），但也是非常有意义且值得耗时的阶段。 • 基础性：在数据科学竞赛相关的领域，优秀的特征工程往往决定了更好的排名和成绩
联系	两者联系如下所示。 • 目标相同：数据预处理和特征工程都是为了提高机器学习模型的性能。通过对原始数据进行各种分析和预处理，同时来构造优秀的特征，可以使模型更容易地捕捉到数据中的模式，从而提高预测准确性和泛化能力。从目的论的角度、以结果为导向来理解，数据预处理属于一种广义的特征工程。狭义的特征工程可以归属于数据预处理的一个重要部分。 • 顺序关系：从原始定义来说，数据预处理通常是特征工程的前置步骤，即特征工程是基于预处理后的数据来构建特征。首先对原始数据进行清理、缺失值处理等预处理步骤，然后再进行特征工程，以构建更适合模型的特征。 • 互补关系：数据预处理为特征工程提供了干净规范的数据环境，特征工程基于此来创造和选择最能代表数据信息和学习任务的特征子集。两者之间的关系是相辅相成的，好的数据预处理为后续的特征工程提供基础，而有效的特征工程则可以进一步改善模型的性能	
概念整合	鉴于以上关系，本章节为了统一术语概念，避免歧义，将数据预处理阶段和特征工程阶段合并，并重新命名为数据工程（或数据预处理及特征工程），即数据工程=数据预处理+特征工程（狭义）	

拓展：在机器学习项目中，数据预处理阶段被称为"数据预处理"而不是"数据处理"，"预"字可以理解为在正式的建模之前对数据进行的准备性处理。这个阶段的主要目标是提高数据质量、提取有用的特征，并确保数据符合模型的假设和要求，从而为后续的算法建模提供可靠的基础。数据预处

理强调了在模型训练之前对原始数据进行准备的重要性,并突出了这个阶段对于模型性能的直接影响。

5.2 数据清洗

图 5-2 为本小节内容的思维导图。

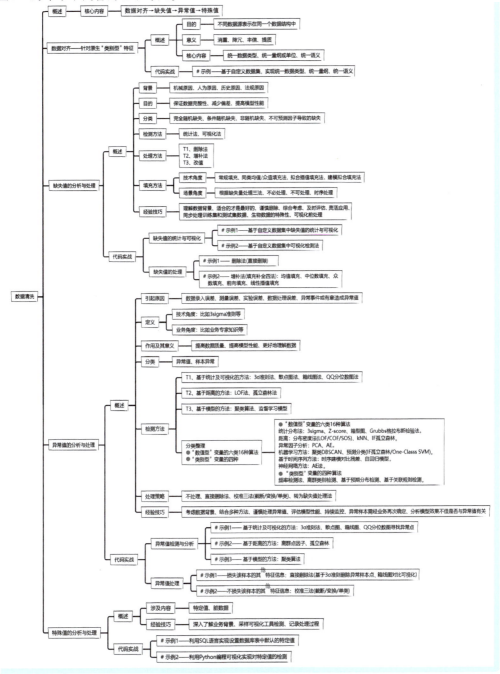

图 5-2 本小节内容的思维导图

背景	原始数据集中可能包含错误、缺失值、异常值等问题，这些问题会影响模型的性能和结果的准确性。
简介	数据清洗的核心内容包括数据对齐、缺失值分析与处理、异常值分析与处理、特殊值分析与处理，其中数据对齐阶段主要针对原生"类别型"特征。数据清洗的目标是提高数据的质量，确保数据可靠、准确，以减少模型训练和评估阶段的误差。 ● 意义——清异提质：数据预处理，通过清除异常样本，来保证数据的质量，改进数据挖掘效果，进而提高模型的准确率。

5.2.1 数据对齐——针对原生"类别型"特征

图 5-3 为本小节内容的思维导图。

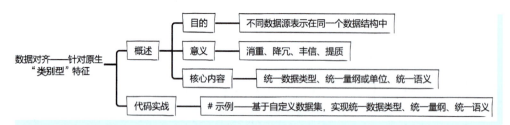

图 5-3 本小节内容的思维导图

1. 数据对齐概述

背景	在数据分析和挖掘的过程中，不同数据源可能存在数据格式、命名方式、数据类型和单位等方面的差异。如果不进行数据对齐，就很难进一步提取有效信息。
简介	数据对齐是指将来自不同数据源的数据进行整合和匹配，使其具有一致的结构和格式，以便于进行分析和挖掘。 ● 本质：数据对齐的本质主要是针对原生"类别型"特征进行处理，因为主要就是这类特征内的数值存在混乱。 ● 目的：数据对齐的目标是使得不同数据源的数据可以在同一个数据结构中表示，从而方便后续的数据分析和挖掘工作。 ● 意义：消重、降冗、丰信、提质。数据对齐是数据清洗阶段的重要步骤，它可以消除数据的重复和冗余，丰富数据的信息，提高数据质量。这些改进将有助于提高数据驱动模型的性能，使其在数据分析中发挥更大的作用。
核心内容	在数据对齐阶段，核心内容包括重命名列名（比较简单，不再介绍）、转换统一数据类型、统一量纲或单位、统一语义等，具体如下所示。 ● 转换统一数据类型：有些特征中混有多种数据类型，可能导致该特征的整体类型出错，故需要进行纠正，比如年龄特征包含"18"、"20"、"21"、"二十二"、"32"、"44"等，其中字符串格式就是错的。所以，需要通过转换来统一数据类型。 ● 统一量纲或单位：尤其是时间特征类型的日期格式，比如"2022 年 11 月"、"2022-12"统一为"202211"、"202212"。 ● 统一语义：该内容要具体问题具体分析。空间对齐，比如对 city 字段的"上海市"、"上海"、"沪"，统一为"上海市"。时间对齐，比如对 age 字段的"6 个月"、"15 岁"统一为"0.5 年"、"15 年"等。称谓对齐比如对 name 字段中的"Don"、"Lady"、"Sir"、"Jonkheer"可以粗略统一归类为"Royalty"等。

在数据对齐的过程中，混乱字段数据类型的统一和标准化是常见的案例。

具体实现	问题	当遇到一个字段中同时包含数字（num）和字符串（str）等不同类型数据时，需要将其统一转换为单一的数据类型便于分析。
	建议方法	以下是处理此类混乱字段的建议方法。 ● 先分析：首先，对混乱字段进行统计分析，了解其中包含的不同数据类型及其出现频率。其次，根据统计结果，选择出现频率最高的数据类型（Top1）作为该字段的标准类型。 ● 再处理：然后，对混乱字段进行批量处理，将所有数据转换为所选定的标准数据类型。在转换过程中，记录下每个字段的前后类型变化，以便进行对比分析。

2. 代码实战

示例——基于自定义数据集，实现数据的类型统一、量纲或单位统一、语义统一。

```
import pandas as pd

# 创建示例数据
data = {'age': [18, 20, '32', '44'],
        'date': ['2022年11月', '2022-12', '202206', '202202'],
        'city': ['上海市', '上海', '沪', '北京市'],
        'name': ['Don', 'Lady', 'Sir', 'Jonkheer']}
df = pd.DataFrame(data)

# 统一数据类型
df['age'] = pd.to_numeric(df['age'], errors='coerce')    # 将年龄列转换为数值类型

# 统一量纲或单位
age_mapping = {'2022年11月': 202211, '2022-12': 202212}    # 日期映射字典
df['date'] = df['date'].replace(age_mapping)

# 统一语义
city_mapping = {'上海':'上海市','沪':'上海市'}    # 城市映射字典
df['city'] = df['city'].replace(city_mapping)
age_mapping = {'6个月': 0.5, '15岁': 15}    # 年龄映射字典
df['age'] = df['age'].replace(age_mapping)
name_mapping = {'Don':'Royalty','Lady':'Royalty','Sir':'Royalty','Jonkheer':'Royalty'}
                                             # 称谓映射字典
df['name'] = df['name'].replace(name_mapping)
print(df)
```

输出前后的内容见表 5-2 和表 5-3。表 5-1 显示了数据对齐代码执行前的原始数据，其中包含了年龄、日期、城市和姓名等信息，可以看到日期格式和城市名称存在不一致。表 5-2 展示了数据对齐代码执行后的结果，日期格式统一为 "yyyymm"，城市名称规范为 "市" 结尾，且姓名统一修改为 "Royalty"，从而实现了数据的一致性和标准化。

表 5-2 数据对齐代码输出前

age	date	city	name
18	2022 年 11 月	上海市	Don
20	2022-12	上海	Lady
'32'	202206	沪	Sir
'44'	202202	北京市	Jonkheer

表 5-3 数据对齐代码输出后

age	date	city	name
18	202211	上海市	Royalty
20	202212	上海市	Royalty
32	202206	上海市	Royalty
44	202202	北京市	Royalty

5.2.2 缺失值的分析与处理

图 5-4 为本小节内容的思维导图。

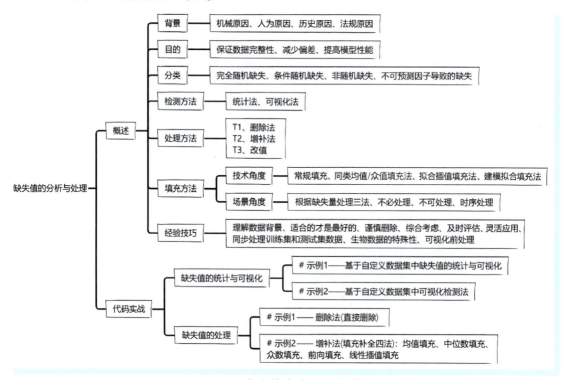

图 5-4 本小节内容的思维导图

1. 缺失值的分析与处理概述

在实际的数据科学和机器学习任务中，数据往往会因为各种原因而存在缺失值。这些缺失值可能会导致模型训练不准确、结果出现偏差、降低预测性能等问题，因此需要进行缺失值的分析与处理。常见的原因如下所示。

背景
- 机械原因：如数据存储或采集过程中的设备故障，导致部分数据未能正常收集。
- 人为原因：如由于人的主观失误、历史局限或有意隐瞒等因素导致的数据缺失。1）数据采集失误：比如设备故障、人为操作失误等，导致数据缺失。2）数据处理失误：比如在数据清洗、转换等过程中，算法错误或数据格式不兼容等，导致数据缺失。
- 历史原因：比如数据不适用或属性过期导致的缺失。例如，在医学研究中，某些病人可能没有某些特定的症状，导致该症状数据缺失。
- 法规原因：比如由于个人隐私保护，有些敏感数据需要进行脱敏或采样处理，从而导致部分缺失。

第 5 章
数据工程（数据分析+数据处理）
（续）

简介	缺失值是指数据集中某些观测或特征的取值为空或未知。这些缺失值可能是由于测量错误、数据录入问题、样本丢失等原因导致的。在数据预处理的过程中，需要对缺失值进行分析和处理，以确保数据的完整性和可靠性，维护数据质量。
目的	本阶段的目的是尽量保留或者还原源数据的本质特性，进而提高模型性能。 • 保证数据完整性：确保数据集中的信息完整，避免由于缺失值导致的信息丢失。 • 减少偏差：缺失值可能会引入偏差，影响模型的准确性和泛化能力，处理缺失值有助于减少这种偏差。 • 提高模型性能：处理缺失值可以改善模型的训练效果，提高预测性能。
分类	缺失值的类别可以按照其出现的原因和性质进行分类。常见的分类包括以下几种。 • 完全随机缺失：缺失与观测值本身或其他变量无关，是完全随机的。即对于所有的观察结果，缺失的概率是相同的。例如，一些实验数据因为实验操作的失误而缺失。 • 条件随机缺失：缺失与观测值本身相关，但与其他变量无关。即特征的值随机缺失，并且缺失的概率会受缺失值本身的影响。例如，在随机调查问卷中，身份证特征比性别特征会缺失更多。 • 非随机缺失：缺失与观测值本身或其他变量相关，例如，收入水平是一个可能导致人们选择不透露信息的敏感特征。 • 不可预测因子导致的缺失：数据不是随机缺失，而是受一切潜在因子的影响，比如传感器会由于设备故障而导致在某些时间段内未能记录数据。
检测方法	常用的缺失值检测方法包括以下两种 T1、统计法：使用统计方法，如描述性统计、相关性分析等，计算每个特征的缺失率、缺失值的分布情况，识别缺失值的模式。 T2、可视化法：通过可视化工具（如柱状图、饼状图、热图）直观地展示数据中缺失值的分布情况，以便进一步分析。
处理方法	常用的缺失值处理方法包括以下几种。 T1、删除法：直接删除特征或样本，适用于缺失值占比较小且对结果影响较小的场景。但不适合缺失率占比高的场景，因为直接删除可能会导致数据发生偏离。 • 删除某个特征：删除缺失率超过某一阈值（阈值自行设定，比如70%）的特征。 • 删除某个样本：删除某条缺失率超过80%的样本。 • 单个变量级删除：仅删除对应的缺失值，即可保留更多的样本。 • 单个样本级删除：某一个样本有多个属性同时存在缺失值，则将此样本直接删除。 T2、增补法：包括均值/同类均值/聚类均值，中位数/众数/前向填充/后向填充，建模拟合填充/多重插补/压缩感知补全/矩阵补全等方法。填充补全四法如下。 • 统计量填充法：对于数值型特征，可以用均值、中位数或众数填充缺失值。 • 插值方法：利用相邻观测值的信息进行插值，如线性插值、多项式插值等。 • 模型预测填充法：基于已有数据建立机器学习模型（比如回归、聚类等），预测缺失值并进行填充。 • 经验填充：基于经验或者专业领域知识选择合适的填充方法，使填充值更有实际意义。 T3、改值：即分箱归并/单分类别。将缺失值视为一种特殊情况进行处理，例如用0或者-1等特殊值代替缺失值，即将各个特征内的缺失值统一改为一种类别/状态；或者新增"是否缺失"特征，都意味着让缺失值单独分为一箱。 • "数值型"特征执行分箱归并技术：将缺失值单独划为一个箱。 • "类别型"特征执行单分类别技术：将缺失值单独划为一个类别。

（续）

填充方法	可以分别从技术角度和具体场景角度实现填充，具体如下所示。 （1）从技术角度来处理：比如常规填充、同类均值/众值填充法、拟合插值填充法、建模拟合填充法。 T1、常规填充：如均值/中位数/众数/前向填充/后向填充法。利用该变量下所有非缺失值的平均值/众数值/中值，来补全缺失值。这是最常用的方法。 T2、同类均值/众值填充法：可以理解为近似值填充，利用具有相似特征的样本的值，根据对比其他相关特征类似填充等同法。比如假设同一"小区"中的"楼型"相同。 T3、拟合插值填充法：即根据（x1,y1）、（x2,y2）两点，来估计中间点的值。拟合插值的方法包括线性插值、拉格朗日插值、样条插值、多重插值、热平台插补、牛顿插值等。 • 线性插值：适合线性问题。 • 拉格朗日多项式插值：适合非线性问题。 • 样条插值：适合非线性问题。 T4、建模拟合填充法：回归拟合填充，比如KNN算法填充、RF算法填补法；若干特征之间有相关性的，可以相互预测缺失值。 • 具体思路是先把数据集分为两份，A份是没有缺失值的训练集，B份是有缺失值的测试集。这样设计的目的是把缺失值的变量，当作模型的预测目标，通过模型预测来完成填充。 （2）从具体场景角度来处理：填补策略除了基于上述技术手段，还可以根据具体算法或者具体业务场景，比如基于业务逻辑（如常识问题自动补全）。 A1、总思路——根据缺失量处理三法：根据缺失量处理三法，多则舍弃（适合缺失率超80%）、中则新增类别（适合缺失率50%内）、少则拟合补上（适合缺失率10%以内）。在中则新增类别中，比如把NaN作为一个新类别，加到类别型特征中。 A2、不必处理——某些算法：对于一些算法如XGBoost/LightGBM等可以自动处理缺失值，其核心思想是将缺失值作为一种特殊的取值，与其他取值一起进行训练和预测。这种方法适用于一些算法内部已经实现了缺失值处理逻辑的情况。 A3、不可处理——理解业务：在某些情况下，缺失值本身可以被视为一种特殊信息。例如，某一列特征的缺失值都表示同一种情况，可以将缺失值作为一个单独的类别处理。这种处理方法需要基于对业务的深入理解。 A4、时序处理——前向填充/后向填充：时序数据场景下，可以使用前向填充或后向填充的方法，利用上下文信息补充缺失值。这种方法适用于基于时间序列数据的特征，可以根据已有的数据进行填充，以保持时间序列的连续性和合理性。
经验技巧	处理缺失值需要结合具体问题、数据特点和业务需求，选择合适的方法，或者综合考虑多种方法，并在处理前后进行评估和验证，以确保处理的有效性和合理性。一些经验技巧如下所示。 • 理解数据背景：了解数据采集过程、缺失值产生的原因等背景信息有助于选择合适的处理方法。 • 适合的才是最好的：填补策略按照各特征值的性质特点去填补，避免简单填充导致信息失真。可以通过可视化和统计方法了解缺失值的分布和模式，然后根据缺失值的性质和数据集的特点选择合适的填充方法，避免破坏数据的分布。 • 谨慎删除：删除缺失值时需要谨慎，避免删除过多导致信息丢失，特别是在数据量较小的情况下。 • 综合考虑：综合考虑删除法、插补法等不同处理方法的优缺点，选择最适合的方法。 • 及时评估：需要评估模型性能是否有所提升，确保不会引入新的偏差或错误，并验证填充方法的有效性。 • 灵活应用：根据数据集的特点和问题需求，灵活运用不同的处理方法，可以结合多种方法进行处理，以适应不同情况。 • 同步处理训练集和测试集数据：在数据预处理过程中，确保train和test数据集的缺失值处理方式保持一致，以避免在模型训练和测试阶段引入不一致性和偏差。 • 生物数据的特殊性：对于生物数据等昂贵且属性丰富的数据，如果直接丢弃代价太大，因此需要采用合适的方法进行缺失值填充，以充分利用数据的信息。 • 可视化前处理：在使用Python可视化库的某些函数中，进行特征分布可视化时，需要确保特征数据中不存在缺失值，以保证可视化结果的准确性和有效性。

（续）

实战内容	（1）缺失值的统计与可视化。 T1、缺失值个数/缺失率统计可视化。 T2、缺失率层次分类统计可视化。 （2）缺失值的处理。 1)"数值型"特征填充处理：mean（默认）、median（中位数）、mode（众数）、None 表示不进行填充，保留缺失值。 2)"类别型"特征填充处理：mode（众数）、None。

2. 代码实战

（1）缺失值的统计与可视化

示例1——基于自定义数据集中缺失值的统计与可视化。

```
# T1、统计法
def missing_values_statistics(df):
    # 统计每列缺失值数量
    missing_values_count = df.isnull().sum()
    # 计算每列缺失值占比
    missing_values_percentage = (missing_values_count / len(df)) * 100
    # 创建缺失值统计表
    missing_values_table = pd.concat([missing_values_count, missing_values_percentage], axis=1)
    # 重命名列名
    missing_values_table.columns = ['缺失值数量', '缺失值占比']
    # 根据缺失值数量降序排序
    missing_values_table = missing_values_table[missing_values_table.iloc[:, 1] != 0].sort_values('缺失值数量', ascending=False)
    return missing_values_table
missing_values_df = missing_values_statistics(data_df)
print("缺失值统计信息:")
print(missing_values_df)
```

示例2——基于自定义数据集中可视化检测法。

```
def missing_values_visualization(df):
    import matplotlib.pyplot as plt
    # 提供的数据
    features = df.index
    missing_values_count = df['缺失值数量'].tolist()
    missing_values_percentage = df['缺失值占比'].tolist()
    print(df.index)
    fig, ax1 = plt.subplots(figsize=(8, 5))
    color = 'tab:blue'
    ax1.bar(features, missing_values_count, color=color)
    ax1.set_xlabel('特征')
    ax1.set_ylabel('缺失值数量', color=color)
    ax1.tick_params(axis='y', labelcolor=color)
```

```
        ax2 = ax1.twinx()
        color = 'tab:red'
        ax2.plot(features, missing_values_percentage, color=color, marker='o', linestyle='-')
        ax2.set_ylabel('缺失值占比(%)', color=color)
        ax2.tick_params(axis='y', labelcolor=color)
        plt.title('%s 数据集：不同特征的缺失值数量和缺失值占比'%data_name)
        plt.tight_layout()
        plt.show()
print("\n 缺失值可视化:")
missing_values_visualization(missing_values_df)
```

输出结果分别见表5-4、如图5-5所示，清晰地展示了各个特征值的缺失情况。可知body特征缺失值占比最高，而fare特征的缺失值占比最少。

表5-4 各个特征值的缺失情况

特 征 名 称	缺失值数量	缺失值占比（%）
body	1188	90.756303
cabin	1014	77.463713
boat	823	62.872422
home.dest	564	43.086325
age	263	20.091673
embarked	2	0.152788
fare	1	0.076394

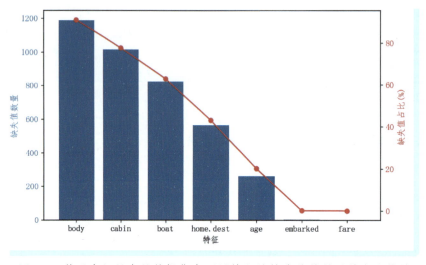

图5-5 基于泰坦尼克号数据集中不同特征的缺失值数量及其占比统计

（2）缺失值的处理

示例1——删除法（直接删除）。

```
# 删除带有缺失值的行
df.dropna(inplace=True)
```

```
# 删除 DataFrame 中包含任何缺失值的行,参数 how='any'表示只要有缺失值就删除该行
df.dropna(how='any',axis=0,inplace=True)
# 删除 DataFrame 中所有值均为缺失值的行,参数 how='all'表示只有当整行都是缺失值时才删除该行
df.dropna(how='all',axis=0,inplace=True)
# 删除 DataFrame 中所有值均为缺失值的列,参数 how='all'表示只有当整列都是缺失值时才删除该列
df.dropna(how='all',axis=1,inplace=True)
```

示例 2——增补法(填充补全四法):均值填充、中位数填充、众数填充、前向填充、线性插值填充。

```
# 采用 fillna 实现
df[column].fillna(df[column].mean(), inplace=True)
df[column].fillna(df[column].median(), inplace=True)
df[column].fillna(df[column].mode()[0], inplace=True)
df[column].fillna(method='ffill', inplace=True)
df[column].interpolate(method='linear', inplace=True)
# 采用 SimpleImputer 实现
from sklearn.impute import SimpleImputer
imputer = SimpleImputer(strategy='median')
df[column] = imputer.fit_transform(df[[column]])
```

5.2.3 异常值的分析与处理

图 5-6 为本小节内容的思维导图。

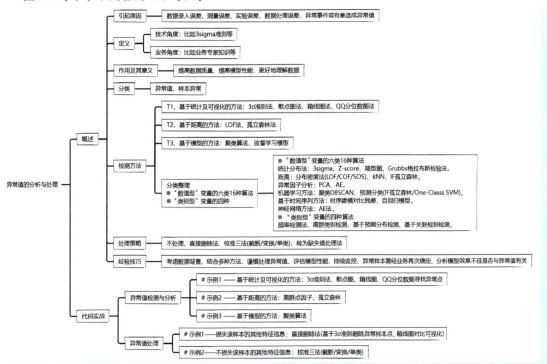

图 5-6 本小节内容的思维导图

1. 异常值的分析与处理概述

背景	异常值是指与大部分观测值显著不同的数据点，比如远远偏离整个样本总体的离群点。它可能由多种原因引起，如数据录入误差、测量误差、实验误差、数据处理误差或有意造成异常值等。具体如下所示。 ● 数据录入误差：指在数据收集、输入过程中、人为错误产生的误差。 ● 测量误差：测量误差是异常值最常见的来源。 ● 实验误差：实验误差也会导致出现异常值。 ● 数据处理误差：在操作或数据提取的过程中造成的误差。 ● 有意造成异常值：通常发生在一些涉及敏感数据的报告中。 异常值的存在会带来偏差，影响数据假设，进而干扰模型的训练，降低模型的预测性能，最终对数据分析和建模产生负面影响。因此，及早识别和处理异常值对于建立准确可靠的模型至关重要。 ● 带来偏差：异常值与真实值可能存在偏差，会增加错误方差、降低模型的拟合能力。 ● 影响数据假设：异常值会影响回归、方差分析等统计模型的基本假设，比如异常值的非随机分布会降低正态性。
简介	异常值分析与处理是数据预处理的关键步骤，目的在于识别和恰当地处理数据集中的异常值。这些异常值可能源于数据录入错误、测量误差或其他外部因素，它们的存在可能会对数据分析结果的准确性和模型性能产生不利影响。分析异常值有助于深入了解数据的分布特征，并辅助选择恰当的处理策略，以提升模型的泛化能力。异常值的影响程度需通过评估模型性能来确定，以探究异常点对模型的具体影响。这就需要进一步探究异常点牵扯到多少条数据，虽然可能很少，但每个异常点都有必要仔细分析。
定义	异常值最常见的定义有两种，如下所示。 ● 技术角度：技术上，通过统计学或机器学习模型来设定异常值标准。常用做法是根据样本数据计算平均值和标准差，将平均值加减大于3个标准差的数值视为异常值（3sigma准则）。 ● 业务角度：业务上，根据领域专家的知识和实际业务情况来设定异常值。例如在身高数据中，如果包含3米高的样本值，很可能是错误录入的数据；如果在剃须刀销售数据集中，有90%的用户为女性，而男性却只有10%，大概率说明数据本身有问题。
作用及其意义	在异常值的分析与处理阶段，主要作用及其意义如下所示。 ● 提高数据质量：识别和处理异常值可以提高数据质量，减少噪声对模型的干扰。 ● 提高模型性能：消除异常值可以减少模型对异常数据点的过度拟合，提高模型的泛化能力。 ● 更好地理解数据：通过分析异常值，可以更深入地了解数据的分布特征和潜在规律。
分类	异常的两种情况如下所示。 ● 异常值：指单个数据点与其他数据点值有显著差异。比如在某个学生信息数据集中，年龄特征中一个值为195，即为单个异常值。 ● 样本异常：指整个数据集中的某个样例异常。比如在预测学生是否健康的体检数据集中，其中一份样例（比如学生牛美丽）的所有或大部分体检指标值为缺失，则这份样例为样本异常。
检测方法	异常值的检测方法包括统计法、距离法、模型法、业务经验法等，有时还需要结合多种技术，如可视化、聚类分析等。从技术角度分析，常用方法如下所示。 **统计法** — T1、基于统计及可视化的方法 ● 3σ准则法：3σ准则法是一种基于正态分布来检验数据异常值的方法。其核心思想是如果数据服从正态分布，99.7%的数据将落在平均值±3倍标准差范围内。而距离平均值偏差超过3倍标准差的数据点可以被视为异常值。 ● 散点图法：通过观察异常值在数据空间中的偏离程度来检测异常点。图中远离正斜角线的数据点，可将其视为异常点。 ● 箱线图法：通过观察数据的分布范围和异常值的位置来检测异常点。建议选择归一化后再箱线图可视化。 ● Q-Q分位数图法：通过比较数据的分位数与正态分布的分位数是否一致来检测异常点。

检测方法	距离法	**T2、基于距离的方法** ● 离群点因子（Local Outlier Factor，LOF）：基于样本与邻居点的离群程度计算离群因子。LOF是一种基于密度的异常检测算法，它通过计算每个样本点与其邻居点的密度比来度量样本的异常程度。异常点通常会由于其周围点的密度较低而得到较高的离群因子。通过设置阈值，可以识别离群因子大于阈值的样本点作为异常点。 ● 孤立森林（Isolation Forest，IF）：根据样本在随机树中的高度来检测异常值。IF是一种基于树的异常检测算法，它通过构建一棵孤立树来识别数据中的异常点。在孤立树中，通过随机选择特征和阈值不断划分样本点（直至到单个叶子节点），来将正常点与异常点迅速地孤立开来，因此异常点往往会具有较短的路径长度。对于正常值，由于它是数据集的主体，因此需要更多的切分步骤才能将其隔离开来，即对应的路径长度较长；而异常值由于脱离主体，较少切分步骤即可被隔离，路径长度较短。根据这一特性，可以利用路径长度来衡量数据点的异常程度，路径长度越短，越有可能是异常点。
	模型法	**T3、基于模型的方法** ● 聚类算法：使用聚类算法（如K均值）检测异常点，可以将异常值视为簇中的孤立点，这些孤立点可能是噪声或真正的异常值。常见的方法包括基于密度的聚类算法，如DBSCAN（基于密度的空间聚类应用）。 ● 监督学习模型：使用监督学习模型（如支持向量机）识别异常样本。
		分类整理 ● "数值型"变量的六类16种算法 统计分布法：3sigma、Z-score、箱型图、Grubbs格拉布斯检验法。 距离：分布密度法（LOF/COF/SOS）、kNN、IF孤立森林。 异常因子分析：PCA、AE。 机器学习方法：聚类DBSCAN、预测分类（IF孤立森林/One-Classs SVM）。 基于时间序列方法：时序建模对比残差、自回归模型。 神经网络方法：AE法。 ● "类别型"变量的四种算法 频率检测法、离群类别检测、基于预期分布检测、基于关联规则检测。
处理策略		异常值处理的原则是在尽量保留有效信息同时降低异常点的影响，常用方法包括删除、校准或修正、转换等，具体的策略如下所示。 T1、不处理：适合异常值很少的情况。 T2、直接删除法——损失该样本的其他特征信息：直接将异常值从数据集中删除，适用于异常值数量较少且不影响数据总体分布的情况。如基于3σ准则删除离群点。 T3、校准三法（截断/变换/单类）——不损失该样本的其他特征信息：如果异常值是人为造成的，需要校准或修正，但它是仅对异常值进行校准。 T3.1、数值截断（Data Truncation）：数值截断指将异常值截断到合理范围内，可以有效地减小数据集中异常值的影响，提高模型的鲁棒性和泛化能力。比如年龄200岁的异常值采用分箱策略，归属到两端极限内。 T3.2、数据变换可以减轻异常值：数据变换是对异常值进行数学变换，使其接近正常范围内的值，且更加鲁棒，比如对数转换、分位数转换等。其中利用对数变换可以使其适应模型假设，同时可以减轻极端值对结果的影响。 T3.3、单类——区别对待：具体可以采用以下两种方法解决。 1）单归当前特征的新类别：如果异常值个数很多，应在统计模型中进行区别对待。比如将异常值归为新的一个类别，即引入新"特征"，命名为"是否为异常值"，然后供模型学习。 2）单归数据集：如果异常值重要的话，可以进行单独训练。将数据分为两个不同的组，异常值归为一组，非异常值归为一组，两组分别建立模型，最终将两组的输出合并。 T4、转换为缺失值进行填充处理——不损失该样本的其他特征信息：将异常值转换表达，比如视为缺失值，然后采用缺失值处理策略。

(续)

经验技巧	处理异常值需要谨慎,同时要结合领域知识,综合应用多种方法,并持续监控数据,以确保模型的稳健性和可靠性。 • 考虑数据背景:在处理异常值之前,了解数据背景和领域知识,有助于识别哪些数据点可能是真实的异常。 • 结合多种方法:综合应用多种异常值检测方法,以提高异常值检测的准确性和鲁棒性,减少误判。 • 谨慎处理异常值:谨慎处理异常值,避免过度处理导致信息丢失或失真,特别是在异常值可能包含有价值信息的情况下。 • 评估模型性能:在处理异常值后,评估模型性能,确保异常值处理对模型的影响是正向的。 • 持续监控:在建模过程中持续监控数据,及时处理新出现的异常值,以确保模型的稳健性和可靠性。 • 异常样本需经业务再次确定:某些筛选出来的异常样本,需要再次确定是否真的是不需要的异常特征样本,最好向业务人员再确认一遍,防止正常样本被过滤。 • 分析模型效果不佳是否与异常值有关:在建模或预测的过程中,异常点可能会引起问题。在完成对数据集的训练后,可以审查模型的预测错误情况,并确定这些错误是否与异常点相关。如果确实存在关联,可以采取相应步骤进行校正。

2. 代码实战

(1) 异常值检测与分析

示例1——基于统计及可视化的方法:3σ准则法、散点图、箱线图、QQ分位数图寻找异常点。

使用3sigma准则检测异常值

```
def find_outliers_by_3std(df, features):
    # 计算年龄和身高的平均值和标准差
    mean_f01 = df[features[0]].mean()
    std_f01 = df[features[0]].std()
    mean_f02 = df[features[1]].mean()
    std_f02 = df[features[1]].std()

    # 使用3sigma准则检测异常值
    threshold_f01 = 3 * std_f01
    threshold_f02 = 3 * std_f02
    outliers_f01 = df[np.abs(df[features[0]] - mean_f01) > threshold_f01]
    outliers_f02 = df[np.abs(df[features[1]] - mean_f02) > threshold_f02]
    print("异常值(%s):\n " %features[0], outliers_f01)
    print("异常值(%s):\n " %features[1], outliers_f02)

    # 绘制散点图
    plt.figure(figsize=(8, 6))
    plt.scatter(df[features[0]], df[features[1]], alpha=0.2, label='Data')
    plt.scatter(outliers_f01[features[0]], outliers_f01[features[1]], alpha=0.5, marker ='*'
                , label='Outliers(%s)'%features[0])
    plt.scatter(outliers_f02[features[0]], outliers_f02[features[1]], alpha=0.5, marker ='<'
                , label='Outliers(%s)'%features[1])
    plt.xlabel(features[0])
    plt.ylabel(features[1])
    # plt.title('Scatter Plot with Outliers Detected by 3-sigma Rule(%s dataset)'%data_name)
```

```
    plt.title('使用 3-sigma 规则检测异常值的散点图(%s 数据集)'%data_name)
    plt.legend()
    plt.show()
data_name = 'person_info'
features = ['Age','Height']
find_outliers_by_3std(person_info_data_df,features)
```

如图 5-7 所示，这张图展示了使用 3Sigma 准则检测异常值的散点图。图中蓝色圆点表示正常数据，橙色五角星表示年龄的异常值，绿色三角形表示身高的异常值。经过 3Sigma 准则检测，可知在右下角存在异常值。

利用散点图、箱线图、QQ 分位数图寻找异常点

如图 5-8 所示，仅采用散点图可视化的形式查看两个特征的分布状况，直观判断，可知异常值在右下角。

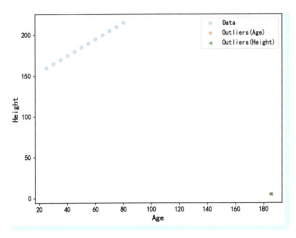 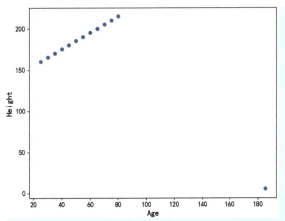

图 5-7　采用 3Sigma 准则检测异常值　　　　图 5-8　采用散点图可视化异常点

如图 5-9 所示，第一张子图展示了年龄和身高的箱线图，检测到一些异常值（圆圈所示）。第二

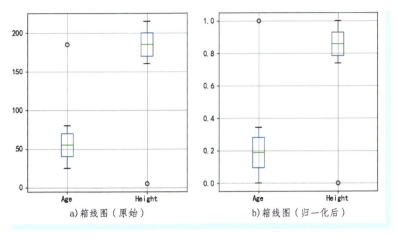

a)箱线图（原始）　　　　　　　　b)箱线图（归一化后）

图 5-9　采用箱线图可视化异常点

张子图是归一化后的箱线图，异常值的位置相对未变，但数值范围被压缩到 0 到 1 之间。归一化后，数据的分布形态更加清晰，有助于比较不同特征的异常值。

如图 5-10 所示，Q-Q 分位数图用于检测年龄和身高的异常值。第一张子图显示年龄数据，可以看到有一个明显偏离红线的点，表明存在一个异常值。第二张子图显示身高数据，可以看到有几个点偏离红线，表明可能存在多个异常值。

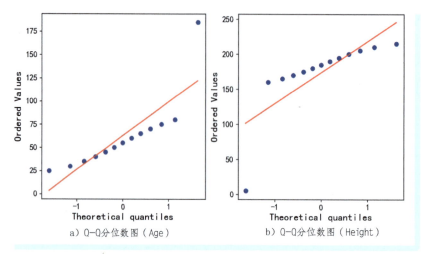

a）Q-Q分位数图（Age）　　b）Q-Q分位数图（Height）

图 5-10　采用 Q-Q 分位数图可视化异常点

示例2——基于距离的方法：离群点因子、孤立森林。

离群点因子

如图 5-11 所示，采用离群点因子（Local Outlier Factor，LOF）方法检测异常值。图中颜色越接近蓝色表示异常程度越高，可以看到一个位于年龄接近 180、身高接近 0 的蓝色点被标记为异常值。其余数据点的颜色接近红色，表明这些点被认为是正常值。

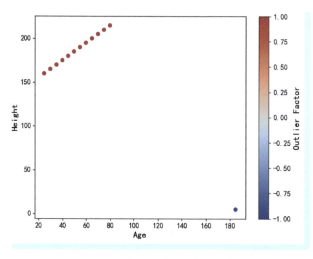

图 5-11　采用 LOF 方法可视化异常点

孤立森林

```python
def find_outliers_by_IFModel(df,features):
    from sklearn.ensemble import IsolationForest
    df = df[[features[0]]]
    # 构建并训练孤立森林模型
    clf = IsolationForest(contamination=0.05, random_state=42)
    clf.fit(df)
    # 预测异常值
    outliers =clf.predict(df)
    print(outliers)
    # 绘制直方图
    plt.figure(figsize=(7, 5))
    plt.hist(df[features[0]][outliers == -1], bins=1, color='red', label='Outliers')
    plt.hist(df[features[0]][outliers == 1], bins=20, color='blue',label='Inliers')
    plt.title('Histogram Plot for %s'% features[0])
    plt.xlabel(features[0])
    plt.ylabel('Frequency')
    plt.legend()
    plt.show()
features = ['Age','Height']  # Age Height
find_outliers_by_IFModel(data_df,features)
```

如图 5-12 所示，通过孤立森林（Isolation Forest，IF）方法依次检测年龄、身高特征中的异常值，蓝色柱状体表示正常值，红色柱状体表示异常值，可以看到一个年龄接近 180 或身高接近 0 的样本点被检测为异常值。

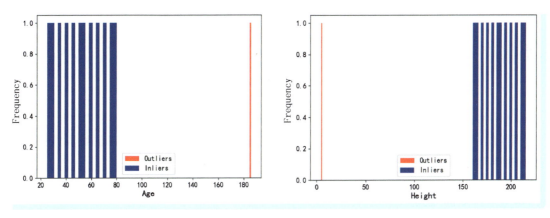

图 5-12　采用 IF 方法可视化异常点

示例 3——基于模型的方法：聚类算法

```python
# 使用 DBSCAN 算法检测异常值
def find_outliers_by_DBSCAN(df,features):
    from sklearn.cluster import DBSCAN
    dbscan = DBSCAN(eps=10, min_samples=3) # eps 用于确定领域的半径参数，确定核心点的最小样本数参数
```

```
    outliers =dbscan.fit_predict(df)
    plt.scatter(df[features[0]], df[features[1]], c=outliers)
    plt.xlabel(features[0])
    plt.ylabel(features[1])
    plt.title('Scatter Plot with Outliers Detected by DBSCAN')
    plt.colorbar(label='Cluster Label')
    plt.show()
features = ['Age','Height']   # Age Height
find_outliers_by_DBSCAN(data_df,features)
```

如图 5-13 所示，该图展示了使用基于密度的聚类（DBSCAN）算法检测年龄和身高特征中的异常值。图中黄色点被标记为正常数据点，紫色点被标记为异常值。异常值位于年龄接近 180、身高接近 0 的位置，明显偏离了主数据簇。

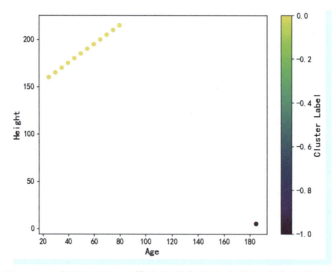

图 5-13　采用 DBSCAN 算法检测年龄与身高异常值的散点图

（2）异常值处理

 # 示例 1——损失该样本的其他特征信息：直接删除法（基于 3σ 准则删除异常样本点、箱线图对比可视化）。

```
# T2,直接删除法
def del_outliers_by_boxplot(df,features):
    # 计算特征的平均值和标准差
    mean_age = df[features[0]].mean()
    std_age = df[features[0]].std()
    # 使用 3sigma 准则检测异常值
    threshold_age = 3 * std_age
    # 删除异常样本点
    df_filtered = df[np.abs(df[features[0]] - mean_age) <= threshold_age]
    # 绘制箱线图比较前后特征分布
    fig, axes =plt.subplots(1, 2, figsize=(8, 5))
```

```
    # 原始数据箱线图
    df.boxplot(column=[features[0]], ax=axes[0])
    axes[0].set_title('Boxplot (Before del outliers)')
    # 删除异常值后的箱线图
    df_filtered.boxplot(column=[features[0]], ax=axes[1])
    axes[1].set_title('Boxplot (After del outliers)')
    plt.tight_layout()
    plt.show()
features = ['Height','Height']
# del_outliers_by_boxplot(data_df,features)
```

如图 5-14 所示，依次对年龄、身高特征使用 3sigma 准则检测异常值后，均采用直接删除异常样本的方法，并进行了删除前后的对比。

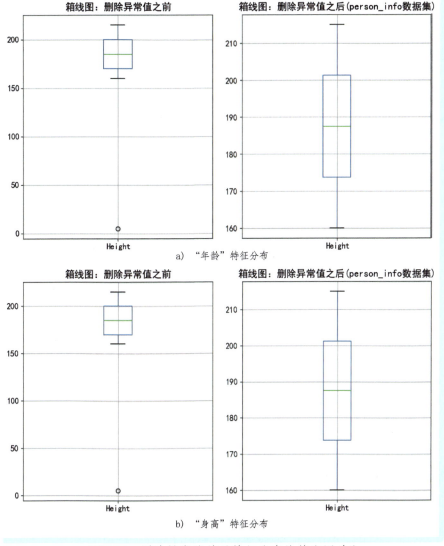

图 5-14　删除异常值前后特征分布的箱线图对比

示例2——不损失该样本的其他特征信息—校准三法（截断/变换/单类）

T3.1、 数值截断（Data Truncation）

```python
# T3.1、数值截断(Data Truncation)
def del_outliers_by_DT(df,features,cutoff):
    # 对字段进行截断
    df_truncated = df.copy()
    df_truncated[features[0]] = np.clip(df_truncated[features[0]], *cutoff)
    # 绘制带有趋势线的分布柱状图对比前后删除异常值后年龄的分布情况
    plt.figure(figsize=(10, 6))
    plt.subplot(1, 2, 1)
    sns.histplot(df[features[0]], kde=True, color='blue')
    plt.title('%s Distribution(Before Truncation)'%features[0])
    plt.xlabel(features[0])
    plt.ylabel('Frequency')
    plt.subplot(1, 2, 2)
    sns.histplot(df_truncated[features[0]], kde=True, color='red')
    plt.title('%s Distribution(After Truncation)'%features[0])
    plt.xlabel(features[0])
    plt.ylabel('Frequency')
    plt.tight_layout()
    plt.show()
features = ['Age','Height']  # Age Height
# 设置异常值的截断范围
Age_cutoff = (0, 120)    # 年龄截断范围,假设最大年龄为120岁
Height_cutoff = (100, 220)   # 身高截断范围,假设最小身高为100cm,最大身高为220cm
del_outliers_by_DT(data_df,features,Age_cutoff)
```

如图 5-15 和图 5-16 所示，对异常值采用数值截断法后，年龄分布更加集中，身高分布更加合理，消除了极端异常值的影响。注意，截断的阈值大小要根据具体分布进行具体分析。

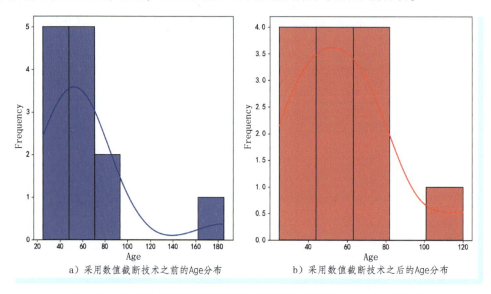

a）采用数值截断技术之前的Age分布　　　　b）采用数值截断技术之后的Age分布

图 5-15　采用数值截断处理前后"年龄"特征分布的直方图对比

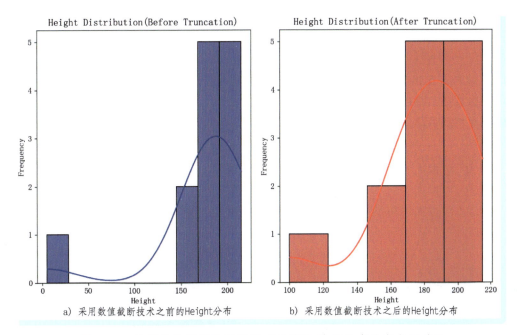

图 5-16 采用数值截断处理前后"身高"特征分布的直方图对比

T3.2、数据变换可以减轻异常值

```
# T3.2、数据变换可以减轻异常值
def transform_outliers_by_DT(df,features):
    # 定义数据变换函数(这里以对数变换为例)
    def log_transform(x):
        return np.log(x)
    # 对年龄字段进行对数变换
    df_transformed = df.copy()
    df_transformed['%s_transform'%features[0]] = log_transform(df_transformed[features[0]])
    print(df_transformed)
    # 绘制带有趋势线的分布柱状图对比前后删除异常值后年龄的分布情况
    plt.figure(figsize=(10, 6))
    plt.subplot(1, 2, 1)
    sns.histplot(df_transformed[features[0]], kde=True, color='blue')
    plt.title('%s Distribution Before Log Transformation'%features[0])
    plt.xlabel(features[0])
    plt.ylabel('Frequency')
    plt.subplot(1, 2, 2)
    sns.histplot(df_transformed['%s_transform'%features[0]], kde=True, color='red')
    plt.title('%s Distribution After Log Transformation'%features[0])
    plt.xlabel('Log(%s)'%features[0])
    plt.ylabel('Frequency')
    plt.tight_layout()
```

```
    plt.show()
features = ['Age','Height']    # Age Height
transform_outliers_by_DT(data_df,features)
```

如图 5-17 和图 5-18 所示，显示了依次对年龄、身高进行对数变换前后的特征分布对比。经过对数变换后，数据更加集中，极端值被压缩，更接近正态分布，更加平滑，减小了异常值的影响，但此处的效果不是特别明显。

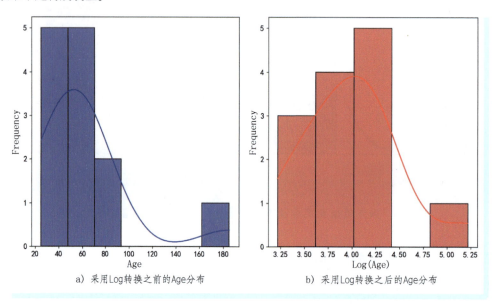

图 5-17 采用对数转换处理前后"年龄"特征分布的直方图对比

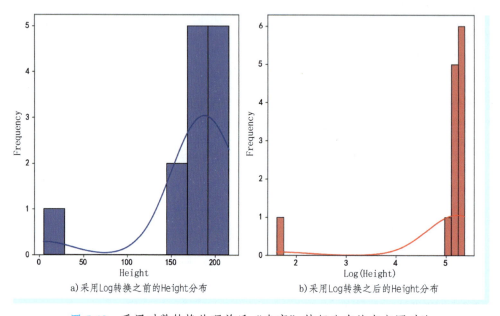

图 5-18 采用对数转换处理前后"身高"特征分布的直方图对比

5.2.4 特殊值的分析与处理

图 5-19 为本小节内容的思维导图。

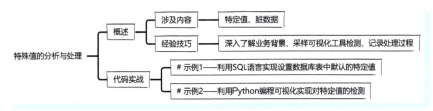

图 5-19 本小节内容的思维导图

1. 特殊值的分析与处理概述

简介	本阶段的内容主要是针对特殊值（特定值和脏数据）的分析与处理，一般情况下，有部分特殊值会在数据对齐阶段被清洗掉，但是有的特定数值、脏数据需要基于业务重新确定。处理特殊值通常需要基于业务背景和数据分布情况进行决策，可以选择删除、替换等方法。
涉及内容	特殊值的分析与处理涉及内容如下所示。 • 特定值：特定值一般是由于业务规则默认、测量设备故障或其他因素而产生的，因此，有时会导致原始数据集中存在特定值。例如在某些数据库中，某个表为了保持其完整性，经常会对某个字段设定默认值，比如 0 或 null。 • 脏数据：脏数据通常是指不符合数据质量标准的数据，可能包括重复值、不一致值、格式错误、非法值等。一般情况下主要指被篡改后的非法数据，尤其是那些当前值不为 0 和 null 但也没有意义的数据，需要基于业务知识判定。如果性别特征中有男、女、男女，可知意外出现了"男女"等类似的非法数据。
经验技巧	在特殊值的分析与处理阶段，常用的经验技巧如下所示。 • 深入了解业务背景：理解数据背后的业务含义对于识别特定值和脏数据至关重要。只有深入了解业务背景，才能更好地判断哪些值是特定值，哪些是脏数据。 • 采样可视化工具检测：可视化工具可以帮助快速发现数据中的特殊模式和异常情况，例如绘制直方图、箱线图、散点图等，以便更好地理解数据分布和特殊值的情况。 • 记录处理过程：在处理特殊值的过程中，需要详细记录每一步的操作和决策，以便后续审查和验证数据清洗的有效性。

2. 代码实战

 # 示例 1——利用 SQL 语言实现设置数据库表中默认的特定值。

在数据库表中，字段的默认值是在没有明确指定值的情况下，该字段将自动使用的预定义值。这些默认值可以在表的定义阶段指定，或者后期通过 ALTER TABLE 语句进行更改，SQL 语言中不同字段类型默认值示例见表 5-5。

表 5-5 SQL 语言中不同字段类型默认值示例

字段类型	SQL 语言

整数字段	整数字段的默认值
	CREATE TABLE ExampleTable (
	    ID INT PRIMARY KEY,
	    Age INT DEFAULT 18, -- 默认年龄为 18 岁
	    Name VARCHAR (50)
	);

(续)

字段类型	SQL 语言
字符串字段	CREATE TABLE Product (　　ProductID INT PRIMARY KEY, 　　Name VARCHAR (100) DEFAULT 'Unnamed Product', -- 默认产品名称 　　Price DECIMAL (10, 2));
枚举字段	CREATE TABLE Student (　　StudentID INT PRIMARY KEY, 　　Grade ENUM ('A', 'B', 'C') DEFAULT 'C' -- 默认成绩为'C');
日期字段	CREATE TABLE Employee (　　EmployeeID INT PRIMARY KEY, 　　JoiningDate DATE DEFAULT CURRENT_ DATE, -- 默认为当前日期 　　Department VARCHAR (50));

示例2——利用 Python 编程可视化实现对特定值的检测。

比如各特征的 0 值占比，进行统计可视化。如图 5-20 所示，第一张子图显示，大多数乘客在 sibsp（兄弟姐妹/配偶数量）特征下为 0，占比 68.07%；其次为 1，占比 24.37%；其余比例较低，表明多数乘客独自或仅与一位兄弟姐妹或配偶同行。第二张子图显示，大多数乘客在 parch（父母/子女数量）特征下为 0，占比 76.55%；其次为 1 和 2，占比分别为 12.99% 和 8.63%；其余比例极低，表明多数乘客独自或仅与一位父母或子女同行。总体而言，乘客多为独自一人或与一位亲属同行。

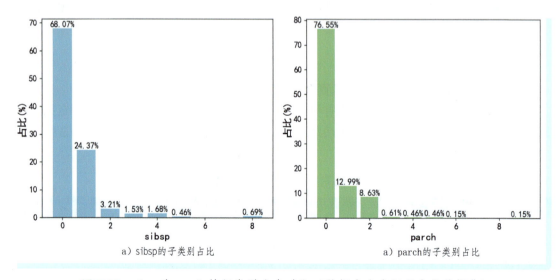

a）sibsp的子类别占比　　　　　　　a）parch的子类别占比

图 5-20　sibsp 和 parch 特征类别分布对比（数据来自泰坦尼克号数据集）

5.3 数据分析与处理

图 5-21 为本小节内容的思维导图。

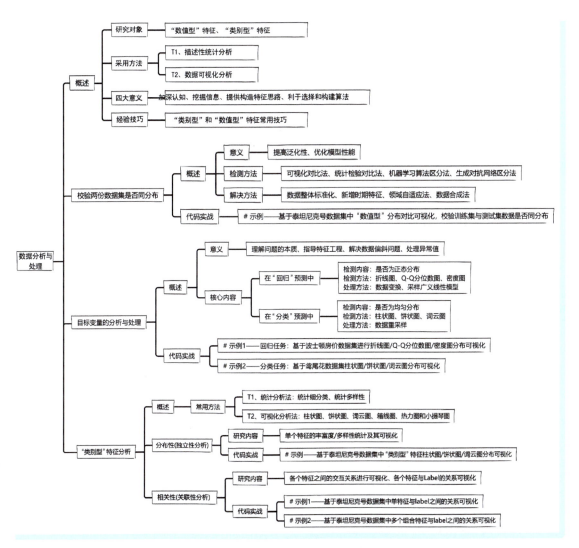

图 5-21 本小节内容的思维导图

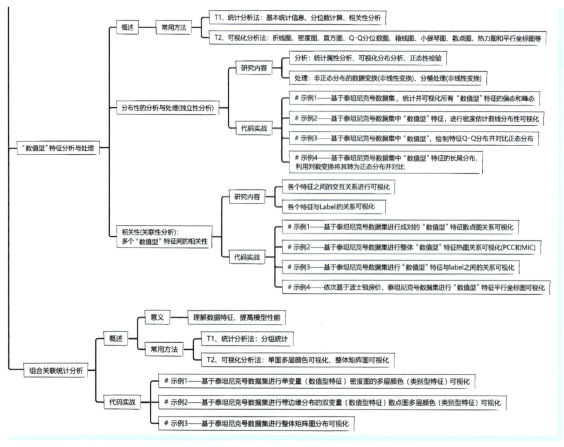

图 5-21 本小节内容的思维导图（续）

5.3.1 数据分析与处理概述

简介	本阶段是通过统计技术和可视化技术对数据进行挖掘信息并进行适当处理，涉及内容主要包括校验两份数据集是否同分布、目标变量的分析与处理、"类别型"特征的分析、"数值型"特征的分析与处理、组合关联统计分析。
研究对象	本阶段的研究对象主要是"数值型"特征和"类别型"特征。"数值型"特征通常是指连续性变量，它们在数据集中以数字形式存在。"类别型"特征通常是指离散性变量，它们在数据集中以类别的形式存在。
采用方法	在数据分析与处理阶段主要采用的方法如下所示。 T1、描述性统计分析：中心趋势测量（均值/中位数/众数等）、离散度测量（标准差/方差/范围等）、分布形状测量（偏度/峰度等）。 ● 方差是描述一个变量信息量的重要指标。方差大小必须从任务本身出发考虑。对模型来说，稳定性需要方差小；但对于训练数据，适度的方差能反映数据特征，有利于学习。比如在讨论模型稳定性时，通常需要减小模型的方差，因为方差越大代表模型不够稳定。而在分析训练数据时，要求存在一定程度的方差，这有助于保持数据信息量和多样性，因为如果训练数据的方差极低，数据点基本相同，那多个数据就等同于一个数据，无法体现数据的多样性。 T2、数据可视化分析：比如直方图（展示数据分布）、散点图（展示两个变量之间的关系）、箱线图（展示数据的分布和离群值）、折线图（展示数据随时间或其他变量的变化）、平行坐标图（变量和目标变量之间的关系）。这几种可视化方法对于"数值型"或"类别型"特征的分析提供了不同的视角，可以帮助理解数据的分布、趋势以及变量之间的关系。

四大意义	在数据分析与处理阶段，主要意义如下所示： • 加深认知：加深对数据集的理解和直观感受。通过对数据进行观察和分析，可以更好地理解问题本身，有助于初步评估不同算法的潜在表现，选择更合适的算法。这对于构建预测模型来说很重要。 • 挖掘信息：为业务需求提供思路。数据分析可以挖掘出有用的信息，给出商业上的一些新思路。 • 提供构造特征思路：分析相关性，为特征选择和构造特征提供思路。例如相关性分析可以发现数据之间的联系，为选择预测模型的特征提供依据。 • 更好地选择和构建算法：通过对数据特性的了解，可以选择更适合问题和数据的算法类型，以及如何更好地评价预测结果。
经验技巧	在数据分析与处理阶段，常用的技巧如下所示。 • "类别型"特征常用技巧：独热编码、标签编码。 • "数值型"特征常用技巧：二值化、分桶处理。

5.3.2 校验两份数据集是否同分布

图 5-22 为本小节内容的思维导图。

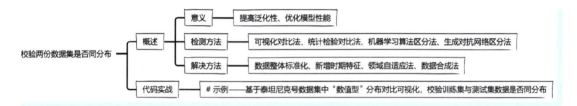

图 5-22 本小节内容的思维导图

1. 校验两份数据集是否同分布概述

背景	在数据科学和机器学习任务中，确保训练集和测试集来自同一分布是提高模型泛化能力和可信度的关键。因此校验两个数据集（如训练集和测试集）是否源自相同分布至关重要，因为这关系到模型在实际应用中的泛化能力和可信度。如果这两份数据集来自不同的时间或环境，它们的分布就可能存在差异。这种差异可能源自数据收集过程中的不同环境、不同时间段、不同数据来源等因素。 在实际应用中，通常只能获得一个训练集（如开发环境），而测试集则可能来自实际应用中的数据（如生产环境）。有时候，两者之间存在分布差异也是不可避免的。因此，校验两份数据集是否同分布至关重要。
简介	在校验两份数据集是否同分布时，主要目的是确定它们是否来自相同的概率分布。如果两个数据集具有相似的分布，那么模型在从一个数据集训练并在另一个数据集上测试时，其性能表现可能更可靠。 校验两份数据集是否同分布的核心是分析它们在中心趋势、离散程度和形状等方面的相似性。这有助于确保模型在训练集上学习到的特征能够被泛化到测试集，提高模型在实际应用中的性能。
意义	校验数据集是否同分布对于机器学习模型的有效性至关重要，其作用和意义如下所示。 • 提高泛化性：当训练集和测试集来自不同分布时，模型在测试集上的性能可能会下降，因为它没有充分学习到可以泛化到测试集的特征。只有当模型在不同分布的数据上都能表现良好时，它才能在真实场景中发挥作用。 • 优化模型性能：通过校验数据集是否同分布，可以评估模型的泛化能力和可靠性，及时发现潜在问题，并采取措施进行改进。这有助于提高模型在不同分布数据上的泛化能力，降低分布之外的数据上出现的错误率，进而确保模型在两份数据集上的鲁棒性和可靠性。

在校验两份数据集是否同分布阶段的常用方法如下所示。

常用检测方法	• 可视化对比法：通过可视化方法可以直观地观察两个数据集之间的差异。比如可以使用散点图、直方图、核密度估计图和 Q-Q 图等来比较两个数据集在各个特征上的分布情况。如果两个数据集的分布在可视化上有较大的差异，那么它们很可能不是同分布的。 • 统计检验对比法：统计检验方法可以通过统计量来判断两个数据集是否同分布。常用的统计检验方法包括 Kolmogorov-Smirnov 检验、Anderson-Darling 检验、Cramér-von Mises 检验、卡方检验等。这些方法可以计算出两个数据集之间的距离或相似度，从而判断它们是否来自同一分布。 • 机器学习算法区分法：可以使用监督或无监督的机器学习方法来评估数据集之间的分布差异。比如可以训练一个分类器或聚类器来区分两个数据集，如果分类或聚类的性能很差，那么说明两个数据集之间的分布差异很大。 • 生成对抗网络（GAN）区分法：生成对抗网络可以用来生成与训练集相似的样本，从而评估测试集与训练集之间的分布差异。如果生成的样本与测试集的样本相似度较高，则说明两个数据集的分布较为接近。
解决方法	在校验两份数据集是否同分布阶段，如果发现两个数据集不同分布，会影响机器学习模型的泛化能力。常见的解决方法如下所示。 • 数据整体标准化：通过对数据进行整体缩放或归一化，使其具有相似的分布特征。 • 新增时期特征：在模型学习过程中，加入额外的时期或环境特征，让模型能够识别和适应不同条件下的数据差异。 • 领域自适应法：尝试通过学习域之间的映射来调整数据分布，以使其更接近目标域的分布。 • 数据合成法：通过生成具有目标分布特征的合成数据，以扩充训练集或调整测试集的分布特征，从而使两个数据集更加接近。

2. 代码实战

示例——基于泰坦尼克号数据集中"数值型"分布对比可视化，校验训练集与测试集数据是否同分布。

```
#2.2、数据分析与处理(侧重挖掘信息)
def Distribution_PK_Train_Test(df,n_features,c_features):
    # n_features = list(train_df.select_dtypes(include=['int','float']).columns)
    # c_features = list(train_df.select_dtypes(include=['object','category']).columns)
    # 划分数据集
    from sklearn.model_selection import train_test_split
    train_df, test_df = train_test_split(df, test_size=0.2, random_state=42)
    # 绘制数值型特征的直方图和核密度估计图
    plt.figure(figsize=(10, 5))
    for i, feature in enumerate(n_features):
        plt.subplot(1, len(n_features), i+1)
        sns.histplot(train_df[feature], color='blue', kde=True, edgecolor=None, label='Train', stat='density')
        sns.histplot(test_df[feature], color='red', kde=True, edgecolor=None, label='Test', stat='density')
        plt.title(f'Distribution of {feature} in Train/Test Set')
        plt.legend()
    plt.tight_layout()
    plt.show()
    # 绘制类别型特征的条形图
    plt.figure(figsize=(12, 5))
    for i, feature in enumerate(c_features):
        plt.subplot(1, len(c_features), i+1)
        sns.countplot(x=feature, data=train_df, color='blue', alpha=0.7, label='Train')
```

```
            sns.countplot(x=feature, data=test_df, color='red', alpha=0.7, label='Test')
            plt.title(f'Distribution of {feature} in Train/Test Set')
            plt.legend()
    plt.tight_layout()
    plt.show()
num_features = ['age','fare']
cat_features = ['sex','pclass','embarked']
Distribution_PK_Train_Test(data_df_raw,num_features,cat_features)
```

如图 5-23 所示,采用直方图叠加核密度估计曲线(注重展示数据的分布密度)依次对年龄、票价等"数值型"特征进行校验时,训练集和测试集的分布相似,显示出良好的一致性。

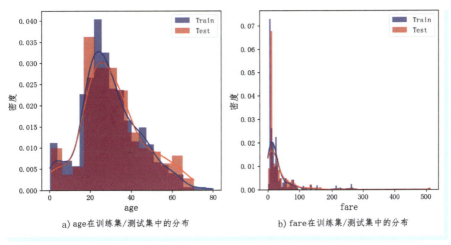

a) age在训练集/测试集中的分布　　　b) fare在训练集/测试集中的分布

图 5-23　训练集和测试集中数值型特征("年龄"和"票价")的分布的密度估计曲线图(数据来自泰坦尼克号数据集)

如图 5-24 所示,采用计数图(注重展示类别型数据的频数对比)依次对性别、船舱等级、登船

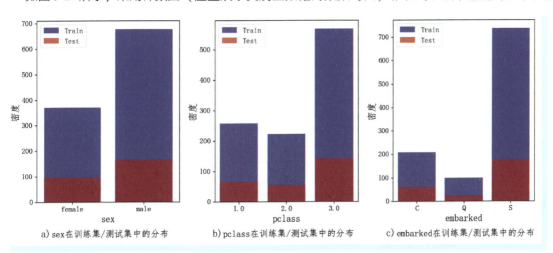

a) sex在训练集/测试集中的分布　　b) pclass在训练集/测试集中的分布　　c) embarked在训练集/测试集中的分布

图 5-24　训练集和测试集中类别型特征("性别""船舱等级""登船港口")的分布计数图(数据来自泰坦尼克号数据集)

港口等"类别型"特征进行校验时，训练集和测试集的分布也大致相似。

▶▶ 5.3.3 目标变量的分析与处理

图 5-25 为本小节内容的思维导图。

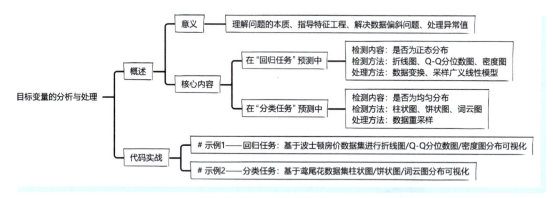

图 5-25 本小节内容的思维导图

1. 目标变量的分析与处理概述

简介	在监督学习任务中，目标变量通常是希望在模型中预测或者分类的变量，也被称为因变量或标签，一般用 Label 或 Target 表示。它是模型训练的重点和目标，因为模型的最终目的就是对目标变量进行准确的预测或分类。
意义	目标变量的分析与处理的具体意义如下所示。 ● 理解问题的本质：通过分析目标变量，可以更好地理解问题的本质和预测的对象是什么，有助于设计出更加贴合实际需求的模型。 ● 指导特征工程：目标变量的分析有助于选择和构造合适的特征，从而提高模型的性能和泛化能力。 ● 解决数据偏斜问题：通过分析目标变量的分布情况，可以及时发现数据偏斜或类别不平衡的问题，并采取相应处理措施，如过采样、欠采样或使用其他类别不平衡处理技术。 ● 处理异常值：分析目标变量有助于发现异常值或离群点，进而采取合适的处理策略，如删除异常值、转换异常值或使用异常检测算法。
核心内容	核心内容及其方法如下所示。 首先，需要确定目标变量的类型是连续型（即回归任务）还是类别型（即分类任务），然后根据不同的任务场景和基于不同的研究对象，进而采用对应的检测和处理方法。两种任务类型的对比见表 5-6。

表 5-6 "回归任务"和"分类任务"对比

	在"回归任务"预测中	在"分类任务"预测中
核心内容 检测内容	● 数据分布检验（是否为正态分布）：通过观察目标变量的分布情况，可以利用统计检验方法，如 Shapiro-Wilk 检验、Kolmogorov-Smirnov 检验或者 Q-Q 图等，来检验目标变量是否为正态分布。除了上述内容外，有时候还需要计算分布的偏度和峰度，进而了解数据分布的对称性和峰态	● 数据分布检验（是否为均匀分布）：检查类别型目标变量的分布情况，尤其是各个类别的数量是否平衡，可以使用频率分布表或者饼图等可视化方法，来检验目标变量是否为均匀分布

(续)

(续)

核心内容		在"回归任务"预测中	在"分类任务"预测中
	可视化方法	可视化方法主要包括折线图、Q-Q 分位数图、密度图等。 T1、折线图：可以用于展示连续型目标变量随着某个特征的变化趋势，比如时间序列数据或连续变量的变化趋势。 T2、Q-Q 分位数图：用于检验目标变量是否服从某种特定的分布，通过将样本分位数与理论分位数进行比较，判断样本数据的分布情况。 T3、密度图：用于展示连续型目标变量的概率密度分布情况，有助于理解数据的分布形态和集中程度	可视化方法主要包括柱状图、饼状图、词云图等。 T1、柱状图：用于展示类别型目标变量各个类别的频数或频率分布情况，直观地比较不同类别之间的数量差异。 T2、饼状图：用于展示类别型目标变量各个类别所占比例，通常用于显示各个类别在整体中的相对大小关系。 T3、词云图：当目标变量是文本类别时，可以用词云图展示文本中高频出现的词语，以直观展示各个类别的关键词
	处理方法	• 数据变换：对于不满足正态性或异方差性的数据，可以进行数据变换，如对数变换、平方根变换等，使其更加符合线性模型的假设。 • 采样广义线性模型：针对不满足正态性的情况，可以考虑使用广义线性模型，如泊松回归或者 Gamma 回归	• 数据重采样：如果类别分布不平衡，则需要重采样处理，比如欠采样、过采样或者基于成本敏感的学习算法

2. 代码实战

示例 1——回归任务：基于波士顿房价数据集进行折线图/Q-Q 分位数图/密度图分布可视化。

```
def num_label_distribution(data_df_raw,data_name,label_name):
    # 设置图形的风格
    sns.set(style="whitegrid")
    # 创建画布
    plt.figure(figsize=(14, 5))
    # 绘制折线图
    plt.subplot(1, 3, 1)
    sns.lineplot(x=data_df_raw.index, y=label_name, data=data_df_raw)
    plt.title('Line Plot(%s): %s Distribution' % (data_name, label_name))
    plt.xlabel('Sample Index')
    plt.ylabel('Price')
    # 绘制 Q-Q 分位数图
    from scipy import stats
    plt.subplot(1, 3, 2)
    stats.probplot(data_df_raw[label_name], dist="norm", plot=plt)
    plt.title('Q-Q Plot(%s): %s Distribution' % (data_name, label_name))
    plt.xlabel('Theoretical Quantiles')
    plt.ylabel('Ordered Values')
    # 绘制密度图
```

```
        plt.subplot(1, 3, 3)
        sns.kdeplot(data_df_raw[label_name], shade=True)
        plt.title('Density Cloud(%s): %s Distribution' % (data_name, label_name))
        plt.xlabel('Price')
        plt.ylabel('Density')
        plt.tight_layout()
        plt.show()
from sklearn.datasets import fetch_openml
data_name = 'boston'
label_name = 'target'
data_Bunch = fetch_openml(data_name, version=1, as_frame=True)
data_df_raw = data_Bunch.data
data_df_raw[label_name] = data_Bunch.target
print(data_df_raw.info())
num_label_distribution(data_df_raw,data_name,label_name)
```

如图 5-26 所示，三张子图分别从不同维度展示了波士顿房价数据集中目标变量的分布情况。第一张折线图显示了样本索引与价格之间的关系，揭示了数据的波动性和不确定性。第二张 Q-Q 分位数图（比较了有序值实际观测值）与理论分位数，表明数据接近正态分布，但存在一些异常值。第三张密度图描绘了价格的分布情况，呈现为一个典型的钟形曲线，说明了大多数价格集中在某个范围内，而极端价格的出现概率较低。

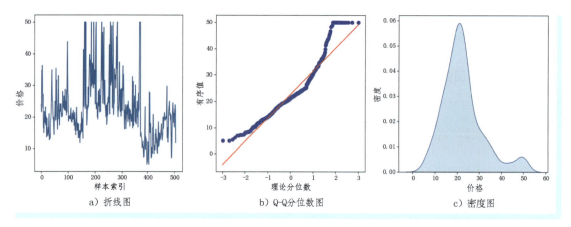

图 5-26 数值型目标变量的三种不同类型（折线图、Q-Q 分位数图和密度云图）的可视化分析（波士顿房价数据）

示例2——分类任务：基于鸢尾花数据集柱状图/饼状图/词云图分布可视化。

```
def cat_label_distribution(data_df,data_name,label_name):
    # 创建画布
    plt.figure(figsize=(14, 6))
    # 绘制柱状图
    plt.subplot(1, 3, 1)
    sns.countplot(x='target', data=data_df)
```

```python
    for index, value in enumerate(data_df['target'].value_counts()):
        plt.text(index, value + 0.5, str(value), ha='center', va='bottom')
    plt.title('Count Plot(%s): %s Distribution'% (data_name, label_name))
    plt.xlabel('Species')
    plt.ylabel('Count')
    # 绘制饼状图
    plt.subplot(1, 3, 2)
    data_df['target'].value_counts().plot(kind='pie',autopct='%1.1f%%', colors=['skyblue','lightgreen','lightcoral'])
    plt.title('Pie Plot(%s): %s Distribution'% (data_name, label_name))
    plt.ylabel('')
    # 生成词云图
    from wordcloud import WordCloud
    plt.subplot(1, 3, 3)
    species_text = ''.join(data_df['target'])
    wordcloud = WordCloud(width=800, height=400, stopwords=['iris','Iris'], background_color='white').generate(species_text)
    plt.imshow(wordcloud, interpolation='bilinear')
    plt.axis('off')
    plt.title('Word Cloud(%s): %s Distribution'% (data_name, label_name))
    plt.tight_layout()
    plt.show()
from sklearn.datasets import fetch_openml
data_name = 'iris'
label_name = 'target'
data_Bunch = fetch_openml(data_name, version=1, as_frame=True)
data_df = data_Bunch.data
data_df[label_name] = data_Bunch.target
print(data_df.info())
cat_label_distribution(data_df,data_name,label_name)
```

如图 5-27 所示，三张子图分别从不同维度展示了鸢尾花数据集中目标变量的分布情况。第一张柱

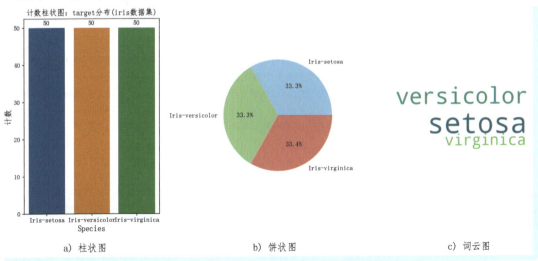

a) 柱状图　　　　　　　　　b) 饼状图　　　　　　　　　c) 词云图

图 5-27　类别型目标变量的三种不同类型（柱状图、饼状图和词云图）的可视化分析
（数据来自鸢尾花数据集）

状图展示了每种鸢尾花物种（Iris-setosa、Iris-versicolor 和 Iris-virginica）都有 50 个样本，表明数据集中这三种鸢尾花的数量是相等的。第二张饼状图展示了三种鸢尾花在数据集中的比例分布，每种都占 33.3%。第三张词云图显示了三种鸢尾花的名称，大小都相同，可知频率均等。

5.3.4 "类别型"特征分析与处理

图 5-28 为本小节内容的思维导图。

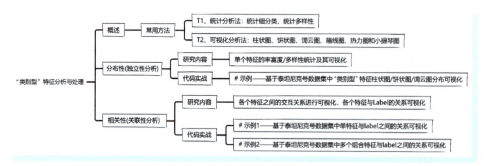

图 5-28　本小节内容的思维导图

研究内容	本小节的研究内容主要包括"类别型"特征的分布性分析、相关性分析等内容。但此处不包含"类别型"特征的编码化，在后边的章节会有更加详细的叙述。
常用方法	在"类别型"特征分析中，常用的方法包括统计分析法和可视化分析法。具体内容如下所示。 T1、统计分析法 ● 统计细分类：利用 pandas 的 unique 函数统计每一个"类别型"特征的细分类。 ● 统计多样性：利用 pandas 的 value_counts 函数统计每一个"类别型"特征的多样性（子类别名称及其对应个数）。 T2、可视化分析法 ● 柱状图：用于展示类别型特征的分布情况，可以直观地比较不同类别的频数或频率。 ● 饼状图：用于展示类别型特征内部子元素个数。对于多个元素，可以只挑选前几大元素，其余归为"其他"类别。 ● 词云图：用于展示类别型特征内部子类别个数情况。 ● 箱线图：除了展示特征的分布外，还可以结合类别型目标变量，有助于比较不同类别之间的分布差异，并发现异常值。但前提是类别型特征内部各类别重复个数要足够多，箱线图才有意义。 ● 热力图：用于可视化特征之间的相关性，通过颜色的深浅表示相关性的程度，有助于发现特征之间的关联性和相互作用。 ● 小提琴图：用于观察数据的分布形状，比较不同组别的数据分布情况。

1. 分布性（独立性）分析

研究内容	在分布性（独立性）分析中，主要关注单个"类别型"特征的丰富度和多样性统计，以及其可视化呈现。通过统计每个"类别型"特征的不同取值及其在数据集中的分布情况，可以了解每个子类别的频数统计，以及不同子类别的占比分布等信息。
意义	多样性的意义在于其能够反映用于提取特征的数据内容的丰富程度。如果一个特征的数据内容多样性为 100%，则表明该特征没有重复的值，也就是模型无法从中学习到东西，例如对于证件号等特征，若多样性为 100%，则该特征无法提供有用的信息，无法作为模型的输入。

代码实战

示例——泰坦尼克号数据集中"类别型"特征的柱状图/饼状图/词云图分布可视化。

```python
def cat_feature_distribution(data_df,data_name,cat_features):
    # 创建画布
    plt.figure(figsize=(14, 6))
    # 绘制柱状图
    plt.subplot(1, 3, 1)
    sns.countplot(x=cat_features[0], data=data_df)
    for index, value in enumerate(data_df[cat_features[0]].value_counts(ascending=True)):
        plt.text(index, value + 0.5, str(value), ha='center', va='bottom')
    plt.title('Count Plot(%s): %s Distribution' % (data_name, label_name))
    plt.xlabel('Species')
    plt.ylabel('Count')
    # 绘制饼状图
    plt.subplot(1, 3, 2)
    data_df[cat_features[0]].value_counts().plot(kind='pie',autopct='%1.1f%%')
    plt.title('Pie Plot(%s): %s Distribution' % (data_name, label_name))
    plt.ylabel('')
    # 生成词云图
    from wordcloud import WordCloud
    plt.subplot(1, 3, 3)
    species_text = ''.join(data_df[cat_features[0]])
    wordcloud = WordCloud(width=800, height=400, stopwords=['iris','Iris'], background_color ='white').generate(species_text)
    plt.imshow(wordcloud, interpolation='bilinear')
    plt.axis('off')
    plt.title('Word Cloud(%s): %s Distribution' % (data_name, label_name))
    plt.tight_layout()
    plt.show()
from sklearn.datasets import fetch_openml
data_name = 'titanic'
label_name = 'target'
data_Bunch = fetch_openml(data_name, version=1, as_frame=True)
titanic_df = data_Bunch.data
titanic_df[label_name] = data_Bunch.target
print(titanic_df.info())
cat_features = ['sex','embarked']
cat_feature_distribution(titanic_df,data_name,cat_features)
```

如图 5-29 所示,三张子图分别从不同维度展示了泰坦尼克号数据集中"性别"这一"类别型"特征的分布情况。第一张柱状图显示了男性和女性两个类别的数量,其中男性为 843 人,女性为 466 人。第二张饼状图进一步展示了这两个类别的比例关系,其中男性占 61.4%,女性占 35.6%。第三张词云图通过不同大小的文字来表示各个类别在整体中的比例,其中"male"(男性)一词较大,表明其在整体中所占的比例较高。

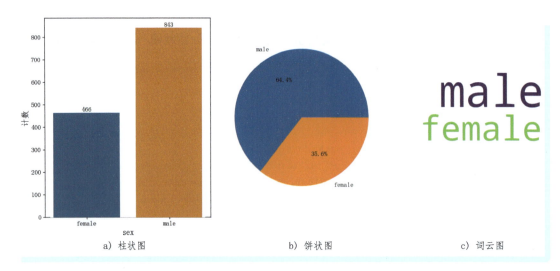

图 5-29 类别型特征三种不同类型（柱状图、饼状图和词云图）的可视化分析（数据来自泰坦尼克号数据集）

2. 相关性（关联性）分析

<table>
<tr><td>研究内容</td><td>在相关性（关联性）分析中，主要研究多个"类别型"特征之间的相关性，以及"类别型"特征与标签之间的关系。具体内容及其意义如下所示。
● 各个特征之间的交互关系进行可视化：通过研究类别型特征之间的相关性或相互作用，可以更好地理解不同特征之间的联合影响。这可以通过相关性矩阵、热力图等方法来可视化不同类别型特征之间的相关性，有助于发现特征之间的潜在关联。
● 各个特征与 Label 的关系可视化：即分析类别型特征与目标变量之间的关联程度。可以通过统计方法（如卡方检验、t 检验等）或可视化方法（如柱状图、箱线图等）来实现这一目的，从而确定哪些类别型特征对目标变量具有显著影响。这有助于筛选出对目标变量影响较大的特征，进而优化模型的性能。</td></tr>
</table>

代码实战

 # 示例 1——泰坦尼克号数据集中单特征与 label 之间的关系可视化。

```
# (1)单特征与label之间的关系可视化
def cat_feature_relation(data_df, data_name, cat_features, label_name):
    # 创建一个包含两个子图的画布
    fig, axes = plt.subplots(1, 2, figsize=(11, 5))
    # 绘制第一个子图:性别(sex)与目标变量(survived)的柱状图
    sns.countplot(x=cat_features[0], hue=label_name, data=data_df, ax=axes[0])
    axes[0].set_title('Relationship Distribution: %s with %s' % (cat_features[0], label_name))
    axes[0].set_xlabel(cat_features[0])
    axes[0].set_ylabel('Count')
    axes[0].legend()
    # 绘制第二个子图:船舱等级(pclass)与目标变量(survived)的柱状图
    sns.countplot(x=cat_features[1], hue=label_name, data=data_df, ax=axes[1])
    axes[1].set_title('Relationship Distribution: %s with %s' % (cat_features[1], label_name))
```

```
    axes[1].set_xlabel(cat_features[1])
    axes[1].set_ylabel('Count')
    axes[1].legend()
    plt.tight_layout()
    plt.show()
data_name = 'titanic'
cat_features = ['sex', 'pclass']
cat_feature_relation(titanic_df, data_name, cat_features, label_name)
```

如图 5-30 所示，两张子图分别展示了性别（sex）和舱位等级（pclass）这两个类别型特征与目标值的关系分布。在第一张子图中，性别分为女性（female）和男性（male），对比而言，女性获救的人数最多。在第二张子图中，舱位等级分为头等舱、二等舱和三等舱，其中头等舱获救的人数最多。

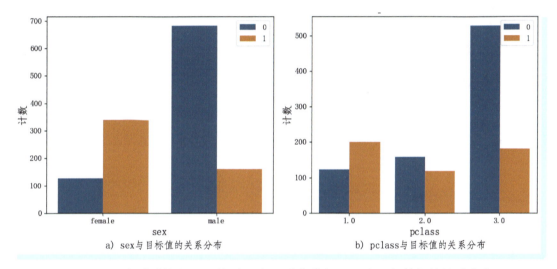

a）sex 与目标值的关系分布　　　　　b）pclass 与目标值的关系分布

图 5-30　类别型特征（"性别"和"票价等级"）与目标特征的关联分布
（数据来自泰坦尼克号数据集）

示例 2——泰坦尼克号数据集中多个组合特征与 label 之间的关系可视化。

```
# (2)多个组合特征与label之间的关系可视化
def label_cat_features_distribution(data_df,label_cat_features):
    g = sns.FacetGrid(data_df, col=label_cat_features[1],row=label_cat_features[2])
    g.map(sns.countplot,label_cat_features[0], palette='Set2', alpha=0.8)  # coolwarm  Set1
    g.add_legend()
    # plt.suptitle('Distribution of %s '%(label_cat_features))
    plt.show()
label_cat_features = ['target','pclass','sex']
label_cat_features_distribution(titanic_df, label_cat_features)
```

如图 5-31 所示，图中展示了不同性别和舱位等级的乘客在两种情况下的获救情况。具体如图 5-32 所示，由第一张子图可知当乘客为女性（sex=female）且舱位等级为头等舱（pclass=1）时，获救的可能性最大；而由第六张子图可知当乘客为男性（sex=male）且舱位等级为三等舱（pclass=3）时，未被获救的人数最多。这可能反映了在当时的社会背景下，女性和男性的社会地位、角色差异以及人们对这些差异的认知。

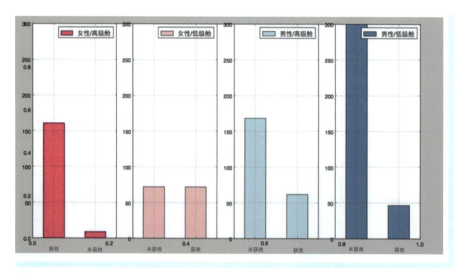

图 5-31 按"性别"和"票价等级"分组分析乘客获救情况（数据来自泰坦尼克号数据集）（1）

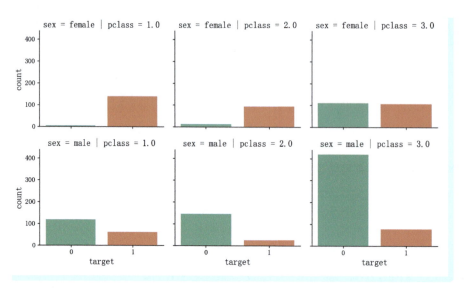

图 5-32 按"性别"和"票价等级"分组分析乘客获救情况（数据来自泰坦尼克号数据集）（2）

5.3.5 "数值型"特征分析与处理

图 5-33 为本小节内容的思维导图。

第 5 章
数据工程（数据分析+数据处理）

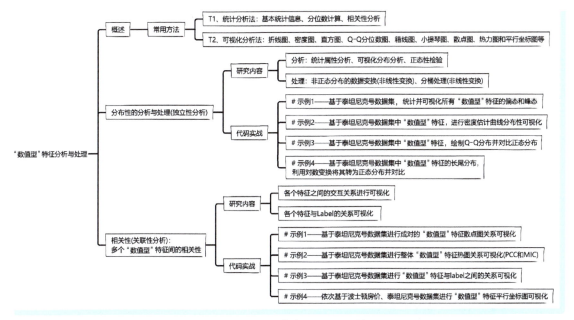

图 5-33 本小节内容的思维导图

研究内容	本小节的研究内容主要包括"数值型"特征的分布性分析和处理、相关性分析以及"数值型"特征的编码化等内容。
常用方法	在"数值型"特征分析中，常用的方法包括统计分析法和可视化分析法。具体内容如下。 T1、统计分析法 ● 基本统计信息：利用 pandas 的 describe 函数获取数值型特征的基本统计信息，如均值、标准差、最小值、最大值、四分位数等。 ● 分位数计算：利用 NumPy 的 percentile 函数计算数值型特征的分位数，以更全面地了解数据的分布情况。 ● 相关性分析：利用适当的函数（如 pandas 的 corr 函数）进行相关性分析，以确定数值型特征之间的线性关系。 T2、可视化分析法：可视化分析法包括折线图、密度图、直方图、Q-Q 分位数图、箱线图、小提琴图、散点图、热力图和平行坐标图等。 ● 折线图：用于显示连续变量随着另一变量（通常是时间）的变化趋势。通过折线的形状可以观察到趋势、周期性和变化。 ● 密度图：通过核密度估计方法展示数值型特征的概率密度分布情况，常用于观察数据的整体分布形态。 ● 直方图：通过将数值型数据划分为若干区间（分桶），可以直观地显示数据的分布情况，包括是否呈现正态分布、是否存在偏态等。 ● Q-Q 分位数图：用于比较两个数据分布的相似性。横轴和纵轴都表示分位数，若点在对角线上则说明两个分布相似。 ● 箱线图：显示数值型特征的"五数概括"（最小值、第一四分位数、中位数、第三四分位数、最大值），并可以用来检测异常值。 ● 小提琴图：结合了箱线图和密度图的特点，展示数值型特征的分布情况，并在同一图表中比较不同类别之间的差异。 ● 散点图：展示两个数值型变量之间的关系，每个点表示一个数据样本，横轴和纵轴表示两个特征。可以用于检测趋势、集群或异常值。 ● 热力图：展示两个数值型特征之间的相关性（如皮尔逊相关系数 PCCs 或最大信息系数 MIC），通过颜色的深浅来表示相关性的强弱，可以直观地发现特征之间的关系。 ● 平行坐标图：用于可视化多个数值型特征之间的关系，每个特征在图中以平行的线段形式呈现。通过线段的交叉和分布情况可以观察到特征之间的关系和模式。注意，在实践中，最好将标签颜色归一化后再可视化，效果会更好。

1. 分布性的分析与处理（独立性分析）

在分布性的分析与处理中，主要研究单个"数值型"特征分布性的分析与处理所涉及的内容，旨在使数值型特征更加符合模型的假设前提，提高模型的性能和稳定性。

研究内容

分析的具体内容如下所示。
- 统计属性分析：通过计算数值型特征的均值、标准差、中位数、四分位数等描述性统计指标，来描述数值型特征整体分布的中心趋势和离散程度。此外，计算偏态和峰态有助于了解数据分布的对称性和峰态，从而更好地选择合适的统计方法和模型。
- 可视化分布分析：利用直方图、密度图等可视化手段展示数值型特征的分布情况，包括是否呈现正态分布、是否存在偏态等。
- 正态性检验：通过统计检验（如 Shapiro-Wilk 检验、Kolmogorov-Smirnova 检验）或者可视化方法（如 Q-Q 分位数图）来检验数值型特征是否符合正态分布。

（2）处理的具体内容如下所示。
- 非正态分布的数据变换（非线性变换）：对于偏态分布的数值型特征，可以对其进行数据变换（如对数变换、Box-Cox 变换等）使其接近正态分布，以提高模型的拟合效果。
- 分桶处理（非线性变换）：将连续型数值型特征分桶离散化，可以更好地处理非线性关系，提高模型的鲁棒性。可以基于等频分桶或者基于数据分布分桶。

知识点补充

知识点补充如下所示。

偏度（Skewness）：偏度是描述数据分布对称性的指标。如果数据分布呈现对称，那么偏度为 0；如果数据分布偏向左侧（即左偏），则偏度为负值；如果数据分布偏向右侧（即右偏），则偏度为正值。偏度的绝对值越大，说明数据分布越偏斜。

峰度（Kurtosis）：峰度是描述数据分布峰态的指标。如果数据分布与正态分布相比具有更加尖锐的峰，那么峰度值大于 0，称为正峰态；如果数据分布比正态分布更平坦，那么峰度值小于 0，称为负峰态。也就是说，峰度值越接近 0，表示数据分布越接近正态分布。

代码实战

示例1——基于泰坦尼克号数据集，统计并可视化所有"数值型"特征的偏态和峰态。

```python
def nums_skew_kurt_plot(data_name,df):
    # 选择数值型特征
    numeric_features = df.select_dtypes(include=['int','float'])
    # 计算偏态和峰态
    skewness = numeric_features.skew()
    kurtosis = numeric_features.kurtosis()
    # 创建画布
    plt.figure(figsize=(12, 5))
    # 绘制偏态图
    plt.subplot(1, 2, 1)
    sns.barplot(x=skewness.index, y=skewness.values, palette='viridis')
    plt.title('Skewness of Numeric Features(%s)'%data_name)
    plt.xticks(rotation=45)
    plt.xlabel('Features')
    plt.ylabel('Skewness')
    # 绘制峰态图
    plt.subplot(1, 2, 2)
    sns.barplot(x=kurtosis.index, y=kurtosis.values, palette='viridis')
```

```
        plt.title('Kurtosis of Numeric Features(%s)'%data_name)
        plt.xticks(rotation=45)
        plt.xlabel('Features')
        plt.ylabel('Kurtosis')
        plt.tight_layout()
        plt.show()
nums_skew_kurt_plot(data_name,titanic_df)
```

如图 5-34 所示,两张子图表分别展示了泰坦尼克号数据集中数值型特征的偏态和峰态分布。偏态图表显示各特征的分布对称性,峰态图表显示各特征的尖峰程度。

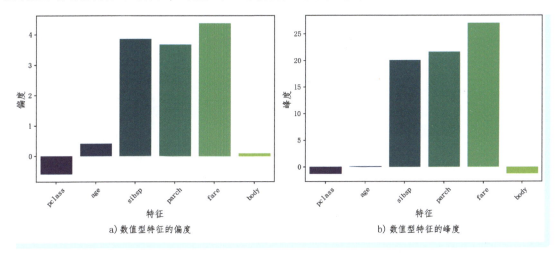

a) 数值型特征的偏度　　　　　　　　　b) 数值型特征的峰度

图 5-34　数值型特征的偏度和峰度分布图(数据来自泰坦尼克号数据集)

示例 2——基于泰坦尼克号数据集中"数值型"特征,进行密度估计曲线分布性可视化。

```
def nums_distribution(data_name,df):
    # 选择数值型特征
    numeric_features = df.select_dtypes(include=['int','float'])
    # 可视化数值型特征的分布
    plt.figure(figsize=(12,7))
    for i, feature in enumerate(numeric_features.columns):
        plt.subplot(2, 3, i+1)
        #  kde=True 表示同时绘制核密度估计曲线,bins=20 表示将数据分成 20 个箱子
        sns.histplot(data=numeric_features, x=feature, kde=True, bins=20, color='skyblue')
        plt.title(f'Distribution of %s(%s)'%(feature,data_name))
        plt.xlabel(feature)
        plt.ylabel('Frequency')
    plt.tight_layout()
    plt.show()
nums_distribution(data_name,titanic_df)
```

如图 5-35 所示，图中的六幅子图分别展示了泰坦尼克号数据集中不同数字型特征的分布情况。其中乘客的年龄特征近似正态分布曲线，而乘客的票价特征则是偏斜分布。

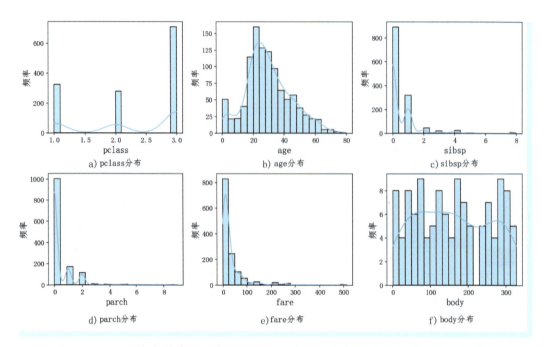

图 5-35 不同数值型特征密度估计曲线分布图（数据来自泰坦尼克号数据集）

示例 3——基于泰坦尼克号数据集中"数值型"特征，绘制 Q-Q 分布并对比正态分布。

```
def nums_QQ_distribution(data_name,df):
    # 选择数值型特征
    numeric_features = df.select_dtypes(include=['int','float'])
    # 绘制 Q-Q 分位数图
    plt.figure(figsize=(11, 6))
    import scipy.stats as stats
    for i, feature in enumerate(numeric_features.columns):
        plt.subplot(2, 3, i+1)
        stats.probplot(numeric_features[feature], dist="norm", plot=plt)
        plt.title(f'QQ Plot of %s(%s)'%(feature,data_name))
    plt.tight_layout()
    plt.show()
nums_QQ_distribution(data_name,titanic_df)
```

如图 5-36 所示，图中的六张子图分别展示了泰坦尼克号数据集中不同特征（pclass、age、sibsp、parch、fare、body）的 Q-Q 分布情况。这些分布图均展示了实际观测值与理论正态分布之间的对比差异。从图中可以看出，大部分特征的实际观测值比理论正态分布偏斜或尾部延伸。

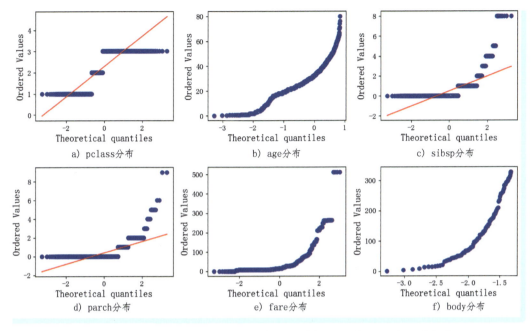

图 5-36　不同数值型特征 Q-Q 分布图（数据来自泰坦尼克号数据集）

示例 4——基于泰坦尼克号数据集中"数值型"特征的长尾分布，利用对数变换将其转为正态分布并对比。

```
def num_transformed_distribution_PK(data_name,df):
    #选择数值型特征
    numeric_features = titanic_df.select_dtypes(include=['int','float'])
    num_feature = 'fare'
    #绘制 Fare 特征的直方图
    plt.figure(figsize=(11, 5))
plt.subplot(1, 2, 1)
    sns.histplot(numeric_features[num_feature], kde=True, color='skyblue')
    plt.title('Histogram of %s(%s, Original)' % (num_feature, data_name))
    plt.xlabel(num_feature)
    # 对特征进行对数变换
    import numpy as np
    numeric_features['%s_log'%num_feature] = np.log1p(numeric_features[num_feature])
    ## 对 Fare 特征进行 Box-Cox 变换
    # from scipy.stats import boxcox,boxcox_normplot
    # fare_transformed, _ =boxcox((numeric_features[num_feature] + 1).values)    #加 1 避免非正值
    # print(fare_transformed)
    # numeric_features['%s_boxcox'%num_feature] = fare_transformed

    #绘制变换后 Fare 特征的直方图
    plt.subplot(1, 2, 2)
```

```
    sns.histplot(numeric_features['%s_log'%num_feature], kde=True, color='salmon')
    plt.title('Histogram of %s(%s, Transformed)'% (num_feature, data_name))
    plt.xlabel('Transformed %s'%num_feature)
    plt.tight_layout()
    plt.show()
data_name = 'titanic'
num_transformed_distribution_PK(data_name,titanic_df)
```

如图 5-37 所示,两张子图展示了泰坦尼克号数据集中的数值型特征"fare"在原始状态和对数变换后的长尾分布情况。经过对数变换,原本的非正态分布被转化为近似于正态分布。可以看到,在对数尺度上,fare 的特征值分布更加均匀,且数量较多。这表明对数变换有效地压缩了数据的非线性部分,使得数据更符合正态分布,便于分析和建模。

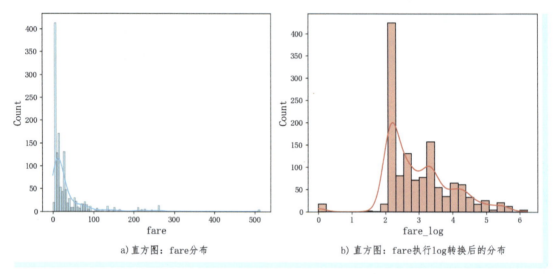

a) 直方图:fare分布　　　　　　　　b) 直方图:fare执行log转换后的分布

图 5-37　"票价"特征及其对数转换后的分布对比图(数据来自泰坦尼克号数据集)

2. 相关性(关联性分析)

研究内容	在相关性(关联性分析)中,主要研究多个"数值型"特征间相关性所涉及的内容,比如皮尔逊相关系数(线性关系)、斯皮尔曼相关系数(单调关系)、最大互信息系数(相关关系)等。这些内容可以帮助人们识别冗余特征、理解特征之间的相互影响,从而指导特征选择、降维和模型构建。但需要注意,并非所有的相关性都代表因果关系,因此在进行特征选择和模型建立时,还需要结合业务知识和实际情况进行综合考虑。具体内容如下所示。 ● 各个特征之间的交互关系可视化:探索数值型特征之间的相互关系有助于理解特征之间的联合影响和潜在模式,可以采用比如散点图等可视化。 ● 各个特征与 Label 的关系可视化:分析数值型特征与目标变量之间的关系,可以分析其对目标变量的影响程度以及否线性相关等。涉及内容包括单特征与 Label 的关系、组合特征与 Label 的关系、统计特征与 Label 的关系等。可以采用比如热力图、平行坐标图等可视化。

代码实战

示例1——基于泰坦尼克号数据集进行成对的"数值型"特征散点图关系可视化。

```
def num2_features(data_name,df,num_features):
    # 选择数值型特征
    numeric_features = df.select_dtypes(include=['int64','float64'])
    # 绘制散点图关系可视化
    sns.scatterplot(data=numeric_features, x=num_features[0], y=num_features[1])
    plt.title('Scatter Plot of %s and %s(%s)'%(num_features[0],num_features[1],data_name))
    plt.xlabel(num_features[0])
    plt.ylabel(num_features[1])
    plt.show()
data_name = 'titanic'
num_features = ['age','fare']
num2_features(data_name,titanic_df,num_features)
```

图5-38描述了泰坦尼克号数据集中两个数值型特征（年龄和票价）之间的散点图关系，可知没有明显的模式或趋势。图5-39描述了波士顿房价数据集中两个数值型特征（低收入人群占比和城镇黑人占比）之间的散点图关系。

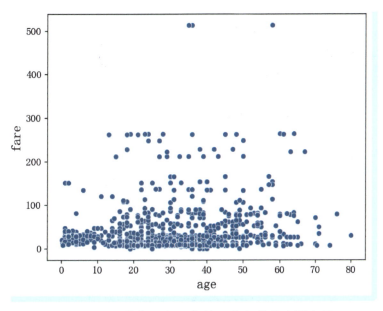

图 5-38 "票价"与"年龄"特征的散点图分析
（数据来自泰坦尼克号数据集）

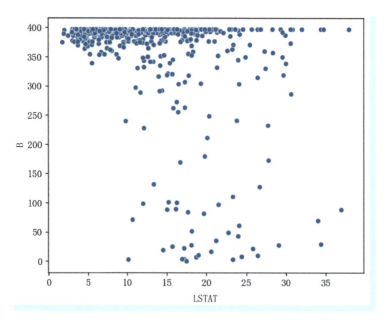

图 5-39 "低收入人群占比"与"城镇黑人占比"特征的散点图分析（数据来自波士顿房价数据集）

示例 2——基于泰坦尼克号数据集进行整体"数值型"特征热图关系可视化（PCC 和 MIC）。

```
def num_features_heatmap(data_name,df):
    # 选择数值型特征
    numeric_features = df.select_dtypes(include=['int64','float64'])
    # 计算 PCC 矩阵
    pcc_matrix = numeric_features.corr(method='pearson')
    # 绘制 PCC 皮尔森矩阵线性相关性热图
    plt.figure(figsize=(11, 5))
plt.subplot(1, 2, 1)
    sns.heatmap(pcc_matrix, annot=True, cmap='coolwarm', fmt=".2f", square=True)
    plt.title('PCC Heatmap(%s)'%data_name)
    plt.xlabel('Features')
    plt.ylabel('Features')

    # 计算 MIC 矩阵
    from minepy import MINE
    import numpy as np
    mic_matrix = np.zeros((len(numeric_features.columns), len(numeric_features.columns)))
    for i, feature1 in enumerate(numeric_features.columns):
        for j, feature2 in enumerate(numeric_features.columns):
            mine = MINE()
            mine.compute_score(numeric_features[feature1], numeric_features[feature2])
            mic_matrix[i, j] = mine.mic()
```

```
    # 绘制 MIC 最大信息系数相关性热图
    plt.subplot(1, 2, 2)
    sns.heatmap(mic_matrix, annot=True, cmap='coolwarm', fmt=".2f", square=True)
    plt.title('MIC Heatmap(%s)'%data_name)
    plt.xlabel('Features')
    plt.ylabel('Features')
    plt.tight_layout()
    plt.show()
data_name = 'titanic'
num_features_heatmap(data_name,titanic_df)
```

如图 5-40 所示,这两张热图依次采用 PCC 和 MIC 算法揭示了泰坦尼克号数据集中不同"数值型"特征之间的相关性。其中,正相关用红色表示,负相关用蓝色表示。

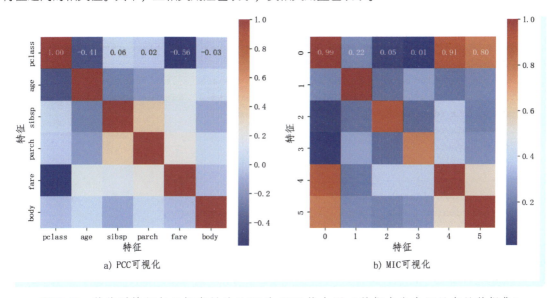

a) PCC 可视化   b) MIC 可视化

图 5-40　数值型特征与目标变量的 PCC 和 MIC 热力图(数据来自泰坦尼克号数据集)

示例 3——基于泰坦尼克号数据集进行"数值型"特征与 label 之间的关系可视化。

● 单特征与 label 之间的关系可视化:比如年龄(age)和获救乘客(Survived)之间的关系,采用了直方图的形式。

● 组合特征与 label 之间的关系可视化:比如年龄、票价与获救乘客之间的关系,采用了散点图的形式。

● 统计特征与 label 之间的关系可视化:比如船舱等级(pclass)、票价与获救乘客之间的关系,采用了柱状图的形式。

```
def nums_label_relation(data_name, titanic_df, mix_features, label_name):
    # 单特征与 label 之间的关系可视化
    plt.figure(figsize=(12, 4))
    plt.subplot(1, 3, 1)
```

```
    sns.histplot(data=titanic_df, x=mix_features[0], hue=label_name, kde=True, palette='Set1')
    # plt.title('Relation between %s and %s(%s)'%(mix_features[0],label_name,data_name))
    plt.title(f'%s和%s的关系分布(%s数据集)'% (mix_features[0], label_name, data_name))
    plt.xlabel(mix_features[0])
    plt.ylabel('计数')
    # 组合特征与label之间的关系可视化
    plt.subplot(1, 3, 2)
    sns.scatterplot(data=titanic_df, x=mix_features[0], y=mix_features[1], hue=label_name, palette='Set2')
    # plt.title('Relation between %s and %s(%s)'%(mix_features[0],mix_features[1],data_name))
    plt.title(f'%s和%s的关系分布(%s数据集)'% (mix_features[0], mix_features[1], data_name))
    plt.xlabel(mix_features[0])
    plt.ylabel(mix_features[1])
    # 统计特征与label之间的关系可视化
    plt.subplot(1, 3, 3)
    sns.barplot(data=titanic_df, x=mix_features[2], hue=label_name, y=mix_features[1], palette='Set3')
    # plt.title('Relation between %s and %s(%s)'%(mix_features[2],mix_features[1],data_name))
    plt.title(f'%s和%s的关系分布(%s数据集)'% (mix_features[2], mix_features[1], data_name))
    plt.xlabel(mix_features[2])
    plt.ylabel(mix_features[1])
    plt.tight_layout()
    plt.show()
data_name = 'titanic'
mix_features = ['age', 'fare', 'pclass']
nums_label_relation(data_name, titanic_df, mix_features, label_name)
```

如图 5-41 所示,第一张子图展示了不同年龄段的人数分布情况,其中红色曲线代表目标为 0(未获救)的个体,蓝色曲线代表目标为 1(获救)的个体。随着年龄的增长,人数呈现先增加后减少的趋势,尤其在 25~40 岁之间达到峰值。这可能意味着年轻人群体在泰坦尼克号上占较大比例。第二张子图显示了票价与年龄的关系,散点图中的绿色和橙色点分别代表目标为 0 和 1 的个体。可知乘客的

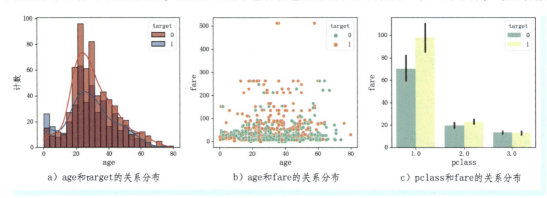

a) age和target的关系分布　　b) age和fare的关系分布　　c) pclass和fare的关系分布

图 5-41　单特征(如"年龄")、组合特征(如"年龄"和"票价")、统计特征(如"舱位等级"和"票价")依次与目标变量可视化(数据来自泰坦尼克号数据集)

年龄越小且票价越高,获救的概率越大。第三张子图描绘了舱位等级与票价的关系,柱状图中的绿色和黄色柱子分别代表目标为 0 和 1 的个体。舱位等级越高,票价也越高,且两者之间存在明显的正相关关系,相应地,被获救的概率也越大。

示例 4——依次基于波士顿房价、泰坦尼克号数据集进行"数值型"特征平行坐标图可视化。

在"回归"任务预测中

```python
# 回归任务的 PCP 可视化
def R_PCP_scaler_plot(data_name, df):
    num_df = df.select_dtypes(include=['int','float'])
    from sklearn.preprocessing import MinMaxScaler
    import pandas as pd
    scaler = MinMaxScaler()
    df_after = pd.DataFrame(scaler.fit_transform(num_df), columns=num_df.columns)
    # df_after[label_name] = df_after[label_name].astype(int)
    fig, axs = plt.subplots(1, 2, figsize=(12, 5))    # 创建一张画布,包含两个子图
    for ax, df in zip(axs, [num_df, df_after]):    # 遍历子图和数据
        numeric_df = df.select_dtypes(include=['int','float'])
        rows_num, columns_num = numeric_df.shape
        df_summary = numeric_df.describe()
        label_min = df_summary.iloc[3, -1]
        label_max = df_summary.iloc[7, -1]
        for i in range(rows_num):
            df_row = numeric_df.iloc[i, :columns_num]
            label_color = (numeric_df.iloc[i, -1] - label_min) / (label_max - label_min)
            ax.plot(df_row, color=plt.cm.RdYlBu(label_color), alpha=0.2)
        sm = plt.cm.ScalarMappable(cmap='RdYlBu', norm=plt.Normalize(vmin=label_min, vmax=label_max))
        sm.set_array([])
        cbar = plt.colorbar(sm, ax=ax)
        # cbar.set_label('Label Value')
        # ax.set_xlabel("Features")
        # ax.set_ylabel("Value")
        cbar.set_label('Label Value')
        ax.set_xlabel("特征")
        ax.set_ylabel("数值")
    # axs[0].set_title('PCP Before Normalization (%s)' % data_name)
    # axs[1].set_title('PCP After Normalization (%s)' % data_name)
    axs[0].set_title('PCP 图:原始数据可视化(%s 数据集)' % data_name)
    axs[1].set_title('PCP 图:数据归一化后可视化(%s 数据集)' % data_name)
    plt.show()
data_name = 'boston'
R_PCP_scaler_plot(data_name, boston_df)
```

如图 5-42 所示,在第一张子图中,可以看到多个数值型特征(如 CRIM、ZN、INDUS 等)与目标变量之间的颜色渐变关系。每一个样本都有一个与之对应的线条,线条的颜色代表了目标变量的不同

值范围。而在第二张子图中，所有数值型特征经过了归一化处理，线条更加紧密地聚集在一起，有助于消除原始数据中的比例效应，使数据分析更加公平和准确，比如每个住宅的 **RM**（平均房间数）值越大，该样本越接近于蓝色，即房价越高。

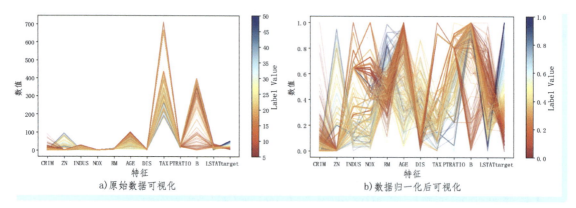

a) 原始数据可视化　　　　　　　　　　b) 数据归一化后可视化

图 5-42　多个数值型特征在归一化前后的 PCP 图对比（数据来自波士顿房价数据集）

在"分类"任务预测中

```python
# 分类任务的 PCP 可视化
def C_PCP_scaler_plot(data_name, df, label_name):
    # 转换数据类型
    df[label_name] = df[label_name].astype(int)
    # 选择数值型特征
    num_df = df.select_dtypes(include=['int', 'float'])
    # 绘制平行坐标图（归一化前）
    from pandas.plotting import parallel_coordinates
    plt.figure(figsize=(11, 5))
    plt.subplot(1, 2, 1)
    parallel_coordinates(num_df, label_name, alpha=0.5, colormap='Set1')
    # plt.title('PCP Before Normalization(%s)'%data_name)
    # plt.xlabel('Features')
    # plt.ylabel('Value')
    plt.title('PCP 图:原始数据可视化(%s 数据集)' % data_name)
    plt.xlabel('特征')
    plt.ylabel('数值')
    # 归一化数值型特征
    from sklearn.preprocessing import MinMaxScaler
    import pandas as pd
    scaler = MinMaxScaler()
    normalized_df = pd.DataFrame(scaler.fit_transform(num_df), columns=num_df.columns)
    normalized_df[label_name] = normalized_df[label_name].astype(int)
    # 绘制平行坐标图（归一化后）
    plt.subplot(1, 2, 2)
    parallel_coordinates(normalized_df, label_name, alpha=0.5, colormap='Set1')
```

```
    # plt.title('PCP After Normalization(%s)'%data_name)
    # plt.xlabel('Features')
    # plt.ylabel('Value')
    plt.title('PCP 图:数据归一化后可视化(%s 数据集)'% data_name)
    plt.xlabel('特征')
    plt.ylabel('数值')
    plt.tight_layout()
    plt.show()
data_name = 'titanic'
titanic_df.drop(columns=['body'], inplace=True)
C_PCP_scaler_plot(data_name, titanic_df, label_name)
```

如图 5-43 所示，在第一张子图中，可以看到多个数值型特征（如 pclass、age、sibsp 等）与目标变量（标记为 0 和 1）之间的关系。这些线条代表了每个特征对于目标变量 0 和 1 的贡献程度。而在第二张子图中，所有数值型特征经过了归一化处理，线条更加紧密地聚集在一起，表明特征值之间的差距缩小了。

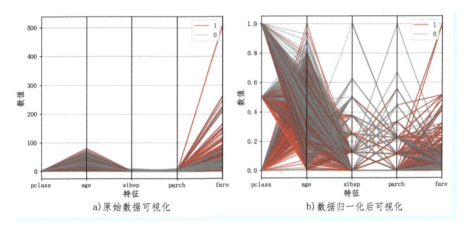

图 5-43　多个数值型特征在归一化前后的 PCP 图对比（数据来自泰坦尼克号数据集）

5.3.6　组合关联统计分析

图 5-44 为本小节内容的思维导图。

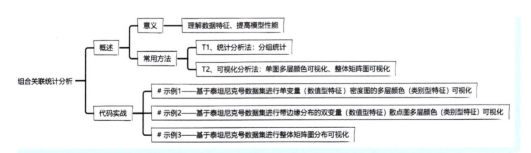

图 5-44　本小节内容的思维导图

1. 组合关联统计分析概述

研究内容	在组合关联统计分析中，主要关注"类别型"和"数值型"特征的结合，旨在探索不同类型特征之间的关系，以便更好地理解数据并提高模型性能。研究内容如下所示。 ● 多特征关联性分析：同时统计分析多个不同类型特征之间的相关性，尤其是"类别型"和"数值型"特征的组合关联。 ● 特征间关系探索：通过分析不同特征之间的关系，揭示数据中的潜在模式和结构。
意义	组合关联统计分析的作用及其意义如下所示。 ● 理解数据特征：通过组合关联分析，可以更深入地了解数据特征之间的关系，发现隐藏在数据中的规律和模式。 ● 提高模型性能：通过揭示不同特征之间的关系，可以帮助选择和构建更有效的特征，提高模型的预测性能。
常用方法	在"类别型"特征分析中，常用的方法包括统计分析法、可视化分析法等。具体内容如下所示。 T1、统计分析法 ● 分组统计：利用 pandas 的 groupby 函数对类别型特征进行分组统计，分析不同类别之间数值型特征的统计指标。例如，根据地区（"类别型"特征）进行分组，统计各地区的房价（"数值型"特征）平均值，代码如下所示。 `df.groupby('region')['price'].mean()  # 计算不同地区的房价平均值` T2、可视化分析法 ● 单图多层颜色可视化：在箱线图、小提琴图等中，通过指定 hue 参数实现不同类别用不同颜色区分。这种方法可以直观地展示类别型特征与数值型特征之间的关系。 ● 整体矩阵图可视化：使用整体矩阵图展示多个特征之间的关系，可以更全面地理解数据特征之间的相互影响。

2. 代码实战

 # 示例1——基于泰坦尼克号数据集进行单变量（数值型特征）密度图的多层颜色（类别型特征）可视化。

```
def distributio_histplot_mix_features(data_name, df, mix_features):
    # 设置画布大小
    plt.figure(figsize=(11, 7))
    # 子图一:年龄与性别的分布
    plt.subplot(2, 2, 1)
    sns.histplot(data=df, x=mix_features[0], hue=mix_features[1], multiple='stack', kde=True, palette='husl')
    # plt.title('%s Distribution by %s(%s)'%(mix_features[0],mix_features[1],data_name))
    plt.title('%s 和%s 的关联统计分布(%s 数据集)' % (mix_features[0], mix_features[1], data_name))
    plt.xlabel(mix_features[0])
    plt.ylabel('计数')
    plt.subplot(2, 2, 2)
    sns.kdeplot(data=df, x=mix_features[0], hue=mix_features[1], multiple='stack', palette='husl', fill=True)
    # plt.title('%s Distribution by %s(%s)'%(mix_features[0],mix_features[1],data_name))
    plt.title('%s 和%s 的关联统计分布(%s 数据集)' % (mix_features[0], mix_features[1], data_name))
    plt.xlabel(mix_features[0])
    plt.ylabel('计数')
    # 子图二:年龄与生存情况的关系
    plt.subplot(2, 2, 3)
```

```
    sns.histplot(data=df, x=mix_features[0], hue=mix_features[2], multiple='stack', kde=True)
    # plt.title('%s Distribution by %s(%s)'%(mix_features[0],mix_features[2],data_name))
    plt.title('%s 和%s 的关联统计分布(%s 数据集)'% (mix_features[0], mix_features[2], data_name))
    plt.xlabel(mix_features[0])
    plt.ylabel('计数')
    plt.subplot(2, 2, 4)
    sns.kdeplot(data=df, x=mix_features[0], hue=mix_features[2], multiple='stack', fill=True)
    # plt.title('%s Distribution by %s(%s)'%(mix_features[0],mix_features[2],data_name))
    plt.title('%s 和%s 的关联统计分布(%s 数据集)'% (mix_features[0], mix_features[2], data_name))
    plt.xlabel(mix_features[0])
    plt.ylabel('计数')
    plt.tight_layout()
    plt.show()
data_name = 'titanic'
mix_features = ['age', 'sex', 'target']
distributio_histplot_mix_features(data_name, titanic_df, mix_features)
```

如图 5-45 所示，左侧的子图是直方图，是一种离散型的统计图形，用于显示一个连续性变量的不同取值与其对应的频数之间的分布关系；右侧的子图是对应的核密度估计图，是一种连续型的统计图形，可以更深入地揭示数据的分布变化情况。具体地，上方的第一组图描述了年龄与性别特征组合后的整体分布变化；而下方的第二组图描述了年龄与目标变量组合后的整体分布变化。

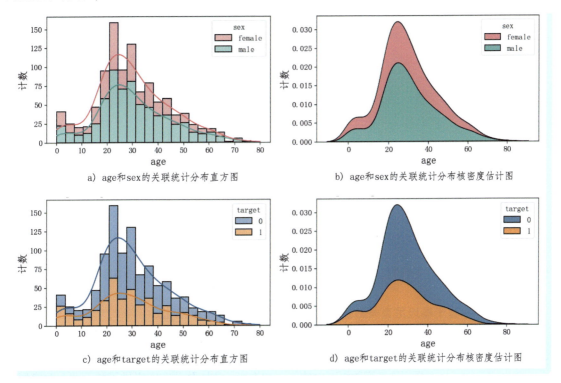

a) age 和 sex 的关联统计分布直方图　　　　b) age 和 sex 的关联统计分布核密度估计图

c) age 和 target 的关联统计分布直方图　　　d) age 和 target 的关联统计分布核密度估计图

图 5-45　"年龄"(age)与"性别"(sex)特征组合、"年龄"(age)与"目标变量"(target)组合的直方图及其核密度估计图(数据来自泰坦尼克号数据集)

示例2——基于泰坦尼克号数据集进行带边缘分布的双变量（数值型特征）散点图多层颜色（类别型特征）可视化。

```
def distributio_jointplot_mix_features(data_name,df,mix_features):
    # plt.figure(figsize=(8, 6))
    joint_plot =sns.jointplot(data=df, x=mix_features[0], y=mix_features[1], hue=mix_features[2],
                              alpha=0.6, palette='husl')
    # joint_plot.fig.suptitle("Relationship between Age, Fare, and Sex")
    plt.show()
mix_features = ['age','fare','target']
distributio_jointplot_mix_features(data_name,titanic_df,mix_features)
```

图5-46展示了泰坦尼克号数据集中两个数值型特征（年龄和票价）以及一个类别型特征（目标）之间的关系。通过双变量散点图，可以看到不同年龄段和票价范围内目标的分布情况。颜色编码用于区分不同的目标类别，粉色代表"0"，绿色代表"1"。从图中可以看出，随着年龄的增长，票价呈现出先增加后减少的趋势，并且票价远高于其他票价的乘客都获救了。

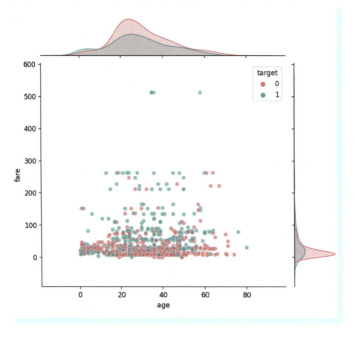

图5-46 "年龄"（age）和"票价"（fare）特征的带边缘分布的双变量散点图（数据来自泰坦尼克号数据集）

示例3——基于泰坦尼克号数据集进行整体矩阵图分布可视化。

如图5-47所示，位于对角线的子图是密度图，非对角线则是散点图，该矩阵分布图描述了成对的数值型特征与类别型目标变量之间的关系矩阵图。通过这些图表，可以观察到目标变量的不同类别在各个特征上的差异，从而更好地理解数据背后的模式和规律。该矩阵分布图提供了关于两个数值型特征与类别型目标变量之间关系的全面洞察，有助于分析和理解数据集中的复杂模式和相互作用。

第 5 章
数据工程（数据分析+数据处理）

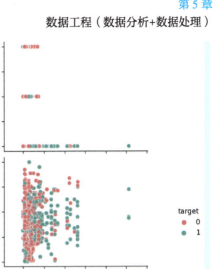

图 5-47 数值型特征的整体矩阵图分布图（数据来自泰坦尼克号数据集）

5.4 构造特征

图 5-48 为本小节内容的思维导图。

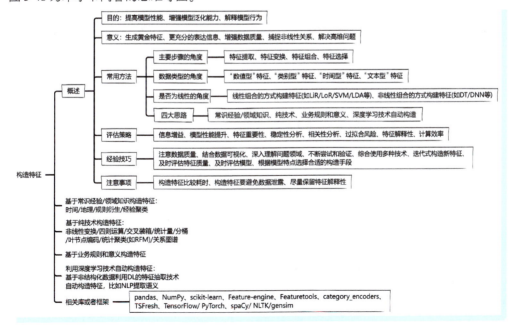

图 5-48 本小节内容的思维导图

背景	原始数据通常包含大量信息，但其中的有效信息可能有限，有时候并不直接包含与预测任务相关的特征，或者包含的特征不够充分，而且这些信息可能需要被转换或重新表达才能更好地支持模型的学习。因此，通过构造新的特征来增强模型对数据的理解能力就变得至关重要。 在面对高维度特征时，简单的两两特征组合可能导致参数过多、过拟合等问题，因此寻找有效的特征组合方法至关重要。同时，并非所有的特征组合都是有意义的，有些组合可能对预测任务并没有实质性帮助，甚至可能引入噪声。 在实践中，一些互联网公司如 Facebook 早期曾采用 GBDT 等树状模型产出特征组合路径的方法，将这些组合特征与原始特征一同输入模型（如逻辑斯谛回归）进行训练，以提高模型性能。
简介	在数据预处理和特征工程阶段，构造特征（或特征衍生）指从原始数据中创建新特征的过程，这是一个非常关键的环节，直接影响模型的性能和泛化能力。具体来说，构造特征是通过对原始数据进行变换、组合等操作，提取数据中的关键信息，创造具有更高表达能力的特征，帮助模型更好地捕捉数据的模式，使模型更好地理解数据之间的关系，从而提高预测的准确性和泛化能力。 • 核心思想：通过对原始数据进行加工、变换和组合，提取出对于预测任务有意义的特征，以提高模型的性能和泛化能力。 • 目标：构造特征的目标是从原始数据中提取出最能表达问题和模式的特征，以及对目标变量预测有帮助的信息，这些新特征应该有助于更好地区分不同的样本，以便于模型能够更好地学习和预测。 • 本质：构造特征的本质是将原始数据转换为更具信息量、更具表达力、更具代表性和区分度的特征，使得模型能够更好地理解和利用数据之间的关系。 总而言之，构造特征是基于原始数据中已有的信息，利用统计分析、数学变换、引入先验知识等与领域知识和数据挖掘相关的技术，来创造新的、有意义的、更有效的特征。
目的	构造特征的目的如下所示。 • 提高模型性能：通过引入更具代表性和区分度的特征，可以帮助模型更好地捕捉数据之间的模式和规律，提高模型的预测准确性。 • 增强模型泛化能力：合适的特征构造可以帮助模型在面对新数据时更好地泛化，避免过拟合或欠拟合的问题。 • 解释模型行为：构造的特征可以提供更直观的解释，帮助理解模型的决策过程和预测结果的形成。
意义	构造特征的意义如下所示。 • 生成黄金特征：对原始数据加工，去除数据中无用的噪声和重复信息，提高特征质量，提升数据表达能力，生成有商业意义的变量，即黄金特征。 • 更充分的表达信息：生成的新变量可能与目标变量有更好的相关性，有助于进行数据分析。提取更具表征力和区分度的特征，给模型提供更丰富和具体的信息，有利于提高模型性能。 • 增强数据质量：构造更好的特征可以提高模型的准确性，提高模型的泛化能力，降低模型的过拟合程度。 • 捕捉非线性关系：构造非线性特征能够更好地捕捉数据中的非线性关系。 • 解决高维问题：在高维数据中，构造特征有助于减少维度，同时保留有用信息。
常用方法	根据分析的角度不同，构造特征的常用方法如下所示。 （1）从构造特征主要步骤的角度分析 • 特征提取：从原始数据中提取出具有代表性和区分度的特征。 • 特征变换：对特征进行变换，使其更适合模型的学习和预测。 • 特征组合：将不同特征进行组合，生成新的特征以增强表达能力。 • 特征选择：从构造的特征中选择出最具有信息量的特征，减少模型的复杂度和计算开销。 （2）从不同数据类型常用的特征构造方法的角度分析 • "数值型"特征：常采用多项式（生成高次特征）、归一化、标准化、对数变换、取根号、分箱等。此外，还有基础的操作，比如均值、方差、最大值、最小值等。 • "类别型"特征：常采用独热编码、标签编码、目标编码等。 • "时间型"特征：常采用滑动窗口统计、时序差分等。比如提取年、月、日、星期等信息，计算时间差等。 • "文本型"特征：常采用词袋模型、TF-IDF、词嵌入等。

常用方法	(3) 从构造方式是否为线性的角度分析 ● 线性组合的方式构建特征：这种方式更适合线性模型，如线性回归（LiR）、逻辑斯谛回归（LoR）、支持向量机（SVM）、线性判别分析（LDA）和主成分分析（PCA）等。这些模型假设特征与目标之间存在线性关系，通过构建新的特征来更好地捕捉特征之间的线性关系，从而提高模型的预测性能。但这种方式不太适于 K 最近邻（KNN）、树类模型（如决策树）、神经网络和聚类分析等模型。 ● 非线性组合的方式构建特征：这种方式更适合非线性模型，如决策树（DT）、深度神经网络（DNN）等，以增强模型的表达能力。 (4) 实践中构造特征的四大思路如下所示 ● 基于常识经验/领域知识构造特征：利用领域专业知识或先验经验，构造与问题相关的特征，包括时间、地理、规则衍生、特征聚类等内容。例如，HOG（方向梯度直方图）是一种图像分类的特征提取方法，利用图像中梯度信息的局部统计来编码目标的边缘和纹理特征。 ● 基于纯技术构造特征：采用纯技术手段进行特征构造，包括特征变换、四则运算、交叉装箱、统计量、分桶、叶节点编码、统计聚类（如RFM）、关系图谱等内容。 ● 基于业务规则和意义构造特征：根据业务领域的知识和规则，将原始数据转换成可以反映业务意义的特征。例如，在推荐系统中，可以统计各种类型的点击率、各时段的统计情况，以及加入用户属性的统计等，通过深入分析背后的业务逻辑或物理原理，找到特征构建中的关键点。 ● 基于深度学习技术自动构造特征：利用深度学习的特征抽取技术，自动从非结构化数据中提取特征，如利用 NLP 提取语义等。
评估策略	评估构造特征性能的维度包括以下几个方面。 ● 信息增益：评估新特征对模型预测的贡献程度，即新特征引入后模型性能的提升程度。 ● 模型性能提升：评估构造特征后模型的整体性能提升情况（是否降低了损失），如准确率、召回率、F1 分数等指标的变化。 ● 特征重要性：通过模型自身或特征选择算法等方法，评估构造特征在模型中的重要性，例如通过随机森林等模型计算特征的重要性排名。 ● 稳定性分析：评估构造特征的稳定性，即在不同数据集或不同时间段下，特征对模型性能的影响是否一致。 ● 相关性分析：评估构造的特征与已有特征之间以及与目标变量之间的相关性。 ● 过拟合风险：评估构造特征是否引入了过拟合的风险，即特征是否只在训练集上表现良好，而在测试集上表现不佳。 ● 特征解释性：评估构造特征是否易于解释，即特征对预测结果的影响是否容易理解和解释。 ● 计算效率：评估构造特征所需的计算资源和时间成本，特别是在大规模数据集和复杂特征构造方法下的计算效率问题。
经验技巧	在构造特征时，有一些经验技巧可以提高特征的质量和效果。 ● 注意数据质量：在构造特征之前，先进行数据清洗和预处理，确保数据的质量和可靠性。 ● 结合数据可视化：借助数据可视化手段，观察数据分布和关联关系，指导特征构造的方向。 ● 深入理解问题领域：尽量结合业务知识和具体场景去构建，充分理解问题背景和领域知识，有助于构造更具有代表性和区分度的特征，并使构造的特征具有实际意义。 ● 不断尝试和验证：尝试不同的特征构造方法，并通过交叉验证等手段验证特征的效果，选择效果最好的特征组合。 ● 综合使用多种技术：多角度思考，并尝试综合上述多个技巧来优化构建特征，比如基于技术和业务意义构造分桶特征等。 ● 迭代式构造新特征：特征构造是一个迭代的过程，不断尝试新的特征，观察模型效果。 ● 及时评估特征质量：评估构造的新特征的质量和影响，避免构造过于相关的特征，以免引入多重共线性（重复信息）问题。 ● 及时评估模型：注意特征构造可能导致过拟合问题，需谨慎选择和验证。选择合适的特征选择方法和正则化技术，以避免过拟合问题。 ● 根据模型特点选择合适的构造手段：不同预测模型在构造特征时，需根据模型本身特点选择合适的特征构造方法。比如，针对带有长尾分布的特征，如果是线性模型，可以采取对数变换等方式构造特征；如果是树类模型，可以采取分桶方式构造特征。

注意事项	构造特征的注意事项如下所示。 ● 构造特征比较耗时：特征构造需要花费大量时间和计算资源，因此需要合理安排时间和计算资源。特别是在大规模数据集上进行特征构造时，可以考虑并行化计算和优化算法以提高效率。 ● 构造特征要避免数据泄露：在进行特征构造时需注意避免泄露训练数据的信息，尤其是在时间序列数据的特征构造中，需要确保不会使用未来信息对当前数据进行构造，并避免对测试数据进行过度构造，以避免性能下降。 ● 尽量保留特征解释性：特征构造不应过于复杂，要尽量保持特征的解释性，以便模型结果的解读和应用。

5.4.1 基于常识经验和领域知识构造特征

图 5-49 为本小节内容的思维导图。

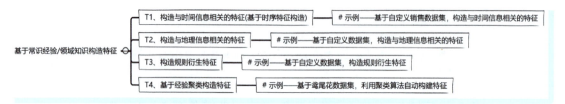

图 5-49 本小节内容的思维导图

T1、构造与时间信息相关的特征（基于时序特征构造）

简介	构造与时间信息相关的特征：主要是基于时序相关的特征进行构造，这些特征能够帮助模型更好地理解数据中的时间模式和趋势，从而提高模型的准确性和可解释性。根据日期特征，可以构造出绝对时间、相对时间等类型的特征。
常用方法	常用方法如下所示。 （1）构造单个特征 ● 构造时间戳式特征：通过切分单个特征可以构造如年份、季节、季度、月份、星期等多个特征。比如可以将样本中的日期特征 2022-3-23 拆分为 2022 年、春季、第 1 季度、3 月、周三等。 ● 构造时间间隔式特征：通过统计时间间隔或时长，可以构造当月工作日数、当月假期天数、产品使用时长等特征。比如对样本中的日期特征 2022-3-23 进行统计，可知 3 月的工作日数为 23 天，3 月的假期数为 8 天。此外，举例来说，对于二手车价格预测问题中，汽车使用年限特征对二手汽车销售价格有着非常重要的影响。 ● 构造周期式特征：构造基于周期的同比值、环比值、每周平均值、每月平均值等。 ● 构造判断式特征：根据判断构造是否为工作日、是否为双休日、是否为节假日等特征，比如对样本中的日期特征 2022-3-23 进行分析，可知该天是工作日、非双休日、非节假日等。 ● 构造时间衰减特征：构造时间衰减特征，越靠近观测权重值越高。 （2）构造批量特征 ● 构造时间序列特征：针对如滑动窗口、指数平滑、ARIMA 模型等时间序列类型的特征进行处理，比如利用滑动窗口计算时间序列的平均值，可以平滑数据、减小噪声。时间序列特征可以将时间序列数据转化为有意义的数值特征，提高模型的准确率。

如图 5-50 所示，dayofweek、dateDays 等特征就是基于时间信息被构造出来的新特征。

datetime	season	holiday	workingday	weather	temp	atemp	humidity	windspeed	casual	registered	count	date	time	hour	dayofweek	dateDays	Saturday	iunday
2011/1/1 0:00	1	0	0	1	9.84	14.395	81	0.0000	3	13	16	2011-01-01	00:00:00	0	5	0.0	1	0
2011/1/1 1:00	1	0	0	1	9.02	13.635	80	0.0000	8	32	40	2011-01-01	01:00:00	1	5	0.0	1	0
2011/1/1 2:00	1	0	0	1	9.02	13.635	80	0.0000	5	27	32	2011-01-01	02:00:00	2	5	0.0	1	0
2011/1/1 3:00	1	0	0	1	9.84	14.395	75	0.0000	3	10	13	2011-01-01	03:00:00	3	5	0.0	1	0
2011/1/1 4:00	1	0	0	1	9.84	14.395	75	0.0000	0	1	1	2011-01-01	04:00:00	4	5	0.0	1	0
2011/1/1 5:00	1	0	0	2	9.84	12.880	75	6.0032	0	1	1	2011-01-01	05:00:00	5	5	0.0	1	0

图 5-50　基于时间信息构造的一系列新特征

代码实战

 # 示例——基于自定义销售数据集，构造与时间信息相关的特征。

首先模拟了一个销售数据集，见表 5-7。表中包含了从 2023 年 1 月 1 日到 1 月 10 日每天的销售情况。然后进行了探索性数据分析和时间序列可视化。接着，利用 pandas 的 datetime 功能从日期列中提取了年份、月份、星期和小时等时间戳特征。随后，计算了时间间隔特征，包括相邻时间戳之间的时间差和滞后特征。接着，构造了季度特征来表示每个月所属的季度。最后，利用滑动窗口计算了销售数据的滑动平均值作为滑动窗口特征。

表 5-7　销售数据集表

Date	Sales	Year	Month	Day_of_week	Time_Delta	Lag_1	Quarter	Rolling_Mean
2023/1/1	784	2023	1	6			1	
2023/1/2	659	2023	1	0	1	784	1	
2023/1/3	729	2023	1	1	1	659	1	
2023/1/4	292	2023	1	2	1	729	1	
2023/1/5	935	2023	1	3	1	292	1	
2023/1/6	863	2023	1	4	1	935	1	
2023/1/7	807	2023	1	5	1	863	1	724.1428571
2023/1/8	459	2023	1	6	1	807	1	677.7142857
2023/1/9	109	2023	1	0	1	459	1	599.1428571
2023/1/10	823	2023	1	1	1	109	1	612.5714286

以下是构造与时间信息相关的特征（基于时序特征构造）的相关代码。

```
def design_features_by_Ktime():
    import numpy as np
    import matplotlib.pyplot as plt
    # 模拟销售数据集
    np.random.seed(0)
    date_range = pd.date_range(start='2023-01-01', end='2023-12-31', freq='D')
    sales_data = pd.DataFrame({
```

```python
        'Date': date_range,
        'Sales': np.random.randint(100, 1000, size=len(date_range))
    })
    print(sales_data)
    # 可视化时间序列
    plt.figure(figsize=(10, 6))
    plt.plot(sales_data['Date'], sales_data['Sales'])
    plt.title('Daily Sales')
    plt.xlabel('Date')
    plt.ylabel('Sales')
    plt.grid(True)
    plt.show()
    # 构造时间戳特征
    sales_data['Year'] = sales_data['Date'].dt.year
    sales_data['Month'] = sales_data['Date'].dt.month
    sales_data['Day_of_week'] = sales_data['Date'].dt.dayofweek
    # sales_data['Hour'] = sales_data['Date'].dt.hour
    # 构造时间间隔特征
    sales_data['Time_Delta'] = sales_data['Date'].diff().dt.days
    sales_data['Lag_1'] = sales_data['Sales'].shift(1)
    # 构造周期性特征
    sales_data['Quarter'] = sales_data['Date'].dt.quarter
    # 构造滑动窗口特征
    sales_data['Rolling_Mean'] = sales_data['Sales'].rolling(window=7).mean()
    sales_data.to_csv('sales_data.csv', index=False)
    # 输出构造后的数据集
    print(sales_data)
design_features_by_Ktime()
```

T2、构造与地理信息相关的特征

简介	构造与地理信息相关的特征主要是基于地理位置相关的特征进行构造，这些特征可以帮助模型更好地理解数据之间的空间关系，从而提高模型的性能。
常用方法	常用方法如下所示。 ● 构造城市特征：将经纬度坐标或邮政编码转化为具体城市的信息，例如国家、省份、城市、是否为沿海城市等，有助于更好地分析不同地区之间的差异。 ● 构造位置语义特征：利用第三方地理数据库查询该坐标对应的行政区划、POI类别等高级语义信息，作为额外构造的特征。例如提取省市区、商业区、住宅区等信息。 ● 构造地形特征：考虑地形对其他特征的影响，例如海拔高度、地形类型等。例如，在分析天气数据时，可以使用海拔高度信息来预测气温和降雨情况。 ● 构造地理聚类特征：通过对地理位置进行聚类，有助于理解和发现地理空间上的模式和规律，例如人口聚集、商业中心等。例如，在分析城市交通拥堵情况时，可以使用地理聚类特征来识别交通高峰期。 ● 构造距离特征：基于坐标，计算目标位置与一些参考点（比如中心商业区、公交站、地铁站等）的距离（比如直线距离、驾车距离等），作为距离描述特征，有助于理解地理空间上的相关性。例如，在分析房价时，可以使用该特征来考虑房子的位置对价格的影响。

代码实战

示例——基于自定义数据集,构造与地理信息相关的特征。

```python
def design_features_by_Kaddress():
    import pandas as pd
    import numpy as np
    # 创建一个简单的房屋销售数据集
    data = pd.DataFrame({
        'latitude': np.random.uniform(30, 40, size=100),   # 随机生成经度坐标
        'longitude': np.random.uniform(110, 120, size=100),   # 随机生成纬度坐标
        'price': np.random.randint(100000, 1000000, size=100),   # 随机生成房价
        'house_type': np.random.choice(['apartment', 'villa', 'townhouse'], size=100)   # 随机生成
                                                                                        # 房屋类型
    })
    print(data.head())

    # 使用第三方地理数据库来构造位置语义特征
    fromgeopy.geocoders import Nominatim
    # 初始化地理编码器
    geolocator = Nominatim(user_agent="geo_features")
    # 定义函数来获取地理信息
    def get_location_info(latitude, longitude):
        location =geolocator.reverse((latitude, longitude), language="en")
        return location.address if location else None
    # 构造位置语义特征
    data['location_info'] = data.apply(lambda row: get_location_info(row['latitude'], row['longitude']), axis=1)
    print(data[['latitude', 'longitude', 'location_info']].head())

    # 计算房屋所在地的海拔高度作为地形特征
    from elevationapi import Elevation
    # 初始化海拔 API
    elevation_api = Elevation()
    # 定义函数来获取海拔高度
    def get_elevation(latitude, longitude):
        return elevation_api.getelevation(latitude, longitude)
    # 构造地形特征
    data['elevation'] = data.apply(lambda row: get_elevation(row['latitude'], row['longitude']), axis=1)
    print(data[['latitude', 'longitude', 'elevation']].head())

    # 计算房屋距离商业区和地铁站的距离作为距离特征
    fromgeopy.distance import geodesic
    # 商业区和地铁站的坐标
    business_district = (31.2304, 121.4737)   # 假设商业区的坐标
```

```python
    subway_station = (31.2367, 121.5067)   # 假设地铁站的坐标
    # 构造距离特征
    data['distance_to_business_district'] = data.apply(lambda row: geodesic((row['latitude'], row['longitude']), business_district).kilometers,axis=1)
    data['distance_to_subway_station'] = data.apply(lambda row: geodesic((row['latitude'], row['longitude']), subway_station).kilometers,axis=1)
    print(data[['latitude', 'longitude', 'distance_to_business_district', 'distance_to_subway_station']].head())
design_features_by_Kaddress()
```

T3、构造规则衍生特征

简介	构造规则衍生特征主要是利用领域知识、经验规则等先验知识构造新的特征，以增强数据的表达能力并提高模型性能。
常用方法	常用方法如下所示。 • 构造称呼特征：从英文姓名中提取称呼信息，如 Mr、Miss、Master、Dr 等，这些称呼体现了乘客的身份等信息，进而可用于构建新的特征。 • 构造性别特征：有时候可以根据英文姓名规则，并结合语义提取性别信息。 • 构造城市特征：通过邮编规则提取城市信息。

代码实战

示例——基于自定义数据集，构造规则衍生特征。

```python
def design_features_by_K_relu(df,name_feature):
    # 从姓名中提取称呼信息
    df['title'] = df[name_feature].apply(lambda x: x.split(',')[1].split('.')[0].strip())
    print(df['title'].value_counts())
    # 基于常识经验,对这些称呼、称谓进行规范化统一
    title_standard = {"Mr": "Mr",
"Ms": "Mrs", "Mrs": "Mrs", "Mme": "Mrs", "Dona": "Mrs",
"Miss": "Miss", "Mlle": "Miss",
"Master": "Master",
"Don": "Royalty", "Lady": "Royalty", "Sir": "Royalty", "the Countess": "Royalty", "Jonkheer": "Royalty",
"Rev": "Officer", "Dr": "Officer", "Major": "Officer", "Col": "Officer", "Capt": "Officer"}
    df['title_standard'] = df['title'].map(title_standard)
    print(df['title_standard'].value_counts())
    print(df)
name_feature = 'name'
design_features_by_K_relu(titanic_df,name_feature)
```

T4、基于经验聚类构造特征

简介	基于经验聚类构造特征是一种通过相似性聚类来创建新的特征的方法，可以由人工或算法自动实现。在人工构造特征时，工程师依据数据理解及领域知识，基于内容的描述和语义相似性来创建特征。自动构造特征则利用聚类算法，对数据进行分组并自动生成新特征。

常用方法	常用方法如下所示。 • 构造颜色特征：对于一个有多个描述颜色特征的数据集，如"色相""亮度"，可以将这些特征聚集成更高层次的"颜色"特征，以形成新的特征。 • 构造风格和功能特征：在某些商品中，描述性词语如"耐磨""舒适""时尚"和"防水""户外""耐用"等，可以通过聚类形成不同的簇，每个簇代表一种特定的风格或功能，并作为商品的新的特征。 • 构造爱好特征：用户兴趣标签如"足球""篮球""网球"与"美食""旅行""摄影"等，可以通过聚类将用户分为不同的群体，每个群体代表一种主要兴趣领域，并将此领域作为用户的新的特征。

代码实战

 # 示例——基于鸢尾花数据集，利用聚类算法自动构建特征。

```
def design_features_by_K_cluster():
# 提取特征
X = iris_df.drop('target',axis=1)
# 使用K均值聚类算法对花瓣长度和花瓣宽度进行聚类
from sklearn.cluster import KMeans
kmeans = KMeans(n_clusters=2, random_state=42)
iris_df['petal_cluster'] =kmeans.fit_predict(X[['petallength', 'petalwidth']])
# 输出构造的新特征
print(iris_df[['petallength', 'petalwidth', 'petal_cluster']])
design_features_by_K_cluster()
```

5.4.2 基于纯技术构造特征

图 5-51 为本小节内容的思维导图。

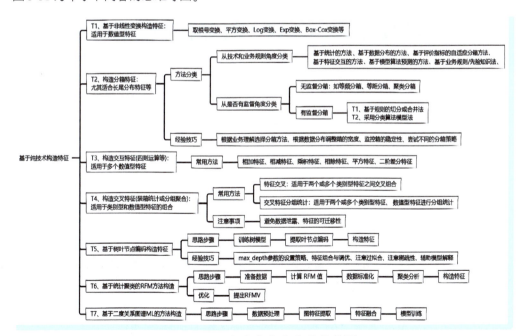

图 5-51 本小节内容的思维导图

简介	基于纯技术构造特征，指的是不依赖于具体领域知识和业务规则，仅通过数据本身的属性和关系来构造新特征，核心思想是从纯技术角度出发进行设计。
常用方法	基于纯技术构造特征常用的方法如下。 T1、基于非线性变换构造特征：适用于数值型特征。 T2、基于分箱思想构造特征（数据分桶/特征分箱/离散化/二值化）：特别适用于长尾分布特征等。 T3、构造交互特征（四则运算等）：适用于多个数值型特征。 T4、构造交叉特征（装箱统计或分组聚合）：适用于数值型和类别型特征的组合。 T5、基于树模型叶节点编码构造特征：通过将叶节点作为新的特征来表示数据。 T6、基于统计聚类的 RFM 方法构造特征：用于客户价值分析等领域。 T7、基于二度关系图谱的机器学习方法构造特征：利用图结构中节点之间的关系来提取特征。

T1、基于非线性变换构造特征—适用于数值型特征

简介	基于非线性变换构造特征适用于数值型特征。它的主要目的是通过对原始特征进行非线性变换，将数据映射到一个新的特征空间，以提高模型的表达能力和预测性能。在实际应用中，许多数据并不具备线性关系，而且特征与目标之间的关系可能是复杂的、非线性的。因此，通过应用非线性变换，可以更好地捕捉数据之间的复杂关系，提高模型的泛化能力。

常用方法如下所示。
- 多项式变换：对原始特征进行多项式变换，生成高阶特征。例如对原始特征进行平方、立方等操作，以增加特征之间的非线性关系。
- 指数和对数变换：对原始特征进行指数或对数变换，适用于数据呈现指数增长或对数增长的情况。
- 幂函数变换：对原始特征进行幂函数变换，例如取特征的平方根、立方根等，以改变数据的分布形态。
- Box-Cox 变换：一种广泛使用的变换方法，可以使数据更加接近正态分布。
- 分位数转换：将原始特征的值映射到其分位数上，例如将数据转换为百分位数或四分位数。

一些变换方法的介绍见表 5-8。

表 5-8 一些变换方法的介绍

		内　容	适 合 场 景
常用方法	取根号变换	将数据取平方根。这种变换也可以用于减小数据的尺度，特别是在处理方差不稳定的数据时，有助于使数据更加稳定	用于处理右偏分布的正数数据，特别是在数据的变异性随均值变化的情况下。取根号可以减小数据中较大值的影响，有助于使数据更接近正态分布
	平方变换	将数据进行平方运算，这种变换可以用于加大数据之间的差异，突出数据的某些特征，有时可以用于处理数据的偏度或非线性关系	适用于左偏或右偏的分布。将数据平方可以使数据更集中，减少偏度，或者在存在异常值时，通过放大较大的值和缩小较小的值，使数据更平滑
	Log 变换	Log 变换（对数变换）：将数据取对数，通常是自然对数（以 e 为底），可以用于减小数据的尺度，降低数据的偏度，使其更加符合正态分布，从而使模型更容易处理	常用于处理右偏等分布的数据，使得数据更接近于正态分布。它对大数值的惩罚较小，对小数值的惩罚较大
	Exp 变换	Exp 变换（指数变换）：指数变换是对数变换的逆操作。将数据进行指数运算，即取 e 的指数，这种变换常用于对经过对数变换的数据进行还原，或者用于增强某些特征的影响	用于将经过对数变换的数据还原到原始尺度，或者用于处理经过取对数操作后出现的负数值

(续)

	内 容	适 合 场 景
常用方法 / Box-Cox 变换	Box-Cox 变换，可以使得数据的方差更加稳定，满足模型的假设，同时使数据更加接近正态分布。它通过引入一个参数来进行数据的幂函数变换。但是，它要求数据的所有值必须为正数。因此，在应用 Box-Cox 变换之前，如果数据包含负数或零，通常需要进行一些预处理，例如加上一个常数使得所有数据都为正数	它可以同时处理对数变换和幂函数变换。使得数据更加接近正态分布并满足稳定方差的需求
注意事项	选择合适的变换方法应该根据具体的数据特点、问题需求以及模型对数据分布的要求。在实践中，可以通过观察变换后数据的分布形态和满足模型假设的程度，来选择最合适的变换方法。 • 在选择非线性变换时，需要根据数据的分布情况和业务需求进行合理的选择。 • 需要注意避免过度拟合，特别是在使用高阶多项式特征时，可能会导致模型在训练数据上表现良好，但在未见过的数据上表现不佳。	

代码实战

示例——基于泰坦尼克号数据集，依次采用对数变换、Box-Cox 变换、分位数变换构造特征。

```
# T1、基于非线性变换构造特征
def design_features_by_T_transformed(data_name, df, num_features):
    # 对于 Box-Cox 变换,它要求数据必须严格为正值
    df = df[(df[num_features] > 0).all(axis=1)]
    feature = num_features[0]
    # 对数值型特征进行非线性变换
    import numpy as np
    from sklearn.preprocessing import PowerTransformer, QuantileTransformer
    # 使用幂函数变换进行非线性变换
    df[f'{feature}_log'] = np.log1p(df[feature])
    # 使用 Box-Cox 变换进行非线性变换
    pt = PowerTransformer(method='box-cox')
    df[f'{feature}_boxcox'] = pt.fit_transform(df[feature].values.reshape(-1, 1))
    # 使用分位数变换进行非线性变换
    qt = QuantileTransformer(output_distribution='normal')
    df[f'{feature}_quantile'] = qt.fit_transform(df[feature].values.reshape(-1, 1))
    # 查看原始数据分布
    plt.figure(figsize=(16, 5))
    plt.subplot(1, 4, 1)
    df[f'{feature}'].hist(bins=20)
    plt.title(f'%s 的原始分布(%s 数据集)' % (feature, data_name))
    plt.xlabel(feature)
    # plt.ylabel('Frequency')
```

```
    plt.ylabel('频率')
    plt.grid(False)  # 去掉图像中的网格
    # 查看变换后的数据分布
    plt.subplot(1, 4, 2)
    df[f'{feature}_log'].hist(bins=20)
    plt.title(f'执行 Log 转换后的分布')
    plt.xlabel(feature)
    plt.ylabel('频率')
    plt.subplot(1, 4, 3)
    df[f'{feature}_boxcox'].hist(bins=20)
    plt.title(f'执行 BoxCox 转换后的分布')
    plt.xlabel(feature)
    plt.ylabel('频率')
    plt.subplot(1, 4, 4)
    df[f'{feature}_quantile'].hist(bins=20)
    plt.title(f'执行分位数转换后的分布')
    plt.xlabel(feature)
    plt.ylabel('频率')
    plt.tight_layout()
    plt.show()
data_name = 'titanic'
# 选择数值型特征
num_features = ['age']  # age、fare
design_features_by_T_transformed(data_name, titanic_df, num_features)
num_features = ['fare']
design_features_by_T_transformed(data_name, titanic_df, num_features)
```

如图 5-52 所示,每组的第一张子图是原始分布图,后三张子图依次是对数变换、Box-Cox 变换、分位数变换。第一组图描述的是年龄特征的数据分布变换,其中,原始分布中年龄数据呈现出双峰分布;当经过对数转换时,双峰结构被削弱,左边的峰值几乎消失,而右边的峰值变得更加明显;当经过 Box-Cox 转换时,进一步改变了数据的形状,使得分布更加接近正态分布,中间的峰值变得更平缓,两侧的尾巴也相对减少;最后经过分位数转换时,使得数据更紧密地聚集在中心附近,极端值的影响

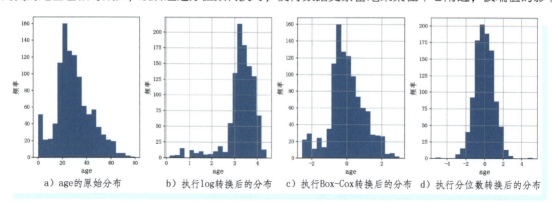

图 5-52 "年龄"特征的对数变换、Box-Cox 变换、分位数变换直方图
(数据来自泰坦尼克号数据集)

被减弱，分布看起来更加对称且集中。

图 5-53 描述的是票价特征的数据分布变换，本质上与年龄特征的变换类似。

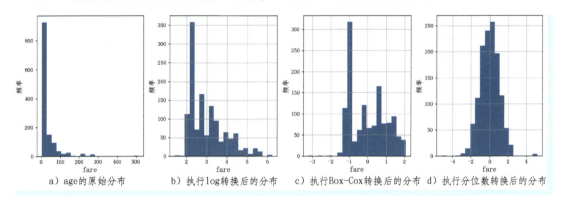

图 5-53 "票价"特征的对数变换、Box-Cox 变换、分位数变换直方图
（数据来自泰坦尼克号数据集）

T2、构造分箱特征：尤其适合长尾分布特征等

图 5-54 为数据分桶示意图。

数据离散化

商品价格	0~10	10~20	……	99970~99980	99980~99990	99990~100000
分成 10000 个段→10000 维（映射到高维空间）					
得到下边稀疏且离散化的向量					
铅笔 2 毛	1	0	……	0	0	0
洗面奶 18	0	1	……	0	0	0
轿车十万	0	0	……	0	0	1

图 5-54 数据分桶示意图

二值化分桶：二值化分桶是一种特征工程方法，它将连续型特征转换为二元（0 或 1）特征。这种方法特别适用于需要对连续数据进行简化处理的场景，通过对特征值设置一个阈值，将数据分为两个类别，从而实现信息的离散化。比如学习成绩，假若只关心"及格"或"不及格"，那么只需要将定量的成绩分为是否达到 60，转换成"1"和"0"特征。

二值化分桶

- 核心：二值化分桶的核心在于设定一个阈值。这个阈值通常是基于业务逻辑或数据分析的结果确定的。特征的原始值与这个阈值比较，如果大于阈值，则赋值为 1；如果小于或等于阈值，则赋值为 0。这样，原本连续的特征就被转换成了只有两个取值的二元特征。
- 意义：二值化分桶的意义在于简化模型和提高解释性。通过将连续数据转换为二元数据，可以减少模型的复杂度，提高模型的运算效率。同时，二元特征更容易被理解和解释，有助于业务决策者基于模型结果做出更直观的判断。
- 实现过程：二值化分桶可以通过各种编程语言和库来实现。以 Python 为例，可以使用 scikit-learn 库中的 Binarizer 类来实现二值化。具体执行语句如下所示。

```
from sklearn.preprocessing import Binarizer
binarizer = Binarizer (threshold=threshold)
```

(续)

简介	基于分箱思想构造特征是一种特别适用于长尾分布特征的数据预处理方法，也被称为数据分桶或特征离散化。 ● 原理：特征分箱的原理主要基于数据的分布情况和模型的需求，通过将连续型特征离散化，将其划分成不同的区间或类别，使得转换后的特征更加符合模型的假设和需求。 ● 意义：特征分箱有助于模型捕捉到连续变量的非线性关系，降低数据噪声的影响，提高模型的稳定性和泛化能力。
实现过程	特征分箱的过程涉及将一连串数值范围划分为离散的箱子或区间。这些箱子可以表示特征的不同水平或范围，例如，将年龄划分为年龄段，将收入划分为收入水平等。分箱的过程通常包括以下几个步骤。 ● 第一步，选择分箱的方法。比如等距分箱、等频分箱、基于聚类的分箱等。 ● 第二步，确定分箱的数量。可以根据业务需求、数据分布情况或使用算法自动确定。 ● 第三步，对数据进行分箱。将连续的特征值划分到不同的箱中。
意义	本质上，特征分箱是一种对连续数据进行离散化处理的方法。通过将连续的特征值分配到不同的区间，可以捕捉到数据的非线性关系，同时降低了异常值的影响。 构造分箱特征的具体意义如下所示。 ● 引入非线性：分箱有助于模型更好地处理特征之间的非线性关系。尤其当特征与目标之间存在非线性关系时，特征分箱可以帮助捕捉这种关系。例如，在线性模型中，离散化特征引入了非线性，提升了模型的表达能力和拟合度。 ● 有效处理异常值：将连续数据分箱可以减少异常值对模型的影响，因为异常值可以被分配到与其他正常值相同的区间，使得离散后的特征对异常值更具鲁棒性。例如对 age 特征值进行分箱，按照童年（0 至 6 岁）、少年（7 至 17 岁）、青年（18 至 40 岁）、中年（41 至 65 岁）、老年（66 岁及以上），那么，对于年龄为 200 的异常值，可以直接归为"老年"，这样便不会对模型造成很大的干扰。 ● 有效处理偏斜分布的数据：当特征的分布是偏态时，特征分箱有助于平衡不同区间内的样本数量。或者当特征的分布存在多个波峰时，可能是多种高斯分布的线性组合，也可以采用分箱技术。 ● 提升模型性能：在某些情况下，特征分箱可以改善模型性能。例如，在决策树等模型中，特征分箱可以使模型更容易学习数据的模式。 ● 降低过拟合和模型复杂度：特征分箱简化了逻辑斯谛回归模型，降低了模型过拟合的风险，提高了模型的泛化能力。同时，离散化连续型特征为有限数量的类别，也降低了模型的复杂度。 ● 提高模型鲁棒性：特征分箱后，数据和模型会更稳定，增强了模型的鲁棒性。例如，用户年龄段的离散化不会因为用户年龄略微增加而导致模型结果突变。 ● 加快计算速度：离散后的特征能够加快计算速度，尤其在稀疏向量内积乘法运算中，计算效率更高，存储和扩展也更方便。这在决策树、逻辑斯谛回归、朴素贝叶斯等模型训练过程中尤为重要，可以降低计算开销。 ● 增加可解释性：分箱能够融入业务知识，提高模型的可解释性。通过合理的分箱策略，可以更好地理解特征与目标变量之间的关系，为业务决策提供支持。对于需要模型解释性的业务场景，采用特征分箱可以使模型输出更容易理解，因为业务人员更容易理解离散的特征区间，而非连续的数值。 ● 适合业务约束场景：某些业务规则可能要求对特定范围内的特征值进行不同的处理。在这种情况下，特征分箱可以帮助满足业务需求。 ● 可进一步实现特征交叉：离散化后的特征可以进行特征交叉，增强了模型的表达能力。例如，将两个离散特征进行组合，可以引入更多非线性关系。
常用方法	构造分箱特征的方法多种多样，可以从技术和业务规则角度、是否有监督角度分类来考虑。 （1）从技术和业务规则角度分类 ● T1、基于统计的方法：包括等距分箱、等频分箱、等分位数、基于标准差/方差等。其中等频分箱是将特征划分为每个区间包含近似相同数量（等频）样本的若干个区间。等距分箱则是将特征的取值范围均匀（等距）划分为若干个区间。 ● T2、基于数据分布的方法：这类方法考虑数据的自然分布，如自然群聚趋势/自然断点算法、基于重尾分布等。 ● T3、基于评价指标的自适应分箱方法：包括卡方分箱、Best-KS 分箱、最小熵法分箱等。这些方法根据不同的评价指标自动调整分箱的边界。

- T4、基于特征交互的方法：如 WOE 分箱法和 IV 分箱法。这些方法通常用于信贷风险评估等领域。
- T5、基于模型算法预测的方法：包括有监督的决策树分箱和无监督的聚类分箱。决策树分箱利用决策树学习到的分割点进行分箱，而聚类分箱则是使用聚类算法（如 K 均值）对特征进行聚类。
- T6、基于业务规则/先验知识法：这种方法基于行业经验或业务逻辑进行分箱，比如对于年龄特征，基于行业经验，可划分为童年（0 至 6 岁）、少年（7 至 17 岁）、青年（18 至 40 岁）、中年（41 至 65 岁）、老年（66 岁及以上）。

（2）从是否有监督角度分类
- 无监督分箱：如等频分箱、等距分箱、聚类分箱。这些方法仅考虑了变量自身的数据结构，而未考虑与目标变量之间的关系，因此不一定能提升模型性能。
  ○ 基于聚类的分箱：使用聚类算法（如 K 均值）对特征进行聚类，将同一簇的数据划分到同一个箱中。
- 有监督分箱：可分为基于规则的切分或合并法、采用分类算法模型的方法。

T1、基于规则的切分或合并法：使用指标如熵指数、基尼指数、信息增益指数、IV 指数、准确度、卡方值指标等。
  ○ Split 分箱（切割）：Split 分箱类似于决策树，是一种自上而下（即基于分裂）的数据分段方法。先把变量一分为二，看切割前后是否满足某个条件，若满足则再切割，如图 5-55 所示。

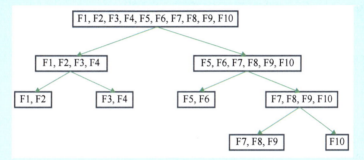

图 5-55　Split 分箱示意图

  ○ Merge 分箱（合并）：一种自底向上（即基于合并）的数据离散化方法。先把变量分为 N 份，然后两两合并，看是否满足停止合并条件。常见的类型为 Chimerge 卡方分箱，如图 5-56 所示。

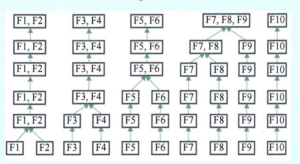

图 5-56　Merge 分箱示意图

T2、采用分类算法模型法
  ○ 基于决策树的自动分箱：利用决策树自行学习最优分界点，实现自动分箱。

	（续）
经验 技巧	在构造分箱特征阶段，经验技巧如下所示。 • 根据业务理解选择分箱方法：不同的业务场景可能需要不同的分箱方法。在进行特征分箱之前，首先要充分理解业务问题和数据的分布情况，根据业务需求和专业知识选择是否采用特征分箱。等距分箱、等频分箱、基于聚类的分箱等方法各有优劣，需要根据具体情况选择。 • 根据数据分布调整箱的宽度：对于偏态分布的数据，可以调整箱的宽度，使得每个箱内包含更多样本，提高稳定性。 • 监控箱的稳定性：在建模过程中，要监控每个箱内的样本数量，确保分箱结果的稳定性，避免由于数据波动导致模型性能的不稳定。 • 尝试不同的分箱策略：不同的问题可能需要不同的分箱策略，因此可以尝试多种方法，并比较它们在模型性能上的影响，以找到最适合的分箱方法。

代码实战

 # 示例——基于泰坦尼克号数据集，通过多种分箱技术进行可视化分析。

```
# (1) 从技术角度构造特征
# 1)基于统计的方法:等距分箱、等频分箱、等间距分位数、基于标准差
# 等距分箱:采用 cut 实现
titanic_df['%s_equal_width'%num_features[0]] = pd.cut(titanic_df[num_features[0]], bins=3,
labels=['young', 'middle-aged', 'old'])
# 等频分箱
titanic_df['%s_equal_freq'%num_features[0]] = pd.qcut(titanic_df[num_features[0]], q=3,
labels=['low', 'medium', 'high'])
# 等间距分位数
import mapclassify as mc
quant_bin_counts = mc.Quantiles(titanic_df[num_features[0]],k=5)
print(quant_bin_counts)
titanic_df['%s_quant'%num_features[0]] = pd.cut(titanic_df[num_features[0]],bins = quant_bin_
counts.bins)
# 基于标准差:尽可能地减少组内差异和增加组间差异
std_bin_counts = mc.StdMean(titanic_df[num_features[0]])
print(std_bin_counts)
titanic_df['%s_std'%num_features[0]] = pd.cut(titanic_df[num_features[0]],bins = std_bin_
counts.bins
# 2)基于数据分布的方法:基于自然群聚趋势、基于重尾分布
nb_bin_counts = mc.NaturalBreaks(titanic_df[num_features[0]],k=5)
print(nb_bin_counts)
titanic_df['%s_nb'%num_features[0]] = pd.cut(titanic_df[num_features[0]],bins = nb_bin_
counts.bins)
htb_bin_counts = mc.HeadTailBreaks(titanic_df[num_features[0]])
print(htb_bin_counts)
titanic_df['%s_htb'%num_features[0]] = pd.cut(titanic_df[num_features[0]],bins = htb_bin_
counts.bins)
# 3)基于模型算法预测的方法:利用 KMeans 无监督聚类的分箱
## 有监督的决策树分箱
# from sklearn.tree import DecisionTreeClassifier
```

```python
# clf = DecisionTreeClassifier(max_depth=2)
# clf.fit(titanic_df[[num_features[0]]], titanic_df[label_name])
# titanic_df['%s_tree_bins'%num_features[0]] = clf.predict(titanic_df[[num_features[0]]])
# 基于无监督聚类的分箱
from sklearn.cluster import KMeans
kmeans = KMeans(n_clusters=5, random_state=42)
titanic_df['%s_cluster'%num_features[0]] = kmeans.fit_predict(titanic_df[[num_features[0]]])
# (2) 从业务角度构造特征
# 基于业务规则/先验知识法
import numpy as np
know_bins = pd.cut(titanic_df[num_features[0]], bins=[0, 6, 17, 40, 65, np.inf], labels=['child', 'young', 'midlife', 'old', 'elderly'])
titanic_df['%s_business_bins'%num_features[0]] = know_bins
```

如图 5-57 和图 5-58 所示，对泰坦尼克号数据集中的"年龄"及"票价"特征通过多种分箱技术进行了可视化分析，包括等距分箱、等频分箱、等间距分位数、基于标准差的分箱、基于自然群聚趋势的分箱、基于重尾分布的分箱、利用 **KMeans** 无监督聚类的分箱以及基于业务规则/先验知识法的方法。这些技术从不同的角度揭示了乘客年龄的分布情况。

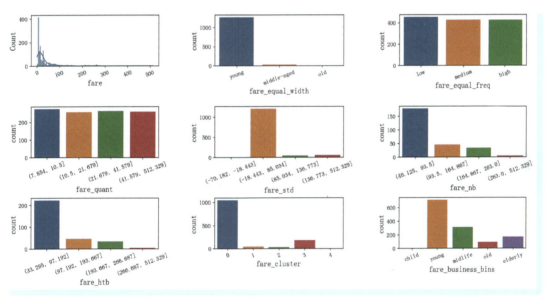

图 5-57 "年龄"特征的 9 种特征分箱法的柱状图（数据来自泰坦尼克号数据集）

等距分箱显示了不同年龄段的人数比例，使分析者能够快速了解各个年龄段在总乘客中的占比。等频分箱则提供了更为细致的观察，让分析者看到每个年龄段的具体人数。基于标准差的分箱进一步细分了年龄段，有助于分析者理解数据的波动性和离散程度。自然群聚趋势和重尾分布的分箱方法考虑了数据的内在分组特性，使分箱结果更贴近实际分布。利用 **KMeans** 无监督聚类进行分箱能够自动发现数据中的簇状结构，基于业务规则/先验知识法的方法可以根据特定的规则或经验进行分箱，增加了分箱的灵活性。

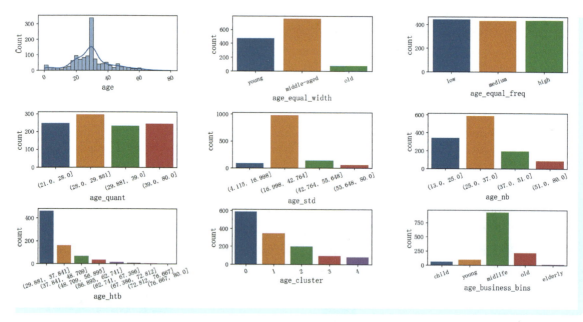

图 5-58 "票价"特征的 9 种特征分箱法的柱状图（数据来自泰坦尼克号数据集）

通过这些可视化技术的分析，分析者可以对泰坦尼克号乘客的年龄分布有一个全面而直观的认识。这种多角度的分析不仅帮助分析者理解数据的整体概况，还能发现潜在的模式和异常值。

T3、构造交互特征（四则运算等）——适用于多个数值型特征

简介	构造特征交互的特征适用于数值型特征。将两个或多个原始特征进行组合，生成新的特征。其中，四则运算是一种常见的方式，通过对不同特征进行加、减、乘、除等操作，构造新的特征，从而捕捉更丰富的特征信息。
常用方法	对特征之间进行四则运算（加减乘除）、二阶差分等特征组合，具体例子如下。 ● 相加特征：例如在泰坦尼克号乘客生存预测中，构造家庭规模大小特征，即船上兄弟姐妹人数与船上父母和孩子人数之和，表示家庭成员总数。 ● 相减特征：例如通过结束时间减去启动时间得出耗时时长，或者将收入减去支出得到一个人的净收入。 ● 乘积特征：将两个或多个特征相乘来实现。例如在疾病预测数据集中，身高和体重的乘积可以表示一个人的体型大小。或者在房屋价格预测数据集中，计算面积和卧室数量的乘积、阳台数量和卫生间数量的乘积等。这些新特征可以更好地捕捉目标变量与各种特征之间的复杂关系。 ● 相除特征：例如在疾病预测数据集中，身高除以体重得到 BMI（身体质量指数），这是一种常用的评估人体肥胖程度的方法。 ● 平方特征：例如在酒品质预测数据集中，构造"酒精的平方""酒精乘挥发酸"等新属性，以增强模型对这些重要特征的理解能力。 ● 二阶差分特征：二阶差分是指对数据进行两次差分操作的过程，主要适用于时序特征。例如在月销售额数据集中，可以使用二阶差分技术来构造新的特征，以捕捉销售额的季节性和周期性变化。
注意事项	特征组合是将原始特征组合起来构造新特征。构造组合特征的过程中，一般需要对特征进行归一化或标准化等处理，以确保不同特征之间的尺度一致，避免因为特征值大小不同而导致的模型偏差或不稳定性。

代码实战

示例——基于自定义数据集，利用加减乘除、平方、二阶差分、多项式变换等技术构造特征。

```python
# 构造相加特征
titanic_df['family_size'] = titanic_df['sibsp'] + titanic_df['parch']
# 构造相减特征
df['time_duration'] = pd.to_datetime(df['end_time']) - pd.to_datetime(df['start_time'])
df['net_income'] = df['income'] - df['expense']
# 构造乘积特征
disease_df['body_size'] = disease_df['height'] * disease_df['weight']
# 构造相除特征
disease_df['bmi'] = disease_df['height'] / disease_df['weight']
# 构造平方特征
wine_df['alcohol_squared'] = wine_df['alcohol'] ** 2
wine_df['alcohol_volatile_acidity_product'] = wine_df['alcohol'] * wine_df['volatile_acidity']
# 构造二阶差分特征
sales_df['sales_second_diff'] = sales_df['sales'].diff(periods=2)

# 多项式变换也可以得到乘积特征
import pandas as pd
from sklearn.preprocessing import PolynomialFeatures
# 创建示例 DataFrame
data = {
    'Height': [170, 165, 180, 175, 185],
    'Weight': [60, 55, 70, 65, 75]
}
df = pd.DataFrame(data)
# 初始化 PolynomialFeatures
poly = PolynomialFeatures(degree=2)
# 对原始特征进行多项式转换
poly_features = poly.fit_transform(df)
# 构造新的 DataFrame,包括原始特征和多项式转换后的特征
poly_df = pd.DataFrame(poly_features, columns=poly.get_feature_names_out(input_features=df.columns))
print(poly_df)
```

T4、构造交叉特征（装箱统计或分组聚合）——适用于类别型和数值型特征的组合

简介	构造交叉特征（装箱统计或分组聚合）适用于类别型和数值型特征的组合，尤其是针对类别型特征。通过将不同特征的组合进行关联统计或聚合，从而创建新的特征，以更好地反映数据之间的关系。
常用方法	常用的构造交叉特征的方法如下所示。 ● 特征交叉：适用于两个或多个类别型特征之间交叉组合，来生成新的特征，类似于笛卡儿积的思想。例如，可以将是否沿海特征和是否省会特征进行交叉组合，得到新的特征，用于表示地区的特点。 ● 交叉特征分组统计：适用于两个或多个类别型特征、数值型特征进行分组统计，来生成新的特征。常用的统计量包括求和、均值、众数、中位数、最大值、最小值等。如果统计基于类别型特征分组的数值型特征的均值，本质是先对类别型特征进行数据分组（如利用 groupby() 函数），再对数值型特征计算不同的统计量（如利用 agg() 函数）。例如在二手房价预测数据集中，将小区名称和房价进行交叉，得到不同小区的房屋总价、中位数房价等。又例如在人口数据集中，将性别、年龄段和人数进行交叉，得到不同性别年龄段的人口数量。

注意事项	在构造交叉特征时,需要注意以下几点。 ● 避免数据泄露:在构造交叉特征时,需要确保不会引入任何未来的信息,即数据泄露。例如,在二手房价预测数据集中,可能希望通过小区名称(比如汤臣一品、华洲君庭等)和房价(目标变量)交叉得到"小区房屋中位数房价"的特征。然而,如果在训练集中使用了小区的中位数房价,那么在测试集中,也应该使用相同的方法来计算这些特征,而不是使用训练集中的中位数房价来填充测试集的特征。 ● 特征的可迁移性:在训练集中构造的新特征应该能够在测试集中进行类似的构造。例如,如果在训练集中根据品牌(brand)特征构造了某个特征,那么在测试集中,也应该能够根据相同的品牌特征进行类似的构造或归类,即同一个品牌归属于同一个平均值。

代码实战

```
def design_features_by_T_cross():
    # 特征交叉
    df['coastal_capital'] = df['coastal'] +'_'+ df['capital']
    # 交叉特征分组统计
    grouped = df.groupby(['age_group'])
    agg_result = grouped['population'].agg(['sum', 'mean', 'max', 'min']).reset_index()
design_features_by_T_cross()
```

T5、基于树叶节点编码构造特征

简介	基于树模型叶节点编码构造特征是一种利用树类算法(如决策树、随机森林、梯度提升树等)叶节点的编码信息作为特征的方法。尤其适合以树模型本身作为主要模型的场景,它能够有效地提高特征的表现力以及模型的泛化能力和预测性能。 ● 核心原理:在训练过程中,决策树会根据特征值将样本分割到不同的叶节点,每个叶节点代表一个类别或模式。利用已训练好的决策树模型,将每个样本映射到对应的叶节点,将叶节点的数字标识,即索引(index)或者独热编码(one-hot-encoding-vector),创建新的特征,这样的新特征融合了原始特征与决策树的非线性特征组合能力,包含了决策树学习出的各个特征值的组合和关系。同时,这种方法直接利用了树模型的结构信息,可以捕捉样本在特征空间中的位置,提供更丰富的信息。 ● 核心思想:利用树模型对数据按照特征的不同取值,将其划分(或离散化)到不同的叶节点上。在训练好的树模型中,每个叶节点都代表了一组数据的某种特性或模式。树模型的叶节点编码包含了对数据的某种划分或归纳,这种编码可以用来表示原始特征的某种抽象或组合。 ● 本质:本质是利用树模型对原始特征进行非线性变换和组合,将原始特征转换成具有更高层次抽象的特征表示。这种转换能够更好地捕捉数据中的复杂关系和模式,从而提高模型的表现力。
意义	基于树模型叶节点编码构造特征能够自动捕捉(不需要人工干预)数据中的非线性关系(决策树的非线性映射能力),降低数据的维度,以及增强特征的表达能力(因为新特征更能反映样本之间的差异和相似性),进而提高模型的泛化能力和预测性能,因此在实际应用中具有重要的意义。
思路步骤	树模型的叶节点编码方法的实现思路如下所示。 ● 第一步,训练树模型。首先,需要选择合适的树模型(如决策树、随机森林、梯度提升树等)并对数据进行训练,得到一个完整的树结构。 ● 第二步,提取叶节点编码。对于每个样本,根据其在树模型中的叶节点位置,可以获得对应的叶节点索引或路径。这些索引或路径可以被编码成稀疏或者独热编码的形式,表示该样本在树的叶节点上的位置。 ● 第三步,构造特征。将叶节点编码作为新的特征加入到原始特征集合中。这样,每个样本就会得到一组新的特征,这些特征代表了树模型对该样本的判断或归纳。

	在实践中的经验技巧如下所示。
	● max_depth 参数的设置策略:max_depth 参数控制决策树的最大深度,即树可以向下生长的最大层数。一般来说,max_depth 越大,模型能够学习到的数据样本在特征空间中的分布关系就越复杂,有利于提取特征值的高阶交互效果。但如果 max_depth 过大,可能导致模型过拟合,产生过多的叶节点,增加计算成本。在实践中,对于小型数据集,设置较小的 max_depth(比如 2~5)可能更合适,以避免过拟合;对于大型数据集,可以考虑设置较大的 max_depth(比如 5~10)以提高模型的表现力。
经验技巧	● 特征组合与调优:在实际应用中,可以将基于不同树模型的叶节点编码特征组合起来,即将多棵决策树的叶子节点编码组合成新的特征,形成更加丰富和多样化的特征表示。同时,可以通过交叉验证等方法对特征进行调优,以提高模型的泛化性能。
	● 注意过拟合:基于树模型叶节点编码构造特征的方法在实际应用中往往表现出较好的效果,特别是在处理非线性、高维、稀疏数据等方面有着独特的优势。但需要注意的是,由于树模型的特性,这种方法可能存在过拟合的风险,因此在使用时需要结合具体场景进行合理的选择和调优。
	● 注意稀疏性:如果采用独热编码,可能会导致特征稀疏性。可以考虑使用稀疏矩阵表示,以减少内存消耗。
	● 辅助模型解释:由于这种方法生成的特征与决策树的结构相关,模型的解释性通常会得到提升。可以利用这一优势解释模型的决策过程。

代码实战

示例——基于泰坦尼克号数据集利用树叶节点编码构造特征并可视化树形图。

构造出决策树,每一条从根节点到叶节点的路径,都可以看成一种特征组合的方式。泰坦尼克数据集中有 327 种特征组合的方式,而鸢尾花数据集中则有 9 种。

```
def design_features_by_T_tree(data_name,df,label_name):
    from sklearn.tree import DecisionTreeClassifier, export_graphviz
    import graphviz
    for column in df.select_dtypes(include=['category']).columns:   # 遍历所有类别型特征
        df[column] = df[column].cat.codes
    df = df.fillna(df.median())
    print(df.info())
    X = df.drop(columns=[label_name])   # 特征
    y = df[label_name]   # 标签
    # 构建决策树模型
    tree_model = DecisionTreeClassifier()
    tree_model.fit(X, y)
    # 获取叶节点路径和叶节点编码
    leaf_paths = tree_model.decision_path(X)
    leaf_codes = tree_model.apply(X)
    # 统计叶节点编码及其个数
    leaf_codes_series = pd.Series(leaf_codes)
    value_counts_result = leaf_codes_series.value_counts()
    # 输出样本的叶节点编码
    print("样本的叶节点编码:", len(value_counts_result),'\n',value_counts_result)
    # 构造特征:将叶节点编码作为新的特征
    titanic_data_with_leaf_codes = pd.concat([df, pd.DataFrame(leaf_codes, columns=["Leaf_Code"])], axis=1)
    # 可视化树结构
```

```
    dot_data = export_graphviz(tree_model, out_file=None, feature_names=X.columns)
    graph = graphviz.Source(dot_data)
    # 将决策树图保存为 PNG 格式图片、PDF 文件等
    graph.render("%s_tree"%data_name, format='png')
    # graph.render("%s_tree"%data_name)
    graph.view()
data_name = 'titanic'
select_cols = ['sex','age','fare','sibsp','target']
titanic_df = titanic_df[select_cols]
design_features_by_T_tree(data_name,titanic_df,label_name)
data_name = 'iris'
design_features_by_T_tree(data_name,iris_df,label_name)
```

图 5-59 展示了泰坦尼克号数据集的一个决策树模型，用于预测乘客是否被获救。决策树的根节点是性别（sex），进一步分为男性和女性。对于根节点的右分支，年龄≤9.5 岁会被进一步分为两个子节点。对于根节点的左分支，根据票价是否≤48.2 美元，也分为两个子节点。总而言之，决策树算法在泰坦尼克号数据集中有效地捕捉到了不同特征组合下的乘客分布情况，从而为后续的分析提供了有价值的信息。

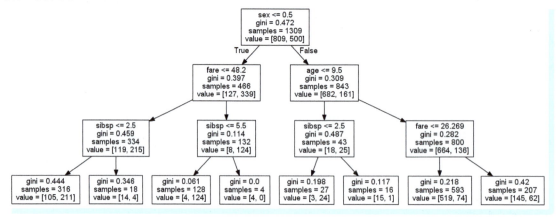

图 5-59　利用树叶节点编码构造特征的树形图（数据来自泰坦尼克号数据集）

T6、基于统计聚类的 RFM 方法构造

| 简介 | RFM 模型是一种基于统计聚类的客户细分工具，它通过分析客户的购买历史数据来识别客户的行为模式。RFM 代表的是三个维度：最近一次购买时间（Recency）、购买频率（Frequency）和购买金额（Monetary）。这三个维度共同构成了客户价值分析的核心，帮助企业理解和量化客户的价值。
● 核心思想：RFM 方法通过分析客户的最近一次购买时间、购买频率和购买金额，对不同客户的购买行为和价值进行区分。利用统计聚类技术，企业能够识别出不同价值的客户群体，并据此制定个性化的营销策略，提升客户满意度。
● 意义：RFM 方法在客户细分、差异化服务和营销策略制定方面具有重要作用。它能预测客户生命周期价值（CLV），帮助企业评估客户长期价值，优化资源配置。通过精细化客户分析，企业能有效管理客户关系，提升市场营销效果和客户满意度。 |

第 5 章
数据工程（数据分析+数据处理）
（续）

思路步骤

实现 RFM 方法的基本思路如下。
- 第一步，准备数据。首先需要准备包含客户购买历史的数据集，包括每笔交易的时间、金额以及对应的客户信息等。
- 第二步，计算 RFM 值。对每个客户进行 RFM 值的计算。这一过程包括如下几点。

  最近一次购买时间（Recency）：计算每个客户距离最近一次购买的时间间隔，可以是天数或其他时间单位。

  购买频率（Frequency）：统计每个客户在给定时间窗口内的购买次数。

  购买金额（Monetary）：计算每个客户在给定时间窗口内的累计购买金额。
- 第三步，数据标准化。将计算得到的 RFM 值进行标准化处理，以便将不同尺度的值进行比较和加权。
- 第四步，聚类分析。使用聚类算法（如 K 均值聚类、层次聚类等）对标准化后的 RFM 值进行聚类分析。通过聚类算法，将客户分成若干个群体，每个群体代表了具有相似购买行为模式的客户群体。
- 第五步，构造特征。根据聚类结果，可以将客户所属的群体作为新的特征，加入到原始数据集中。这样就构造出了基于统计聚类的 RFM 方法所生成的特征，这些特征可以用于后续的建模和分析。

优化

为了进一步提升 RFM 模型的预测能力和实用性，RFMV 模型在原有基础上增加了 Velocity（速度）指标。Velocity 指标反映了客户的购买或消费活跃度，即购买行为的速度变化。具体来说，Velocity 可以通过对比客户在不同时间段的购买频率或金额的变化来计算。例如，如果某客户在过去一个月内的购买次数是过去六个月平均每月购买次数的两倍，则其 Velocity 值为 2，表明其购买行为在加速。RFMV 模型的引入，使得企业能够更全面地评估客户的价值和行为特征，从而做出更加精准的市场策略和客户管理决策。通过综合考虑客户的最近购买时间、购买频率、购买金额以及购买速率，RFMV 模型为企业的客户关系管理和市场营销提供了更为强大的分析工具。

代码实战

 # 示例——基于自定义销售数据集，利用统计聚类的 RFM 方法构造并可视化三维图。

```python
def design_features_by_T_RFM():
    # 模拟数据集
    data = {
        'CustomerID': [1, 2, 3, 4, 5],
        'Recency': [20, 10, 5, 30, 15],      # 最近一次购买时间间隔
        'Frequency': [5, 2, 8, 1, 4],        # 购买次数
        'Monetary': [100, 50, 200, 30, 80]   # 购买金额
    }
    # 转换为 DataFrame
    df = pd.DataFrame(data)
    # 计算 RFM 值
    df['Recency'] = df['Recency']
    df['Frequency'] = df['Frequency']
    df['Monetary'] = df['Monetary']
    # 标准化处理
    from sklearn.preprocessing import StandardScaler
    scaler = StandardScaler()
    df_scaled = scaler.fit_transform(df[['Recency', 'Frequency', 'Monetary']])
    df_scaled = pd.DataFrame(df_scaled, columns=['Recency', 'Frequency', 'Monetary'])

    # 聚类分析
    from sklearn.cluster import KMeans
```

```python
kmeans = KMeans(n_clusters=3, random_state=42)
    df['Cluster'] =kmeans.fit_predict(df_scaled)
    # 加入聚类结果到原始数据集中
    df['Cluster'] = df['Cluster'].astype('category')
    print(df)

    # 可视化
    fig =plt.figure(figsize=(8, 6))
    ax = fig.add_subplot(111, projection='3d')
    # 绘制散点图
    colors = ['r', 'g', 'b']   # 不同聚类的颜色
    for cluster, color in zip(range(3), colors):
        ax.scatter(df[df['Cluster'] == cluster]['Recency'],
                df[df['Cluster'] == cluster]['Frequency'],
                df[df['Cluster'] == cluster]['Monetary'],
                c=color,
                label='Cluster {}'.format(cluster))
    ax.set_xlabel('Recency')
    ax.set_ylabel('Frequency')
    ax.set_zlabel('Monetary')
    # 添加图例
    ax.legend()
    # 显示图形
    # plt.title('RFM Features and Clusters')
    plt.title('基于RFM方法构造特征')
    plt.show()
design_features_by_T_RFM()
```

图 5-60 的三维图形展示了基于 RFM 特征的客户聚类结果。每个颜色代表一个不同的客户簇，这

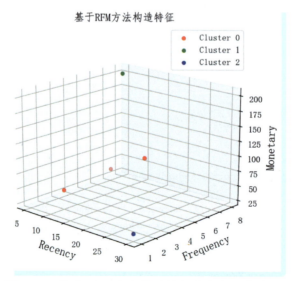

图 5-60　基于 RFM 方法构造特征的客户聚类结果图

些点在空间上的分布显示了它们在 Recency、Frequency 和 Monetary 三个维度上的相似性，企业可以针对不同簇的客户采取不同的营销策略。

T7、基于二度关系图谱 ML 的方法构造

简介	二度关系是指在一个图中，两个节点通过另一个节点连接在一起的关系。通俗地理解，"我朋友的朋友就是我的二度关系"。也就是说，如果 A 是我的朋友，B 是 A 的朋友，那么 B 就是我的二度关系。在社交网络中，二度关系通常表示了间接的关联关系，可能具有共同的兴趣、背景或者社交圈子。 基于二度关系图谱的机器学习方法构造特征是一种利用图论中的二度关系信息来增强原始数据特征的方法。这种方法利用数据中的关联信息，构建二度关系图谱，然后通过图论算法或者图神经网络的方式，从图中提取特征信息，以丰富原始数据的特征表示，从而提高机器学习模型的性能。这种方法够处理复杂的数据结构，适用于各种类型的数据任务，如推荐系统、社交网络分析等。
实现思路	基于二度关系图谱的机器学习方法构造实现思路如下。 • 第一步，数据预处理。根据具体任务，从原始数据中构建二度关系图谱。这需要根据数据的特点选择合适的图构建方法，如基于相似性的图构建、基于共现关系的图构建等。 • 第二步，图特征提取。利用图论算法或者图神经网络的方法，从构建好的二度关系图中提取特征信息。这可以使用诸如节点嵌入（Node Embedding）的技术，将节点映射到低维向量空间，并利用这些向量表示节点的特征。 • 第三步，特征融合。将提取的图特征与原始数据的特征进行融合，得到增强后的特征表示。可以使用简单的拼接或者更复杂的融合方式，如加权融合、注意力机制等。 • 第四步，模型训练。将融合后的特征输入到机器学习模型中进行训练。由于特征表示更丰富，模型往往能够学习到更多的数据信息，进而提高模型的性能。

图 5-61 展示了基于二度关系图谱来构造特征示意。

图 5-61　基于二度关系图谱来构造特征的示意图（数据来自 MovieLens 数据集）

▶▶ 5.4.3　基于业务规则和意义构造特征

图 5-62 为本小节内容的思维导图。

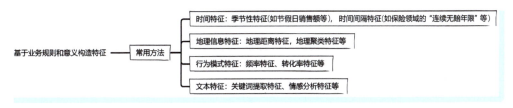

图 5-62　本小节内容的思维导图

| 简介 | 基于业务规则和意义构造特征：特征构造基于业务规则和意义，意味着在分析数据的同时，结合具体业务场景和背景知识，提取出那些能够反映业务本质和决策过程中的重要信息特征。由于原始数据可能无法充分表达业务中的重要含义，需要通过理解业务规则和背后含义，为数据赋予更深层次的业务解释性。这样构造出的特征不仅反映数据本身规律，更重要的是能支持业务决策和优化。
核心思想：基于对业务领域的理解和专业知识，设计并构造与业务规则、含义相关的特征，以提高模型的性能和解释性。这种方法通常需要与业务专家密切合作，深入了解业务需求和背景，以便有效地捕捉和表达数据中的潜在模式和规律。具体来说，首先需要了解业务领域的知识和规则，然后根据这些知识和规则，将原始数据转换成可以反映业务意义的特征。比如在银行信贷风险控制场景中，根据借款人行业和担保人职业等信息，构造客户征信风险等级特征。
意义：基于业务规则和意义构造特征可以使得特征本身更加具有可解释性，由于这种方法所构造出的特征通常可以为业务专家所理解，因此能够更好地应用于业务决策。 |
|---|---|
| 常用方法 | 下面是一些常用的基于业务规则和意义构造特征的方法。
（1）时间特征
● 季节性特征：根据不同季节对业务的影响，构造季节性特征，如季节性销售趋势、季节性用户行为变化等。例如，零售行业可以根据不同季节构造节假日销售额、特定季节促销活动等特征。
● 时间间隔特征：计算时间戳之间的间隔，以捕捉事件之间的时间间隔模式。例如，在金融领域，可以构造用户两次交易之间的时间间隔作为特征，用于预测下一次交易的时间。比如在线零售行业场景中，根据上下游衔接关系，将用户浏览、添加购物车、下单等行为中的时差信息构造为购买热度特征。再比如保险风控场景中，根据历史理赔记录构造"连续无赔年限"特征。
（2）地理信息特征
● 地理距离特征：根据地理坐标计算不同地点之间的距离特征，例如城市之间的距离、用户到最近商店的距离等。这种特征在交通、物流等行业中常被使用。
● 地理聚类特征：基于地理位置将数据点聚类，以捕捉不同地理区域之间的业务差异。例如，根据用户所在城市进行聚类，构造城市类型特征，用于推荐系统中的个性化推荐。
（3）行为模式特征
● 频率特征：统计用户、产品或事件的出现频率。例如，在电商网站中，可以统计用户的购买频率、浏览频率等作为特征，用于用户行为分析和个性化推荐。
● 转化率特征：根据用户行为路径计算转化率。例如，电商网站可以根据用户的点击、加购、购买等行为计算转化率特征，用于分析用户购买意向和行为模式。
（4）文本特征
● 关键词提取特征：根据领域知识和业务规则提取文本中的关键词或短语作为特征。例如，在文本分类任务中，可以根据领域特定的关键词构造特征，提高分类模型的性能和解释性。
● 情感分析特征：根据文本中的情感信息构造情感特征。例如，在社交媒体分析中，可以根据用户评论或帖子中的情感信息构造情感倾向特征，用于情感分析和舆情监测。 |

代码实战

示例——基于业务规则和意义构造特征。

```
def design_features_by_Business():
    import pandas as pd
    # 示例数据集
    data = {
        '借款人行业': ['房地产', '医疗保健', '互联网金融', '房地产', '制造业'],
        '担保人职业': ['自由职业者', '公务员', '大型企业职员', '短期合同工', '私营企业老板']
    }
    # 将行业和职业映射到风险等级
    risk_level_mapping = {
```

```python
        '借款人行业': {
            '房地产': '高',
            '医疗保健': '低',
            '互联网金融': '中',
            '教育': '低',
            '制造业': '中'
        },
        '担保人职业': {
            '公务员': '低',
            '自由职业者': '高',
            '大型企业职员': '低',
            '短期合同工': '高',
            '私营企业老板': '中'
        }
    }

    # 根据风险等级映射创建新特征
    def construct_risk_level_feature(row):
        borrower_risk_level = risk_level_mapping['借款人行业'][row['借款人行业']]
        guarantor_risk_level = risk_level_mapping['担保人职业'][row['担保人职业']]

        if borrower_risk_level == '高' and guarantor_risk_level == '高':
            return '高'
        elif borrower_risk_level == '低' and guarantor_risk_level == '低':
            return '低'
        else:
            return '中'
    # 创建数据框
    df = pd.DataFrame(data)
    # 构造客户征信风险等级特征
    df['客户征信风险等级'] = df.apply(construct_risk_level_feature, axis=1)
    print(df)
design_features_by_Business()
```

表 5-9 展示了基于业务规则和意义构造特征的例子。业务规则是：只有借款人风险等级和担保人风险等级均为高时，客户征信风险等级才会被判定为高；只有借款人风险等级和担保人风险等级均为低时，客户征信风险等级才会被判定为低；其余情况，客户征信风险为中。

表 5-9 基于业务规则和意义构造特征的例子

借款人行业	担保人职业	客户征信风险等级
房地产	自由职业者	高
医疗保健	公务员	低
互联网金融	大型企业职员	中
房地产	短期合同工	高
制造业	私营企业老板	中

5.4.4 利用深度学习技术自动构造特征

图 5-63 为本小节内容的思维导图。

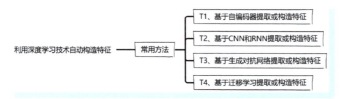

图 5-63　本小节内容概览的思维导图

背景	随着深度学习的兴起，越来越多的工作倾向于使用端到端的深度学习模型，如 CNN（卷积神经网络）、RNN（循环神经网络如 LSTM）、Transformer 等。这些模型能够学习端到端的表示，自动化程度高，无须手工设计特征。
简介	基于深度学习技术自动构造特征是指利用深度学习模型（即多层神经网络）自动学习数据的高级层次性表示，从而生成新的特征或者改进现有特征的过程。深度学习的优势在于其端到端学习的能力，即允许模型自动学习和发现数据中的复杂模式（比如非线性关系和交互关系）、抽象以及高级表示，减轻了手工设计特征的负担。 ● 本质：深度学习构造特征的本质是在训练过程中学习到数据的表示，而不是依赖手动设计的规则或特征工程。神经网络的隐藏层内部的神经元可以被看作是学习到的特征检测器，而这些特征检测器组合在一起形成了更高级的特征表示。
常用方法	不同的深度学习架构适用于不同的任务，选择合适的模型取决于具体的应用场景和数据特性。常用的方法如下所示。 T1、基于自编码器（Autoencoder）提取或构造特征：自动编码器是一种无监督学习的深度学习模型，通过将输入数据压缩到低维表示，再重建出原始数据，来学习数据的有效表示。在这个过程中，编码器部分可以被用来提取输入数据的特征表示，这些特征表示（编码向量）可以作为新的特征来使用。 T2、基于 CNN 和 RNN 提取或构造特征：卷积神经网络（CNN）和循环神经网络（RNN）是深度学习中常用的架构，它们可以有效地学习数据的空间以及时间特征。通过使用这些模型，可以提取图像、文本、音频、时间序列等不同类型数据的特征，并将其用作新的特征。在实践中，一般使用深度神经网络最后一层的隐层输出，如 CNN 的卷积层或 RNN 的隐状态，作为新特征。 ● 特征抽取技术：将原始数据中的文本、图片、音频、视频等非结构化数据转化为数值型结构化数据，使得机器学习模型能够处理这些数据。特征抽取可以通过各种数学方法和统计技术来实现，如多项式特征、文本特征提取（如词袋模型、TF-IDF 等）、图像特征提取（如边缘检测、色彩直方图等）等。 T3、基于生成对抗网络（GANs）提取或构造特征：生成对抗网络是由生成器和判别器组成的对抗性模型。生成器负责生成虚假样本，而判别器则负责区分真实样本和虚假样本。在训练过程中，生成器逐渐学习并生成更真实的数据样本，而这个过程中生成器学到的数据分布表示可以作为新的特征。 T4、基于迁移学习（Transfer Learning）提取或构造特征：迁移学习是一种通过将一个任务中学到的知识应用到另一个相关任务中的方法。在深度学习中，可以使用预训练好的模型来提取数据的高级表示，并将这些表示（维度化向量）用作新的特征。通常，可以冻结模型的底层，只微调顶层来适应特定的任务。
注意事项	需要注意的是，深度学习方法通常需要大量的数据和计算资源来训练，因此在应用时需要权衡时间、成本和性能等因素。

代码实战

示例——依次利用自编码器、卷积神经网络、循环神经网络、预训练模型提取或构造特征。

```python
# T1、利用自编码器提取特征
input_layer = Input(shape=(maxlen,))
encoded = Dense(128, activation='relu')(input_layer)
decoded = Dense(maxlen, activation='sigmoid')(encoded)
autoencoder = Model(input_layer, decoded)
encoder = Model(input_layer, encoded)
autoencoder.compile(optimizer='adam', loss='binary_crossentropy')
autoencoder.fit(x_train, x_train, epochs=3, batch_size=64, shuffle=True)
# 提取自动编码器的编码特征
encoded_train_features = encoder.predict(x_train)
encoded_test_features = encoder.predict(x_test)
print("\n Autoencoder Features:")
print(encoded_train_features.shape)  # 打印编码特征的形状
print(encoded_train_features)
# 对原始数据进行压缩和解压缩,以计算自动编码器的准确率
x_train_compressed = autoencoder.predict(x_train)
x_test_compressed = autoencoder.predict(x_test)
# 计算自动编码器的准确率
autoencoder_accuracy = accuracy_score(x_test.flatten(), x_test_compressed.flatten().round())
print("Autoencoder Accuracy:", autoencoder_accuracy)

# T2、利用卷积神经网络的学习提取特征
input_layer = Input(shape=(maxlen,))
embedding_layer = Embedding(max_features, embedding_dim, input_length=maxlen)(input_layer)
conv_layer = Conv1D(128, 5, activation='relu')(embedding_layer)
pooling_layer = GlobalMaxPooling1D()(conv_layer)
output_layer = Dense(1, activation='sigmoid')(pooling_layer)
cnn_model = Model(input_layer, output_layer)
cnn_model.compile(optimizer='adam', loss='binary_crossentropy', metrics=['accuracy'])
cnn_model.fit(x_train, y_train, epochs=3, batch_size=64, validation_data=(x_test, y_test))
# 提取卷积神经网络的特征
cnn_features_model = Model(inputs=cnn_model.input, outputs=conv_layer)
cnn_train_features = cnn_features_model.predict(x_train)
cnn_test_features = cnn_features_model.predict(x_test)
print("\n CNN Features:")
print(cnn_train_features.shape)  # 打印卷积神经网络特征的形状
print(cnn_train_features)
# 评估卷积神经网络模型
cnn_loss, cnn_accuracy = cnn_model.evaluate(x_test, y_test)
print("\nCNN Model Loss:", cnn_loss)
print("CNN Model Accuracy:", cnn_accuracy)
```

```python
# T3、利用循环神经网络的学习提取特征
input_layer = Input(shape=(maxlen,))
embedding_layer = Embedding(max_features, embedding_dim, input_length=maxlen)(input_layer)
lstm_layer = LSTM(128)(embedding_layer)
output_layer = Dense(1, activation='sigmoid')(lstm_layer)
rnn_model = Model(input_layer, output_layer)
rnn_model.compile(optimizer='adam', loss='binary_crossentropy', metrics=['accuracy'])
rnn_model.fit(x_train, y_train, epochs=3, batch_size=64, validation_data=(x_test, y_test))
# 提取循环神经网络的特征
rnn_features_model = Model(inputs=rnn_model.input, outputs=lstm_layer)
rnn_train_features = rnn_features_model.predict(x_train)
rnn_test_features = rnn_features_model.predict(x_test)
print("\n RNN Features:")
print(rnn_train_features.shape)    # 打印循环神经网络特征的形状
print(rnn_train_features)
# 评估循环神经网络模型
rnn_loss, rnn_accuracy = rnn_model.evaluate(x_test, y_test)
print("\nRNN Model Loss:", rnn_loss)
print("RNN Model Accuracy:", rnn_accuracy)


# T4、利用预训练模型提取特征
from sentence_transformers import SentenceTransformer
sentences = df.apply(lambda x: df2text(x), axis=1).tolist()
# 使用预训练的"paraphrase-MiniLM-L6-v2"模型,将输入的文本编码成固定长度的向量表示
model = SentenceTransformer(r"sentence-transformers/paraphrase-MiniLM-L6-v2")
# 使用该模型的 encode 方法,将文本列表 sentences 中的每个句子编码成向量表示
# 参数 show_progress_bar 用于显示进度条,参数 normalize_embeddings 用于指定是否对输出向量进行标准化处理
output = model.encode(sentences=sentences, show_progress_bar=True, normalize_embeddings=True)
df_embedding = pd.DataFrame(output)
# 这个文件包含了原始数据集中每个样本的文本编码特征
df_embedding.to_csv("embedding_train.csv", index=False)
```

```
Original Features:
(25000, 200)
[[   5   25  100 ...   19  178   32]
 [   0    0    0 ...   16  145   95]
 [   0    0    0 ...    7  129  113]
 ...
 [   0    0    0 ...    4 3586    2]
 [   0    0    0 ...   12    9   23]
 [   0    0    0 ...  204  131    9]]

Autoencoder Features:
(25000, 128)
Autoencoder Accuracy: 0.0029464
```

```
CNN Features:
(25000, 196, 128)
CNN Model Loss: 0.2977532744407654
CNN Model Accuracy: 0.8794000148773193

RNN Features:
(25000, 128)
RNN Model Loss: 0.3865829408168793
RNN Model Accuracy: 0.8558400273323059
```

5.4.5 相关库和框架

在特征构造阶段，常用的库和框架见表5-10。

表5-10 特征构造中常用的库和框架

名称	简介	相关内容
pandas	该库提供了DataFrame数据结构，是一款高效、便捷的数据操作工具，广泛用于数据预处理和特征构造	数据清洗、数据转换、特征提取、特征变换、特征组合、数据透视表
NumPy	该库是科学计算的基础库，提供支持大规模多维数组和矩阵操作的数学函数库，常用于数值计算	数值计算、矩阵操作、数组操作
scikit-learn	该库包含许多机器学习算法和工具，特别适合特征工程和预处理	特征选择、特征提取、特征缩放、特征变换、缺失值处理、特征降维（如主成分分析、线性判别分析等）、特征选择等
Feature-engine	专门用于特征工程的库，提供多种特征变换和选择的方法	特征选择、特征缩放、特征变换、特征组合、缺失值处理、编码处理
Featuretools	自动化特征工程的库，通过聚合、变换和合并现有的特征，简化了特征工程的流程，特别适用于时序数据和纵向数据	自动化特征构造、深度特征合成、时间序列特征构造
category_encoders	提供多种用于分类变量编码的方法，帮助将分类数据转换为数值特征	编码方法包括：目标编码、频率编码、二值编码、留一编码等
TSFresh	专注于时间序列特征提取，能够从原始时间序列数据中提取大量特征	时间序列特征提取、特征选择
TensorFlow/ PyTorch	深度学习框架，可以用于构造复杂的神经网络特征，如卷积层、循环层等，适用于图像、文本和序列数据	特征标准化、特征缩放、特征选择、特征提取、嵌入层、张量操作、数据管道
spaCy/ NLTK/gensim	自然语言处理库，适用于文本数据的特征提取	词性标注、命名实体识别、词频统计、依存解析、词嵌入、文本向量化、文本预处理（分词、去停用词、词干提取、词形还原）

5.5 特征三化

图5-64为本节内容的思维导图。

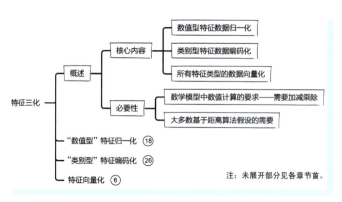

图 5-64　本节内容的思维导图

5.5.1　特征三化概述

背景	经过前边几个章节的数据预处理过程，可能会存在以下几个问题。 ● 数据尺度不一致：在处理后的数据集中，数值型特征往往具有不同的量纲和范围。例如，一个特征可能是身高（以厘米为单位），而另一个可能是体重（以千克为单位）。机器学习模型对于不同量纲的特征可能表现不佳，因此还需要进行归一化。 ● 数据格式不符合模型要求：机器学习模型通常基于数学公式进行训练，而类别型特征（如性别、颜色等）无法直接输入模型。因此，还需要将类别型特征转换为模型可接受的数值形式，需要进行特征编码化。 ● 数据形式不统一：需要将经过归一化和编码的特征合并成一个整体，即将所有特征组合成一个特征向量，作为模型的输入。因此，还需要特征向量化。
简介	特征三化的核心内容包括对特征数据的归一化、编码化和向量化。这三个步骤分别针对数值型特征数据、类别型特征数据以及所有特征类型的数据进行处理，旨在将原始数据转换成适合机器学习模型输入的形式，提高模型的性能和泛化能力。最终，会得到数字形式（或无量纲化）的特征，特征矩阵从而完全成了真正意义上的数值矩阵。
核心内容	特征三化主要包含数值型特征数据归一化、类别型特征数据编码化、所有特征类型的数据向量化。 （1）数值型特征数据归一化：数值型特征往往具有不同的尺度和范围，为了消除这些特征之间的尺度差异，并帮助模型更好地捕捉数据的整体趋势，而不必关注每个具体的数值，常用的方法是对数值型特征进行归一化处理，使其值落在一个相似的范围内。常见的归一化方法包括 Min-Max 标准化和 Z-Score 标准化等。 （2）类别型特征数据编码化：类别型特征是指具有固定类别或标签的特征，例如性别、地区等。在机器学习模型中，这些特征需要被转换成数值形式才能被有效地处理。常用的编码化方法包括独热编码（One-Hot Encoding）、标签编码（Label Encoding）等。 （3）所有特征类型的数据向量化：机器学习模型通常要求输入是向量形式的数据，因此需要将所有特征转换成向量形式。对于数值型特征，其向量形式即为其本身；对于类别型特征，可以使用独热编码等方法将其转换成向量形式；对于其他类型的特征，也可以根据具体情况进行相应的转换，例如文本数据可以使用词袋模型（Bag of Words）或词嵌入（Word Embedding）等方法将其转换成向量形式。

第 5 章
数据工程（数据分析+数据处理）
（续）

必要性	通过特征三化，可以消除特征之间的尺度差异、处理类别型特征的表示方式，并将所有特征转换成数值形式，从而为机器学习模型提供更好的输入。数值化的必要性如下所示。 （1）满足数学模型中数值计算的要求——即需要进行加、减、乘、除运算：许多机器学习算法（例如线性回归、支持向量机等）依赖于数学模型进行训练和预测，即算法本质上是数学模型的一种具体实现。而数学模型需要对数据进行加、减、乘、除等数值计算（求和、求平均值等），而对于字符串（string）格式的类别型特征数据无法直接进行这样的操作，需要将编码转换为数值型才能参与数学运算。当然，sklearn 库对应具体实现函数本身的统一标准要求，要求输入 x 必须是数值型数据。 • 如图 5-65 所示为 sklearn.tree.DecisionTreeClassifier.fit 函数对参数的要求。输入的数据类型要为 32 位浮点数，尽管 y 可以为 string 类型，但其底层代码逻辑依旧进行了特征编码。因此，文字、图像、语音等非数字数据一般无法直接进入算法，而是需要对类别型特征进行编码，将其转换为数值表示，以便算法能够理解和处理。 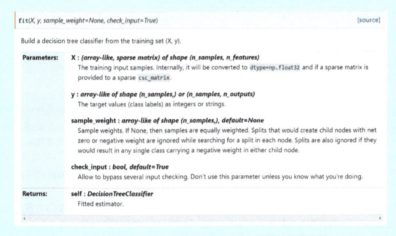 图 5-65 sklearn.tree.DecisionTreeClassifier.fit 函数文档 （2）满足大多数基于距离算法假设的需要：一些基于距离或梯度下降等数学原理的算法，例如支持向量机、线性回归、逻辑斯谛回归等，则通常需要将非数值型的特征进行数字化。这是因为这些算法的数学模型要求输入的特征是数值型的，这样才能进行计算。 • 线性模型：线性算法假设特征与目标之间存在线性关系，只能操作数值属性，必须对其进行编码数字化。如果入模特征中包含非数值型数据，则线性方法不能直接应用。 • 树类模型：例如决策树、随机森林等基于树的算法，理论上，它们可以直接处理非数值型的特征，因为它们内部主要基于信息熵等原理（比如信息增益、基尼不纯度等），能够自然地处理类别型特征的不同取值。但是，在现实编程场景中，因为编程函数（比如 sklearn 中的 fit 函数）要求，类别型特征入模前依旧需要数值化，这与库和函数的要求有关。
经验技巧	建议所有特征数字化后（包括类别型特征编码化后）统一采用归一化方法。

5.5.2 "数值型"特征归一化

图 5-66 为本节内容的思维导图。

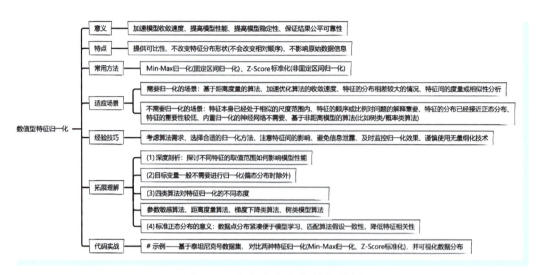

图 5-66 本小节内容的思维导图

1. 数值型特征归一化概述

背景	在数据科学和机器学习任务中，特征的尺度和范围可能会不同，这会影响到某些机器学习算法的性能。因为不同特征的取值范围可能差异较大，有可能导致模型对数值范围较大的特征更为敏感，而对范围较小的特征相对不敏感。这种情况可能导致模型在学习和预测时出现偏倚，而归一化技术能够解决这个问题。为了确保算法的稳定性和收敛性，以及提高模型的准确性，常常需要对数值型特征进行归一化处理。在数值型特征处理中，除了已经是二元化（二值化）的特征外，其他的数值型特征一般都需要进行特征归一化。
简介	特征归一化：特征归一化（或特征无量纲化）是指在机器学习和数据分析中将数值型特征缩放或变换，将不同尺度和范围的数值型特征转换为相似的尺度，最终得到无量纲化的特征，通常在 [0, 1] 或者 [-1, 1] 范围内。它是一种用于处理数值型特征的方法，主要针对连续值进行无量纲化，使其成为标量。这样做可以消除特征之间的量纲差异，有利于提高机器学习算法的性能。 ● 本质：通过一定的数学变换，将数值型特征映射到一个统一的尺度（或区间范围内），使得不同特征之间具有可比性。 ● 目的：目的是消除由于量纲不同、自身变异或者数值相差较大而引起的误差，防止某些特征对模型训练过程中的权重分配产生不合理的影响，确保不同特征对模型的贡献程度相对均匀，防止某些特征因为其数值范围较大而在模型中占据主导地位，尤其是对于那些依赖距离度量的模型，如 KNN、支持向量机等，从而提高机器学习模型的收敛速度、稳定性、准确性和泛化能力。
意义	数值型特征数据归一化的具体意义如下。 ● 加速模型收敛速度：归一化能够消除不同特征数量级带来的影响，可以加速基于梯度下降等迭代算法的求解速度，提升模型训练效率，更适合神经网络系列模型。 ● 提高模型性能：归一化后特征值范围一致，模型更容易学习到各特征之间的内在关系，从而提高分类或预测精度。同时也可以减少由于特征量纲差异引入的随机噪声，降低模型误差。 ● 提高模型稳定性：归一化可以减少特征数值差异过大而导致的模型不稳定性，使模型更加健壮。 ● 保证结果公平可靠性：在使用基于距离计算的算法时，如 KNN、KMeans、PCA 等，归一化后各特征贡献度相近，模型依赖程度与特征本身重要程度更吻合或密切对应，避免因为单一特征值过大而产生不合理结果，比如导致模型对数量级较大特征更为敏感（模型参数会偏向数量级较大的特征）。此外，在多指标体系综合分析场景中，采用归一化可以保证不同指标在综合评估中的公平性。

第 5 章
数据工程（数据分析+数据处理）
（续）

数值型特征数据归一化的特点如下。

特点	

- **提供可比性**：归一化通过消除量纲差异，使得特征具有可比性。归一化将数据转化为无量纲的纯数值，消除了单位限制，使得不同单位或量级的指标能够进行比较和加权，有利于后续算法聚焦于表达数据间内在联系，而不是被数量级差异影响。在统计建模中，如回归模型，自变量的量纲不一致可能导致回归系数无法直接解读或错误解读；归一化可以将所有自变量处理到统一量纲下，有助于进行比较和解释。
- **不改变特征分布形状（不会改变相对顺序）**：归一化不改变特征的原始分布形状，保留了特征之间的相对关系，不会改变每个样本在特征值维度上的排列顺序。这种性质使得归一化后的数据仍然保留原始数据的内在结构信息，对数据改变后不会造成"失效"，同时可以维持数据的表现。
- **不影响原始数据信息**：归一化本质上是线性变换，不会对原始数据结构和分布造成影响，也不增加新信息，起到的是去除量纲干扰的目的。这与一些非线性变换方法如 Box-Cox 变换相比，后者会对原始分布形状有一定改变。

常用的归一化方法包括 Min-Max 归一化和 Z-Score 标准化，其对比见表 5-11。

表 5-11 Min-Max 归一化和 Z-Score 标准化对比

常用方法		Min-Max 归一化	Z-Score 标准化
	简介	Min-Max 归一化是固定区间归一化，适用于特征的取值范围已知，并且不受异常值影响的情况。它将数据线性映射到一个预定义的范围内（固定的区间），通常是 [0, 1] 或者 [-1, 1]	Z-Score 标准化是非固定区间归一化，适用于特征的分布接近正态分布的情况，它通过计算每个特征的均值和标准差，将数据转换成均值为 0，标准差为 1 的标准正态分布。 其中，标准化，顾名思义，和标准分布有关，所以涉及均值、标准差
	适用场景	Min-Max 归一化通常适用于对特征缩放不敏感的算法，比如决策树和随机森林	Z-Score 标准化适用于对特征缩放敏感的算法，比如支持向量机和 KNN 如果数据分布偏态或包含异常值，通常使用 Z-Score 较为合适
	计算方式	Min-Max 归一化的计算方式是简单的线性映射，通过特征的最大值和最小值进行归一化。计算公式如下： $$X_{noramlized} = \frac{X - \min(X)}{\max(X) - \min(X)}$$ $$X_{norm} = \frac{X - X_{\min}}{X_{\max} - X_{\min}}$$	Z-Score 标准化则需要计算特征的均值和标准差，并对每个特征进行减均值除以标准差的操作。计算公式如下： $$X_{standardized} = \frac{X - mean(X)}{std(X)}$$ $$z = \frac{x - \mu}{\sigma}$$
	对数据分布的影响	Min-Max 归一化会将数据线性映射到一个特定的范围内，但它不能处理异常值，因为异常值会拉伸整个范围	Z-Score 标准化不受异常值的影响，因为它使用均值和标准差来描述数据的分布，因此更加稳健
	数据分布变换	Min-Max 归一化不会改变数据的分布形状，只是将数据映射到一个指定的范围内	Z-Score 标准化会将数据转换成均值为 0，标准差为 1 的正态分布形式，使得数据更符合统计学的假设
	相关函数	MinMaxScaler() 函数归一化映射在区间 [0, 1] 中。 MaxAbsScaler() 函数归一映射在区间 [-1, 1] 中	StandardScaler() 函数对数据进行 Z-Score 归一化

（续）

		Min-Max 归一化	Z-Score 标准化
常用方法	特点	范围固定：Min-Max 归一化确保数据映射到一个固定的范围，通常是 [0，1]。 不改变数据分布形状/相对关系：保留原始数据的分布形状，不改变数据的相对关系。 对异常值敏感：对于存在极端值的数据，Min-Max 归一化可能受到异常值的影响	范围不固定：Z-Score 归一化属于基于分布的归一化方法，主要依靠特征值的分布（均值和标准差）来实现归一化，而不是固定的区间。 不改变数据分布形状/相对关系：保留原始数据的分布形状，不改变数据的相对关系。 可以处理异常值：相较于 MinMax 归一化，Z-Score 受异常值的影响较小

以下是一些额外补充。

极差归一化（Min-Max Normalization）：适用于数据分布比较集中的情况。

零均值归一化（Mean Normalization）：使数据分布在均值为 0 的范围内，可以处理均值偏移的问题，如图 5-67 所示。

- 零均值归一化是 Z-Score 归一化的第一步骤。Z-Score 归一化首先要去均值，之后要除以标准差，如下所示，将图形移动到坐标中心，如图 5-67 所示。

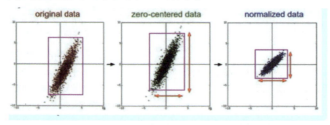

图 5-67 零均值归一化对比 Z-Score 归一化

适应场景	数值型特征数据归一化适用于大多数情况，但在某些特定情况下，进行归一化处理甚至可能会影响模型的性能。因此，在应用时需要根据具体情况考量是否进行归一化处理。 （1）需要归一化的场景如下所示。 - 基于距离度量的算法：适用于距离度量敏感的算法，如 KNN、支持向量机、Kmeans 等。在这些算法中，特征的尺度差异会影响模型的性能，因此需要对特征进行归一化处理。 - 加速优化算法的收敛速度：对特征进行归一化可以使得优化算法更快地收敛，尤其是梯度下降等优化算法（深度学习领域），因为归一化后的特征可以使得梯度的尺度更加一致，避免了学习率的不合理选择。 - 特征的分布相差较大的情况：当特征的取值范围相差较大，或者存在极端大或小的异常值时，进行归一化可以将特征缩放到一个相对均衡的范围内，有助于模型更好地学习特征之间的关系。 - 特征间的度量或相似性分析：在一些需要计算特征间距离或相似性的任务中，如聚类、相似性匹配等，归一化可以确保特征在度量空间中的表现更为一致，从而更好地衡量特征之间的距离或相似性。 （2）大多数情况下，线性回归、逻辑斯谛回归、经典神经网络等模型，需要对数据归一化，但有些情况下例外。不需要归一化的场景如下所示。 - 特征本身已经处于相似的尺度范围内：如果特征本身的取值范围已经较为一致，且不受异常值的影响，那么进行归一化可能会引入不必要的复杂性，反而可能影响模型的性能。例如，在基于时间序列数据预测的任务中，可知所有特征都是同一参数的历史值，都在相似的值范围内，并且具有相同的含义，此时则不需要归一化。 - 特征的顺序或比例对问题的解释重要：在某些场景下，特征的绝对数值并不重要，而是特征的相对顺序或比例更为重要。例如，特征表示的是某个顺序或比例的指标，而不是具体的数值大小，此时进行归一化可能会破坏特征的原始含义。

适应场景	- **特征的分布已经接近正态分布**：如果特征的分布已经接近正态分布，那么进行归一化可能并不会带来明显的改进，因为 Z-Score 标准化本质上也是一种归一化方式，但是会增加计算的复杂性。 - **特征的重要性较低**：在一些特征重要性较低的场景中，进行归一化可能并不会带来明显的性能改进，因为模型对这些特征的依赖程度较低，归一化对模型的影响也相对较小。 - **内置归一化的神经网络不需要**：有些神经网络本身已存在一些内置归一化的层，比如批归一化（Batch Normalization）和层归一化（Layer Normalization）。那么通常不需要额外对数值型特征进行归一化处理。这是因为内置的归一化层已经可以有效地处理数据的归一化工作，避免了手动归一化的必要性。 - **基于非距离模型的算法**：这类算法不依赖于特征之间的距离度量，不关心特征的绝对尺度或者特征之间的线性关系，因此不需要对特征进行归一化。 - **基于树类模型的算法**：决策树、随机森林等树模型通常不需要对特征进行归一化，因为它们不关心特征的绝对值，而是通过比较不同特征之间的相对大小来做出决策。此外，树模型也不受异常值的影响。 - **基于概率模型的算法**：这类算法主要关心的是变量的分布和变量之间的条件概率，而不是特征的绝对值。因此，像朴素贝叶斯、高斯混合模型等概率模型通常不需要对特征进行归一化。 最后，需要注意的是，以上分析并非所有情况下都适用，有时即使是这些算法，特征归一化也可能会带来性能的提升。因此，在实际应用中，还需要根据具体情况来综合考虑是否需要对数值型特征进行归一化处理。
经验技巧	在特征归一化阶段，常用的经验技巧如下所示。 - **考虑算法需求**：归一化技术并非适用于所有机器学习算法。需要根据所使用算法的特性来决定是否对特征进行归一化。通常，在依赖于参数、距离、梯度下降等的算法中，归一化可以带来一定优势，而在树类算法中则不需要。 - **选择合适的归一化方法**：根据数据的分布情况和模型的需求选择合适的归一化方法。如果数据没有明显的离群值，可以选择 Min-Max 归一化；如果数据中存在离群值，或者希望数据转换为正态分布，可以选择 Z-score 归一化。在实际应用中，可以尝试不同的归一化方法，并通过交叉验证等方法比较它们在模型性能上的表现。 - **注意特征间的影响**：在归一化过程中，应该考虑特征之间的关系，避免因为不同特征的归一化方式不同而引入不合理的结果。特别是在对多个特征进行归一化时，要确保它们在同一尺度上。 - **避免信息泄露**：在进行归一化时，应该基于训练集的统计量对训练集和测试集进行归一化，以避免信息泄露导致模型过拟合。在交叉验证等场景下也应该注意这一点。 - **及时监控归一化效果**：归一化后的数据应该保留一定的可解释性，即能够验证归一化后的数据分布是否符合预期，是否满足模型对数据的要求等。因此，在归一化后应该对数据进行可视化或者统计分析，以确保归一化的效果符合预期。 - **谨慎使用无量纲化技术**：尽管归一化在大多数情况下不会损害模型性能，但在实践中要谨慎使用。有时候，在不需要的场景下应用了数据归一化，也许不会降低模型性能（即模型评估得分前后相差不大），但会使解决方案复杂化，同时会引入一些出错的风险。

2. 拓展理解

（1）深度剖析：探讨不同特征的取值范围如何影响模型性能

理论解释	在机器学习模型的训练过程中，特征的取值范围可以对模型的性能产生重要影响。以逻辑斯谛回归为例，模型的权重与特征值的乘积构成了输入的线性组合。如果某个特征的取值范围较大，它在线性组合中的影响可能会比取值范围较小的特征更显著。由于逻辑斯谛回归模型的训练过程涉及梯度下降等优化方法，特征的尺度差异可能导致权重更新不均匀，使得取值范围较大的特征对模型的影响更大。
举例说明	举例来说，假如某数据集中，特征 A 的取值范围是 $[-1000, 1000]$，而特征 B 的取值范围是 $[-1, 1]$。在简化模型中，如果考虑模型的线性部分：$w1 \times x1 + w2 \times x2$，其中 $w1$ 和 $w2$ 是模型的权重，$x1$ 和 $x2$ 是特征。由于特征 A 的取值范围较大，$w1$ 可能需要相应地调整变大，这可能使得 $w2$ 对应特征 B 的权重相对较小，导致特征 B 在模型中的影响微乎其微，即便它的变化是在 $[-1, 1]$ 的范围内。

（续）

解决方案	解决这个问题的常用方法之一是进行特征缩放。通过特征缩放，在逻辑斯谛回归的权重更新过程中，每个特征对模型的贡献更加均匀，避免某些大范围特征主导模型，这样就不会因为数据尺度的差异而导致某些特征被忽略。这有助于确保模型能够充分利用所有特征的信息，提高模型的性能和稳定性。

（2）目标变量一般不需要进行归一化（偏态分布时除外）

目标变量	目标变量一般不需要进行归一化。在机器学习中，一般情况下，对于输入特征进行归一化处理是一种常见的做法，而对目标变量进行归一化是不常见的。特征归一化的目的是确保输入特征在相同的尺度范围内，有助于提高优化算法的收敛速度和稳定性，但目标变量的归一化通常不会对模型的性能产生显著影响，并且有时甚至会导致结果的失真（丢失原始信息），因为目标变量通常直接反映任务的本质含义，它的原始幅度具有一定的物理意义，所以，从模型输出解释性的角度分析，不宜进行范围变换。当然，如果目标变量的分布特别不平衡，可以考虑采用对数变换或采样来缓解这种偏态。因此是否归一化目标变量需要考虑问题本质和采用算法进行处理。 ● 目标变量的尺度一般不会影响模型的预测结果：大多数机器学习模型在进行预测时更关注于特征和目标变量之间的相对关系，而不是目标变量的绝对值。 ● 目标变量归一化可能导致结果失真：对目标变量进行归一化可能会改变目标变量的分布，从而使得模型在预测时产生误差。特别是在某些情况下，目标变量本身可能已经是一个特定的比例尺度，例如房价预测中的数额，归一化可能会破坏其原有的含义。 ● 目标变量归一化并不是解决模型问题的关键：模型的性能主要取决于特征的质量、模型的选择、超参数的调优等因素，而不是目标变量是否进行了归一化。因此，在大多数情况下，对目标变量进行归一化并不是提高模型性能的关键因素。 ● 目标变量归一化更适合用在偏态分布场景：在机器学习任务中，是否对目标变量进行归一化，需要根据具体的模型和任务需求来决定。对于偏态分布的目标变量，可能需要对其进行转换，或者使用不假设变量分布的算法模型（如树模型等）。有些算法（如线性回归、逻辑斯谛回归等）假设目标变量服从正态分布，这通常是为了方便理论推导和参数估计。例如，在线性回归中，对于误差项的假设通常是服从均值为 0、方差为常数的正态分布，这样的假设有助于分析者使用最小二乘法来求解模型参数，同时也能保证参数估计的优良性质，如最小方差无偏性。因此，如果目标变量是偏态分布，直接使用线性模型可能会导致模型性能不佳。

（3）四类算法对特征归一化的不同态度

四类算法对特征归一化的不同态度	通过理解不同算法对特征归一化的需求，可以更好地选择合适的预处理方法，从而提高机器学习模型的性能和稳定性。四类算法对特征归一化的不同态度如下所示。 ● 参数敏感算法：例如线性回归（LiR）、逻辑斯谛回归（LoR）等，模型的参数会受到特征尺度的影响。通过归一化，可以确保特征对模型的影响更加平衡，避免模型过度关注尺度较大的特征而忽略尺度较小的特征。 ● 距离度量算法：例如 K 近邻（KNN）、支持向量机（SVM）、K 均值聚类（K-means）等，这些算法在计算样本之间的距离时，不同特征的尺度会影响距离的计算。归一化有助于确保特征在距离计算中的均等贡献，从而保证距离度量算法的有效性。 ● 梯度下降类算法：例如线性回归（LiR）、逻辑斯谛回归（LoR）、深度神经网络（DNN）、支持向量机（SVM）、K 均值聚类（K-means）等，对特征进行归一化可以加速模型的收敛，防止某些特征对参数更新的影响过大，从而提高算法的效率和稳定性。

| 四类算法对特征归一化的不同态度 | ○ 利用随机梯度下降 SGD 算法，来强调归一化的重要性。
假设有两种数值特征（一组数据的范围 [0，10]；另外一组数据的范围 [0，3]）。在学习率相同的情况，更新速度 $x_1 > x_2$，所以需要更多的迭代才有最优解。如果数值归一化后，x_1 和 x_2 的更更新速度相同，更容易更更快找到最优解。对比如图 5-68 所示，未归一化数据的梯度下降需要 6 步，归一化数据的梯度下降只需要 3 步。 | 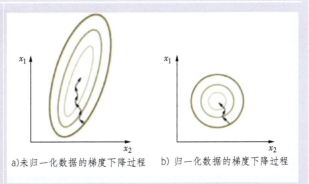
a) 未归一化数据的梯度下降过程　　b) 归一化数据的梯度下降过程
图 5-68　采用随机梯度下降 SGD 算法归一化前后的对比 |

● 树类模型算法：树类模型（如决策树、随机森林、梯度提升树等）通常对特征尺度不敏感。因为树模型在进行节点分裂时的主要依据是数据集关于特征的信息熵（比如信息增益、信息增益比、基尼不纯度等），而不是具体的尺度。即使特征的尺度不同，树模型仍然能够有效地进行分裂，因为它们主要关注特征的相对顺序而不是绝对大小，即与特征是否经过归一化无关。

（4）标准正态分布的意义

标准正态分布的意义

当数据符合标准正态分布时，许多机器学习算法可以更准确地学习和预测，因为它们通常假设数据满足正态分布。因为 Z-Score 归一化的线性变换有很多优秀的性质，如下所示。

● 数据点分布紧凑便于模型学习：正态分布中的大部分数据点都集中在均值附近，这意味着数据的变异性较小，便于模型的学习和理解。

● 匹配算法假设一致性：许多机器学习算法在建模和推理时假设或要求输入数据遵循某种概率分布，如正态分布，否则可能导致偏差或错误的结论，这些算法包括朴素贝叶斯、线性回归、逻辑斯谛回归、神经网络等。

● 降低特征相关性：标准正态分布也有助于降低特征之间的相关性，从而避免过多的冗余信息，提高模型的效率和稳定性。

代码实战

示例——基于泰坦尼克号数据集，对比两种特征归一化（Min-Max 归一化、Z-Score 标准化），并可视化数据分布。

如图 5-69 所示，三张图片展示了泰坦尼克号数据集中不同特征（sibsp、age、fare）的原始分布、Min-Max 归一化分布以及 Z-Score 标准化分布的情况。

如图 5-70 所示，三张图片展示了波士顿房价数据集中不同特征（CRIM、LSTAT、target）的原始分布、Min-Max 归一化分布以及 Z-Score 标准化分布的情况。

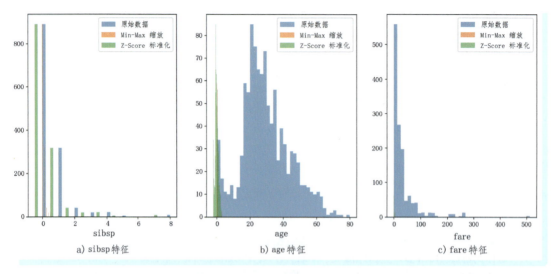

图 5-69　sibsp、age、fare 特征的原始数据、Min-Max 归一化数据、Z-Score 标准化数据的直方图分布对比（数据来自泰坦尼克号数据集）

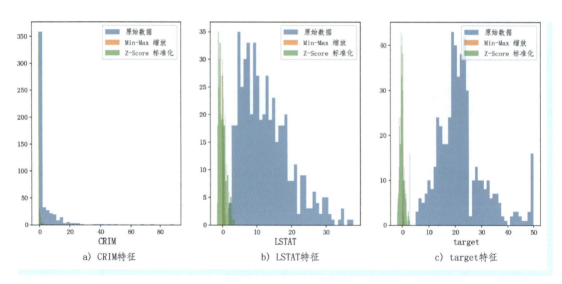

图 5-70　CRIM、LSTAT、target 特征的原始数据、Min-Max 归一化数据、Z-Score 标准化数据的直方图分布对比（数据来自波士顿房价数据集）

5.5.3 "类别型"特征编码化

图 5-71 为本小节内容的思维导图。

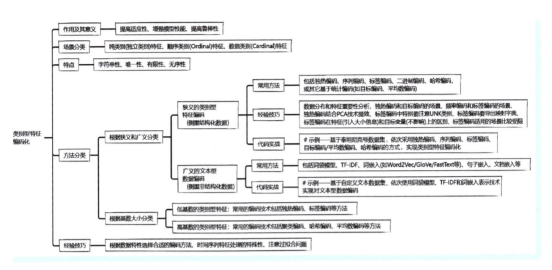

图 5-71 本小节内容的思维导图

1. 类别型特征编码化概述

背景	在数据科学和机器学习领域，类别型特征是数据中的一种常见类型，它们通常用来表示数据的属性或者标签，比如性别、颜色、地点等。这类特征是非数值的，通常以字符串或者整数形式表示不同的类别。由于机器学习算法在训练模型时主要处理数值数据，因此类别型特征需要经过编码（Encoding）处理，转换为数值形式，以便模型能够从中学习。
简介	特征编码化：特征编码是将原始的、非数值型的数据特征（主要特指类别型特征）转换成计算机可以处理的数字形式（数值型）的过程。特征编码的目的是将原始数据中的特征转化为模型可以理解的形式，以便更好地训练和优化模型。 ● 原理：类别型特征数据编码化的原理是将每个类别映射为一个唯一的数值。这种映射可以通过不同的编码方法实现，例如标签编码、独热编码等。 ● 本质：将非数值型的数据映射到数值空间，以便计算机能够进行有效的计算和建模。
作用及其意义	类别型特征编码的主要意义在于提高模型的性能，减少模型对数据的误解。优秀的特征编码能够使模型更容易捕捉到数据中的模式，从而提高预测的准确性。 ● 提高适应性：将类别特征统一转换为数字形式，特征矩阵就完全成了真正意义上的数值矩阵（数学上的矩阵），进而得到计算机可以处理的数字形式。满足了机器学习模型的输入要求，扩展了算法的适用范围，也提高了算法的效率。 ● 增强模型性能：合理编码可以提高样本间相关性，方便算法学习和捕捉类别间的关系，有助于下游模型分类，进而增强预测效果。 ● 提高鲁棒性：不同编码方法在保留不同类别信息的同时，也可能加入一定程度的噪声，有利于提升模型鲁棒性，防止过拟合。
场景分类	类别型特征从是否含有顺序关系角度可以如下分类。 ● 纯类别（独立类别）特征：某个特征下的类别之间既没有顺序，也没有数值所代表的关系，比如［cat, dog, mouse］，特征编码后可以为［1, 2, 3］。 ● 顺序类别（Ordinal）特征：数值间有顺序关系，比如［Excellent, good, average］，数值化后为［3, 2, 1］，可知2>1>0，但没有数值代表的关系。 ● 数值类别（Cardinal）特征：既有顺序也有数值关系，比如［＄1, ＄2, ＄5］，数值化后为［1, 2, 5］。

(续)

特点	类别型特征的主要特点如下所示。 ● 字符串性：类别型特征通常表现为原始字符串形式。 ● 唯一性：每个类别值在特征空间中是独立的，不同类别之间没有相似性。 ● 有限性：类别型特征的子类别是有限的，例如二值（如"是"或"否"）或多值性。 ● 无序性：一般情况下，类别型特征通常是无自然的顺序的。
常用方法分类	类别型特征编码化常用的方法根据角度不同有多种分类。 （1）根据狭义和广义分类 ● 狭义的类别型特征编码：主要研究的数据挖掘、机器学习以及部分计算机视觉领域的结构化数据的特征编码技术。常用方法包括独热编码、序列编码、标签编码、二进制编码、哈希编码，或其他基于统计编码（如目标编码、平均数编码）。 ● 广义的文本型数据编码：主要研究的是 NLP 领域文本型的非结构化数据的特征编码技术，相关内容包括分词、去停用词、词汇编码（词向量化）等。在词汇编码中，常用方法包括词袋模型（Bag of Words）、TF-IDF、词嵌入（如 Word2Vec/GloVe/FastText 等）等。文本类型数据采用的 Word2Vec 比 One-hot 法效果会更好，是因为对于文本这种非结构化的数据结构，前者能把单词或语句之间的关联性表达出来。 （2）根据基数大小分类 ● 低基数的类别型特征（Low-cardinality）：表示分类变量具有较少的唯一值或类别。例如，一个表示"季节"的特征，一般只有四个唯一值，即"春""夏""秋""冬"。常用的编码技术包括独热编码、标签编码等方法。 ● 高基数的类别型特征（High-cardinality）：表示分类变量具有大量的唯一值或类别。例如，一个"用户 ID"变量为例，如果每个用户都有唯一的 ID，那么这个变量就是高基数的。常用的编码技术包括聚类编码、哈希编码、平均数编码等方法，以防止引入过多的维度。 由于高基数变量可能会引入维度灾难，增加模型的复杂性，并可能导致过拟合。因此，对于高基数变量，不推荐采用独热编码，是因为独热编码会导致向量稀疏的问题，即特征向量中大多数元素为零，影响梯度算法的收敛速度，使模型训练变得缓慢。如果必须采用独热编码，可以考虑使用稀疏矩阵来节省内存空间。 针对高基数的类别型特征，除了前述提及的编码技术，另一种常用的方法是将原始的纯类别特征转换为具有顺序或数量关系的数值特征，以减少向量的稀疏性问题。例如，对于"城市"这个特征，可以根据城市的某种内在关系（如人口数量、经济发展水平等）将城市映射为一个相对易于比较的数值，然后将这个数值特征输入模型。这种方法可以一定程度上减轻稀疏性问题，同时也保留了部分原始信息，提高模型训练效率。
经验技巧	在进行类别型数据特征编码化时，常用的经验技巧如下所示。 ● 根据数据特性选择合适的编码方法：在进行类别型特征编码化之前，深入了解数据的特性是至关重要的。了解每个类别特征的含义、取值范围和分布情况，分析类别特征特点和性质，有助于选择合适的编码方法。对于低基数特征，可以使用独热编码等方法；对于高基数特征，可以考虑使用哈希编码或者平均数编码等方法。而对于有序类别，可以使用序列编码、标签编码；对于无序类别，可以使用独热编码，以避免引入不必要的顺序信息。此外，过度编码可能会严重增加特征维度，增加计算成本。应根据实际需求审慎选择编码深度和方式。 ● 时间序列特征处理的特殊性：如果类别型特征涉及时间序列信息，需要考虑特殊的处理方式，例如按照时间顺序进行编码或者提取时间相关的特征。 ● 注意过拟合问题：某些编码方法可能会导致过拟合，特别是对于高基数特征。在选择编码方法时，需要注意避免过度拟合训练数据，可以通过交叉验证和正则化等方法来控制过拟合。

2. 狭义的类别型特征编码：侧重结构化数据

在狭义的类别型特征编码中，常用方法的具体原理及其适应场景见表 5-12。

第5章 数据工程（数据分析+数据处理）

表 5-12 独热编码、序列编码、标签编码、二进制编码、哈希编码、统计编码的原理与适应场景对比

方法	原理	场景
独热编码	独热编码（One-Hot Encoding）：将每个类别映射为一个长度等于类别数量的向量，其中只有一个元素为1，其余为0。 类别型特征的不同值存储在相互垂直的空间，能完整保存类别信息，但受到向量维度的限制	适用于无序、低基数（取值数量较少）类别。例如颜色、国家等，可以消除类别之间的顺序关系，防止引入偏好假设。 比如对季节特征编码，将春夏秋冬编码为 [1, 0, 0, 0]、[0, 1, 0, 0]、[0, 0, 1, 0]、[0, 0, 0, 1]
序列编码	序列编码（Ordinal Encoding）：将类别按照一定的自然顺序或者含义映射为整数，并进行编码，反映类别之间的顺序关系。强调顺序性。 特征之间存在一定的顺序和大小关系，可以包含一定的数值信息	适用于有序类别，例如评分等级、学历等，能够保留类别之间的顺序关系。 尤其适合时间类型的特征，比如对月份特征编码为1~12。比如对学历特征编码，小学为-1、初中为-2、高中为-3、本科为-4、硕士为-5、博士为-6等
标签编码	标签编码（Label Encoding）：将每个类别映射为一个整数，通常按照类别的出现频率或自然顺序，或其他自定义的方式进行编码。 与序列编码的区别是，标签编码不一定必须要考虑顺序。 标签编码节省存储空间，并且支持文本特征编码	标签编码适用于有序或无序的类别，例如星期、教育程度等。对于有序类别，标签编码可以反映出类别之间的顺序关系，因此在逻辑斯谛回归等模型中可以很好地应用。但对于无序类别，标签编码会引入虚假的大小顺序关系，因此在逻辑斯谛回归等模型中可能不太合用，但适用于树模型。 比如对城市特征编码，北京为-1，上海为-2，山东为-3
二进制编码	二进制编码（Binary Encoding）：将每个类别的整数编码为二进制，并将每个二进制位作为一个新的特征。 适用于高基数分类变量，可以减少编码后的维度，并降低计算复杂度。相比独热编码，二进制编码能够节省存储空间。有时候会增加模型的准确度，因为它即表现出顺序关系（4 > 2），又避免了数值关系（4 ≠ 2×2）	适用于具有高基数（取值数量较多）的情况。 比如对颜色特征编码，红为 00，绿为 01，蓝为 10。 比如对学历特征编码，小学为 000，初中为 001，高中为 010，大学为 011，研究生为 100
哈希编码	哈希编码（Hash Encoding）：使用哈希函数将类别映射为一个固定长度的哈希值，通常与特征哈希技巧结合使用。 • 在实际应用中，可以选择常见的哈希函数，如 MD5、SHA-256 或者自定义函数等。然后将哈希值截取为所需的长度。 • 哈希编码虽然降低了维度，但在映射过程中可能会出现不同的原始值被映射到相同的哈希值的情况。这种冲突可能会导致信息的丢失，因为无法从哈希值中唯一地确定原始值，需要进行适当的处理。比如可以通过选择更复杂的哈希函数或者增加哈希值的长度来减少冲突的概率	适用于高基数特征，且样本量较大但是内存空间有限的情况。它将高基数的分类变量映射到一个较小的范围，从而减小特征的维度。这在处理大规模数据集时特别有用。 • 比如使用 Python 自带的 hash 函数将国家特征编码为一个长度范围到 224 的哈希值：中国哈希值为 72，美国哈希值为 180，巴西哈希值为 136，新加坡哈希值为 56，澳大利亚哈希值为 147。注意此函数每次运行结果均为随机。 • 比如使用一个简单的哈希函数对国家特征编码为一个长度为 3 的哈希值：中国哈希值为 001，美国哈希值为 002，巴西哈希值为 003，新加坡哈希值为 001（哈希冲突），澳大利亚哈希值为 004。在这个例子中，可以看到中国和新加坡被映射到了相同的哈希值 001，这就是哈希冲突的情况

(续)

方法	原 理	场 景
统计编码	统计编码（Statistical Encoding）：将类别特征转换为连续值的编码方法，比如平均数编码等。它通过统计分析将每个类别映射为目标变量的统计值，如平均值、中位数等。 • 常用的统计编码包括频率编码、概率编码、目标编码、平均数编码、权重编码、CatBoost 编码等使用各种统计量进行数值化的编码。 • 目标编码（Target Encoder）：将每个类别映射为该类别对应的目标变量的统计值，如平均值或中位数，用于替换原始类别值。 • 平均数编码：平均数编码则是目标编码的一种具体实现，适用于高基数的离散型特征，通常用于引入目标信息以提高模型性能，是数据科学竞赛中常用的一种提分手段。	适用于回归和分类问题，能够提高模型性能，特别是在处理类别特征时。用于表示类别在其他变量中的分布情况等隐含信息。但需注意数据泄漏和处理类别不平衡的情况。
经验技巧	特征编码的经验技巧如下所示。 • 数据分布和特征重要性分析：在选择编码方法之前，首先应该对类别型特征的数据分布进行分析，了解各个类别的频率分布情况，以及这些特征对于目标变量的重要性。这可以通过统计分析或者机器学习模型的特征重要性等方式得到。 • 独热编码和目标编码的场景：独热编码适用于类别数量较少且无序的情况，它将每个类别转化为一个二进制向量。目标编码适用于类别数量较多或者有序的情况，它利用目标变量的信息对类别进行编码。在选择独热编码还是目标编码时，需要考虑类别数量和类别之间的关系。 • 频率编码和标签编码的场景：频率编码将类别转化为其在数据集中的出现频率，适用于类别数量较多但是单个类别出现的频率有明显差异的情况。标签编码将类别转化为连续的整数标签，适用于类别数量较少且有序的情况。 • 独热编码结合 PCA 技术提效：当类别数量很多时，独热编码会导致特征空间变得巨大，这时可以考虑使用 PCA 来降低维度，从而提高效率。 • 标签编码中特别要注意 UNK 类别：在实践中，基于训练集编码后，要考虑某类别型特征出现新子类别的可能性，以保证模型的鲁棒性。比如将类别型特征新出现的未知类别映射为 unknown。 • 标签编码要导出映射字典：标签编码经常需要导出映射字典以保存前后映射关系，以便后续模型的可解释性和应用。 • 标签编码在特征（引入大小信息）和目标变量（不影响）上的区别：在标签编码中，尤其需要注意特征与目标变量之间的区别，因为对于无序的类别型特征，一般不采用标签编码，因其可能会引入大小顺序关系，导致模型对特征的理解出现偏差，而对目标变量的标签编码则不会引起这种问题。 • 标签编码适用的场景比较受限：一般情况下，如果类别特征本身没有大小和顺序关系，则不适合使用标签编码。例如，对动物特征进行编码，dog 编为 1，cat 编为 2，mouse 编为 3 等，此时，会引发一个问题：dog 和 mouse 的平均值等于 cat，但是这与实际情况不符	

代码实战

示例——基于泰坦尼克号数据集，依次采用独热编码、序列编码、标签编码、目标编码/平均数编码、哈希编码的方式，实现类别型特征编码化。

```
# T1、独热编码:比如港口 embarked
OH_method = 'OneHotEncoder'
if OH_method == 'OneHotEncoder':
```

```python
# T1、利用 sklearn 的 OneHotEncoder 函数实现
from sklearn.preprocessing import OneHotEncoder
one_hot_encoder = OneHotEncoder(sparse=False)
one_hot_encoded = one_hot_encoder.fit_transform(titanic_df[[cat_features[0]]])
one_hot_df = pd.DataFrame(one_hot_encoded, columns=one_hot_encoder.get_feature_names_out([cat_features[0]]))
print('OneHotEncoder \n', one_hot_df.value_counts())
titanic_df = pd.concat([titanic_df, one_hot_df], axis=1)
elif OH_method == 'get_dummies':
    # T2、利用 Pandas 的 get_dummies 函数实现
    binary_encoded_df = pd.get_dummies(titanic_df[cat_features[0]], prefix=cat_features[0])
    print('get_dummies \n', binary_encoded_df.value_counts())
    titanic_df = pd.concat([titanic_df, binary_encoded_df], axis=1)

# T2、序列编码:比如 pclass 等级
from sklearn.preprocessing import LabelEncoder
label_encoder = LabelEncoder()
titanic_df['%s_OE '%cat_features[2]] = label_encoder.fit_transform(titanic_df[cat_features[2]])

# T3、标签编码
print("\nLabel encoded data:")
label_encoder = LabelEncoder()
titanic_df['%s_LE '%cat_features[1]] = label_encoder.fit_transform(titanic_df[cat_features[1]])
# 创建标签编码的映射字典
label_mapping = dict(zip(label_encoder.classes_, label_encoder.transform(label_encoder.classes_)))
print(label_mapping)

# T4、目标编码/平均数编码
target_encoded = titanic_df.groupby(cat_features[1])[num_features[0]].mean()
print('TargetEncoder \n', target_encoded)
# 将目标编码结果映射回原始数据集
titanic_df['%s_%s_TE '%(num_features[0], cat_features[1])] = titanic_df[cat_features[1]].map(target_encoded)

# T5、哈希编码
import hashlib
# 定义一个函数来生成哈希编码
def hash_encode(value, modulus=6):    # modulus=10 表示哈希值将被限制在 0 到 10 的范围内
    # 使用 hashlib 的 sha256 函数生成哈希值
    hash_object = hashlib.sha256(str(value).encode())
    hash_hex = hash_object.hexdigest()
    # 将哈希值转换为整数,并应用模运算
    hash_int = int(hash_hex, 16) % modulus
```

```
    return hash_int
hashed_features = titanic_df[cat_features[0]].apply(hash_encode)
# 输出哈希映射:可知此处 S 和 C 都被映射为了 3
hash_mapping = {value: hash_encode(value) for value in titanic_df[cat_features[0]].unique()}
print("Hash Mapping: \n", hash_mapping)
# 将哈希编码映射回原始数据集
titanic_df['%s_HE'%cat_features[0]] = hashed_features

# 输出所有编码结果
print(titanic_df.head())
```

3. 广义的文本型数据编码：侧重非结构化数据

在数据科学和机器学习任务中，特别是在处理分类问题时，经常需要对文本型数据进行编码。文本型数据是指非数字化的数据，比如一些描述性的文本，例如词语、短语或者是类别标签等等。常用方法的具体原理及其适应场景见表 5-13。

表 5-13　词汇编码、词袋模型、TF-IDF、词嵌入、句子嵌入、文档嵌入的原理与适应场景对比

方法	原　理	场　景
词汇编码	词汇编码（Vocabulary Encoding）：将文本型数据转换为向量表示的编码方法。TF-IDF 通过单词的重要性和频率统计，而 Word2Vec 通过捕捉单词语义关系并向量化	适用于自然语言处理和深度学习任务，TF-IDF 适用于文本分类、信息检索等，而 Word2Vec 适用于语义关系建模、文本生成等任务
词袋模型	词袋模型（Bag of Words，BoW）：词袋模型将文本数据表示为一个由单词组成的集合，忽略了单词出现的顺序和语法，只考虑词出现的频率。它通过统计每个单词在文本中出现的次数来构建特征向量。 ● 词袋，顾名思义，将每段文本或文章（按句为单位切分）看作一个袋子（无序集合）里的词，忽略了每个词在文本中出现的顺序。 ● 词袋模型将文本数据表示为一个向量，向量的每个维度对应一个词汇，每个词汇的值表示该词汇在文本中出现的频率。比如"我爱你"和"你爱我"采用 BoW 表示是相同的，但注意，在自然语言理解的任务中，它们却表达了不同的含义	这是编码文本最基本也最常用的方法之一。适用于需要考虑文本中词频而不考虑词序的任务，如文本分类、情感分析等。 案例如下所示。 文本 1："Machine learning is fascinating." 文本 2："I enjoy learning about machine learning." 词袋表示： {"Machine"：2，"learning"：2，"is"：1，"fascinating"：1，"I"：1，"enjoy"：1，"about"：1}
TF-IDF	TF-IDF（Term Frequency-Inverse Document Frequency）：基于词袋模型改进，结合词频和逆文档频率，考虑词在全局集合及单个文本中的重要性。它将一个词在文档中的频率与它在整个文集中出现的频率的倒数相乘，以此来衡量其重要性。 ● 通俗理解为，如果一个单词在非常多的文章里面都出现，那么它可能是一个比较通用的词汇，对于区分某篇文章特殊语义的贡献较小，因此对权重做一定惩罚。即高频但在多个文本重复出现的词将得到较低权重，反之亦然。这可以有效识别重要词语	适用于需要考虑文本中词汇的重要性，同时过滤掉常见词汇的任务，比如信息检索、文本相似度计算、关键词提取等。 案例如下所示。 文本 1："Machine learning is fascinating." 文本 2："I enjoy learning about machine learning." TF-IDF 表示： {"Machine"：0.8109，"learning"：0.4055，"is"：0.4055，"fascinating"：0.8109，"I"：0.4055，"enjoy"：0.4055，"about"：0.4055}

第 5 章 数据工程（数据分析+数据处理）

（续）

方法	原理	场景
词嵌入	词嵌入（Word Embedding）：词嵌入是将文本中的每个单词映射到一个低维连续向量（或实值向量）空间的方法，使得单词之间的语义关系可以在该向量空间中被保留和计算。常见的词嵌入模型包括 Word2Vec、GloVe、FastText 等。当类别之间存在复杂的语义关系时，词嵌入可以提供更加丰富的特征表示。 词嵌入本质上是将文本数据转换为密集的向量表示。这些向量通常在训练过程中通过神经网络学习得到，但需要大量的数据来训练，并且训练过程可能比较耗时。 Word2Vec 是一种基于神经网络的模型，通过预测上下文中的词汇来学习词嵌入。适用于大规模语料库，能够学到更丰富的语义表示	适用于需要捕捉单词之间语义关系的任务，如文本相似度、语言模型、文本生成等。举例如下。 假设将"苹果"映射为 $[0.5, -0.3, 0.8]$，将"橙子"映射为 $[0.7, 0.2, -0.6]$，则这两个词的向量表示可以捕捉到它们之间的语义相似性。
句子嵌入	句子嵌入（Sentence Embedding）：可以将句子或文本片段转换成高维空间中的向量表示。这种方法旨在保持句子中词汇和语义的关系，使得语义相似的句子在向量空间中彼此接近。句子嵌入主要是采用预训练-微调的方式。首先，使用大规模的文本数据对模型进行预训练，例如使用无监督的语言模型训练，这有助于模型学习语言的一般性特征和语义信息。然后，通过在特定的任务或语料上进行微调，使模型能够更好地适应具体的应用场景，如句子相似度判定、文本摘要、机器翻译等。比如 paraphrase-MiniLM-L6-v2 是 Hugging Face 提供的一种预训练的句子嵌入模型，它是基于 Transformers 架构的	适用于需要对句子的语义进行建模和理解的场景下，比如句子相似度判定、文本摘要、机器翻译、文本生成等
文档嵌入	文档嵌入（Document Embedding）：文档嵌入是将整个文档映射到低维向量空间的方法，通常通过对文档中所有单词的词嵌入向量进行加权平均来实现。 Doc2Vec 类似 Word2Vec，但针对整个文本。它对整个文档进行嵌入，将文档表示为一个向量	适用于需要考虑整个文档语境的任务，如文档分类、文档聚类等
对比	词袋模型：简单直观，但丢失了单词的顺序信息和语义信息。 TF-IDF：考虑了单词的重要性，并且能够减少常见单词对文档的影响。 词嵌入：能够更好地捕捉单词之间的语义关系，但需要大量的语料来训练模型，并且对于生僻词效果可能不好	
理解与反思	上述几种编码方法适用于 NLP 各类任务中的文本预处理阶段，如分类、相似度计算等，但是仅考虑词频则容易丢失重要语义和结构信息。目前，Word Embedding 和 Doc2vec 效果较好，但计算量较大，应根据具体问题和资源选择适当方法。此外，以单词为单位以及词向量的技术，对于学习文本深层次知识的能力还有所欠缺，需要设计更优秀的特征工程方法。 单词划分易失原义问题：早期以单词为单位进行文本编码的表示方法，忽略了单词之间的语义关系和顺序，这样做可能会丢失部分原文的深层含义。比如将"Natural Language Processing"直接拆分为三个独立的单词"Natural"、"Language"、"Processing"，这三个单词的聚合意思就不同于它们单独出现的原意。当然，N-gram 模型考虑了相邻单词之间的顺序信息，局部缓解了这一问题。 传统机器学习文本表示不够：传统的机器学习方法使用词嵌入将每个词映射成一个 K 维向量，然后将文档表示为一个 N*K 维的矩阵。然而，这种底层的文本表示难以捕捉文本的完整高层语义和抽象概念。因此，需要在词向量基础上设计更高层次的特征提取方法。谷歌提出了利用 Transformer 等注意力机制强化文本关系建模能力，从而提升文本表示到更深层次，更好地捕捉文本的宏观语义和抽象概念，以提高机器学习模型的性能和效果	

对比文本特征提取的两种方法：CountVectorizer、TfidfVectorizer

在代码实战中，文本特征提取的两种方法包括 CountVectorizer、TfidfVectorizer，两者的对比见表 5-14。

表 5-14　CountVectorizer、TfidfVectorizer 对比表

	CountVectorizer	TfidfVectorizer
简介	一种将文本数据转换为词频矩阵的工具，它统计每个文档中每个单词出现的次数（Term Frequency），并将其表示为一个矩阵	一种基于词频-逆文档频率（TF-IDF）的文本特征提取方法，除了考虑词频（Term Frequency），还考虑了单词在整个语料库中的重要性（Inverse Document Frequency）。TF-IDF 的原理是，字词的重要性随着它在文件中出现的次数成正比增加，但同时会随着它在语料库中出现的频率成反比下降，因为该词很可能是经常遇到的比如"的"、"了"等词，其实就不重要了
权重计算	使用简单的词频计数作为权重，即某个词在文档中出现的次数	考虑了单词在整个语料库中的重要性，使用 TF-IDF 值作为权重，其中 TF 表示词频，IDF 表示逆文档频率
特征表示	产生的特征向量是基于文档中出现的词的频率	产生的特征向量不仅考虑词在文档中的频率，还考虑了词的整体重要性
稀疏性	产生的矩阵可能非常稀疏，因为大多数文档中的词汇量相对较小	由于考虑了逆文档频率，通常产生的矩阵相对稠密
适应场景	适用于文本分类、情感分析等任务和对于高频词重要的场景	更适用于文档相似度计算、信息检索、搜索引擎、推荐系统等需要考虑词的整体重要性的场景
总结	CountVectorizer 和 TfidfVectorizer 有各自的优劣势，选择取决于具体任务需求。在实际应用中，可以根据实验结果和具体场景来选择合适的文本特征提取方法。 　一般情况下，TfidfVectorizer 的特征抽取和量化方法更加具备优势，它在测试文本上可以得到比 CountVectorizer 更加高的预测准确性。同时，在训练文本量较多的时候，利用 TfidfVectorizer 压制这些常用词汇的对分类决策的干扰，可以提升模型性能。 　对停用词进行过滤的文本特征抽取方法，相较于不过滤停用词的模型综合性能，平均高出 3%~4%	
术语解释	停用词：但如果一个词汇几乎在每篇文本中出现，说明这是一个常用词汇，反而不会帮助模型对文本的分类。在训练文本量较多的时候，利用 TfidfVectorizer 抑制这些常用词汇的对分类决策的干扰，往往可以起到提升模型性能的作用。通常称这些在每条文本中都出现的常用词汇为停用词（Stop Words），如英文中的 the、a 等。这些停用词在文本特征抽取中经常以黑名单的方式过滤掉，用以提高模型的性能表现	

计算公式如下所示：

$$\begin{cases} TF(t) = \dfrac{\text{单词 } t \text{ 在当前文中的出现次数}}{\text{单词 } t \text{ 在全部文件中的出现次数}} \\ IDF(t) = \dfrac{\ln(\text{总文档数})}{\text{含单词 } t \text{ 的文档数}} \end{cases} \Rightarrow TF\text{-}IDF \text{ 权重} = TF(t) * IDF(t)$$

$$\begin{cases} TF\text{-}IDF(t,d) = TF(t,d) \times IDF(t) \\ IDF(t) = \log\left(\dfrac{\text{文章总数}}{\text{包含单词 } t \text{ 的文章总数}+1}\right) \end{cases}$$

其中，TF-IDF 常被用来计算权重，$TF(t,d)$ 为单词 t 在文档 d 中出现的概率。$IDF(t)$ 是逆文档频率，用来衡量单词 t 对表达语义所起的重要性。

代码实战

示例——基于自定义文本数据集，依次使用词袋模型、TF-IDF 和词嵌入表示技术实现对文本型数据编码。

```python
from sklearn.feature_extraction.text import CountVectorizer, TfidfVectorizer
from gensim.models import Word2Vec
from nltk.tokenize import word_tokenize

# 示例文本
corpus = [
"This is the first document.",
"This document is the second document.",
"And this is the third one.",
"Is this the first document?",
"The last document is here."
]

# 获取文本的词袋模型、TF-IDF 和词嵌入表示
def get_representations(corpus):
    # 词袋模型
    vectorizer = CountVectorizer()
    X_bow = vectorizer.fit_transform(corpus)
    bow_features = vectorizer.get_feature_names_out()

    # TF-IDF
    vectorizer = TfidfVectorizer()
    X_tfidf = vectorizer.fit_transform(corpus)
    tfidf_features = vectorizer.get_feature_names_out()

    # 词嵌入 (Word2Vec)
    tokenized_corpus = [word_tokenize(doc.lower()) for doc in corpus]
    model = Word2Vec(sentences=tokenized_corpus, vector_size=5, window=2, min_count=1, workers=4)
    word_embeddings = []
    for doc in tokenized_corpus:
        doc_vector = []
        for word in doc:
            doc_vector.append(model.wv[word])
        doc_vector = sum(doc_vector) / len(doc_vector)  # 取平均向量作为文档向量
        word_embeddings.append(doc_vector)
    word2vec_features = model.wv.index_to_key
    return X_bow.toarray(), X_tfidf.toarray(), word_embeddings, bow_features, tfidf_features, word2vec_features

# 输出同一个单词的三种不同表示结果
```

```python
def compare_word_representation(word, bow_features, tfidf_features, word2vec_features):
    print("Word:", word)
    # 在词袋模型中的表示
    if word in bow_features:
        bow_index = list(bow_features).index(word)
        print("Bag of Words Representation:", X_bow[:, bow_index])
    else:
        print("Word not found in Bag of Words representation")

    # 在TF-IDF中的表示
    if word in tfidf_features:
        tfidf_index = list(tfidf_features).index(word)
        print("TF-IDF Representation:", X_tfidf[:, tfidf_index])
    else:
        print("Word not found in TF-IDF representation")

    # 在词嵌入中的表示
    if word in word2vec_features:
        word2vec_index = list(word2vec_features).index(word)
        print("Word Embeddings Representation:", word_embeddings[word2vec_index])
    else:
        print("Word not found in Word Embeddings representation")

# 获取文本的各种表示及特征
X_bow, X_tfidf, word_embeddings, bow_features, tfidf_features, word2vec_features = get_representations(corpus)

# 输出同一个单词的三种不同表示结果
compare_word_representation("document", bow_features, tfidf_features, word2vec_features)

Word: document
Bag of Words Representation: [1 2 0 1 1]
TF-IDF Representation: [0.42712001 0.64612571 0.         0.42712001 0.33841126]
Word Embeddings Representation: [ 0.00600529  0.04058452  0.07684083 -0.01500854 -0.08315567]
```

▶▶ 5.5.4 特征向量化

图 5-72 为本小节内容的思维导图。

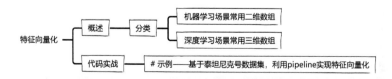

图 5-72 本小节内容的思维导图

第 5 章
数据工程（数据分析+数据处理）

简介	特征向量化是数据预处理阶段的重要步骤，通过将各种类型的特征转换为计算机可处理的数值型向量形式，为后续机器学习算法提供了统一的输入格式，以便于模型的训练和预测。通常采用二维矩阵的方式表示特征，每一行代表一个样本，每一列代表一个特征。这一步骤的本质是把前几个阶段经过预处理后的数值型和类别型特征统一表征规范，并组合在一起，并统一以二维矩阵向量的方式进行表示和存储。在实践中，这些操作通常随数据处理流程水到渠成。
分类	不同类型机器学习算法对输入数据格式的要求不同。传统机器学习算法主要接受二维数组，深度学习算法则通常需要三维的序列作为输入。 ● 机器学习场景常用二维数组：机器学习中的入模数据通常是二维数组，这是因为大多数传统机器学习算法，如逻辑斯谛回归、支持向量机、决策树等，都是对二维表格型数据进行训练和推理的。这些算法只考虑单个特征间的关系，不带时序或位置信息，所以最适合的就是二维表格格式。 ● 深度学习场景常用三维数组：深度学习中的入模数据通常是三维数组，主要是因为深度学习模型（如 RNN 或 CNN）更多地涉及序列数据或图像数据的处理，这些都需要三维格式来描述其内在结构。 在处理序列数据时，例如自然语言处理任务中的文本数据，音频信号处理任务中的音频数据，或者时间序列预测任务中的时间序列数据，每个样本可以看作是一个序列，序列中的每个元素对应一个时间步。 在处理图像数据时，图像通常是一个二维的矩阵，但是考虑到通道的概念，需要将图像数据表示为三维数组，其中最后一个维度表示图像的通道数。 虽然在深度学习中经常处理三维的数据，但并不是所有的深度学习任务都要求输入是三维的。某些任务，比如处理结构化数据或非序列数据的深度学习模型，可能仍然接受二维的输入。 总之，传统算法看重的是单独特征，而深度学习看重的是特征间关系，即输入数据的内在结构，这是它们格式不同的根本原因。所以机器学习数据以二维为主，而深度学习以三维序列/图样数据为主，是由于两者算法本身在处理数据结构上的差异。

代码实战

示例——基于泰坦尼克号数据集，利用 pipeline 实现特征向量化。

```
from sklearn.preprocessing import StandardScaler, OneHotEncoder
from sklearn.compose import ColumnTransformer
from sklearn.pipeline import Pipeline
from sklearn.impute import SimpleImputer

# 划分特征和标签
titanic_df = titanic_df[['pclass','sex','age','fare','embarked','target']]
df_X = titanic_df.drop(label_name, axis=1)   # 特征数据
df_y = titanic_df[label_name]  # 目标标签

# 定义数值型和类别型特征列
df_X['pclass'] = df_X['pclass'].astype('category')
num_features = df_X.select_dtypes(include=['int', 'float']).columns.tolist()
cat_features = df_X.select_dtypes(include=['category']).columns.tolist()
print(num_features)
print(cat_features)

# 定义数据预处理管道
numeric_transformer = Pipeline(steps=[
    ('imputer', SimpleImputer(strategy='median')),
    ('scaler', StandardScaler())
```

```
])
categorical_transformer = Pipeline(steps=[
    ('imputer', SimpleImputer(strategy='most_frequent')),
    ('onehot', OneHotEncoder(handle_unknown='ignore'))
])

preprocessor = ColumnTransformer(
    transformers=[
        ('num', numeric_transformer, num_features),
        ('cat', categorical_transformer, cat_features)
    ])
# 定义完整的数据处理和模型训练流水线
pipeline = Pipeline(steps=[('preprocessor', preprocessor)])
# 应用预处理流水线
X_processed = pipeline.fit_transform(df_X)
# 输出处理后的特征向量化数据
print("特征向量化后的数据:",X_processed.shape)
print(X_processed)
```

5.6 优化特征集

图 5-73 为本小节内容的思维导图。

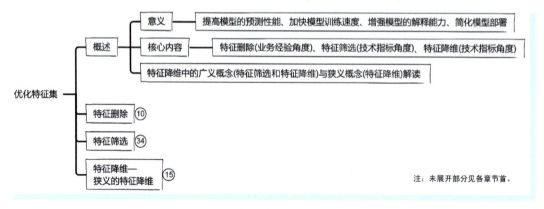

图 5-73　本小节内容的思维导图

5.6.1　优化特征集概述

| 背景 | 优化特征集是数据科学和机器学习任务中的关键环节，旨在提高模型的性能和泛化能力，同时减少计算成本和资源消耗。随着大规模数据和复杂模型应用的普及，优化特征集成为提高模型效果的重要手段。 |

第 5 章
数据工程（数据分析+数据处理）

（续）

背景	当数据集中的特征数量较多时，直接使用所有特征可能会导致很多问题。冗余或无意义特征会增加计算资源消耗，并降低模型效率。更严重的是，这些特征可能会引发过拟合问题，影响模型的泛化能力。 因此，在数据集的特征维度较大时，需要进行特征筛选和优化，以减少冗余特征和无意义特征的影响。尤其是在原始数据经过预处理、特征工程等步骤后，会产生很多特征，这些特征需要进一步筛选才能够作为入模特征，导入到模型中去实现具体的任务。
简介	优化特征集是指通过一系列技术和方法，对前边步骤所得到的特征，通过进一步筛选、降维等操作，以得到更具信息量、更具代表性、更适合模型训练的特征集合。核心步骤包括特征的删除、选择、降维、提取等方面，旨在提取关键特征，消除冗余，简化计算，降低计算复杂度，减少过拟合，提高模型效果。通过提取有意义的、具有表现力的、对任务有益的优秀特征，降低冗余或噪声特征的影响，过滤掉无意义、使结果准确度下降以及没有参与预测的无用特征，来优化模型输入，使其更好地适应任务需求，进而提高模型的性能。
意义	优化特征集的意义如下所示。 ● 提高模型的预测性能：特征集中可能存在对模型预测结果有负面影响的不良或噪声特征。如果使用所有特征进行模型训练，可能会带来过拟合的风险，降低模型的泛化能力。通过删除冗余（比如编号）和噪声特征，可以避免这一问题，从而提高模型在测试集上的预测精度。 ● 加快模型训练速度：少量的特征能够有效提取数据中重要的信息。过多的特征不仅计算成本高，而且包含冗余信息。高度相关的特征虽不直接影响性能，但会浪费计算资源，因为它们提供了类似的信息。选择重要特征后，可以提升模型训练的效率。 ● 增强模型的解释能力：维度过高导致可解释性变弱，根据奥卡姆剃刀原理，模型应当简单易懂。如果特征太多，就失去了可解释性。使用少量易解释的特征，可以帮助分析模型学习出的规律，进而提升模型结果的可解释性。这对于某些舆论敏感或需要解释决策结果的场景尤为重要。 ● 简化模型部署：高维特征空间容易出现维度灾难问题，给模型部署带来障碍。优化特征集能够降低这种风险，使模型部署更加容易，方便模型应用并合理控制资源消耗。
核心内容	优化特征集的两大筛选角度：业务经验、技术指标。 （1）特征删除（业务经验角度）：基于业务经验的特征删除，比如删除无意义特征。 （2）特征筛选（技术指标角度）：包括过滤式、包裹式、嵌入式。 （3）特征降维（技术指标角度）：主要指特征抽取。

特征降维中的广义概念（特征筛选和特征降维）与狭义概念（特征降维）解读如下。

背景	在本小节中，广义的特征降维被描述为一个更广泛的术语，包括使用选择特征的方法和创建新特征的方法来达到降低维度的目的。在数据科学和机器学习任务中，特征降维是优化特征集的重要步骤之一。特征降维的背景是由于实际问题中往往存在大量的特征，而这些特征可能包含大量的冗余信息、噪声或者不相关信息，这不仅会增加计算复杂度，还可能导致模型过拟合或性能下降。因此，通过降低特征空间的维度，可以提高模型的泛化能力，减少计算成本，并且更好地理解数据背后的潜在结构。
简介	广义的特征降维（Feature Reduction，FR）：通过减少数据中的特征数量来降低数据集整体的特征维度，从而减少计算复杂度、提高模型训练速度，同时保留最重要的信息以减少冗余和噪声，防止过拟合，提高模型泛化性能。广义的特征降维可以通过选择最重要的特征（特征筛选）来实现。 狭义的特征降维可以通过技术手段如主成分分析（PCA）来实现。 特征筛选和特征降维（狭义）的对比见表 5-15。 表 5-15 特征筛选和特征降维（狭义）的对比 |	特 征 筛 选	特征降维（狭义）
---	---	---
简介	特征筛选（或特征选择）是通过选择原始特征集的子集，而不是创建新的特征，来降低维度。这个子集被认为包含最相关、最具代表性的特征，以保留原始数据中最重要的信息	特征降维是通过数学变换或模型来创建新的、更抽象的特征集。这些新特征通常是原始特征的线性或非线性组合。这种方法的目标是创造出对于任务更有意义或更具信息量的特征表示	

（续）

（续）

		特征筛选	特征降维（狭义）
简介	侧重点	强调减少特征个数	侧重于通过变换得到新的特征表示
	特点	只是对现有的特征进行筛选，选择原始特征集的子集，而没有改变特征的值，即特征本身没有变化，筛选后的特征依旧保留了原始特征的实际意义	利用现有的特征创建新的特征集，新特征是原始特征的组合或变换。即特征发生了根本性的变化，改变了特征的值，降维后的特征大多没有实际意义
	常用方法	常见的特征选择方法包括过滤法、包装法和嵌入法	常见的特征降维方法包括主成分分析（PCA）、独立成分分析（ICA）和自编码器等

5.6.2 特征删除

图 5-74 为本小节内容的思维导图。

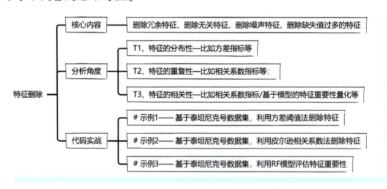

图 5-74 本小节内容的思维导图

背景	在实际应用中，数据集可能包含大量的特征，其中一些可能是冗余的、无关的、噪声的或者包含大量缺失值的，这些特征会对模型的性能产生负面影响，导致模型过拟合或者性能下降。因此，基于业务领域知识，采用特征删除法可以直接且直观地去掉一些简单的特征，这也是优化特征集的主要步骤之一。 注意：本小节的内容不同于前文，前文主要是针对无意义特征的过滤筛选，而本阶段主要是在前文所述基础上，主要从业务角度结合技术分析进行筛选。
简介	本阶段的特征删除是指在基于前文已得到的特征集中直接删除某些特征的过程。这些特征可能是本身无意义的，对目标变量没有贡献的，也可能是对模型预测产生负面影响的冗余特征。 在进行特征删除时，需要结合领域知识和数据统计分析的结果，通过一系列的分析和实验来确定哪些特征应该被删除。特征删除不仅可以减少模型训练的计算复杂度，提高模型的训练速度，还可以提高模型的泛化能力和性能。
核心内容	本阶段的核心内容是基于对数据分布、相关性等的分析，判断特征的价值，并决定是否删除。具体内容如下所示。 ● 删除冗余特征：冗余特征指的是与其他特征高度相关或者线性相关的特征。这些特征在模型训练中并没有提供额外的信息，反而增加了计算复杂度。可以通过计算特征之间的相关系数或者使用降维方法（如主成分分析）来识别和删除冗余特征。 ● 删除无关特征：无关特征是指与目标变量无关或者与目标变量的相关性非常低的特征。这些特征对模型的预测能力没有帮助，应该被删除。可以通过统计方法（如方差分析）或者机器学习模型的特征重要性评估来确定哪些特征是无关的。

核心内容	● 删除噪声特征：噪声特征是指包含大量错误信息或者随机变化的特征。这些特征会干扰模型的学习过程，降低模型的性能。可以通过数据可视化、异常值检测等方法来识别和删除噪声特征。 ● 删除缺失值过多的特征：对于缺失值过多的特征，往往会引入大量的不确定性，影响模型的训练和预测。可以通过设置阈值或者使用插补方法来处理缺失值，或者直接删除缺失值过多的特征。
分析角度	特征删除涉及多个分析角度，其中包括分布性、重复性和相关性。 T1、特征的分布性——比如方差指标等：基于特征的数据分布情况来判断其是否需要删除。可以通过直方图、箱线图等可视化手段进行分析，然后可以考虑删除过于集中或者过于分散的特征。如果方差接近零表示特征在样本间变化较小，缺乏信息量。而对于方差极小的特征，其变化主要由噪声引起，对模型训练几乎没有贡献。例如在一个极端的数据集中，性别特征的男女比例为（99.9%：0.01%），方差接近于0，换句话说，样本在这个特征上基本上没有差异，那么，这个特征对于样本的区分并没有什么用，可以选择删除该特征。 T2、特征的重复性——比如相关系数指标等：基于特征之间的重复程度来判断其是否需要删除。可以通过计算特征之间的相关系数或者使用降维方法（如主成分分析）来识别和删除重复特征。相关系数越接近于1或者-1，表示特征之间的相关性越高，对模型的训练并没有提供额外的信息，反而增加了计算复杂度，可以考虑删除其中之一。在实践中，该步骤其中的一部分是删除已基于此衍生新特征的原始特征。 T3、特征的相关性——比如相关系数指标/基于模型的特征重要性量化等：基于特征与目标变量之间的相关性来判断其是否需要删除。如果某个特征与目标变量的相关性非常低，即使它与其他特征之间存在一定的相关性，也可能会被认为是无关特征，从而被删除。可以通过统计方法（如皮尔森相关系数）或者机器学习模型（如随机森林、梯度提升树等）的特征重要性评估来确定。根据相关性的结果，可以删除与目标变量相关性较低的特征。

代码实战

示例1——基于泰坦尼克号数据集，利用方差阈值法删除特征。

```
def variance_threshold_selector(data_name, data_df, threshold=0.3):
    # 对所有非数值型特征进行标签编码
    non_num_features = data_df.select_dtypes(exclude=['int', 'float']).columns
    from sklearn.preprocessing import LabelEncoder
    label_encoder =LabelEncoder()
    for feature in non_num_features:
        data_df[feature] = label_encoder.fit_transform(data_df[feature])
    print(data_df.info())
    print("原始特征数量:", data_df.shape[1])
    # T1、采用pandas的var函数计算每个特征的方差
    variances_by_pd = data_df.var()
    print('variances_by_pd \n', variances_by_pd)
    # T2、采用Scikit-learn的VarianceThreshold函数通过拟合数据并根据阈值选择特征,可以用于特征选择和过滤
    selector =VarianceThreshold(threshold)
    selector.fit(data_df)
    variances_by_sk = selector.variances_
    dict_variances_by_sk = dict(zip(data_df.columns, variances_by_sk))
    print('dict_variances_by_sk \n', dict_variances_by_sk)
    # 可视化每个特征的方差
    plt.figure(figsize=(10, 6))
```

```python
    plt.bar(range(len(variances_by_sk)), variances_by_sk, tick_label=data_df.columns)
    # plt.xlabel('Features')
    # plt.ylabel('Variance')
    # plt.title('Variance of Each Feature(%s)'%data_name)
    plt.xlabel('特征')
    plt.ylabel('方差')
    plt.title('每个特征的方差(%s 数据集)' % data_name)
    plt.xticks(rotation=20, ha='right')
    for i, v in enumerate(variances_by_sk):
        plt.text(i, v, f"{v:.2f}", ha='center', va='bottom')
    plt.tight_layout()
    plt.show()
    # 获取删除的特征
    removed_features = data_df.columns[~selector.get_support()]
    print('removed_features_by_var:', removed_features)
    data_df = data_df.drop(columns=removed_features)
    print("方差阈值法删除低方差特征后的特征数量:", data_df.shape[1])
    return data_df
data_name = 'titanic'
df_X_filtered_var = variance_threshold_selector(data_name, titanic_df)
```

图 5-75 展示了泰坦尼克号数据集中各个特征的方差，其中"name"和"ticket"特征的方差最高，分别为 142253.97 和 77263.57，表明这两个特征的数据分布最为分散。相比之下，其他特征的方差较低，尤其是"pclass"、"sex"、"sibsp"、"parch"和"embarked"，表明这些特征的数据分布较为集中。

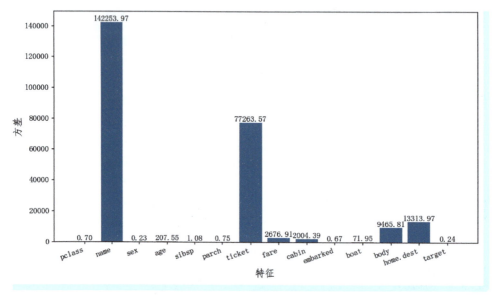

图 5-75　数据集中各个特征方差的柱状图（数据来自泰坦尼克号数据集）

示例 2——基于泰坦尼克号数据集，利用皮尔逊相关系数法删除特征。

```python
def pearson_correlation_selector(data_name, data_df):
    data_df = data_df.select_dtypes(include=['int','float'])
    #计算各个特征之间的绝对值相关系数
    corr_matrix = data_df.corr().abs()
    print(corr_matrix)
    #绘制热图可视化相关系数
    plt.figure(figsize=(10, 7))
    sns.heatmap(corr_matrix, annot=True, cmap='coolwarm', fmt=".2f", linewidths=.5)
    # plt.title('Correlation Heatmap of Numeric Features(%s)'% data_name)
    plt.title('数值型特征的皮尔逊相关性热力图(%s 数据集)'% data_name)
    plt.show()
data_name = 'titanic'
pearson_correlation_selector(data_name, titanic_df)
```

如图 5-76 所示，这张数值型特征的皮尔逊相关性热力图展示了泰坦尼克号数据集中数值特征之间的相关性，其中票价（fare）与船舱等级（pclass）呈现出中等相关（0.56），而其他特征之间的相关性较低。整体来看，除了船舱等级与票价之间有较显著的线性关系外，其余特征之间的相关性较弱，表明这些特征在一定程度上是独立的。

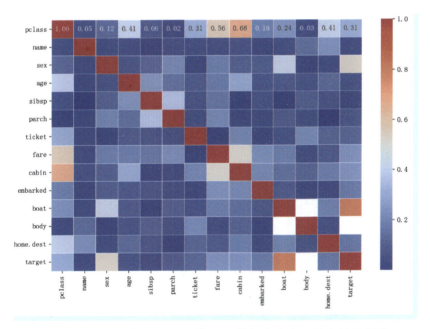

图 5-76　数值型特征的 PCC 热图（数据来自泰坦尼克号数据集）

示例 3——基于泰坦尼克号数据集，利用 RF 模型评估特征重要性。

```python
def feature_importance_selector(data_name, data_df, label_name):
    data_df = data_df[['pclass','sex','age','fare','embarked','target']]
```

```python
    data_df = data_df.fillna(data_df.median())
    df_X = data_df.drop(label_name,axis=1)    # 特征数据
    df_y = data_df[label_name]    # 目标标签
    # 对所有非数值型特征进行独热编码
    non_num_features = df_X.select_dtypes(exclude=['int','float']).columns
    print('non_num_features: ', non_num_features)
    encoded_df = pd.get_dummies(df_X[non_num_features])
    df_X = pd.concat([df_X.drop(non_num_features, axis=1), encoded_df], axis=1)
    print(df_X.info())
    clf = RandomForestClassifier(n_estimators=100, random_state=42)
    clf.fit(df_X, df_y)
    importances = clf.feature_importances_
    feature_names = df_X.columns
    # 绘制特征重要性柱状图
    plt.figure(figsize=(8, 6))
    plt.bar(feature_names, importances)
    # plt.xlabel('Features')
    # plt.ylabel('Importance')
    # plt.title('Feature Importance(%s)'%data_name)
    plt.xlabel('特征')
    plt.ylabel('重要性')
    plt.title('基于RF模型评估特征重要性(%s数据集)' % data_name)
    plt.xticks(rotation=45, ha='right')
    plt.tight_layout()
    plt.show()
data_name = 'titanic'
feature_importance_selector(data_name, titanic_df, label_name)
```

图5-77反映了泰坦尼克号数据集中各特征的重要性,其中票价(fare)、年龄(age)和性别

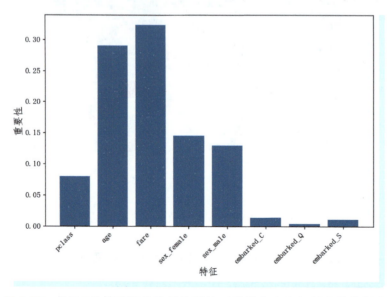

图 5-77 基于 RF 模型评估特征重要性(数据来自泰坦尼克号数据集)

（sex_female 和 sex_male）是最重要的特征，而登船港口（embarked_C、embarked_Q 和 embarked_S）对模型的影响最小。总体来看，经济状况和性别显著影响了乘客的生还几率，而登船港口的影响较小。

5.6.3 特征筛选

图 5-78 为本小节内容的思维导图。

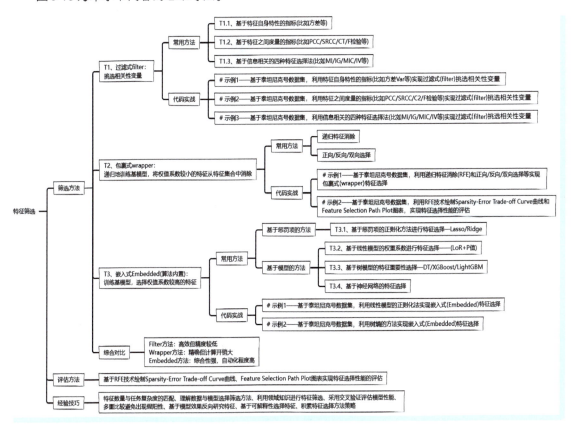

图 5-78 本小节内容的思维导图

简介	特征筛选（Feature Selection）主要是指从原始特征集中选择最具代表性和信息量最高的特征子集，在不太影响模型性能的前提下，减少特征数量，降低特征维度，避免过拟合，提高训练速度和模型的泛化能力，使得模型更符合实际应用场景的需求。在特征筛选过程中，需要考虑如何保留对目标变量预测有用的特征，同时剔除掉对模型无贡献或冗余的特征，从而实现特征降维。 特征筛选的目标是找到对目标变量具有最大预测能力的一些特征，从而在保留较少的特征的情况下，尽可能地提高模型的预测性能。
筛选方法	特征筛选常用的方法包括过滤式、包裹式、嵌入式。
评估方法	评估特征筛选后特征子集的方法：通过各种各样的方法将子集选择出来后，评价选择出的数据集的好坏，采用的方法包括曲线法、图表法等。

稀疏性-误差权衡曲线和特征选择路径图及其对比，如图5-79和表5-16所示。

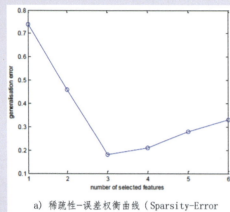
a) 稀疏性-误差权衡曲线（Sparsity-Error Trade-off Curve）

b) 特征选择路径图（Feature Selection Path Plot）

图5-79 稀疏性-误差权衡曲线和特征选择路径图

表5-16 稀疏性-误差权衡曲线和特征选择路径图的对比

评估方法		稀疏性-误差权衡曲线	特征选择路径图
评估方法	概括	权衡选择不同个数的特征对模型性能的变化的影响	选择不同的特征组合对模型性能的变化的影响
	背景	在机器学习中，有时候使用更少的变量（稀疏性）可能导致模型的误差增加，因此，在选择变量个数时需要找到一个平衡点	在特征选择中，一旦确定了要使用的变量个数，需要进一步来指导具体选择哪些变量对模型性能最有利
	简介	稀疏性-误差权衡曲线（Sparsity-Error Trade-off Curve）适用于特征选择场景。该技术涉及选择不同变量个数与模型误差之间的权衡。此图展示了在不同特征数量下模型的泛化误差，其中，横轴是所选特征的数量，纵轴是泛化误差	特征选择路径图（Feature Selection Path Plot）展示了在不同特征数量下，每个特征是否被选中的情况。其中，横轴是所选特征的数量，纵轴是具体的特征。蓝色块表示该特征在对应特征数量下被选中，白色块表示未被选中
	作用及其异议	通过绘制曲线，可以观察在不同的变量个数（或稀疏性水平）下模型的性能表现，以找到最优的变量个数，即权衡稀疏性和误差。 通常来说，曲线上的拐点可能代表良好的权衡点，选择该点可以使得模型在减少变量的同时不过度增加误差	在已确定变量个数的前提下，通过路径图表，可以观察每个变量对模型性能的影响。通过选择那些对性能影响较大的变量，进而选择最优的变量组合
	适用场景	这种曲线常用于选择合适的特征子集，以便在保持模型性能的前提下，减少特征的数量，简化模型。通常用于机器学习和数据挖掘中，以找到模型复杂性和预测精度之间的最佳平衡点。图5-79显示，当选择的特征数为3时，泛化误差最小，说明此时模型表现最佳	这种图用于展示特征选择的过程和路径，帮助理解在增加或减少特征数量时哪些特征是被优先选择的。这在模型构建和特征工程中非常有用，尤其是需要解释特征选择过程的场景

稀疏性-误差权衡曲线和特征选择路径图一起使用，可以有效地帮助数据科学家和机器学习工程师理解特征选择对模型性能的影响，并做出合适的特征选择策略。在实践中，这有助于提高模型的可解释性和性能，同时降低模型的复杂性。

场景	特征筛选主要适用于特征较多、样本较少或需要实现实时预测的场景。特征筛选方法的选择取决于数据集的特征属性、样本数量、模型类型以及任务要求等因素。具体如下所示。 • 当特征空间较大，而样本数量相对较少时，可以考虑使用过滤式方法，因为这类方法计算效率高，不会受到样本数量的限制。 • 当特征空间较小，而样本数量较大时，可以考虑使用包裹式方法或嵌入式方法，因为这类方法可以充分利用样本信息，并且能够更准确地评估特征的重要性。
经验技巧	在特征筛选阶段，常用的经验技巧如下所示。 • 特征数量与任务复杂度的匹配：在选择特征数量时，应考虑数据量的大小和问题任务的复杂度，以找到二者的平衡点。通常，特征的质量优于数量。少量的高质量特征可能比大量特征表现更好。过多的特征可能会导致模型过拟合，而精心设计和选择的特征往往能提高模型的性能。例如，在乳腺癌肿瘤预测任务中，仅使用描述肿瘤形态的两个特征就能达到较高的识别率。 • 理解数据与模型选择筛选方法：在特征筛选过程中，需充分理解数据的特点和模型的需求，以合理选择适用的筛选方法。 • 利用领域知识进行特征筛选：结合领域知识，选择与问题相关的特征，以提高模型的预测能力和实用性。 • 采用交叉验证评估模型性能：在使用包裹式或嵌入式特征筛选方法时，建议采用交叉验证来评估模型性能，确保所选特征对模型的泛化能力有积极影响。 • 多重比较避免出现假阳性：在使用过滤式特征筛选方法时，应考虑多重比较问题，以避免产生假阳性结果。 • 基于模型效果反向研究特征：在不确定哪些特征重要时，可以先进行随机采样建模，然后根据模型效果反向研究特征的重要性。 • 基于可解释性选择特征：在金融等依赖决策的场景中，理解每个特征的贡献至关重要。因此，应尽量选择可解释的特征，以便明确它们如何帮助模型。 • 积累特征选择方法策略：根据特征类型采用不同的选择器。例如，对于类别型特征，可以使用卡方检验或基于树的选择器，并结合 SelectKBest 函数；对于数值型特征，可以使用相关性指标或线性模型进行选择；在二分类问题中，可以使用支持向量机分类器结合 SelectFromModel 函数选择变量。

T1、过滤式（filter）挑选相关性变量

简介	过滤式（filter）挑选相关性变量是指通过某种评价准则或一些统计指标对每个特征进行评估和排序，然后根据这些评分来选择最佳特征子集，从而达到降低特征维度、提高模型性能和减少过拟合的目的。这些统计指标可以是相关系数、互信息、卡方检验等，它们主要衡量了特征与目标变量之间的相关性或依赖性。 • 过滤式主要考察入模特征与目标变量之间的关系程度，通过采用一些筛选特征的评分标准（比如发散性或相关性），通过设定经验阈值或自定义个数，实现特征过滤。 • 过滤式是在特征选择过程中独立于学习算法的一种方法，即先对特征集进行特征选择，再训练学习器。它不考虑学习算法的具体类型，而是直接基于数据集的统计特性来评估每个特征对于预测变量的相关性。
常用方法	在实际应用中，选择哪种特征选择方法通常取决于数据的特点、问题的性质以及模型的类型。有时候，为了获得最佳的特征子集，可能需要结合多种方法。此外，特征选择是一个迭代的过程，可能需要多次尝试不同的特征选择方法和参数设置，以达到最优模型性能。 注意：本小节包含了数据预处理中所涉及的所有相关性指标。基本上每个方法都可以用在回归任务上，即使原先是用在分类任务上（比如卡方检验），也可以通过数据分桶间接应用在回归任务上。 常见的过滤式特征选择方法包括如下几种。 T1.1、基于特征自身特性的指标（比如方差等）的特征选择法介绍见表 5-17。

表 5-17 基于特征自身的指标（方差）的特征选择法 （续）

	类别	简介	适应场景
	方差选择法	方差选择（Variance Thresholding）：方差选择方法通过计算特征的方差来判断特征的重要性，剔除方差低于某个阈值的特征。 • 方差较低的特征表示其取值变化不大，对于目标变量的影响较小（贡献度较小），降低了模型的表现。比如数据库中的"时间分区"字段某个表下均相同，意味着该特征在样本间完全没有变化。 • 当一个特征的方差过大时，意味着特征的取值范围较广，可能会导致模型对该特征的过度敏感，使得模型过拟合。比如数据库中的"编号"字段各不同，意味着该特征在样本间各不相同	适用于高维数据集中剔除方差极端的特征，例如图像数据或传感器数据中可能存在大量方差较小的特征

T1.2、基于特征之间度量的指标（比如 PCC/SRCC/CT/F 检验等）的特征选择法见表 5-18。

常用的指标包括皮尔逊相关系数、斯皮尔曼相关系数、卡方检验、F 检验等。当变量呈线性关系时，使用皮尔逊相关系数更为合适；而当变量不呈线性关系、或者数据存在偏态和异常值时，使用斯皮尔曼相关系数更为适宜。

表 5-18 基于特征之间度量的指标的特征选择法

	分类	原理	适应场景
常用方法	皮尔逊相关系数	皮尔逊相关系数（Pearson Correlation Coefficient，PCCs）：PCCs 用于衡量两个连续变量之间的线性相关程度。 • PCCs 通过计算两个变量之间的协方差，然后将其标准化，以得到皮尔逊相关系数。 • PCCs 的取值区间为 [-1, 1]，绝对值越大相关程度越高。如果 PCC 相关系数为 0（意味着改变这两个特征中的任何一个都不会影响到另一个），只能说明两者线性不相关（即不存在线性关系），但是却不能断定这两个变量是独立的，因为还存在非线性相关的可能。即并不能排除两者之间可能存在其他关系。 • PCCs 只适用于数值型特征，对分类型特征问题效果一般。 • PCCs 有效的前提是两个变量的变化关系是单调且必须是正态分布。	适用于两个连续变量且都服从正态分布的情况。它特别适用于检测和量化线性关系，但不适用于非线性关系的检测
	斯皮尔曼相关系数	斯皮尔曼相关系数（Spearman's Rank Correlation Coefficient）：斯皮尔曼相关系数是一种非参数的秩相关系数，用于度量两个变量的等级（rank）之间的相关性。它不依赖于数据的具体分布，因此对于非线性关系和异常值的鲁棒性更高。 • 斯皮尔曼相关系数将变量的原始值替换为它们的秩次（或等级），然后计算秩次之间的皮尔逊相关系数。 • 斯皮尔曼相关系数对数据的非线性关系更加敏感。 • 斯皮尔曼相关系数是一种度量单调关系（包括线性关系和非线性关系）的好方法，无论这种关系是线性的还是非线性的	适合连续型变量之间的非线性关系，适用于非正态分布（比如偏态和异常值时）的数据，也适用于顺序变量或等级数据
	卡方检验	卡方检验（Chi-square Test）：卡方检验是一种统计方法，用于评估两个分类变量之间的独立性。它衡量了观察到的频率与预期频率之间的偏差程度。在特征选择中，它可以用来评估一个特征与目标变量之间的关联性。 • 卡方检验计算观察频数与期望频数之间的差异，并将其进行平方，然后除以期望频数，最后对所有类别进行求和。该值越大，表示两个变量越相关。 • 卡方检验计算特征与目标变量之间的卡方值，可以衡量特征和目标变量之间的独立性。卡方值越大，说明两个变量的关联度越高，独立性越小	适用于分类特征与分类目标变量之间的关系检测。它不直接适用于连续变量（但可以通过分箱等技术离散化），也不适用于评估变量之间的线性关系

(续)

(续)

分类	原理	适应场景
F检验	F检验（F-test）：F检验，也称为方差比率检验，用于比较两个样本的方差是否有显著差异。在特征选择中，它可以用来判断一个特征是否对目标变量有显著影响，用来评估特征对目标变量的解释能力。 • 计算两组数据的方差比值，即F值。F值越大，表示两组数据的差异越显著。 • F检验捕捉线性相关性，要求数据服从正态分布，追求P值小于显著性水平特征	适用于连续型特征与连续型目标变量之间的关系检测，可以帮助排除与目标变量相关性较低的特征

T1.3、基于信息相关的四种特征选择法（MI/IG/MIC/IV）见表5-19。
常用的指标包括互信息、信息增益、最大信息系数、信息价值等。

表5-19 基于信息相关的四种特征选择法

分类		原理	适应场景
常用方法	互信息（基于信息论）	互信息（Mutual Information，MI）：互信息用于衡量两个变量之间的相关性和相互依赖程度（包括线性和非线性关系）。在特征选择中，互信息可以用来衡量一个特征和目标变量之间的相关性。 • 互信息MI(X,Y)的定义为两个随机变量X和Y的联合分布与各自独立分布的乘积的差值，通过这个差值可以了解X和Y的相关程度。 • 互信息越大，表示一个变量包含另一个变量的信息越多。比如通过互信息可以计算特征和目标变量之间的信息共享程度，值越大，表示特征和目标变量之间的相关性越强。 • 对于分类问题，基于互信息选择法计算的是每个特征与分类结果之间的互信息值，即使用某个特征能够提供多少有关分类结果的信息。 • MI可以处理连续和离散特征，对噪声和缺失值具有一定的鲁棒性，但是其计算复杂度较高，需要大量计算。信息增益的结果对离散化的方式很敏感，而最大信息系数MIC改进了MI的多个缺点，可同时捕捉线性和非线性的关系	适用于分类和回归任务中的特征选择（连续和离散特征），尤其对于非线性关系和高维数据具有较好的效果。例如文本数据或图像数据中常见的非线性关系
	信息增益（基于信息论）	信息增益（Information Gain）：信息增益是决策树中用于选择分裂特征的一种方法，在特征选择中也有广泛的应用，可以衡量特征对目标变量的分类效果。 • 信息增益基于信息熵的概念，本质是使用熵和条件熵的差值来评估特征的重要性。一个特征的信息增益等于熵的减少，即未使用该特征时的熵减去使用该特征后的熵。 • 信息增益计算的是每个特征对分类结果的信息增益或贡献度，即使用某个特征能够让分类结果的不确定性减少了多少。特征的信息增益越大，说明该特征对于分类任务的贡献越大。 • 信息增益选择法在选择特征时不考虑特征之间的相互关系，只考虑单个特征对分类的影响	适用于分类任务，特别是基于决策树算法的特征选择
	最大信息系数（基于统计学）	最大信息系数（Maximal Information Coefficient，MIC）：MIC是一种非参数方法，用于衡量两个变量之间的相关性，不仅可以发现线性关系，还可以探索非线性关系。MIC可以通过计算特征与类别之间的最大信息系数来评估特征的重要性。 • MIC是基于互信息的一种改进，它将互信息扩展到能够检测非线性关系的层面，并对结果进行归一化，使其能够比较不同特征和目标变量之间的依赖程度。 • MIC可以处理连续和离散特征，对噪声和缺失值具有一定的鲁棒性。但其计算复杂度较高，需要大量计算	适用于发现数据中潜在的非线性关系，对于复杂数据集和高维数据有较好的适应性

分类		原 理	适 应 场 景
常用方法	信息价值（基于统计学）	信息价值（Information Value）：信息价值是一种在信用评分模型中常用的特征选择方法，用于衡量一个特征对于目标变量的预测能力。 • 信息价值是一种用来评估一个特征对分类结果的影响程度的指标，它的计算方法是基于特征的分布来计算的。这种方法假设特征值之间存在顺序关系。 • 信息价值衡量了特征在不同取值下对目标变量的贡献程度，通过比较不同取值的信息价值来选择对目标变量具有显著影响的特征。信息价值值越高，表示特征对目标变量的预测能力越强。 • 信息价值可以处理连续型和离散型特征。对噪声和缺失值具有一定的鲁棒性	主要用于评分卡模型、信用评分模型等金融领域的特征选择，尤其是在需要预测客户行为或信用风险的场景中，可以发现对于目标变量影响较大的特征
补充		不同特征之间关系度量的方法如下所示。 • 单调关系：可使用 spearman 相关系数、kendall 等来描述。 • 线性关系：可使用 pearson 相关系数来描述。 • 非线性关系：可使用 MIC、基于模型的特征重要性排序等来描述。	

代码实战

示例1——基于泰坦尼克号数据集，利用特征自身特性的指标（比如方差 Var 等）实现过滤式（filter）挑选相关性变量。

```
def FS_filter_Var(df, Top_i=None, by_thre=False):
    print('FS_filter_Var------------------------------')
    df_variance = df.var()    #计算所有特征的方差
    Var_res_df = pd.DataFrame({'feature': df_variance.index, 'variance_value': df_variance.tolist()})
    Var_res_df = Var_res_df.sort_values(by='variance_value', ascending=False)   #按照互信息值降序排序
    print(Var_res_df.head(Top_i))
    if by_thre:
        thre = 0.2    #设定阈值
        FS_var_cols = df_variance[df_variance > thre].index.tolist()
        print(FS_var_cols)
    return Var_res_df
#标签编码
from sklearn.preprocessing import LabelEncoder
label_encoder =LabelEncoder()
titanic_df_init['name_LE'] = label_encoder.fit_transform(titanic_df_init['name'])
FS_filter_Var(titanic_df_init)
'''
    feature    variance_value
6   name_LE    142362.722059
5   body       9544.688567
```

通过计算可知，name、body 特征的方差很大，因为这些特征的变化范围很大，可能会对模型的训练产生不良影响，使模型过于关注这些特征，从而无法泛化到新的数据。

删除这些方差超大的特征可以帮助提高模型的性能，并简化模型的复杂度，提高模型的泛化能力。

示例 2——基于泰坦尼克号数据集，利用特征之间度量的指标（比如 PCC/SRCC/C2/F 检验等）实现过滤式（filter）挑选相关性变量。

```python
# PCC/SRCC
def FS_filter_CC(data_name,df,label_name):
    # 绘制线性相关性热图
    plt.figure(figsize=(14, 7))
    plt.subplot(1, 2, 1)
    # 将目标列插入到 DataFrame 的列的最前面
    df.insert(0, label_name, df.pop(label_name))
    # 计算 PCC 矩阵
    pcc_matrix = df.corr(method='pearson')
    sns.heatmap(pcc_matrix, annot=True, cmap='coolwarm', fmt=".2f", square=True)
    plt.title('PCC Heatmap(%s)'%data_name)
    plt.xlabel('Features')
    plt.ylabel('Features')
    plt.subplot(1, 2, 2)
    # 计算 SRCC 矩阵
    pcc_matrix = df.corr(method='spearman')
    sns.heatmap(pcc_matrix, annot=True, cmap='coolwarm', fmt=".2f", square=True)
    plt.title('SRCC Heatmap(%s)'%data_name)
    plt.xlabel('Features')
    plt.ylabel('Features')
    plt.tight_layout()
    plt.show()
data_name = 'titanic'
# FS_filter_CC(data_name,titanic_df,label_name)
```

如图 5-80 所示，左图和右图分别展示了泰坦尼克号数据集的皮尔逊相关系数热力图和斯皮尔曼等级相关系数热力图。这两张图揭示了数据集中各特征之间的相关性。

左图展示了皮尔逊相关系数热力图。颜色从红色（正相关）到蓝色（负相关），深浅表示相关性强度。此图表明，目标变量（target）与票价（fare）和女性（sex_female）分别呈现较强的正相关，相关系数分别为 0.24 和 0.53。而目标变量与男性（sex_male）呈现较强的负相关，相关系数为 −0.53。此外，舱位等级（pclass）与票价呈负相关，相关系数为 −0.31。

右图展示了斯皮尔曼等级相关系数热力图。其颜色深浅也表示相关性强度。此图表明，目标变量与票价（fare）和女性（sex_female）分别呈现较强的正相关，相关系数分别为 0.29 和 0.53；与男性（sex_male）呈现较强的负相关，相关系数为 −0.53。同样，舱位等级（pclass）与票价（fare）呈负相关，相关系数为 −0.31。

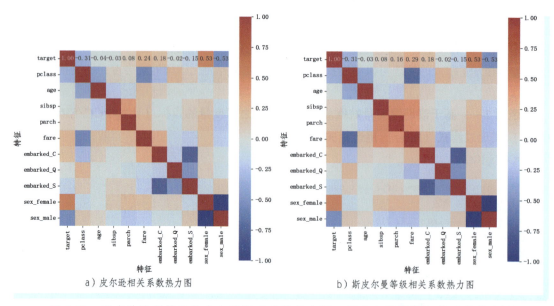

a）皮尔逊相关系数热力图　　　　　　b）斯皮尔曼等级相关系数热力图

图 5-80　所有数值型特征的皮尔逊相关系数热力图、斯皮尔曼等级相关系数热力图
（数据来自泰坦尼克号数据集）

卡方检验 C2

```
def FS_filter_Chi2(data_name,data_df,label_name, select_num=5):
    # 分离特征与标签
    df_X = data_df.drop(label_name, axis=1)   # 分离目标变量
    df_y = data_df[label_name]
    from sklearn.feature_selection import SelectKBest
    from sklearn.feature_selection import chi2
    from sklearn.preprocessing import MinMaxScaler
    # X_norm = MinMaxScaler().fit_transform(df_X)
    # 计算每个特征的卡方,然后使用 get_support 方法获取一个 bool 掩码
    chi_selector = SelectKBest(chi2, k=select_num)
    chi_selector.fit(df_X, df_y)
    s_filter_chi2_support = chi_selector.get_support()
    s_filter_chi2_features = df_X.loc[:, s_filter_chi2_support].columns.tolist()
    print('FS_filter_Chi2: ', len(s_filter_chi2_features), s_filter_chi2_features)
    return s_filter_chi2_support, s_filter_chi2_features
FS_filter_Chi2(data_name,titanic_df,label_name)
```

卡方检验 C2（基于 P 值计算最佳的筛选特征个数）

```
def FS_filter_Chi2_P(data_name,data_df,label_name):
    # 分离特征与标签
    data_frame_X = data_df.drop(label_name, axis=1)   # 分离目标变量
    data_frame_y = data_df[label_name]
    # 特征筛选
    # 根据卡方筛选特征(基于 P 值计算最佳的筛选特征个数)
    from sklearn.feature_selection import chi2
```

```python
from sklearn.feature_selection import SelectKBest
Chi2_value, Chi2_p_value = chi2(data_frame_X, data_frame_y)
# print('Chi2_value', Chi2_value)
# print('Chi2_p_value', Chi2_p_value)
# 根据p值寻找最好的k值
Chi2_k_value = Chi2_value.shape[0] - (Chi2_p_value > 0.05).sum()   # 大于0.05的特征被认为与目标
                                                                   # 关联不大,不太重要
# print('Chi2_k_value', Chi2_k_value)
# 根据卡方值+k值实现筛选特征
Chi2_selector = SelectKBest(chi2, k=Chi2_k_value)
Chi2_selector.fit(data_frame_X, data_frame_y)
df_X_FS_chi2 = Chi2_selector.fit_transform(data_frame_X, data_frame_y)
# print(df_X_FS_chi2)
# 输出选择的特征
FS_filter_chi2_support = Chi2_selector.get_support()
FS_filter_chi2_features = data_frame_X.columns[FS_filter_chi2_support].tolist()
print('FS_filter_Chi2_P:', len(FS_filter_chi2_features), FS_filter_chi2_features)
FS_filter_Chi2_P(data_name,titanic_df,label_name)
```

F检验（基于P值计算最佳的筛选特征个数）

```python
def FS_filter_Ftest_P(data_name,data_df,label_name):
    # 分离特征与标签
    data_frame_X = data_df.drop(label_name, axis=1)   # 分离目标变量
    data_frame_y = data_df[label_name]
    # 特征筛选
    from sklearn.feature_selection import SelectKBest
    from sklearn.feature_selection import f_classif
    Ftest_value, Ftest_p_value = f_classif(data_frame_X, data_frame_y)
    # print('Ftest_value', Ftest_value)
    # print('Ftest_p_value', Ftest_p_value)
    # 根据p值寻找最好的k值
    Ftest_k_value = Ftest_value.shape[0] - (Ftest_p_value > 0.05).sum()
    # print('Ftest_k_value', Ftest_k_value)
    # 根据F检验+k值实现筛选特征
    Ftest_selector = SelectKBest(f_classif, k=Ftest_k_value)
    Ftest_selector.fit(data_frame_X, data_frame_y)
    df_X_FS_Ftest = Ftest_selector.fit_transform(data_frame_X, data_frame_y)
    # print(df_X_FS_Ftest)
    # 输出选择的特征
    FS_filter_Ftest_support = Ftest_selector.get_support()
    FS_filter_Ftest_features = data_frame_X.columns[FS_filter_Ftest_support].tolist()
    print('FS_filter_Ftest_P:', len(FS_filter_Ftest_features), FS_filter_Ftest_features)
FS_filter_Ftest_P(data_name,titanic_df,label_name)
```

示例3——基于泰坦尼克号数据集，利用信息相关的四种特征选择法（比如MI/IG/MIC/IV等）实现过滤式（filter）挑选相关性变量。

```python
def FS_filter_MI_V(data_name,data_df,label_name):
    # 分离特征与标签
```

```python
df_X = data_df.drop(label_name, axis=1)  # 分离目标变量
df_y = data_df[label_name]
# 根据 MI 互信息法筛选特征
from sklearn.feature_selection import mutual_info_classif as MI
from sklearn.feature_selection import SelectKBest
# 互信息法
MI_value = MI(df_X, df_y)  # 互信息量估计
# print('MI_value', MI_value)
MI_k_value = MI_value.shape[0] - sum(MI_value <= 0)
# print('MI_k_value', MI_k_value)
# 根据 MI 筛选特征
MI_selector = SelectKBest(MI, k=MI_k_value)
MI_selector.fit(df_X, df_y)
df_X_FS_MI = MI_selector.fit_transform(df_X, df_y)
# print(df_X_FS_MI)
# 输出选择的特征
FS_filter_MI_support = MI_selector.get_support()
FS_filter_MI_features = df_X.columns[FS_filter_MI_support].tolist()
print('FS_filter_MI_V', len(FS_filter_MI_features), FS_filter_MI_features)
FS_filter_MI_V(data_name, titanic_df, label_name)
```

T2、包裹式（wrapper）特征选择。 递归地训练基模型，将权值系数较小的特征从特征集合中消除

简介	包裹式（Wrapper）：包裹式是一种基于模型性能评估的特征选择方法，其核心思想是将特征选择过程嵌入到特定的机器学习模型训练中，通过评估特定特征子集对模型性能的影响来选择最佳的特征子集。这种方法将特征选择过程看作是搜索问题的过程，其目标是找到最佳的特征子集，使得在该子集上训练的模型性能最优，如递归特征消除。 ● 包裹式主要根据评估指标（比如 ACC、AUC 或 MSE 等）来决定是否添加或删除一个变量，产生特征子集。 ● 包裹式将特征选择看作是一个搜索最佳特征子集的问题，通过构建不同的特征子集，并利用模型性能作为评价指标，选择对模型性能影响最大、量身定做的特征子集。 ● 采用逻辑斯谛回归算法实现包裹式特征选择的思路：首先，使用所有特征训练一个模型；然后，根据线性模型的权重系数（反映了特征与目标之间的相关性），剔除 5%~10% 的权重较低的特征，观察准确率的变化；接着，持续迭代这个过程，直到准确率出现显著下降为止。

常用的包裹式特征选择方法（包括递归特征消除（RFE）和正向/反向/双向选择等）见表 5-20。

表 5-20 常用的包裹式特征选择方法

	类别	简介	适应场景
常用方法	递归特征消除	递归特征消除（RFE）：RFE 是一种基于递归的特征选择方法，其核心思想是通过反复训练模型并逐步剔除最不重要的特征来选择特征子集。其核心思想是从所有特征开始，不断训练模型并移除最不重要的特征，直到达到所需的特征数量或指定的性能度量。 常用方法比如基于模型预测性能的 RFE 和基于系数的 RFE	适用于对特征数量不是很大的数据集，并且对模型性能要求较高的情况

(续)

(续)

类别		简　介	适应场景
常用方法	正向/反向/双向选择	正向/反向/双向选择：正向选择和反向选择是一种启发式的特征选择方法，其核心思想是逐步构建或剔除特征子集，直到达到指定的性能度量。常用方法比如顺序前向选择（SFS）、逐步后向选择（SBS）。 • 正向选择（前向选择方法或集合增加法）是从空特征集开始，逐步添加最重要的特征，直到达到指定的特征数量或最佳性能。 SFS 是一种贪婪算法，每次只考虑添加一个最有利于模型的特征，因此计算成本相对较低。 SFS 通常要结合统计测试（如 F 检验和 T 检验）来确定是否应该将某个特征添加到模型中。 • 反向选择（后向选择方法或集合缩减法）是从所有特征开始，逐步剔除最不重要的特征，直到达到指定的特征数量或最佳性能。 • 双向/逐步选择是正向选择和反向选择的结合，逐步放入最优的变量、移除最差的变量	适用于初始特征数量较大的情况，并且需要逐步构建模型，筛选出最佳特征子集的场景

代码实战

示例1——基于泰坦尼克号数据集，利用递归特征消除（RFE）和正向/反向/双向选择等实现包裹式（wrapper）特征选择。

```python
def FS_wrapper_RFE_LoR(data_df, select_num=5):
    # 分离特征与标签
    df_X = data_df.drop(label_name, axis=1)
    df_y = data_df[label_name]
    from sklearn.feature_selection import RFE
    from sklearn.linear_model import LogisticRegression
    rfe_selector = RFE(estimator=LogisticRegression(), n_features_to_select=select_num)
    rfe_selector.fit(df_X, df_y)
    s_wrapper_rfe_support = rfe_selector.get_support()
    s_wrapper_rfe_features = df_X.loc[:, s_wrapper_rfe_support].columns.tolist()
    print('FS_wrapper_RFE_LoR: ', len(s_wrapper_rfe_features), s_wrapper_rfe_features)
    return s_wrapper_rfe_support, s_wrapper_rfe_features
FS_wrapper_RFE_LoR(titanic_df)
```

示例2——基于泰坦尼克号数据集，利用 RFE 技术绘制 Sparsity-Error Trade-off Curve 曲线和 Feature Selection Path Plot 图表，实现特征选择性能的评估。

```python
def FS_Eval_By_wrapper_RFE_LoR(data_df):
    from sklearn.model_selection import train_test_split
    from sklearn.preprocessing import StandardScaler
    from sklearn.linear_model import LogisticRegression
    from sklearn.feature_selection import RFE
    from sklearn.metrics import accuracy_score
    # 分离特征与标签
    df_X = data_df.drop(label_name, axis=1)
```

```python
df_y = data_df[label_name]

X_train, X_test, y_train, y_test = train_test_split(df_X, df_y, test_size=0.2, random_state=42)
# 标准化特征
scaler = StandardScaler()
X_train = scaler.fit_transform(X_train)
X_test = scaler.transform(X_test)

# 使用 RFE 进行特征选择
model = LogisticRegression()
num_features = list(range(1, X_train.shape[1] + 1))
errors = []
support_matrix = []

for i in num_features:
    rfe = RFE(model, n_features_to_select=i)
    rfe.fit(X_train, y_train)
    y_pred = rfe.predict(X_test)
    error = 1 - accuracy_score(y_test, y_pred)
    errors.append(error)
    support_matrix.append(rfe.support_)

support_matrix = np.array(support_matrix)

# 绘制 Sparsity-Error Trade-off Curve
plt.figure(figsize=(10, 6))
plt.plot(num_features, errors, marker='o')
plt.title('Sparsity-Error Trade-off Curve (%s)'%data_name)
plt.xlabel('number of selected features')
plt.ylabel('generalisation error')
plt.grid()
plt.show()

# 绘制 Feature Selection Path Plot
# 创建自定义的蓝色和白色颜色映射
from matplotlib.colors import LinearSegmentedColormap
cmap = LinearSegmentedColormap.from_list("blue_white", ["white", "blue"])
import seaborn as sns
plt.figure(figsize=(12, 8))
ax = sns.heatmap(support_matrix.T, cmap=cmap, cbar=True, linewidths=0.5)
ax.set_title('Feature Selection Path Plot (%s)'%data_name)
ax.set_xlabel('number of selected features')
ax.set_ylabel('features')
ax.set_xticks(np.arange(len(num_features)) + 0.5)
ax.set_yticks(np.arange(len(df_X.columns)) + 0.5)
ax.set_xticklabels(num_features)
```

```
ax.set_yticklabels(df_X.columns)
# 旋转纵坐标签
plt.yticks(rotation=0)
plt.show()
FS_Eval_By_wrapper_RFE_LoR(titanic_df)
```

如图 5-81 和图 5-82 所示，利用泰坦尼克号数据集，通过 Sparsity-Error Trade-off Curve 方法和 Feature Selection Path Plot 方法进行特征选择和模型优化。

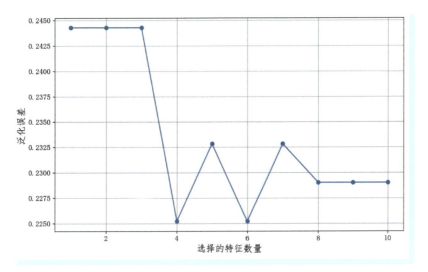

图 5-81　稀疏性-误差权衡曲线（数据来自泰坦尼克号数据集）

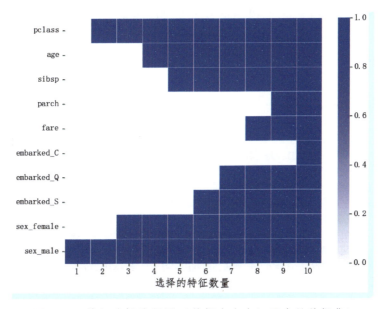

图 5-82　特征选择路径图（数据来自泰坦尼克号数据集）

Sparsity-Error Trade-off Curve（稀疏性-误差权衡曲线）图展示了不同特征选择数量下模型的泛化误差。横坐标表示选择的特征数量，纵坐标表示泛化误差。如图 5-81 所示，当选择的特征数量为 2 时，泛化误差为 0.2450，这是相对较高的错误率。当特征数量增加到 4 时，泛化误差急剧下降至 0.2250，这表明选择更多的特征有助于提高模型的性能。在选择 4 个特征后，泛化误差略有波动，但总体保持在一个较低的水平。当选择的特征数量为 8 或 10 时，泛化误差再次趋于稳定，表明增加更多的特征对模型性能的改善有限。从图中可以看出，选择 4 个特征时，模型的泛化误差最低。进一步增加特征数量，虽然对泛化误差影响不大，但可能会增加模型的复杂性和计算成本。

Feature Selection Path Plot（特征选择路径图）图展示了在不同特征数量下选择的特征路径。横坐标表示选择的特征数量，纵坐标表示特征名称。每个蓝色的方格表示该特征在相应的特征数量下被选择。如图 5-82 所示，sex_male 特征在所有特征选择数量中都被选中，表明该特征在模型中具有重要性。pclass、age、sibsp 等特征在特征选择数量增加时逐渐被选择，这表明这些特征在提高模型性能方面也具有一定的重要性。embarked_C、embarked_Q、embarked_S 等特征在特征选择数量增加到一定程度后才被选择，表明这些特征对模型性能的贡献相对较小。sex_male 是最重要的特征，在所有情况下都被选择。pclass、age、sibsp 等特征在增加特征数量时逐渐被选择，这些特征对模型性能有积极贡献。特征选择路径图有助于识别哪些特征在不同特征数量下对模型性能的重要性，这对于特征工程和模型优化具有指导意义。

最后，通过对 Sparsity-Error Trade-off Curve 和 Feature Selection Path Plot 的分析，可以得出以下结论：

- 选择 4 个特征时模型性能最佳，进一步增加特征数量对性能提升有限。
- sex_male 是最重要的特征，pclass、age、sibsp 等特征在模型中也具有重要性。
- 特征选择路径图提供了对特征重要性的可视化分析，有助于理解特征在不同特征数量下的选择情况。

这些结论为泰坦尼克号数据集的特征选择和模型优化提供了重要的指导，有助于提高模型的性能和解释性。

T3、嵌入式（Embedded）（算法内置）特征选择：训练基模型，选择权值系数较高的特征

简介

嵌入式（Embedded）特征选择是一种在机器学习模型训练过程中自动选择最具代表性特征的方法。它将特征选择与模型训练过程结合起来，在模型训练过程中自动选择最优的特征子集。

- 它与过滤式和包装式的特征选择方法不同，嵌入式方法是将特征选择过程融入到模型的训练过程中。在模型的训练过程中，嵌入式方法会自动地评估特征的重要性，并根据其对模型的贡献程度进行选择或调整。
- 嵌入式特征选择主要是通过模型的训练过程自动地选择具有最高重要性的特征。在模型的训练过程中，嵌入式方法会考虑特征的重要度（比如系数、权重或重要性分值），并根据这些权重或系数的大小来评估特征的重要性，从而确定是否保留或调整特征。
- 嵌入法使用内置的特征选择方法的算法，即利用学习器自身自动选择特征。将两者融为一体，在学习的过程中自动进行特征选择，让模型自行分析特征的重要性。

第 5 章
数据工程（数据分析+数据处理）
（续）

在嵌入式（Embedded）特征选择中，常用的方法具体如表 5-21 所示。

表 5-21 嵌入式常用方法的简介

类别		简介	适应场景
常用方法	基于惩罚项的方法	T3.1、基于惩罚项的正则化方法进行特征选择——Lasso/Ridge： ● L1 正则化（Lasso）：在线性模型中，L1 正则化通过对模型的损失函数添加 L1 正则项，强制使得一些特征的权重系数变为零，从而实现特征的稀疏性，进而达到特征选择的目的。 ● L2 正则化（Ridge）：与 L1 正则化类似，L2 正则化通过对模型的损失函数添加 L2 范数惩罚，减小特征系数的大小，但不会使其完全变为零，因此可以保留更多的特征	当特征数量较多，且存在多个冗余或不相关的特征时，L1 正则化非常有效。它可以帮助识别最具预测性的特征，并剔除无关的特征，从而提高模型的泛化能力
		T3.2、基于线性模型的权重系数进行特征选择——LoR 结合 P 值：LoR 模型权重变量系数正负符号，结合 P 值大小实现变量筛选	
	基于模型的方法	T3.3、基于树模型的特征重要性进行特征选择——DT/XGBoost/LightGBM：基于树模型的方法（如随机森林、梯度提升树）可以通过度量特征在树构建过程中的分裂贡献（或分裂次数）、节点不纯度减少（或信息增益）等来评估特征的重要性。通常，这些方法会将特征按照其重要性进行排序，然后选择排名靠前的特征。 ● 决策树通过信息熵或基尼指数选择分裂节点时，优先选择的分裂特征更加重要。比如 XGBoost 与 LightGBM 模型中的 model_importance 指标正是基于此计算的	基于树模型的特征选择适用于大多数数据类型，尤其是非线性关系较为复杂的情况。它们通常能够很好地处理特征间的交互作用，并且对异常值和缺失值相对不敏感
		T3.4、基于神经网络的特征选择：该方法通常涉及在神经网络训练过程中监控特征的权重或梯度，然后根据这些信息进行特征选择。可以使用类似于 L1 正则化的方法来惩罚不重要的特征，也可以利用梯度信息来衡量特征的重要性	基于神经网络的特征选择方法适用于需要处理大规模数据、高维特征以及非线性关系的场景。然而，由于神经网络的复杂性，这些方法可能会比较耗时，并且需要调整一些超参数
经验技巧		经验技巧如下所示。 ● 引入噪声特征实现特征筛选：通过引入噪声特征并使用机器学习算法训练数据集，可以计算每个特征的权重系数或重要性，反映其对模型的贡献程度。训练完成后，比较特征的重要性，将权重低于某个阈值（如噪声特征权重）的特征筛选掉。 $X_{500\times 30} \leftrightarrow Y$，得到截距系数 b_0，$b_1 \cdots b_{30}$ ↓加一个噪声 $X_{500\times 31}$，得到截距系数 b_0，$b_1 \cdots b_{31}$ → 此时发现 $|b_{20}| < |b_{31}|$	

代码实战

示例1——基于泰坦尼克号数据集，利用线性模型的正则化法实现嵌入式（Embedded）特征选择。

```
def FS_embeded_LoR_L2(data_df):
    # 分离特征与标签
```

```python
    df_X = data_df.drop(label_name, axis=1)
    df_y = data_df[label_name]
    from sklearn.feature_selection import SelectFromModel
    from sklearn.linear_model import LogisticRegression
    # embeded_lr_selector = SelectFromModel(LogisticRegression(), max_features=select_num)   # penalty="l1"
    embeded_lr_selector = SelectFromModel(LogisticRegression(penalty="l2"))   #
    embeded_lr_selector.fit(df_X, df_y)
    s_embeded_lir_support = embeded_lr_selector.get_support()
    s_embeded_lir_features = df_X.loc[:, s_embeded_lir_support].columns.tolist()
    print('FS_embeded_LoR_L2:', len(s_embeded_lir_features), s_embeded_lir_features)
    return s_embeded_lir_support, s_embeded_lir_features
FS_embeded_LoR_L2(titanic_df)
```

示例 2——基于泰坦尼克号数据集,利用树熵的方法实现嵌入式(Embedded)特征选择。

```python
def FS_embeded_LGBMC(data_df):
    # 分离特征与标签
    df_X = data_df.drop(label_name, axis=1)
    df_y = data_df[label_name]
    from sklearn.feature_selection import SelectFromModel
    from lightgbm import LGBMClassifier
    lgbc = LGBMClassifier(verbose=-1)
    embeded_lgb_selector = SelectFromModel(lgbc)
    embeded_lgb_selector.fit(df_X, df_y)
    s_embeded_lgb_support = embeded_lgb_selector.get_support()
    s_embeded_lgb_features = df_X.loc[:, s_embeded_lgb_support].columns.tolist()
    print('FS_embeded_LGBMC:', len(s_embeded_lgb_features), s_embeded_lgb_features)
    return s_embeded_lgb_support, s_embeded_lgb_features
FS_embeded_LGBMC(titanic_df)
```

综合对比

在特征筛选阶段,三种方法的对比(Filter、Wrapper、Embedded)见表 5-22。

表 5-22 三种方法对比(Filter、Wrapper、Embedded)

	过滤式(Filter)	包裹式(Wrapper)	嵌入式(Embedded)
简介	Filter 方法是一种基于特征本身的统计信息或相关性评估,独立于具体的学习算法	Wrapper 方法通过使用具体的学习算法来评估特征的贡献,通常采用交叉验证来选择最佳的特征子集	Embedded 方法是将特征选择嵌入到模型的训练过程中,模型在训练过程中自动选择重要的特征
常见的指标	常见的指标包括方差、互信息、相关系数等	典型的代表是 RFE 和正向选择	常见的有 L1 正则化、L2 正则化、树类算法、神经网络算法等
核心思想	分析自变量与目标变量之间的关系	通过目标函数(AUC/MSE 等),来决定是否加入一个变量	利用学习器自身自动选择特征

(续)

	过滤式（Filter）	包裹式（Wrapper）	嵌入式（Embedded）
特点	最快 • 过滤式方法独立于具体的学习算法，通常在特征选择之前就完成，与具体的学习算法无关。其主要思想是对特征进行统计分析，不考虑具体的模型，直接选择那些最相关的特征	耗内存 • 包裹式方法通过具体的学习算法来评估特征子集的性能，通常使用交叉验证或者其他性能评估方法来选择最佳特征子集。 • 与具体的学习算法密切相关，因此在特定问题上可能会取得更好的性能	最常用 • 嵌入式方法将特征选择作为学习算法的一部分，通过正则化等方法来约束模型的复杂度，从而实现特征选择的目的。 • 嵌入式方法通常与具体的学习算法结合使用，比如在线性模型中使用 L1 正则化
优缺点	• 不需要训练模型，仅基于特征的统计信息，计算速度快，适用于大规模数据集。 • 由于独立于具体学习算法，因此可以与各种模型结合使用 • 忽略了特征之间的相互关系，可能无法发现复杂的特征组合对预测性能的贡献。 • 可能会选择出与目标变量无关的特征，导致特征选择的效果不佳	• 能够发现和捕捉特征之间的相互作用，从而更好地挖掘特征的预测能力。 • 能够考虑特定学习任务的信息，因为评估过程与具体算法有关。选择出的特征子集通常能够更好地适应具体的学习算法，因此在某些情况下性能更优 • 对于不同的学习算法，结果可能有较大差异。 • 计算复杂度很高，计算开销较大，因为需要对每个特征子集都进行训练和评估，不太适合处理大规模数据	• 在模型训练中直接选择特征，避免了额外的计算开销。 • 结合了过滤式和包裹式方法的优点，既考虑了特征之间的关系，又能够高效地处理大规模数据集。 • 选择出的特征子集能够更好地适应具体的学习算法，从而在性能上取得较好的表现 • 对于某些复杂的学习算法，嵌入式方法可能无法很好地进行特征选择，因此在某些情况下性能可能不如包裹式方法。 • 计算开销相对较大，尤其是对于需要进行大量迭代优化的学习算法来说
适合场景	过滤式方法适用于处理大规模数据集和初始探索数据特征的相关性	包裹式方法适用于特征相对较少的数据集	嵌入式方法适用于处理大规模数据集，在训练模型的同时进行特征选择。
总结	• 过滤式偏向于数据的统计信息，包裹式和嵌入式更关注学习任务的性能。 • 包裹式特征选择比过滤式特征选择更精确，但是，由于包裹式在特征选择过程中需多次训练，因此计算开销通常要更大。 • 前两种方法，过滤式和包裹式，是将"子集评价"与"子集选择"分开的，而嵌入法将两者融为一体，在同一个优化过程中完成，在学习训练的过程中，自动进行特征选择		

5.6.4 特征降维（狭义）

图 5-83 为本小节内容的思维导图。

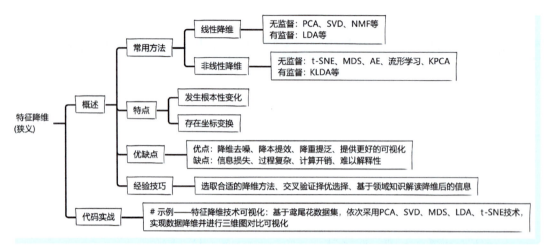

图 5-83　本小节内容的思维导图

背景	随着数据量的增多，特征维度也会随之增加，导致样本空间的大小呈指数级增长，进而引发了诸多挑战。例如，高维特征使得数据变得难以直观理解，同时增加了模型训练的难度，可能导致过拟合等问题。此外，高维数据还可能存在稀疏性，使得人类肉眼对其无法直接识别。 在实际项目中，常会遇到数据具有较高维度的情况，但往往难以确定哪些变量具有代表性。同时，由于变量之间存在耦合性等问题，高维数据不仅复杂难以理解，而且可能导致模型训练问题。此外，往往也难以依靠领域知识手动构建有效特征。因此，为了更有效地处理和分析数据，特征降维成为一项必要的操作。 特征降维是在面对数据量增加和特征维度增多的情况下，为解决维度灾难、减少冗余和噪声、降低计算成本等问题而进行的一种重要操作。广义的特征降维包括特征筛选和狭义特征降维。本节中特征降维主要是指狭义的特征降维技术。主要技术有主成分分析（PCA）、线性判别分析（LDA）等。
简介	特征降维（Feature Reduction，FR）是一种将高维数据映射到低维空间表示中的技术，旨在通过数学方法和模型提取出最具代表性、信息量最大的特征，以便更好地进行数据分析和处理，并揭示数据背后的模式和结构。这有助于降低数据维度，去除噪声，简化模型，降低过拟合，从而提高模型的泛化能力和性能。 ● 理解：特征降维旨在利用已有的特征计算出一个抽象程度更高的新特征集，用一个更加普世的观点和理论，去解释原先杂乱无章的世界。 ● 本质：特征降维的本质在于在保持数据多样性的基础上，消除大量特征冗余和噪声，从而在保留数据关键信息的同时减少数据的维度。 ● 原理：通过找到新的低维特征或投影，将原始数据映射到低维空间中，同时最大程度地保留数据的原始数据的信息（比如结构和差异性）。类似于数据压缩技术，在尽可能保留数据中相关结构的同时，降低了数据的复杂度和维度。
数学模型	特征降维的过程，其实就是机器在学习一个映射函数 $f: x \to y$，其中 x 是原始数据点的表达，y 是数据点映射后的低维向量表达，通常 y 的维度小于 x 的维度。其中 f 可能是显式的或隐式的、线性的或非线性的。

特征降维阶段的常用方法如表 5-23 所示。

表 5-23　特征降维常用方法的简介及其适应场景

	方法	简　介	适 应 场 景
常用方法	PCA	主成分分析（Principal Component Analysis，PCA）：PCA 是一种无监督学习的降维方法，通过线性变换将原始数据投影到新的坐标系上，使得投影数据的方差最大化。它通过找到数据中的主成分（新的特征），即数据中方差最大的方向，来实现降维	PCA 适用于数据特征之间存在线性关系的情况，以及对数据降维后不要求可解释性的场景

(续)

(续)

	方法	简 介	适 应 场 景
常用方法	SVD	奇异值分解（Singular Value Decomposition，SVD）：SVD 也是一种无监督学习的降维方法，它通过将数据矩阵分解为三个矩阵的乘积，找到数据的主要模式。在特征降维中，通常只保留最大的奇异值对应的奇异向量	SVD 适用于处理稀疏数据或需要对数据进行矩阵分解的场景，如自然语言处理中的词嵌入
	NMF	非负矩阵分解（Nonnegative Matrix Factorization，NMF）：NMF 是一种基于矩阵分解的降维方法，它假设原始数据矩阵和分解后的矩阵都是非负的，并通过迭代优化算法找到近似原始数据的低维表示	NMF 适用于处理非负数据，如图像处理、文本挖掘等领域
	LDA	线性判别分析（Linear Discriminant Analysis，LDA）：LDA 是一种有监督学习的降维方法，它将数据投影到一个低维空间，同时最大化类间距离（类别之间的差异）和最小化类内距离，以提高分类性能。它不仅考虑了数据的方差，还考虑了类别之间的区分度	LDA 适用于有监督学习任务的分类问题，且在类别信息对降维有指导意义的情况下，它能够保留最具区分性的特征
	t-SNE	t-分布邻域嵌入（t-Distributed Stochastic Neighbor Embedding，t-SNE）：非线性降维方法，通过保留高维空间中样本之间的相似性信息，将其映射到低维空间。本质是优化高维空间中样本间的相似度与低维空间中样本间的相似度之间的差异	t-SNE 适用于可视化高维数据，尤其是在探索数据的局部结构和聚类结构时效果较好
	MDS	多维尺度分析（Multidimensional Scaling，MDS）：MDS 是一种基于距离的降维方法，它通过保持样本之间的距离关系来实现降维，尽可能地在低维空间中保留原始数据的结构	MDS 适用于需要在低维空间中保持样本之间距离关系的场景，如基于相似性的数据分析
	AE	自编码器（Autoencoder，AE）：自编码器是一种神经网络模型，它尝试学习将数据压缩到低维空间然后再恢复到原始维度的表示，通过最小化重构误差来学习数据的压缩表示	自编码器适用于非线性的数据降维和特征学习，尤其在处理大规模数据和需要学习数据的分布时效果较好

常用方法的线性和监督性分类见表 5-24。

表 5-24 线性降维、非线性降维对比

	线 性 降 维	非 线 性 降 维
无监督	PCA、SVD、NMF	t-SNE、MDS、AE、流形学习、KPCA
有监督	LDA	KLDA

分类

$$降维(DR)\begin{cases} 线性降维 \begin{cases} PCA(USL) \rightarrow SVD \\ LDA(SL) \end{cases} \\ 非线性降维 \begin{cases} 基于核函数 \begin{cases} KPCA \\ KICA \\ KDA \end{cases} \\ 基于特征值\atop(流形学习) \begin{cases} LLE \\ LE \\ LPP \end{cases} \end{cases} \end{cases}$$

特点	特征降维的特点如下所示。 ● 发生根本性变化：在特征降维的过程中，原始特征可能会发生根本性的变化，部分原始特征可能会被消除，而新的特征则可能保留了原特征的一些重要性质。意味着降维后的特征空间不同于原始特征空间，因此可能需要考虑到数据的重新表示和解释。 ● 存在坐标变换：特征降维过程中通常涉及坐标变换，例如在 PCA 等降维方法中，降维后的坐标通常是一个新的坐标系，其中新的坐标轴（主成分）是原始坐标轴的线性组合。这些新坐标通常是通过找到数据中方差最大的方向来定义的。这种坐标变换可以帮助分析者更好地理解数据的结构和关系。
优缺点	特征降维的优点如下所示。 ● 降维去噪：减少特征数量有助于去除冗余信息和噪声，提高模型训练和预测的效率。 ● 降本提效：降低特征数量可降低计算和存储成本，提高模型训练效率，特别是在处理大规模数据集时，资源受限或实时处理的情况下更为经济高效。 ● 降重提泛：降低多重共线性和不稳定性，使模型更可靠，提高泛化能力。比如 PCA 在特征降维过程中确保特征之间相互独立，以避免特征之间的共线性，降低过拟合的风险。 ● 提供更好的可视化：当数据具有多个维度时，人类的感知和理解能力会受到限制，因为人类的大脑往往难以直观地理解高维度的数据结构。通过重构有效的低维度特征向量，将高维数据转换为更易于可视化和理解的形式，有助于直观展示和理解数据。 特征降维的缺点如下所示。 ● 信息损失：特征降维可能会导致信息的损失，因为一些细节信息在降维过程中被舍弃，有时会导致降维后模型性能下降。 ● 过程复杂：降维过程可能较为复杂，需要选择合适的降维方法和参数。 ● 计算开销：某些降维方法可能需要较大的计算开销，特别是处理大规模数据集时。 ● 难以解释性：部分降维算法导致降维后的特征难以被解释，因为降维过程中对特征进行了修改或合并，导致降维后的特征与原始特征之间的关系难以被直观理解。
经验技巧	特征降维的经验技巧如下所示。 ● 选取合适的降维方法：不同的数据集和问题可能需要不同的处理方式，需考虑数据的特点、问题的复杂度以及模型的需求，综合评估各种方法的优劣。例如，对于非线性关系较强的数据，线性降维方法可能无法很好地保留数据特征，所以需要非线性降维算法。 ● 交叉验证择优选择：可以通过交叉验证来评估不同降维策略下模型性能的变化，选择性能最好的降维方案。 ● 基于领域知识解读降维后的信息：结合领域知识和实际经验，对降维后的特征进行解释和分析，确保降维不丢失重要信息。
注意事项	通过特征降维，可以将高维度的数据转换为低维度表示，有助于减少模型训练所需的计算量和存储空间。在处理大规模数据集时，这种节省的时间和资源成本尤为重要。因此，尽管维度压缩可能会导致一定程度的信息损失，但它所带来的模型训练效率提升往往更为显著，从而使得维度压缩在实践中更具吸引力且更划算。

代码实战

示例——特征降维技术可视化：基于鸢尾花数据集，依次采用 PCA、SVD、MDS、LDA、t-SNE 技术，实现数据降维并进行三维图对比可视化。

```
def data_FRs_Plot_3d(data_name,df_data,label_name):
    import matplotlib.pyplot as plt
    from mpl_toolkits.mplot3d import Axes3D
```

```python
# 分离特征与标签
df_X = df_data.drop(label_name, axis=1)   # 特征数据
df_y = df_data[label_name]   # 目标标签
## 可选:选择数字型特征并行填充
# df_X = df_X.select_dtypes(include=['int', 'float'])
# df_X = df_X.fillna(df_X.median())
# 标签编码
from sklearn.preprocessing import LabelEncoder
label_encoder = LabelEncoder()
df_y_LE = label_encoder.fit_transform(df_y)

# (1)数据预处理
# T1、PCA 降维
from sklearn.decomposition import PCA
pca = PCA(n_components=3)
X_pca = pca.fit_transform(df_X)
print('X_pca', X_pca.shape, '\n', X_pca)

# T2、SVD 进行降维
from sklearn.decomposition import TruncatedSVD
svd = TruncatedSVD(n_components=3)
X_svd = svd.fit_transform(df_X)
print('X_svd', X_svd.shape, '\n', X_svd)

# T3、MDS 降维
from sklearn.manifold import MDS
mds = MDS(n_components=3)
X_mds = mds.fit_transform(df_X)
print('X_mds', X_mds.shape, '\n', X_mds)

# T4、LDA 降维
from sklearn.discriminant_analysis import LinearDiscriminantAnalysis
# lda = LinearDiscriminantAnalysis(n_components=3)
n_component_LDA = min(df_X.shape[1], len(np.unique(df_y))) - 1
print('n_component_LDA = ', n_component_LDA)
lda = LinearDiscriminantAnalysis(n_components=n_component_LDA)
X_lda = lda.fit_transform(df_X, df_y)
print('X_lda', X_lda.shape, '\n', X_lda)

# T5、t-SNE 降维
from sklearn.manifold import TSNE
tsne = TSNE(n_components=3)
X_tsne = tsne.fit_transform(df_X)
print('X_tsne', X_tsne.shape, '\n', X_tsne)

# (2)三维图可视化
```

```python
# T1、线性无监督降维算法
fig = plt.figure(figsize=(16, 9))
ax = fig.add_subplot(131, projection='3d')
# 遍历类别并绘制每个类别的数据点
unique_labels = df_data[label_name].unique()   # 获取唯一的类别
for label in unique_labels:
    subset = df_data[df_data[label_name] == label]
    ax.scatter(subset[df_X.columns[0]], subset[df_X.columns[1]], subset[df_X.columns[2]], label=label)
# ax.scatter(df_X[df_X.columns[0]], df_X[df_X.columns[1]], df_X[df_X.columns[2]], c=df_y_LE, cmap='Set1', label='Raw_data')
ax.set_title('Raw_data(%s)'%data_name)
ax.set_xlabel(df_X.columns[0])
ax.set_ylabel(df_X.columns[1])
ax.set_zlabel(df_X.columns[2])
ax.legend()
ax = fig.add_subplot(132, projection='3d')
ax.scatter(X_pca[:, 0], X_pca[:, 1], X_pca[:, 2], c=df_y_LE, cmap='Set1', label='PCA')
ax.set_title('PCA(%s)'%data_name)
ax = fig.add_subplot(133, projection='3d')
ax.scatter(X_svd[:, 0], X_svd[:, 1], X_svd[:, 2], c=df_y_LE, cmap='Set1', label='SVD')
ax.set_title('SVD(%s)'%data_name)
plt.tight_layout()
plt.show()

# T2、非线性无监督降维算法
fig = plt.figure(figsize=(16, 9))
ax = fig.add_subplot(131, projection='3d')
# 遍历类别并绘制每个类别的数据点
unique_labels = df_data[label_name].unique()   # 获取唯一的类别
for label in unique_labels:
    subset = df_data[df_data[label_name] == label]
    ax.scatter(subset[df_X.columns[0]], subset[df_X.columns[1]], subset[df_X.columns[2]], label=label)
# ax.scatter(df_X[df_X.columns[0]], df_X[df_X.columns[1]], df_X[df_X.columns[2]], c=df_y_LE, cmap='Set1', label='Raw_data')
ax.set_title('Raw_data(%s)'%data_name)
ax.set_xlabel(df_X.columns[0])
ax.set_ylabel(df_X.columns[1])
ax.set_zlabel(df_X.columns[2])
ax.legend()
ax = fig.add_subplot(132, projection='3d')
ax.scatter(X_tsne[:, 0], X_tsne[:, 1], X_tsne[:, 2], c=df_y_LE, cmap='Set1')
ax.set_title('T_SNE(%s)'%data_name)
ax = fig.add_subplot(133, projection='3d')
ax.scatter(X_mds[:, 0], X_mds[:, 1], X_mds[:, 2], c=df_y_LE, cmap='Set1')   # Set1 Accent
```

```python
        ax.set_title('MDS(%s)'%data_name)
    plt.tight_layout()
    plt.show()

    # T3、线性有监督降维算法
    fig3 = plt.figure(figsize=(11, 6))
    ax3 = fig3.add_subplot(121, projection='3d')
    # 遍历类别并绘制每个类别的数据点
    unique_labels = df_data[label_name].unique()   # 获取唯一的类别
    for label in unique_labels:
        subset = df_data[df_data[label_name] == label]
        ax3.scatter(subset[df_X.columns[0]], subset[df_X.columns[1]], subset[df_X.columns[2]], label=label)
    ax3.set_title('Raw_data(%s)'%data_name)
    ax3.set_xlabel(df_X.columns[0])
    ax3.set_ylabel(df_X.columns[1])
    ax3.set_zlabel(df_X.columns[2])
    ax3.legend()
    ax3 = fig3.add_subplot(122, projection='3d')
    ax3.scatter(X_lda[:, 0], X_lda[:, 1], X_lda[:, 1], c=df_y_LE, cmap='Set1')
    ax3.set_title('LDA(%s)'%data_name)
    plt.tight_layout()
    plt.show()
from sklearn.datasets import fetch_openml
data_name = 'iris'
label_name = 'target'
iris_data_Bunch = fetch_openml(data_name, version=1, as_frame=True)
iris_df = iris_data_Bunch.data
iris_df[label_name] = iris_data_Bunch.target
print(iris_df.info())
data_FRs_Plot_3d(data_name,iris_df,label_name)
```

图 5-84 和图 5-85 展示了尾花数据集的原始数据和使用不同方法对其进行数据降维后的数据可视化对比。其中，图 5-84 展示了原始数据，包括花萼长度、花萼宽度、花瓣长度、花瓣宽度四个特征。图中选取了其中三个特征进行可视化，可以看到三种鸢尾花（Iris-setosa、Iris-versicolor、Iris-virginica）在高维空间中有一定的分离，但也有部分重叠。图 5-85 的第一张子图是经过主成分分析（PCA）降维后的数据，PCA 保留了数据的最大方差，部分类别有较好的分离，但仍存在重叠。第二张子图展示了奇异值分解（SVD）降维后的数据，SVD 保留了主要的变异方向，分离效果与 PCA 相似。第三张子图是基于 t-分布邻域嵌入（t-SNE）降维后的数据，t-SNE 能够揭示复杂结构，分离效果显著，重叠较少。第四张子图展示了多维尺度分析（MDS）降维后的数据，MDS 保留了样本间的距离关系，但分离效果一般。第五张子图是线性判别分析（LDA）降维后的数据，LDA 的分离效果最佳，类别几乎完全分开，非常适合监督学习任务。

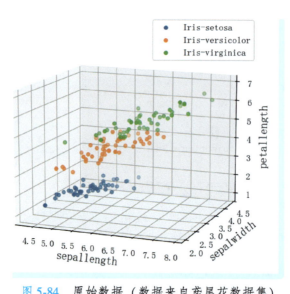

图 5-84 原始数据（数据来自鸢尾花数据集）

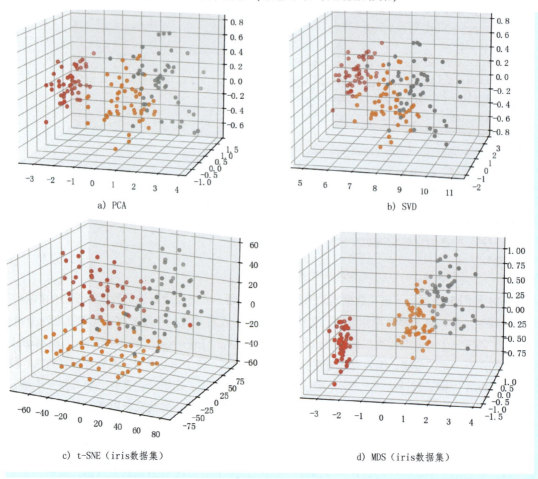

图 5-85 基于原始数据集并采用 PCA、SVD、t-SNE、MDS、LDA 技术实现数据降维并对比三维图（数据来自鸢尾花数据集）

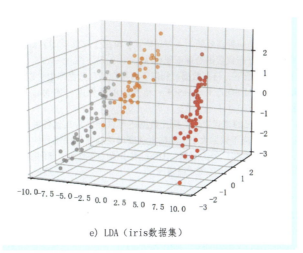

e）LDA（iris数据集）

图 5-85　基于原始数据集并采用 PCA、SVD、t-SNE、MDS、LDA 技术实现数据降维并对比三维图（数据来自莺尾花数据集）（续）

5.7 特征导出（可选）

图 5-86 为本小节内容的思维导图。

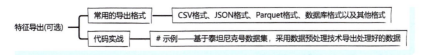

图 5-86　本小节内容的思维导图

背景	前文已经完成了数据预处理和特征工程的全部过程，得到了可以正式入模的数据集。有时，需要导出数据集并导入到模型训练的环境中，以便模型能够学习数据的模式并对其进行性能评估
简介	特征导出是数据预处理和特征工程阶段的最后一个环节，涉及将处理和转换后的特征以特定格式导出，以便后续的机器学习模型使用这些特征进行训练和预测。特征导出的目标是将特征数据转换为可用于模型训练或应用的格式，并且通常需要保持数据的结构完整性和可读性。为了方便后续的模型训练，常见做法是将经过处理后的数据集导出为适合的格式文件，如 CSV 文件、Excel 文件或其他机器学习框架支持的格式。 • 目的：提供一种通用的特征表示方式，使特征可以在不同的数据分析和机器学习平台之间重用。 • 意义：导出的数据集可以在后续步骤中导入到模型中，作为入模特征，用于训练和评估。这有助于整个机器学习流程的可维护性和可重复性。
常用的导出格式	常用的导出格式如下所示。 • CSV 格式：将特征数据导出为逗号分隔值（CSV）文件是最常见的方法之一。这种格式易于理解和使用，几乎所有的数据处理和机器学习工具都支持。将特征作为列，每一行对应一个样本，便于后续的数据加载和处理。 • JSON 格式：JSON 格式是一种轻量级的数据交换格式，支持复杂的数据结构，适合表达多层次的特征数据。导出为 JSON 格式可以保留更多的结构信息，使得数据在处理和传输时更加灵活。

常用的导出格式	• Parquet 格式：Parquet 是一种高效的列式存储格式，可减少存储空间并提高数据读取速度。适用于大规模数据处理场景，尤其适用于分布式数据处理框架如 Apache Spark。 • 数据库格式：在某些场景下，特征数据可能需要直接存储到数据库中，以便后续的查询和应用。常见的数据库包括关系型数据库（如 MySQL、PostgreSQL）和 NoSQL 数据库（如 MongoDB、Cassandra），选择数据库导出取决于数据结构和应用需求。 • 其他格式：除了上述常见的格式之外，特征数据还可以导出为其他各种格式，如 Excel、LibSVM、ARFF、Avro、HDF5 等。具体选择取决于数据大小、结构复杂度以及后续处理流程的要求。Excel 格式适用于手工分析场景；LibSVM 适用于稀疏数据和二分类问题；ARFF 用于描述分类和回归问题的数据集；Avro 适用于大规模数据存储和交换；HDF5 适用于科学计算和工程领域。
实战	本小节所涉及的核心函数如下所示。 T1、CSV/Excel 格式：利用 pandas 库的 to_csv() 函数将数据集保存为 CSV 格式，该格式适用于多种机器学习算法。 data.to_csv('processed_data_export.csv', index=False) data.to_excel('processed_data_export.xlsx', index=False) T2、SQL 数据库格式：将数据集保存在关系型数据库中，使用 pandas 库的 to_sql() 函数将数据集导出到数据库中。 import sqlite3 conn = sqlite3.connect('mydatabase.db') data.to_sql('mytable', conn, if_exists='replace', index=False) T3、特定机器学习框架格式：根据机器学习框架的要求，将数据集保存为特定格式，比如 LibSVM 格式或 ARFF 格式。 from sklearn.datasets import dump_svmlight_file dump_svmlight_file(X, y, 'iris.svm')

代码实战

示例——基于泰坦尼克号数据集，采用数据预处理技术导出处理好的数据。

```
from sklearn.datasets import fetch_openml
data_name = 'titanic'
label_name = 'target'
titanic_data_Bunch = fetch_openml(data_name, version=1, as_frame=True)
titanic_df = titanic_data_Bunch.data
titanic_df[label_name] = titanic_data_Bunch.target
print(titanic_df.info())

import pandas as pd
from sklearn.preprocessing import OneHotEncoder

# 数据预处理和特征工程
# 选择适合的特征
titanic_df = titanic_df[['pclass', 'sex', 'age', 'sibsp', 'fare', 'embarked', 'target']]

# 处理缺失值
# 使用 fillna 方法将缺失值填充为中位数
mis_features = ['age', 'fare', 'embarked']
titanic_df[mis_features] = titanic_df[mis_features].fillna(titanic_df[mis_features].median())
```

```python
# 特征编码
encode_features = ['sex', 'embarked']
encoder = OneHotEncoder()
features_encoded = encoder.fit_transform(titanic_df[encode_features])

# 将编码特征与原始数据集合并
titanic_df = pd.concat([titanic_df, pd.DataFrame(features_encoded.toarray(), columns=encoder.get_feature_names_out(encode_features))], axis=1)
print(titanic_df.info())

# 定义数据导出方法
def export_data(data_df, format):
    if format == 'csv':
        data_df.to_csv('titanic_df.csv', index=False)
    elif format == 'json':
        data_df.to_json('titanic_df.json', orient='records')
    elif format == 'excel':
        data_df.to_excel('titanic_df.xlsx', index=False)
    elif format == 'parquet':
        import fastparquet
        fastparquet.write('titanic_df.parquet', data_df)
    elif format == 'sqlite':
        import sqlite3
        conn = sqlite3.connect('titanic_df.db')
        data_df.to_sql('titanic_df', conn, index=False)
        conn.close()
    elif format == 'avro':
        data_df.to_avro('titanic_df.avro', index=False)
    elif format == 'hdf5':
        data_df.to_hdf('titanic_df.h5', key='data', mode='w', format='table')

# 导出处理后的数据
export_data(pd.DataFrame(titanic_df), 'csv')
export_data(pd.DataFrame(titanic_df), 'json')
export_data(pd.DataFrame(titanic_df), 'excel')
export_data(pd.DataFrame(titanic_df), 'parquet')
export_data(pd.DataFrame(titanic_df), 'sqlite')
export_data(pd.DataFrame(titanic_df), 'hdf5')
```

第6章

模型训练、评估与推理

6.1 模型训练、评估与推理概述

| 背景 | 模型训练与推理是机器学习流程中的核心环节。当数据预处理及特征工程完成后,需要通过训练数据集来构建模型,并通过评估来验证其性能,最终将其用于推理任务中。这个过程不仅仅是简单地训练一个模型,还包括了模型的评估、调优以及导出等步骤,确保所获得的模型具有良好的泛化能力并能应用于实际场景。 |

| 简介 | 模型训练与推理要包括以下几个步骤:模型构建、模型训练、模型评估、模型调优、模型导出及模型推理。首先,选择适当的机器学习算法和模型结构,然后利用训练数据对模型进行训练。训练完成后,需要对模型进行评估,以确定其在未见过的数据上的性能表现。评估通常包括一系列的指标,如准确率、召回率、均方误差(MAE)等,并使用可视化工具分析模型的性能。经过评估的模型可能需要进行调优,以进一步提升其性能。最后,经过评估和调优的模型可以被导出,并在实际推理任务中使用。
• 目的:模型训练与推理所涉及的这些步骤构成了典型的机器学习工作流程,确保能够从原始数据中构建出具有实际应用价值的模型,并将其成功应用到生产环境中。 |

| 核心内容 | 本小节的核心内容如下所示。
• 数据集划分:数据集通常会分为训练集、验证集和测试集,分别用于训练模型、评估模型在调优过程中的性能以及最终评估模型的泛化能力。
• 模型选择与训练:根据具体任务选择合适的算法或模型架构(有监督或无监督)并进行训练,比如根据问题类型选择分类、回归、聚类等模型。训练过程涉及优化算法的使用,如梯度下降等。
• 模型评估与调优:通过多种指标(如准确率、召回率、均方误差等)评估模型性能。根据评估结果对模型进行调优,如调整超参数、选择不同特征等。
• 模型预测结果剖析:通过 Bad-case 分析来了解模型的局限性和改进方向,并结合特征重要性挖掘来理解模型的决策过程和数据特征的重要性。
• 模型可解释性分析:使用工具和方法(如力矩图、瀑布图、部分依赖图、SHAP、LIME、PDP、ALE)对模型进行解释,帮助理解模型的决策过程和特征的作用。
• 模型导出并推理:将经过评估和调优的模型导出为可部署的格式,并在实际环境中进行推理任务,提供预测结果或决策支持。 |

第 6 章 模型训练、评估与推理

6.2 数据集划分

图 6-1 为本小节内容的思维导图。

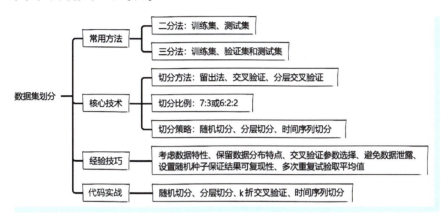

图 6-1 本小节内容的思维导图

图 6-2 为数据集划分及模型训练流程。原始数据集首先被分为训练集和测试集,训练集再进一步划分出验证集。机器学习算法在训练集上进行训练,并在验证集上进行调优和评估。最终,通过测试集对训练好的预测模型进行性能估计,以获得模型的最终表现。

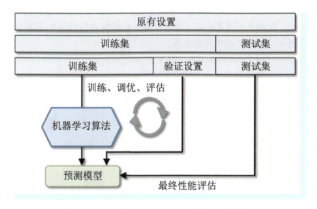

图 6-2 数据集划分及模型训练流程

简介	数据集划分:数据集划分是将原始数据集切分为训练集、验证集(可选)和测试集的过程,目的在于评估和提升模型在未见过数据(或新数据)上的泛化能力,确保模型性能评估的可靠性,避免过拟合现象。 ● 本质:将数据划分为训练集和测试集,确保评估模型性能的客观性。 ● 意义:数据集划分对于机器学习和深度学习任务至关重要,它能有效评估模型的性能,防止过拟合,并指导模型进一步优化。通过切分,可以确保模型在训练和测试时使用不同的数据集,从而更好地估计模型在实际应用中的表现,提高模型的鲁棒性。

·245

(续)

在数据集划分阶段的常见方法如下。
- 二分法：数据集被划分为训练集和测试集两个部分。训练集用于训练模型，测试集用于评估模型在未见过的数据上的性能。
- 三分法：在需要对模型进行更细致调优（如调整超参数）、防止过拟合以及进行稳健性评估的场景下，数据集会划分为三个部分：训练集、验证集和测试集。三个数据集的特点见表6-1。

表6-1 训练集、验证集和测试集的特点

数据集类型	简 介	意 义
训练集 （Training set）	用于训练模型参数的数据子集，模型通过训练集中的样本学习特征和模式	模型学习的基础，用来训练模型，学习数据中的特征和模式
验证集 （Validation set）	用于模型调优和评估的数据子集，调节模型的超参数和评估不同模型的性能	用来调优模型超参数，通过验证集上的性能优化模型，防止过拟合，提高模型的泛化性能，并选择最优超参数组合
测试集 （Test set）	用于最终性能测试，评估模型在未见过数据上的泛化能力。 注：测试集必须与训练过程完全独立	客观评估模型在真实场景中的性能，确保模型的泛化能力和得到的模型的实际能力

数据集划分的比例和方式取决于具体任务和数据量。
（1）切分方法
- 留出法（Holdout）：将数据集分为训练集和测试集两部分，通常按照一定比例分配。这是一种相对简单的切分方式。适用于大型数据集，一次切分带来的模型性能估计偏差很小的场景。
- 交叉验证（k折交叉验证，k-fold Cross-Validation，k-fCV）：k折交叉验证是评估机器学习模型的黄金准则。将数据集划分为k个互斥（或不相交）的子集，然后进行k次模型训练和验证，每次使用其中一个子集作为验证集，剩余子集作为训练集。最终模型性能由k次验证结果的平均值作为模型性能指标。交叉验证可以更充分地利用数据，提高模型评估的准确性。
  - 使用交叉验证进行模型评估和参数调优，避免过拟合和欠拟合，但不适合基于时间序列的数据集。
  - 通常k=3、5、10，比如5折交叉验证，表示把整个数据集被随机性地平均分割为5组，每次迭代都选取其中4组数据作为训练集，剩余1组作为验证集。
- 分层交叉验证（Stratified Cross-Validation，SCV）：如图6-3和图6-4所示，SCV是一种在划分数据集时确保每个折中各类别样本比例与整体数据集中的比例相同的验证方法，特别适用于处理类别数目较多或每个类别的样本数目不均衡的情况，以确保模型性能评估更加可靠和公平。

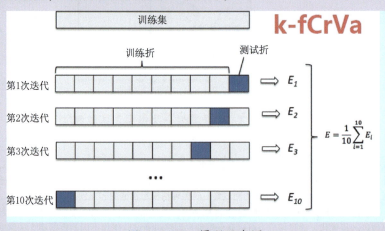

图6-3 SCV原理示意图

（续）

（2）切分比例

目前没有明确规则来确定数据集的具体切分比例，这通常需要根据具体的任务需求、数据集大小和其他因素来进行选择。一般来说，训练集占总数据的大部分，而验证集和测试集应该保持一定的比例，以保证模型的训练和评估的可靠性。虽然没有固定的标准比例，但是有一些常见的切分比例可以作为参考，如下所示。

核心技术	两个子集	划分为训练集和测试集两个部分时的切分比例： 训练集：70%～90% 测试集：10%～30% 这种比例通常适用于相对简单的任务或数据量较小的情况下。训练集占主导地位，以便模型能够充分学习数据的特征和模式，而测试集用于最终评估模型的性能。一般推荐按照7:3的比例切分。
	三个子集	切分为训练集、验证集和测试集三个部分时的切分比例： 训练集：60%～80% 验证集：10%～20% 测试集：10%～20% 这种比例通常适用于需要进行模型调优和超参数选择的情况，通常情况下，训练集的比例较大，以便模型有足够的数据用于学习；验证集和测试集的比例相对较小，以确保模型评估的可靠性。一般推荐按照6:2:2的比例切分。

（3）切分策略
- 随机切分：将原始数据集无差别地随机分配为训练集和测试集，确保数据分布的随机性和各子集数据的均衡性。
- 分层切分：在切分数据集时，保持各个类别在不同子集中的比例相同。这种方法在类别不平衡的情况下尤其有效。
- 时间序列切分：对于时间序列数据，切分数据时应当按照时间顺序进行，以避免出现数据泄露（即未来信息渗透到过去）。比如采用时间序列分割、滚动窗口切分或固定窗口切分，以保持时间顺序。
  ○ 时间序列分割即采用索引切片法，不打乱原有顺序，采用时间顺序对数据集进行分隔。比如选用前75%样本当作训练集，后25%当作测试集。
  ○ 滚动窗口切分或固定窗口切分的主要区别在于是否允许训练集与验证集重叠。

在数据集划分阶段，常用的经验技巧如下所示。
- 考虑数据特性：考虑如类别不平衡、时间序列关系等数据特性，选择适当的切分策略。
- 保留数据分布特点：切分数据集时，确保子集的数据分布与原始数据相似，避免引入偏差。
- 交叉验证参数选择：对交叉验证，选择合适的折数，通常在3到10之间，根据数据集大小和特性确定。
- 避免数据泄露：确保训练集和测试集之间数据独立且不重叠，特别是对于时间序列数据，按时间顺序切分，避免未来信息泄露。
- 设置随机种子保证结果可复现性：在随机切分数据集时，设置随机种子以确保实验的可重复性。
- 多次重复试验取平均值：多次切分数据集进行试验，并取平均性能作为模型性能的估计值，避免偶然性影响，得到更稳定的评估结果。

代码实战：随机切分、分层切分、k折交叉验证、时间序列切分

相关函数	T1、随机切分：利用 scikit-learn 库中的 train_test_split 函数实现。 T2、分层切分：利用 scikit-learn 库中的 StratifiedKFold 或 StratifiedShuffleSplit 函数实现。 T3、k 折交叉验证：利用 scikit-learn 库中的 KFold 或 StratifiedKFold 类实现。 T4、时间序列切分：利用 scikit-learn 库中的 TimeSeriesSplit 类实现。

T1、随机切分

```
from sklearn.model_selection import train_test_split
X_train, X_test, y_train, y_test = train_test_split(X, y, test_size=0.2, random_state=42)
```

T2、分层切分

```
from sklearn.model_selection import StratifiedShuffleSplit
strat_split = StratifiedShuffleSplit(n_splits=1, test_size=0.2, random_state=42)
for train_index, test_index in strat_split.split(X, y):
    X_train_strat, X_test_strat = X[train_index], X[test_index]
    y_train_strat, y_test_strat = y[train_index], y[test_index]
```

T3、k 折交叉验证（KFold 或 StratifiedKFold）

```
kf = KFold(n_splits=5)
kfold = cross_val_score(model, X, y, cv=kf)
print("KFold 交叉验证准确率:", np.mean(kfold))
skf = StratifiedKFold(n_splits=5)
skfold = cross_val_score(model, X, y, cv=skf)
print("StratifiedKFold 交叉验证准确率:", np.mean(skfold))
```

T4、时间序列切分

```
from sklearn.model_selection import TimeSeriesSplit
time_split = TimeSeriesSplit(n_splits=5)
for train_index, test_index in time_split.split(X):
    X_train_time, X_test_time = X[train_index], X[test_index]
    y_train_time, y_test_time = y[train_index], y[test_index]
```

6.3 模型选择与训练

图 6-4 为本节内容的思维导图。

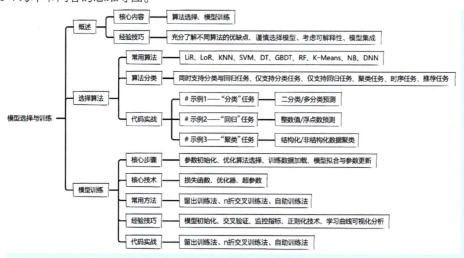

图 6-4　本节内容的思维导图

简介	模型选择与训练：模型选择与训练是机器学习过程中的关键步骤，它涉及从多个候选模型中挑选出最适合特定任务的模型，并通过训练数据来优化模型的参数。这个过程的目标是确保模型能够对未见数据进行准确的预测或分类。
核心内容	在模型选择与训练阶段，核心内容如下所示。 • 算法选择：根据任务的类型、数据的类型和规模等因素，选择适合的算法。 • 模型训练：利用训练数据对模型进行训练，通过调整模型参数来提升模型预测的准确性。
经验技巧	在模型选择与训练阶段，常用的经验技巧如下所示。 • 数据集的适配性分析：对于大规模数据集，随机森林和 LightGBM 可能更适合，而小数据集则可以考虑使用支持向量机（SVM）或 K 近邻（KNN）。 • 充分了解不同算法的优缺点：根据具体问题的特点选择最合适的算法。了解各算法在性能、复杂度、数据需求等方面的差异，能够更有效地匹配实际需求。例如，线性回归适用于线性关系且计算速度快，而决策树适用于非线性关系且易于解释。 • 参考开源和借鉴成功经验：参考相关领域的研究论文和开源项目，借鉴成功的数据预处理方法、特征工程技巧、模型架构和超参数设置，以优化模型性能。通过学习他人的经验，可以避免常见陷阱，快速提升模型质量。

▶ 6.3.1 选择算法

图 6-5 为 scikit-learn 算法速查图。

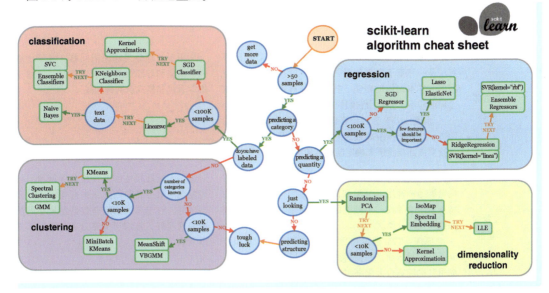

图 6-5 scikit-learn 算法速查图

选择算法：需要根据任务类型、数据类型和数据量等因素，选择合适的算法。首先，根据业务需求选择合适的模型类型，例如回归、分类、聚类等，根据问题类型确定模型的目标函数和评估指标。其次，基于问题的特点和数据的分布，选择适当的算法，如线性回归、决策树、支持向量机、神经网络等。

简介　根据数据样本大小、数据类型以及任务类型（分类、回归、聚类、降维）指导用户选择合适的机器学习算法。该流程图从"开始"节点出发，通过一系列问题引导用户逐步筛选出适合特定需求的算法，如分类问题中的 SVC、回归问题中的 Lasso、聚类问题中的 KMeans 以及降维问题中的 PCA 等。这一速查表旨在帮助用户快速、准确地选择并应用合适的机器学习算法。

(续)

在机器学习中,有许多常用的模型算法,每种算法都有其独特的特点和适用场景,常见的算法及其适应场景如表6-2所示。

表6-2 机器学习中常见的算法及其适应场景

		简 介	适 应 场 景
常用算法	线性回归	线性回归(Linear Regression, LiR):线性回归是一种用于建立自变量(特征)和因变量(目标)之间线性关系的模型。它通过拟合一个线性方程来预测目标值。 • 原理:线性回归通过最小化实际观测值与模型预测值之间的差异,通常使用最小二乘法来拟合数据点与线性模型之间的距离	适用于目标变量与特征之间存在线性关系的情况,常用于预测连续型变量(回归问题),如房价预测、销售预测等
	逻辑斯谛回归	逻辑斯谛回归(Logistic Regression, LoR):一种用于解决二分类问题的线性模型,尽管名称中包含"回归",但实际上是一种分类算法。它通过将线性函数的输出映射到一个概率值,并应用逻辑斯谛函数(例如sigmoid函数)来进行分类。 • 原理:逻辑斯谛回归使用sigmoid函数将线性函数的输出压缩到[0,1]之间,表示样本属于某个类别的概率。在训练过程中,使用最大似然估计或梯度下降等方法来优化模型参数,使得预测的概率尽可能接近实际的标签	逻辑斯谛回归适用于概率估计和二分类问题,特别是当特征空间相对简单,且存在线性关系时表现较好,常用于医学、金融、市场营销等领域
	K近邻算法	K近邻算法(K-Nearest Neighbors, KNN):K近邻算法是一种基于实例的学习方法,通过度量特征空间中的样本之间的距离,找到与新样本最相似的K个训练样本,并利用它们的标签来进行预测或分类。 • 原理:KNN通过计算新样本与训练样本之间的距离,然后选择距离最近的K个样本作为邻居,通过投票或加权投票来确定新样本的类别	适用于处理分类和回归问题,对于小规模数据集和非线性数据表现较好,常用于推荐系统和模式识别等领域
	支持向量机	支持向量机(Support Vector Machine, SVM):支持向量机是一种用于分类和回归的监督学习模型,在特征空间中寻找一个最优的超平面来实现数据的线性或非线性分类。 • 原理:SVM通过找到能够将不同类别数据点分开的最优超平面,并使得边界到最近数据点(支持向量)的距离最大化来实现分类	适用于处理线性和非线性分类问题。处理复杂决策边界和数据集中存在噪声时表现较好。对于高维数据和数据量较小的情况表现较好,常用于文本分类、图像识别等领域
	决策树	决策树(Decision Trees, DT):决策树是一种基于树形结构的分类与回归方法,能够处理非线性关系,易于理解和解释,但容易过拟合。通过对数据进行递归地划分,使得每个子集内的数据尽可能属于同一类别或具有相似的数值。 • 原理:决策树通过对特征进行二分,构建一棵树,每个节点表示一个特征,每个分支代表一个特征的取值,根据特征的不同属性将数据集划分为不同的子集	适用于处理分类与回归问题,具有较好的可解释性和灵活性,常用于数据挖掘和决策支持系统中

(续)

(续)

		简 介	适 应 场 景
常用算法	梯度提升决策树	梯度提升决策树（Gradient Boosting Decision Trees, GBDT）：是一种基于决策树的梯度提升算法。 • XGBoost 适用于各种问题，包括分类、回归、排名等。提供了优秀的性能和可解释性，常用于数据挖掘和预测建模领域。 • LightGBM 训练速度快，特别适用于大规模数据集和高维数据。 • CatBoost 特别擅长处理类别特征和缺失值，常用于数据稀疏或质量较差的情况下的预测建模中	GBDT 主要用于回归和分类问题。XGBoost、LightGBM 和 CatBoost 都是梯度提升算法的变体，它们在处理大规模数据和提高模型性能方面具有一些创新性的特点
	随机森林	随机森林（Random Forest）：随机森林是一种集成学习方法，通过训练多个决策树并综合它们的预测结果来改善预测准确性和泛化能力。 • 原理：随机森林通过随机选择特征子集和样本子集来构建多棵决策树，然后综合各个决策树的预测结果（投票或平均）进行分类或回归	适用于处理高维数据和具有复杂交互关系的问题，能够有效地降低过拟合风险，常用于数据挖掘、生物信息学等领域
	K 均值聚类	K 均值聚类（K-Means）：K 均值聚类是一种无监督学习方法，旨在将数据划分为 K 个不同的组（簇），以使每个数据点都属于与其最近的质心所代表的簇。 • 原理：K 均值聚类通过随机初始化 K 个质心，然后迭代地将数据点分配到与其最近的质心所代表的簇，然后更新质心位置，直到质心位置稳定或达到最大迭代次数	K 均值聚类适用于发现数据集中的团簇结构，对于处理大规模数据和发现隐含模式效果较好，常用于客户细分、图像压缩、文档聚类等
	朴素贝叶斯	朴素贝叶斯（Naive Bayes, NB）：朴素贝叶斯是一种基于贝叶斯定理和特征条件独立假设的分类算法，它假设特征之间相互独立，并利用贝叶斯公式计算后验概率来进行分类。 • 原理：朴素贝叶斯基于贝叶斯定理，根据训练数据计算每个类别的先验概率和每个特征在每个类别下的条件概率，然后根据贝叶斯公式计算后验概率，选择具有最大后验概率的类别作为预测结果	朴素贝叶斯适用于处理文本分类、垃圾邮件过滤、情感分析等问题，对于特征之间相互独立或近似独立的数据表现较好，且对于大规模数据集具有较好的性能
	神经网络	神经网络（Neural Networks）：神经网络是一种模仿人类神经系统结构和功能的算法模型，通过多层神经元之间的连接和权重来学习复杂的非线性关系。 • 原理：神经网络由输入层、隐藏层和输出层组成，通过前向传播和反向传播算法来调整网络参数，使得网络的输出与实际值尽可能接近	适用于处理大规模数据和复杂模式识别问题，如传统的深度神经网络（DNN）主要用于分类和回归问题；卷积神经网络（CNN）主要用于 CV 领域的图像数据；循环神经网络（RNN）主要用于 NLP 领域的序列数据等
分类		在机器学习任务中，算法的选择取决于具体任务的类型，但是大多数算法都能同时支持分类任务和回归任务。以下是根据任务类型列出的常见算法。 • 同时支持分类与回归任务：KNN、SVM、DT、RF、GBDT（如 XGBoost/LightGBM/CatBoost）、DNN 等。 • 仅支持分类任务：Perceptron、LoR、NB、LDA 等。 • 仅支持回归任务：LiR、RidgeR、LassoR、ElasticNet 等。 • 聚类任务：K-Means、K-Medoids、K-prototype、H-Cluster、DBSCAN 等。 • 时序任务：AR、ARIMA、Prophet、LSTM、GRU 等。 • 推荐任务：CF、CB、MF、DL（DNN/Autoencoder）、KG 等。	

在模型选择阶段，常用的经验技巧如下所示。

| 经验技巧 | · 充分了解不同算法的优缺点，以便根据问题特点选择合适的算法。在机器学习领域，不同的算法针对不同的任务，分类问题（预测输入属于哪个类别）、回归问题（预测一个连续值）、聚类问题（将数据分为相似的组）等有不同的算法适用性。确保选择的算法与任务的性质相匹配。
· 谨慎选择模型：根据问题类型和数据特征选择合适的模型，避免选择过于复杂或简单的模型，以兼顾性能和可解释性。
· 考虑可解释性：在某些情况下，模型的可解释性可能比较重要，例如在医疗和金融领域。而决策树和逻辑斯谛回归等模型通常较为可解释。
· 模型集成：考虑使用模型集成技术，如 bagging、boosting 等，结合多个模型的预测结果，提高整体预测性能。 |

代码实战

示例1——"分类"任务：二分类/多分类预测。

```
# 生成二分类数据集
X, y = make_classification(n_samples=1000, n_features=20, n_classes=2, random_state=42)
# 划分训练集和测试集
X_train, X_test, y_train, y_test = train_test_split(X, y, test_size=0.2, random_state=42)
# 训练逻辑斯谛回归模型
model = LogisticRegression()
model.fit(X_train, y_train)
# 预测
y_pred = model.predict(X_test)
# 计算准确率
accuracy = accuracy_score(y_test, y_pred)
print("Accuracy:", accuracy)


# 生成多分类数据集
X, y = make_classification(n_samples=1000, n_features=20, n_classes=3, random_state=42)
# 划分训练集和测试集
X_train, X_test, y_train, y_test = train_test_split(X, y, test_size=0.2, random_state=42)
# 训练随机森林模型
model = RandomForestClassifier()
model.fit(X_train, y_train)
# 预测
y_pred = model.predict(X_test)
# 计算准确率
accuracy = accuracy_score(y_test, y_pred)
print("Accuracy:", accuracy)
```

示例2——"回归"任务：整数值/浮点数预测。

```
# 生成整数值回归数据集
X, y = make_regression(n_samples=1000, n_features=10, noise=0.1, random_state=42)
# 划分训练集和测试集
X_train, X_test, y_train, y_test = train_test_split(X, y, test_size=0.2, random_state=42)
```

```python
# 训练线性回归模型
model = LinearRegression()
model.fit(X_train, y_train)
# 预测
y_pred = model.predict(X_test)
# 计算均方误差
mse = mean_squared_error(y_test, y_pred)
print("Mean Squared Error:", mse)
```

示例3——"聚类"任务：结构化数据聚类、非结构化数据聚类。

```python
# 生成结构化数据
X, _ = make_blobs(n_samples=1000, centers=4, cluster_std=1.0, random_state=42)
# 使用K均值聚类
kmeans = KMeans(n_clusters=4)
kmeans.fit(X)
# 可视化聚类结果
plt.scatter(X[:, 0], X[:, 1], c=kmeans.labels_, cmap='viridis')
plt.scatter(kmeans.cluster_centers_[:, 0], kmeans.cluster_centers_[:, 1], marker='x', color='red', label='Centroids')
plt.title('Structured Data Clustering')
plt.legend()
plt.show()

# 非结构化数据示例(文本数据)
documents = [
"This is the first document.",
"This document is the second document.",
"And this is the third one.",
"Is this the first document?",
]
# 将文本转换成词袋向量表示
vectorizer = CountVectorizer()
X = vectorizer.fit_transform(documents)
# 使用K均值聚类
kmeans = KMeans(n_clusters=2)
kmeans.fit(X)
# 打印聚类结果
print("Cluster labels:", kmeans.labels_)
```

6.3.2 模型训练

> **简介**　模型训练是机器学习建模过程中非常重要的一环，通过训练模型，使得模型能够从数据中学习到规律和特征，达到预测或分类的目的。
> ● 核心思想：使用训练集对模型进行参数估计，通过最小化预测误差或损失函数来优化模型参数。

(续)

核心步骤	在模型训练阶段，核心步骤如下所示。 ● 参数初始化：在训练之前，需要对模型的参数进行初始化，可以是随机初始化或使用预训练的参数。 ● 优化算法选择：选择合适的优化算法来更新模型参数，常用的优化算法包括梯度下降、随机梯度下降、牛顿法、Adam 等，以提高模型的收敛速度和性能。 ● 训练数据加载：将训练数据加载到模型中，通常以小批量或整个数据集的形式加载，以进行参数更新。 ● 模型拟合与参数更新：根据训练数据和选定的优化算法，计算模型预测与真实标签之间的误差或损失，然后通过优化算法来更新模型的参数，使得误差逐渐减小。其中，基于神经网络的算法是通过前向传播和反向传播，并采用梯度下降优化算法来更新模型的参数，使得误差逐渐减小。
核心技术	在模型训练阶段，核心技术点如下所示。 ● 损失函数：损失函数是衡量模型预测与实际目标之间的差异或误差的函数，选择合适的损失函数可以使得模型更准确地拟合数据。 ○ 对于回归问题，常用的损失函数是平方损失（MSE），它计算预测值与真实值的平方误差，并适用于线性回归（LiR）、套索回归（LassoR）、岭回归（RiR）和决策树（DT）等模型。平方损失的优势在于更易于最小化目标函数，从而得到参数的稳健估计。此外，还有绝对损失（MAE）和 Huber 损失，适用于需要对异常值鲁棒性要求较高的回归算法中。 ○ 而在分类问题中，常见的损失函数包括交叉熵损失和 Hinge 损失。交叉熵损失在二分类中也被称为负对数似然损失，适用于基于概率模型的分类器，如朴素贝叶斯（NB）、逻辑斯谛回归（LoR）和深度神经网络（DNN），它计算每类概率预测与真实分类的负对数似然，更易于优化多分类问题。此外，支持向量机（SVM）使用了 Hinge 损失函数来衡量分类间隔。 ● 优化器：优化器是调整模型参数以最小化损失函数的算法，选择合适的优化器可以使得模型收敛更快，得到更好的训练效果。比如随机梯度下降（SGD）适用于深度神经网络、逻辑斯谛回归、线性回归等模型，RMSProp 和 Adam 适用于深度神经网络的训练，Adagrad 适用于稀疏数据集或特征（如自然语言处理中的词向量训练）等。 ● 超参数：调整模型的超参数，以提高模型性能。比如学习率、树深、批量大小等。 ● 批量大小选择：选择合适的批量大小来进行训练，通常需要权衡计算效率和内存占用之间的平衡。 ● 批量归一化：批量归一化技术通过在每个批次的输入数据上进行归一化处理，有助于加速模型的收敛速度，提高训练稳定性和泛化能力。 ○ 学习率调整：根据训练过程中的性能指标，动态调整学习率，以确保训练的稳定性和收敛性。常见的学习率调度策略包括指数衰减、余弦退火、学习率衰减等。 ○ 早停策略：监控模型在验证集上的性能，并在性能不再提升时停止训练，以防止过拟合。
常用方法	在模型训练阶段，常用的训练方法如下所示。 ● 留出法训练：适用于数据集规模较大，训练集和测试集之间的数据分布相对平衡的情况。留出法简单直观，计算成本低，适合初步模型验证。 ● n 折交叉训练：适用于数据量较小，希望充分利用数据进行模型训练和评估的情况。n 折交叉训练法对数据的利用率较高，能够提供相对稳健的模型评估结果。 ● 自助法（Bootstrapping）：当数据集规模较小，但又需要更多的模型训练以获得更稳定的评估结果时，可以采用自助法。它通过有放回地从原始数据集中抽样，构造出新的训练集，适用于数据量较小且需要多次模型训练的情况。
经验技巧	在模型训练阶段，常用的经验技巧如下所示。 ● 模型初始化：尤其是在深度神经网络算法中，选择合适的初始化方法来初始化模型参数，以加速收敛和提高模型性能。 ● 交叉验证：交叉验证技术是指在训练过程中将数据集分成多个子集，轮流使用其中一部分作为验证集，其余部分作为训练集，以获得更可靠的性能评估结果。通过交叉验证来评估不同超参数组合的性能，选择最佳的模型参数或模型结构，防止模型在特定数据集上过度拟合。 ● 监控指标：监控训练过程中的性能指标，及时调整训练策略和模型结构，以提高训练效率和模型性能。 ● 正则化技术：L1 正则化（Lasso）和 L2 正则化（Ridge）通过在损失函数中添加正则化项，惩罚模型复杂度，防止过拟合。Dropout 在训练过程中随机丢弃部分神经元，减少模型的过拟合风险。 ● 学习曲线可视化分析：观察学习曲线，了解模型在训练集和验证集上的表现，以判断模型是否过拟合或欠拟合。
代码实战	模型训练：LassoCV（cv = 10）.fit（X, Y）　　# 执行 10 折交叉验证，训练模型并可视化（交叉验证 error 曲线）。

代码实战

T1、留出训练法。

```
X_train, X_test, y_train, y_test = train_test_split(X, y, test_size=0.2, random_state=42)
```

T2、n 折交叉训练法。

```
cv = StratifiedShuffleSplit(n_splits=5, test_size=0.2, random_state=42)
cv_scores = cross_val_score(model, X, y, cv=cv)
```

T3、自助训练法。

```
n_samples = len(X)
n_bootstraps = 100
bootstrap_scores = []
for _ in range(n_bootstraps):
    indices = np.random.choice(n_samples, n_samples, replace=True)
    X_bootstrap = X.iloc[indices]
    y_bootstrap = y.iloc[indices]
    #训练模型并计算性能指标
    # model.fit(X_bootstrap, y_bootstrap)
    # score = model.score(X_test, y_test)
    # bootstrap_scores.append(score)
```

如图 6-6 所示，左侧子图描述了交叉验证训练中在每一份数据上的 MSE 柱状图，揭示了交叉验证训练中每一份（Fold）数据的差异性，其中 Fold 为 7 的数据 MSE 最高，即性能表现较差。而右侧子图描述了 MSE 随着 α 变化而变化的曲线，提供了关于模型参数选择的灵感，可以进一步通过调整 α 参数来优化模型的性能。这些信息对于理解和改进机器学习模型具有重要意义。

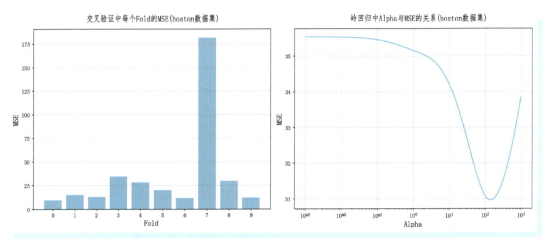

图 6-6 交叉验证中每个折叠的 MSE 柱状图和岭回归中不同 Alpha 值下的 MSE 折线图（数据来自波士顿房价数据集）

6.4 模型评估与调优

图 6-7 为本小节内容的思维导图。

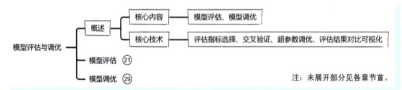

图 6-7　本小节内容的思维导图

简介	模型评估与调优：模型评估与调优是指在训练模型后进行模型评估，并优化模型参数提高模型性能的过程。这通常涉及对模型性能的准确评估和针对性的改进，具体是对模型的性能进行量化评估，并采取相应的措施来提高模型的泛化能力和预测性能。
核心内容	本阶段内容主要包括模型评估、模型调优等内容。
核心技术	在模型评估与调优阶段，核心技术点如下所示。 ● 评估指标选择：根据具体任务需求和模型类型，选择适当的评估指标来度量模型的性能。常见的评估指标包括准确率、精确率、召回率、F1 值、AUC 值、R2、MSE、MAE 等。 ● 交叉验证：使用交叉验证来评估模型的性能，避免过拟合和欠拟合，以确保模型对不同数据分布的泛化能力。 ● 超参数调优：调整模型的超参数，以提高模型的性能。这可能涉及网格搜索、随机搜索、贝叶斯优化等方法来搜索最优的超参数组合。 ● 评估结果对比可视化：使用可视化工具将评估结果可视化，从而更直观地对比不同模型的性能。

6.4.1 模型评估

图 6-8 为本小节内容的思维导图。

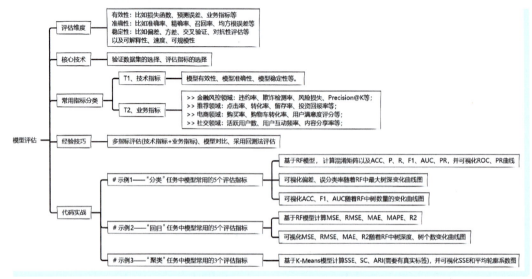

图 6-8　本小节内容的思维导图

第6章 模型训练、评估与推理

背景	在模型训练后,需要了解模型在新数据上的表现,以确保其在实际应用中的有效性。
简介	模型评估是通过一系列指标和技术来评估机器学习模型的性能,以确定模型对未见数据的预测效果和泛化能力。它主要涉及使用验证集或测试集,对模型性能进行评估和比较,通过量化的评估指标,进而确定模型的有效性和可靠性。 ● 理解:利用训练过程中未看到的数据来测试模型,测试这些看不见的数据在某种程度上代表了现实世界中的模型性能,这样也有助于优化调整模型,确定训练好的模型在新数据上的泛化性能,充分挖掘模型的能力。 ● 本质:模型评估的本质在于通过一系列客观的指标和方法,对模型在特定任务上的性能进行量化和分析。 ● 意义:模型评估可以验证模型的可用性、指导模型改进、提高决策的可靠性,是保证机器学习项目成功的关键步骤之一。通过充分的评估,可以选择最佳模型、避免过拟合、提高泛化能力,确保模型在实际应用中的有效性、准确性和可靠性,从而做出更加合理的决策。
评估维度	在实践中,需要根据具体场景和业务目标制定合理的评估策略,权衡不同维度的重要程度。通过全面评估,可更好地优化模型,最终达到安全可靠、高效部署的目标。评估模型的内容包括有效性、稳定性、速度、可解释性、可规模性。 ● 有效性(Validity):侧重模型解决问题的能力和泛化能力,反映了模型对真实数据的拟合程度和泛化能力。它指的是模型是否能够解决所定义的问题,并提供有用的预测或结果,它关注模型是否能够捕捉问题的本质规律和反映现实中的关系,比如损失函数、预测误差、业务指标等。 ● 准确性(Accuracy):侧重模型预测结果的准确程度。它关注的是模型在给定数据上的预测精度或准确度,表示模型预测结果和实际结果的一致程度。常用指标包括对于分类任务的准确率、精确率、召回率等,对于回归任务的均方根误差等。 ● 稳定性和鲁棒性(Stability&Robustness):模型需要对输入数据分布的微小变化或不同初始化条件下具有一致性和鲁棒性,不会由于噪声、异常值或对抗样本而导致性能大幅波动,代表模型结果在变化数据下的稳健程度。评估方法包括注入噪声数据、测试离群数据等。常用指标包括偏差、方差、交叉验证、对抗性评估等。稳定的模型在部署时更值得信赖,主要适用于金融领域、医学领域等对模型决策要求高度可靠的场景。 ● 可解释性(Interpretability):指模型内在机理是否可以被理解、解释。一些黑盒模型存在解释缺失,可能会引发不信任。可通过SHAP、LIME等技术分析特征重要性、决策路径等。 ● 速度和效率(Speed&Efficiency):评估模型在训练和推理时的计算效率、内存占用和响应延迟等。对于一些实时系统或大规模部署,模型的计算效率尤为重要。可通过预测时间、硬件资源占用等指标评估。 ● 可扩放性(Scalability):评估模型在面对大规模数据时的扩展能力。包括训练时间、空间复杂度、模型大小、在线推理吞吐量等。可扩放性对于需要实时更新或大数据场景尤为关键。
核心技术	在模型评估阶段,核心技术点如下所示。 ● 验证数据集的选择:通常使用随机切分和交叉验证。随机切分将数据集分为训练集和测试集的多个子集,通过反复训练和测试模型来减少过拟合风险。 ● 评估指标的选择:在选择评估指标时,需要考虑任务对应的指标以及可能的指标组合,以客观衡量模型的性能。除了技术指标外,还应根据具体业务需求综合考量各种评价指标对模型的影响。
常用指标分类	在模型评估阶段,常用指标包括技术指标、业务指标,具体见表6-3。 T1、技术指标:模型的有效性、准确性、稳定性。

表6-3 常见的技术指标

分类	常用指标
有效性	● 损失函数(Loss Function):根据特定任务的性质和目标,选择适当的损失函数来度量模型输出与真实标签之间的差异。常见的损失函数包括均方误差(Mean Square Error, MSE)、交叉熵损失(Cross Entropy Loss)等。 ● 拟合度检验:用于评估模型是否能够拟合训练数据。常用指标有普通决定系数(R^2)、校正决定系数(Adjusted R-squared)。

(续)

分类	常用指标
准确性	分类问题：准确率（Accuracy）、精确率（Precision）、召回率（Recall）、F1分数、AUC值、AP值、混淆矩阵。 • AUC值：AUC（Area Under Curve）是ROC曲线下的面积，用于评估分类器的整体性能。它综合考虑了分类器在不同阈值设定下的真正例率（True Positive Rate，即召回率）和假正例率（False Positive Rate）之间的表现，数值范围在0到1之间，值越高代表分类器性能越优秀。 • AP值：AP（Average Precision）是精确率（Precision）-召回率（Recall）曲线下的面积，用于评估模型在不同阈值下的表现。AP值越接近1表示模型的性能越好，特别适用于处理不平衡数据集或者需要关注低召回率情况的应用场景，如目标检测和信息检索。 • F1分数：F1分数是精确率（Precision）和召回率（Recall）的调和平均数，是衡量分类模型整体准确性的指标。它尤其适用于不平衡数据集，可以帮助综合评估模型在正负类别预测中的表现，数值范围在0到1之间，值越高表示模型的整体性能越好。 回归问题：均方误差（MSE）、均方根误差（RMSE）、平均绝对误差（MAD）、普通决定系数（R^2）、校正决定系数（AR^2）。 聚类问题：簇内平方和（Cluster Sum of Square）、轮廓系数（Silhouette Coefficient, SC）、兰德指数（Rand Index, RI）和调整兰德指数（Adjusted Rand Index, ARI，需要有真实标签）。 • 误差平方和（Sum of Squared Error, SSE）反映了每个数据点到其所属聚类中心的距离的平方和。随着聚类数量k的增加，SSE曲线显示了其变化情况。通常，研究者寻找SSE曲线出现"肘部"的点，即开始趋于平缓的点，认为这是最佳的聚类数量。 • 平均轮廓系数（Silhouette Coefficient, SC）综合考虑了数据点与其所属聚类的相似性以及与其他聚类的差异性，取值范围在[-1,1]之间。该系数的曲线展示了聚类数量k对聚类的紧密度和分离度的影响。研究者希望在曲线达到最高值的聚类数量处，这表示聚类的紧密度和分离度都较高。
稳定性	• 偏差（Bias）：衡量模型在不同训练集上的平均预测误差，即模型预测与实际结果的偏离程度，衡量模型的拟合能力。高偏差（欠拟合）可能表示模型无法捕捉数据中的复杂模式。 • 方差（Variance）：在数据集的不同子集上重复多次训练模型，然后观察模型输出的变化程度。方差衡量模型在不同数据集上的预测值的差异程度或波动幅度，即模型的泛化能力。高方差（过拟合）可能表示模型对数据的细微变化过于敏感。 • 交叉验证（Cross-Validation）：通过将数据集划分为多个子集，并使用不同子集进行训练和测试，来评估模型的稳定性和泛化能力。比如k折交叉验证、留一法交叉验证等。 • 对抗性评估（Adversarial Evaluation）：考虑对抗性攻击，即有意识地操纵输入数据以评估模型的鲁棒性。这可以帮助评估模型在面对异常或恶意输入时的表现。

常用指标分类

T2、业务指标：根据具体的业务需求，定义适当的指标来评估模型的有效性，用于衡量模型对业务的贡献和价值。具体见表6-4。

表6-4 常见的业务指标

领域	常用指标
金融风控	金融风控领域：违约率、欺诈检测率、风险损失、Precision@K等。具体如下所示。 • 违约率（Default Rate）：衡量模型对违约客户的准确预测率，确保风险管理的有效性。 • 欺诈检测率（Fraud Detection Rate）：衡量模型对欺诈行为的检测准确率。比如召回率是指在所有实际为真正欺诈的交易中被模型预测为欺诈的比例。 • 风险损失（Risk Loss）：衡量未及时发现的欺诈案例造成的损失，可以通过将欺诈检出率与误检率结合起来计算得到。 • Top百分比的阳性率（Precision@K）：衡量模型在排序列表的前百分之几位置上的真实阳性样本比例，用于评估模型的准确性，比如Top10%、Top20%的阳性比。

(续)

(续)

领域	常用指标
常用指标分类 推荐领域	推荐领域：点击率、转化率、留存率、投资回报率等。具体如下所示。 • 点击率（Click-Through Rate，CTR）：衡量推荐系统中广告推荐内容被用户点击的比率。 • 转化率（Conversion Rate）：衡量用户通过推荐系统生成的内容进行交互或购买的比率。 • 留存率（Retention Rate）：衡量用户接受推荐后保持活跃的程度，反映推荐系统的长期影响力。 • 投资回报率（Return on Investment，ROI）：衡量广告投资带来的收益，用于评估广告投资的效益。
电商	电商领域：购买率、购物车转化率、用户满意度评分等。 • 购买率（Purchase Rate）：衡量用户在访问电商网站或应用后实际进行购买的比率。 • 购物车转化率（Shopping Cart Conversion Rate）：衡量将商品添加到购物车后最终完成购买的比率。 • 用户满意度评分（Customer Satisfaction Score）：衡量用户对购物体验的满意程度，可通过用户反馈、评分等方式获取。
社交领域	社交领域：活跃用户数、用户互动频率、内容分享率等。 • 活跃用户数（Active Users）：衡量社交平台上活跃用户的数量，反映平台的受欢迎程度和用户参与度。 • 用户互动频率（User Engagement）：衡量用户在社交平台上的互动频率，包括点赞、评论、分享等行为。 • 内容分享率（Content Sharing Rate）：衡量用户在社交平台上分享内容的比率，反映内容受欢迎程度和影响力。
经验技巧	在模型评估阶段，常用的经验技巧如下所示。 • 多指标评估：通过结合技术指标和业务指标，使用多个评估指标来共同评估模型性能，避免单一指标的不足。 • 模型对比：尝试不同算法或模型架构，比较它们的评估结果，以选择最适合任务的模型。 • 采用回测法评估：利用回测法评估模型在实际业务中的效果，回测是一种通过模拟历史数据来评估模型在过去表现的方法，特别在金融领域，如股票交易和投资策略的开发中应用广泛。如果模型在历史上表现良好，投资者可能更有信心将其应用于未来的交易。

代码实战

示例1——"分类"任务中模型常用的 5 个评估指标。

（1）基于 RF 模型，计算混淆矩阵以及 ACC、P、R、F1、AUC、PR，并可视化 ROC、PR 曲线

```
Confusion Matrix:
[[127  17]
 [ 38  80]]
Accuracy: 0.7900763358778626
Precision: 0.8247422680412371
Recall: 0.6779661016949152
F1 Score: 0.7441860465116279
AUC Score: 0.8665842749529191
PR AUC Score: 0.8525350585562274
```

图 6-9 展示了一个基于泰坦尼克号数据集采用随机森林模型的 ROC 曲线和 PR 曲线。ROC 曲线的

AUC 值为 0.87，表明模型在区分正负类时表现良好。PR 曲线的 AP 值为 0.85，说明模型在处理不平衡数据时具有较高的精度和召回率。

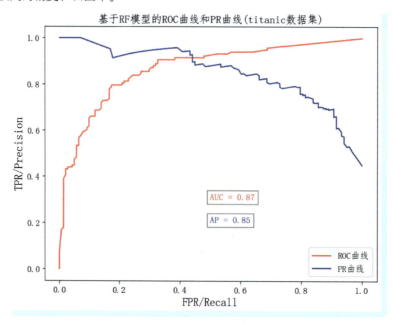

图 6-9　RF 模型的 ROC 曲线与 PR 曲线可视化（数据来自泰坦尼克号数据集）

（2）可视化偏差，误分类率随着 RF 中最大树深变化曲线图

如图 6-10 所示，左图展示了泰坦尼克号数据集上随机森林模型的最大深度与偏差之间的关系，随着最大深度的增加，偏差显著减少，因为模型能够更好地拟合训练数据。右图展示了最大深度与误分类率之间的关系，随着随机森林的最大深度继续增加，误分类率通常会先减小后增加，这是因为过深的树可能会导致过拟合，模型对于测试数据的泛化能力下降，从而提升了误分类率。

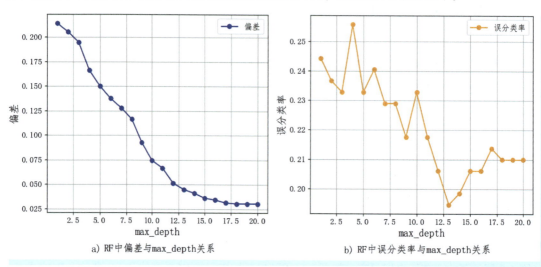

a) RF 中偏差与 max_depth 关系　　　　b) RF 中误分类率与 max_depth 关系

图 6-10　偏差、误分类率随着 RF 中最大树深变化曲线图（数据来自泰坦尼克号数据集）

如图 6-11 所示，左图展示了泰坦尼克号数据集上随机森林模型的树的数量与偏差之间的关系，随着树的数量增加，偏差显著减少并趋于平稳，因为随机森林模型更加能够捕捉数据的复杂关系。右图展示了树的数量与误分类率之间的关系，误分类率则可能会先降低后增加，因为随机森林中增加的树个数可能会导致过拟合，从而增加了在测试集上的误分类率。

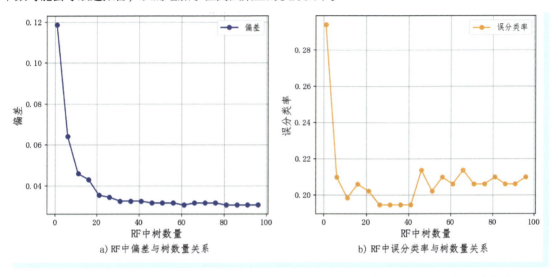

图 6-11　偏差、误分类率随着 RF 中树数量变化曲线图（数据来自泰坦尼克号数据集）

（3）可视化 ACC、F1、AUC 随着 RF 中树数量的变化曲线图

图 6-12 展示了随机森林模型中决策树数量的变化如何影响模型的准确率（accuracy）、F1 分数和 AUC 值。随着决策树数量的增加，模型的性能可能会有所提高或波动。在一定范围内，随机森林模型的准确率、F1 分数和 AUC 可能会随着决策树数量的增加而提高，因为随机森林模型可以通过多个决

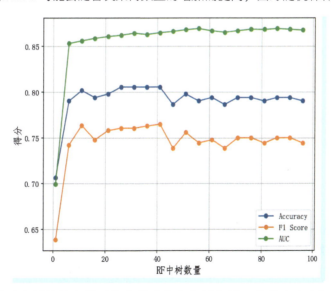

图 6-12　RF 模型中树数量与模型性能关系的变化折线图（数据来自泰坦尼克号数据集）

策树的集成来提高整体性能。但是，过多的决策树可能会导致过拟合，使得模型在测试数据上的性能下降，因此需要谨慎选择合适的决策树数量。

示例2——"回归"任务中模型常用的5个评估指标。

（1）基于RF模型计算MSE、RMSE、MAE、MAPE、R2

```
Mean Squared Error (MSE): 8.338757275893952
Root Mean Squared Error (RMSE): 2.887690647540687
Mean Absolute Error (MAE): 2.0025454916547183
Mean Absolute Percentage Error (MAPE): 10.469042340760867
R-squared (R2): 0.886290371005902
```

（2）可视化MSE、RMSE、MAE、R2随着RF中树深度、树个数变化曲线图

图6-13展示了LightGBM模型在波士顿房价数据集上随着树深度变化时的性能变化。在第一张子图中，随着树深度的增加，MSE可能会呈现出先减小后增大的趋势。在某个点之后，树深度的增加可能会导致过拟合，使得模型性能下降。在第二张子图中，RMSE和MAE随着树深度的增加，它们都有所减小，但同样也因为过拟合而增大。在第3张子图中，随着树深度的增加，R平方可能会先增加后减小，因为模型在一定程度上能够更好地拟合训练数据，但随着深度的继续增加，可能会出现过拟合的情况，导致测试集上的性能下降。

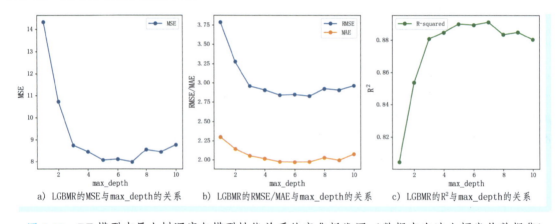

a) LGBMR的MSE与max_depth的关系　　b) LGBMR的RMSE/MAE与max_depth的关系　　c) LGBMR的R²与max_depth的关系

图6-13　RF模型中最大树深度与模型性能关系的变化折线图（数据来自波士顿房价数据集）

图6-14展示了LightGBM模型在波士顿房价数据集上随着树的数量变化时的性能变化。在第一张子图中，随着树的数量增加，MSE呈现出先减小后微小增大的趋势。在某个点之后，树的数量继续增加可能会导致过拟合，使得模型性能下降。在第二张子图中，RMSE和MAE随着树的数量增加，它们也有所减小，但同样也可能因为过拟合而增大。在第三张子图中，随着树的个数增加，R平方会先增加后减小，因为模型在一定程度上能够更好地拟合训练数据，但随着树的个数继续增加，可能会出现过拟合的情况，导致测试集上的性能下降。

示例3——"聚类"任务中模型常用的3个评估指标：基于K-Means模型计算SSE、SC、ARI（需要有真实标签），并可视化SSE和平均轮廓系数图。

图6-15展示了使用K-Means算法对鸢尾花数据集进行聚类的结果（圆点形状），与数据的真实标

签（X形状）进行对比。图中不同颜色的点表示不同的聚类结果（红色、绿色、蓝色），同时也展示了真实类别标签。聚类结果与真实标签较为一致，尤其在分类 Setosa（红色点）时，显示了较高的准确性。

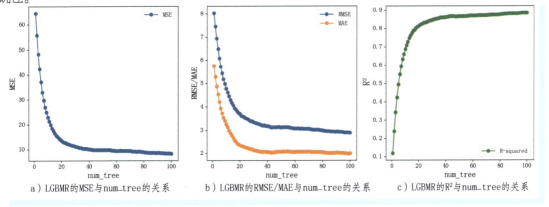

a）LGBMR的MSE与num_tree的关系　　b）LGBMR的RMSE/MAE与num_tree的关系　　c）LGBMR的R^2与num_tree的关系

图 6-14　RF 模型中树数量与模型性能关系的变化折线图（数据来自波士顿房价数据集）

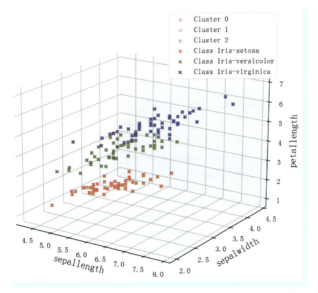

图 6-15　基于 K-Means 的聚类结果对比真实标签的三维图（数据来自鸢尾花数据集）

图 6-16 展示了基于 K 均值（K-Means）聚类模型的两个关键评估指标随聚类数量 k 变化的曲线。左图采用肘部法（Elbow Method）评估 K-Means 聚类中不同簇数（k）的 SSE（误差平方和）。随着簇数从 2 增加到 3，SSE 显著减少，随后减少的速度逐渐放缓，形成明显的肘部。这表明最佳的簇数 k 为 3，因为在此点之后，SSE 的降低效果不明显，增加更多的簇数带来的收益较小。右图则采用轮廓系数法（Silhouette Method）评估 K-Means 聚类中不同簇数（k）的轮廓系数。当簇数为 2 和 3 时，轮廓系数较高，表示聚类效果较好；而随着簇数的进一步增加，轮廓系数逐渐下降。因此，最佳的簇数 k 为 3，因为在此时，轮廓系数接近最大值，表明簇内的数据点相似度较高，且簇与簇之间的分离度也较好。

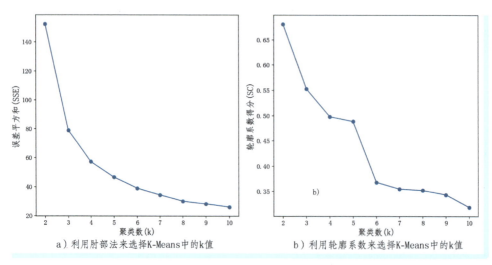

图 6-16 依次使用肘部法、轮廓系数法确定 K-Means 中最佳簇数的折线图（数据来自鸢尾花数据集）

6.4.2 模型调优

图 6-17 为本小节内容的思维导图。

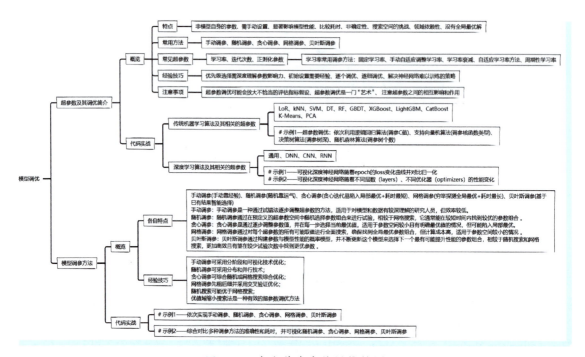

图 6-17 本小节内容的思维导图

第 6 章
模型训练、评估与推理

简介	模型调优：模型调优是指对已经构建好的模型进行优化，以提高其性能、泛化能力和效率。从广义上来讲，能够调优的内容都可以理解为是一种参数，除了公认的超参数，模型算法及其结构的变化也是一种参数优化。模型调优需要结合对数据、问题和业务的深刻理解，以及丰富的实践经验和调优技巧。在实践中，模型调优往往是一个反复迭代的过程，需要不断尝试不同的调优策略和参数组合，直到找到最优解。 ● **本质**：模型调优的本质在于通过调整模型的各种参数、结构和超参数，使其在给定的任务上表现更好。 ● **意义**：模型调优的意义是提高模型性能和泛化力。通过调整模型参数和结构，使模型在训练集和测试集上的性能达到最优。优化模型以使其在新数据上的表现更好，避免过拟合或欠拟合。
核心内容	模型调优的核心内容在于通过对模型算法、结构和超参数进行细致调整，使得模型在给定的任务上达到最佳性能。核心内容包括模型算法选择调优、模型结构调优、模型超参数调优。在机器学习中，模型的性能很大程度上取决于其结构和超参数的选择，而在本章节中主要的研究内容是超参数调优。 ● **模型算法选择调优**：在开始建模之前，需要选择合适的模型算法。这通常涉及对问题类型、数据特征以及业务需求的综合考量。根据问题的性质，可以选择分类、回归、聚类等不同类型的算法，如决策树、支持向量机、神经网络等。在这一阶段，需要对多个算法进行评估和比较，以选择最适合特定任务的算法。前文"6.3.1 选择算法"小节中已有详细讲述，此处不再过多赘述。 ● **模型结构调优**：模型结构的调优是指对模型的网络结构进行优化，包括优化器类型（如 SGD、Adam、RMSProp、Momentum 等）、层数、节点数（如神经元个数或图节点数）、连接方式（如全连接、卷积连接、循环连接等）等。在深度学习中，选择合适的网络结构对模型性能和训练效率有着重要影响。例如，在卷积神经网络中，可以调整卷积层的数量和大小，池化层的类型和参数等。在循环神经网络中，可以调整隐藏层的数量和类型，以及单元的数量等。通过对模型结构进行调优，可以提高模型的拟合能力和泛化能力。 ● **模型超参数调优**：模型超参数是在模型训练过程中需要手动设置的参数，如学习率、正则化参数、批量大小等。这些超参数直接影响了模型的训练速度和性能。通常需要使用交叉验证来评估不同超参数组合的性能。超参数调优的目标是找到最佳的超参数组合，以使模型在训练数据上收敛更快并达到更好的性能。常见的超参数调优方法，除了采用手工调参之外，主流的做法是采用自动调参方法或者相关工具包进行优化，如网格搜索、随机搜索、贝叶斯优化等方法。
经验技巧	在模型调优阶段，常用的经验技巧如下所示。 ● **充分理解数据和任务**：在进行模型调优之前，深入理解数据的特点和任务的要求至关重要，这有助于选择合适的调优策略。 ● **调优依赖问题领域知识**：对不同领域和问题，调优的方法和关注的指标可能存在差异。因此，理解问题背景并结合领域知识后再调整参数以满足特定任务的需求，可以避免盲目调优。 ● **调优的目标依赖于业务需求**：模型调优的目标应与业务需求保持一致。有时候，优化某些指标可能会对其他指标产生负面影响，需要在业务目标和模型性能之间寻找平衡点。 ● **交叉验证**：使用交叉验证技术评估超参数组合的性能，防止过拟合并提高模型的泛化能力。 ● **实验记录结果并对比**：记录每次调优实验的结果和参数组合，并对比不同实验的性能，有助于选择最优模型。 ● **试错机制和迭代优化**：模型调优是一个通过试错和迭代优化的过程，需要尝试不同的参数组合，并根据实验结果进行调整和优化。 ● **使用自动调参工具**：借助自动调参工具，如 GridSearchCV、RandomizedSearchCV、Hyperopt、Optuna 等，可以更高效地进行超参数调优。 ● **调优需持续进行（历史经验值需不断优化）**：数据和业务需求的变化可能导致模型性能下降，因此，模型调优可能需要在部署后持续进行，以适应新的环境和数据。由于计算资源、数据规模等条件不断变化，之前基于经验设置的超参数值可能已不再最优，需要根据新的条件对超参数进行持续优化。 ● **调优谨防过拟合**：过度调优是一个潜在的问题。通过反复调整模型，可能导致在训练数据上表现良好，但在新数据上性能下降。因此，需要谨慎使用验证集进行模型评估，防止过拟合的发生。 ● **优先调整重要的参数**：由于模型调优通常需要耗费大量时间和计算资源，所以，需要根据经验或领域知识，重点调整对模型性能影响最大的参数，因为它直接影响了模型参数的更新速度和收敛性能。例如在神经网络算法中优先调整学习率，在树类模型算法中优先调整树的深度等。但是，最理想方案还是同时优化整个建模过程中涉及的所有参数，以达到最佳的模型效果。

1. 超参数及其调优简介

背景	在机器学习项目的实际应用中，不同的问题和数据集可能需要不同的超参数设置，如果完全依赖于模型开发人员使用的默认超参数，这些参数值的组合可能完全不适用于个人场景的问题。所以，需要使用者自行调整超参数，找到适合自己数据集所对应的超参数组合，以提高模型的性能和泛化能力。
简介	超参数调优（Hyper Parameters Tuning）是指在机器学习和深度学习任务的模型训练阶段，基于验证集，通过调整模型的超参数以优化模型的性能和泛化能力的过程。超参数是指在模型构建过程中，也就是在模型训练之前需要手动设置（或预先定义）的参数，其值不能通过训练数据自动学习得到，也不会随着训练的进行而自动更新，而是需要通过实验和验证集来自行调整。这些超参数的选择直接影响了模型的学习过程和性能。 ● 目的：模型超参数调优的主要目的是给学习器（机器学习模型）寻找最佳的超参数组合，使得模型在给定任务上达到最佳性能，在新数据上表现最好。 ● 意义：通过调优超参数，可以防止模型在训练数据上过拟合或欠拟合，进而提高模型的准确率和泛化能力，同时加速训练过程，从而提升模型的整体性能。 知识点拓展：超参数调优为什么要选择专用的数据集——验证集而非训练集？ 注意，评估超参数性能的过程需要一个独立的数据集，即验证集。训练集用于训练模型的参数，而验证集用于调整模型的超参数，以便提高模型的泛化性能。超参数优化的目标是寻找在未见过的数据（与训练集不同）上评估超参数组合，以选择具有最佳泛化能力的超参数，而不是仅仅在训练集上表现良好。如果采用训练集来评估超参数，可能导致模型在训练集上过拟合，从而使评估结果失真，无法准确反映模型的泛化能力。而验证集是独立于训练集的，它更准确地评估了在未见过的数据上，不同超参数下模型的性能，有助于避免过拟合问题。
特点	在超参数调优阶段，特点如下所示。 ● 非模型自身的参数：超参数是在模型构建之前手动设置的参数，不是模型自身学习得到的，通常由相关专家或工程师根据经验或搜索调整。 ● 需手动设置：超参数的值不能通过训练数据学习得到，而是在模型构建过程中手动设置的，与模型参数不同。 ● 显著影响模型性能：超参数的选择直接影响模型的性能和泛化能力。不同的超参数组合可能导致模型在同一数据集上表现不同。 ● 比较耗时：超参数调优通常是一个耗时耗力的过程，需要尝试不同的参数组合并评估模型性能，因此需要高度的计算资源和时间投入。 ● 超参数是模型上的神奇数字：超参数优化是释放模型最大潜力的强大工具，微调超参数的值可能会对模型性能产生显著影响。 ● 非确定性：超参数调优是一个非确定性的过程，即使在相同的数据集上，不同的超参数组合可能导致不同的模型性能。 ● 搜索空间的挑战：确定合适的超参数搜索空间是超参数调优的挑战之一。搜索空间过小可能错过最佳超参数组合，而过大的搜索空间会增加计算开销。因此，需要在搜索空间的广度和深度之间取得平衡。 ● 领域依赖性：超参数的最佳值通常是问题和数据集特定的，因此在不同的领域和任务中，超参数的调优策略可能会有所不同，经验和专业知识在超参数调优中起到关键作用。 ● 没有全局最优解：由于超参数空间的无限性，超参数调优只能找到相对更优的解，而无法找到全局最优解。因此，在有限的时间内很难找到最佳的超参数组合。
常用方法	超参数调优常用方法：由于搜索超参数空间的复杂性，需要高效的方法来调整超参数，以获得更好的模型性能。常用的方法包括手动调参、随机调参、贪心调参、网格调参、贝叶斯调参等。每种方法都有其适用的场景和优缺点。在实践中，常常需要结合多种方法，根据具体问题和资源情况选择最合适的超参数调优策略。

第 6 章
模型训练、评估与推理

（续）

常见的通用超参数包括学习率、迭代次数、正则化参数等，见表 6-5。

表 6-5　通用超参数

	超参数	简　介	经 验 技 巧
常见超参数	学习率	学习率是机器学习模型中控制参数更新步长的关键超参数。它决定了在每一次迭代中，参数沿着梯度方向更新的幅度。具体是指优化器在每一次迭代中更新模型参数的步长。 作用：控制参数更新的步长。 大小：如果学习率设置过小，收敛缓慢，模型训练速度会很慢；如果学习率设置过大，会导致模型训练震荡、不稳定。 学习率的选取没有规律可循，但是，可以结合已经做过的优秀案例，参照其项目模型中所涉及学习率的调整策略。常用的方法有固定学习率、手动自适应调整学习率、学习率衰减、自适应学习率方法、周期性学习率等方法	初始设定较小值； 根据学习曲线调整； 考虑学习率衰减方法
	迭代次数	迭代次数指的是模型在训练过程中所进行的总迭代次数，每次迭代处理一个小批量的数据。 作用：训练过程中的总迭代次数。 大小：如果迭代次数设置过小，模型可能无法充分学习数据；如果迭代次数设置过大，可能会导致模型过拟合	初始估计合理值； 根据验证集表现调整停止时机； 考虑批量大小影响
	正则化参数	正则化参数用于控制模型复杂度，帮助防止过拟合。它在损失函数中引入正则化项，惩罚模型的复杂度。 作用：控制模型复杂度的超参数，防止过拟合。 常见的正则化方法包括 L1 正则化、L2 正则化参数以及 Dropout 等	调整力度与类型； 通过交叉验证选择最优值
经验技巧		在超参数调优阶段，常用的经验技巧如下所示。 ● 优先级选择需深度理解参数影响力：理解每个超参数对模型性能的影响，根据具体情况选择调整的优先级。 ● 初始设置需要经验：通常需要基于先验经验和反复试验来寻找一个能让模型学习顺利进行的初始超参数设置。 ● 逐个调优：逐步调整超参数，避免一次性调整过多参数，以便更好地理解各个参数对模型性能的影响。 ● 逐细调优：超参调参阶段中，某个参数的初始范围设置，要基于大量的应用案例经验。比如可以逐渐缩小超参数的搜索范围，以便更加精细地调整。一旦找到一些表现良好的超参数组合，可以在其周围进行更详细的搜索。 ● 解决神经网络难以训练的策略：在神经网络训练过程中，如果遇到完全不能训练的情况，很可能是由于权值调整过大导致激活函数达到饱和，使得权值调整无效，导致网络无法正常训练。为了避免这种情况，可以采取以下两点方法： T1、选取较小的初始权值：选择一个经验上较小的初始化权值范围，如按标准正态分布小范围初始化。 T2、采用较小的学习率：使用一个较小的学习率，这样每次更新权重的幅度不会太大，可以缓解激活函数饱和的问题。	
注意事项		在超参数调优阶段，一些重要的注意事项如下所示。 ● 超参数调优可能会放大不恰当的评估指标假设：如果在超参数调优时使用的评估指标本身就基于一些不正确的假设，那么调优的结果就可能进一步放大和加强这些错误假设，导致调优的效果事与愿违。因此，需要谨慎地选择和构建评估指标，最好是采用多指标评估的方式，从不同角度全面考察模型的表现。 ● 超参数调优是一门"艺术"：由于超参数的取值范围通常很大，初始设置高度依赖于经验和直觉，因此调参过程更像是一种"艺术"，而不是科学，它需要人工智能专家的直觉和经验来指导搜索方向。所以，机器学习从业者不应该盲目自大和闭门造车，认为单凭调参就能取得突破性进展。 ● 注意超参数之间的相互影响和作用：一些超参数之间可能存在相互影响和作用关系，在选择超参数值时需要充分考虑这些关系，确保选出的超参数组合是合理且相互兼容的。如果孤立地调整单个超参数而忽视了它们之间的相互作用，可能会适得其反。	

(1) 对比理解：参数调优、超参数调优

为了进一步明确模型参数调优和超参数调优在机器学习过程中的作用和方法以及其区别与联系，模型参数调优和超参数调优的对比见表6-6。

表6-6 模型参数调优和超参数调优对比

	模 型 参 数	超参数（主要研究内容）
简介	模型参数调优是指在训练模型时，通过利用优化算法（如梯度下降）来最小化损失函数，实现调整模型内部可学习的参数（例如权重、偏置等）来优化模型的性能。 常见参数包括神经网络中的权重、偏置。 模型参数调优的目标是使模型在训练数据上的表最优，从而提高模型的准确性和泛化能力。	超参数调优是指在训练模型时，通过调整模型的结构及其内部的超参数来优化模型的性能。超参数的选择显著影响模型的性能。 常见超参数包括学习率、优化器、正则化参数、迭代次数、树的个数、树的深度、神经网络的层数、每层神经元的个数、激活函数、批次大小/批量大小、训练轮数等。 超参数调优的目标是找到一组最佳的超参数组合，使得模型在验证集上表现最好，从而提高模型的准确性。
特点	针对训练集：训练数据用于参数（权重和偏置）的学习。 训练中持续更新：只能在模型结构确定的情况下进行。模型在训练过程中学习到的，其值会随着训练的进行而不断地自动更新。 自动更新：模型参数调优主要是通过训练数据来自行调整模型参数，以便更好地拟合数据。这个过程通常是自动进行的，本质是通过优化算法（如梯度下降）来最小化损失函数实现更新模型的参数	针对验证集：验证数据用于评估超参数性能。 训练前早已固定：超参数是在模型训练之前需要人工设定的参数，它们决定了模型的结构、拟合能力和训练方式，其值不会随着训练的进行而自动更新。 手动设定：通过人为设置一些候选值，使用不同的超参数组合，多次训练模型（交叉验证），通过一定的搜索方法找到模型的最优超参数组合
联系	超参数是控制模型学习参数（权重、偏置等）调整的高层参数，其取值对模型性能有重要影响。 在实践中，模型参数调优和超参数调优往往是交替进行的，以达到最佳的模型性能。一般来说，首先通过网格搜索、随机搜索等方法大致确定一个较好的超参数组合，在此基础上进行模型训练获得初始模型参数。然后根据模型在验证集上的表现，对超参数进行进一步微调。在超参数调优之后，可以使用诸如梯度下降、Adam等优化算法对模型参数进行微调（比如大语言模型），重新训练以获得新的模型参数，直至达到满意的性能	

(2) 学习率常用调参方法

学习率常用调参方法包括固定学习率、手动自适应调整学习率、学习率衰减、自适应学习率方法、周期性学习率。表6-7展示了几种常见的学习率调整方法及其特点。

表6-7 常见学习率调整方法对比

固定学习率	使用整个训练过程中保持不变的常数学习率，代表方法为常规梯度下降法
手动自适应调整学习率	比如先取大再选小法。开始时，从一个较大的范围内试探学习率，跟踪损失函数曲线进行调整，找到一个适中的学习率，然后手动逐渐减小
学习率衰减	随着训练的进行，逐渐减小学习率，以更精细地调整参数。代表方法有指数衰减、步进衰减、多项式衰减等

(续)

自适应学习率方法	根据模型当前状态动态地调整学习率，以提高训练效果。比如 Adagrad、Adadelta、RMSprop 或 Adam，这些算法能够根据参数的历史梯度信息自动调整学习率
周期性学习率	比如余弦学习率，与上述思路不同，属于一种学习率调度策略。它使用余弦函数调整学习率，适用于训练周期较长的模型，代表方法为余弦退火学习率调度（利用余弦衰减函数将学习率在训练过程中逐渐减小）

（3）传统机器学习算法及其相关的超参数

表 6-8 总结了几种常见机器学习算法的主要超参数及其经验，涵盖了逻辑斯谛回归、K 近邻、支持向量机、决策树、随机森林、Bagging、GBDT、XGBoost、LightGBM、CatBoost、K 均值聚类和主成分分析。这些超参数在模型的性能和泛化能力方面起着至关重要的作用。通过合理地调整这些超参数，可以显著提升模型的预测精度和稳定性。

表 6-8 传统机器学习算法中超参数及其调优经验

逻辑斯谛回归	C（正则化参数）：调节正则化强度，较大的 C 值会降低正则化强度，使模型更容易过拟合；较小的 C 值会增加正则化强度，有助于减少过拟合。 penalty（正则化类型）：可选的正则化类型有 L1 正则化和 L2 正则化，通常情况下，如果希望保留更多的特征，可以选择 L2 正则化；如果希望进行特征选择，可以选择 L1 正则化
K 近邻	n_neighbors（邻居数量）：选择合适的邻居数量是 K 近邻算法的关键，通常通过交叉验证来确定最优的邻居数量。 metric（距离度量方法）：常用的距离度量方法包括欧氏距离、曼哈顿距离、闵可夫斯基距离等，根据数据的特点选择合适的距离度量方法
支持向量机	C（正则化参数）：C 值的选择影响了模型的间隔边界，较大的 C 值会降低正则化强度，使模型更容易过拟合；较小的 C 值会增加正则化强度，有助于减少过拟合。 kernel（核函数类型）：核函数类型包括线性核、多项式核、径向基函数（RBF）核等，选择合适的核函数可以更好地拟合数据。 gamma（核系数）：在使用 RBF 核函数时，gamma 参数控制了决策边界的曲率，较大的 gamma 值会使决策边界更加复杂，可能导致过拟合
决策树	max_depth（树的最大深度）：控制决策树的复杂度，较大的 max_depth 值可能会导致过拟合，而较小的 max_depth 值可能会导致欠拟合。 min_samples_split（分裂内部节点所需的最小样本数）：控制了分裂节点的条件，较小的 min_samples_split 值可能会导致树过深，而较大的 min_samples_split 值可能会导致树过于简单
随机森林	n_estimators（树的数量）：增加树的数量可以提高模型的稳定性和准确性，但也会增加计算成本。 max_depth（树的最大深度）：控制单个决策树的复杂度，过大的 max_depth 值可能会导致过拟合，过小的 max_depth 值可能会导致欠拟合
Bagging	n_estimators（基评估器的数量）：通常情况下，增加基评估器的数量可以提高模型的性能，但需要注意过多的基评估器可能会导致模型过拟合。 max_samples：控制每个基评估器的样本抽样比例，一般情况下可以设置为较小的值以增加模型的多样性，避免过拟合
GBDT	n_estimators（基评估器的数量）：增加基学习器的数量通常可以提高模型的性能，但需要注意过多的学习器可能会导致过拟合。 learning_rate（学习率）：学习率控制每个树对结果的贡献程度，较小的学习率可以提高模型的鲁棒性，但可能需要增加更多的迭代次数。 max_depth（树的最大深度）：控制每个树的最大深度，较小的深度可以减少模型的复杂度，防止过拟合，但可能会降低模型的拟合能力

（续）

XGBoost	num_boost_round（迭代次数）：增加 boosting 迭代次数通常可以提高模型的性能，但需要注意过多的迭代次数可能会导致过拟合。 learning_rate（学习率）：学习率控制每个树对结果的贡献程度，较小的学习率可以提高模型的鲁棒性，但可能需要增加更多的迭代次数。 max_depth（树的最大深度）：控制每棵树的最大深度，较小的深度可以减少模型的复杂度，防止过拟合，但可能会降低模型的拟合能力
LightGBM	num_boost_round（迭代次数）：增加 boosting 迭代次数通常可以提高模型的性能，但需要注意过多的迭代次数可能会导致过拟合。 learning_rate（学习率）：学习率控制每个树对结果的贡献程度，较小的学习率可以提高模型的鲁棒性，但可能需要增加更多的迭代次数。 max_depth（树的最大深度）：控制每棵树的最大深度，较小的深度可以减少模型的复杂度，防止过拟合，但可能会降低模型的拟合能力
CatBoost	iterations（迭代次数）：增加迭代次数通常可以提高模型的性能，但需要注意过多的迭代次数可能会导致过拟合。 learning_rate（学习率）：学习率控制每个树对结果的贡献程度，较小的学习率可以提高模型的鲁棒性，但可能需要增加更多的迭代次数。 depth：控制每棵树的最大深度，较小的深度可以减少模型的复杂度，防止过拟合，但可能会降低模型的拟合能力
K 均值聚类	n_clusters（簇的数量）：选择合适的簇的数量是 K 均值聚类的关键，通常通过肘部法则或轮廓系数来确定最优的簇的数量。 init（初始化方法）：初始化方法包括随机初始化和 K-Means++初始化，K-Means++初始化可以更好地选择初始聚类中心，通常能够加速算法的收敛。 max_iter（最大迭代次数）：控制算法的收敛性，当迭代次数达到 max_iter 时停止迭代
主成分分析	n_components（主成分数量）：选择合适的主成分数量可以保留大部分数据的方差信息，常通过方差解释率或累计方差解释率来确定。 svd_solver（奇异值分解求解器）：奇异值分解求解器包括 auto、full、arpack、randomized 等。通常默认使用 auto，根据数据的规模自动选择求解器

代码实战

 # 示例——依次利用逻辑斯谛回归算法（调参 C 值）、支持向量机算法（调参核函数类型）、决策树算法（调参树深）、随机森林算法（调参树个数）进行超参数调优。

如图 6-18 所示，四张子图均基于泰坦尼克号数据集，通过逻辑斯谛回归、支持向量机、决策树、随机森林四种模型进行了分类训练，并依据分类指标进行了模型调优。

在第一张子图中，采用逻辑斯谛回归模型，分析不同正则化强度参数 C 值对模型性能的影响。其中，C 值的范围为 [0.001, 0.01, 0.1, 1, 10, 100, 1000]。结果显示，当 C = 0.001 时，模型性能最差，其余表现相同。这一发现有助于研究者选择合适的 C 值，以提高逻辑斯谛回归模型的性能和泛化能力。

在第二张子图中，使用支持向量机模型，探讨不同核函数类型对模型性能的影响。其中，核函数类型包括 linear, poly, rbf, sigmoid。观察曲线走势，发现当核函数为 linear 时，SVM 模型表现最佳。

接下来，采用决策树模型，分析不同最大深度对模型性能的影响。其中，最大深度范围为 1 到 10。结果显示，当最大深度为 10 时，决策树模型的性能最佳。

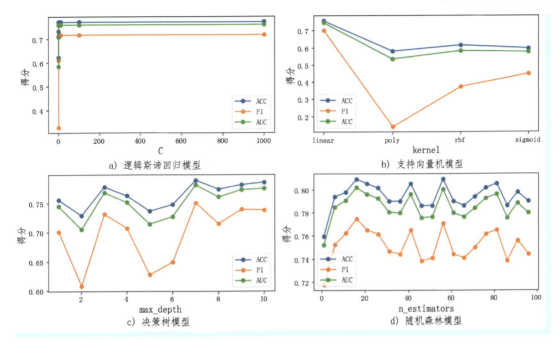

图 6-18 依次采用逻辑斯谛回归、支持向量机、决策树和随机森林进行各自参数调优的模型性能变化折线图（数据来自泰坦尼克号数据集）

最后，使用随机森林模型，探讨不同决策树数量对模型性能的影响。其中，决策树数量范围为 1 到 100，步长为 5。结果显示，当决策树个数为 50 时，随机森林模型表现最佳。

综上所述，通过对泰坦尼克号数据集进行分类训练和模型调优，发现逻辑斯谛回归、支持向量机、决策树和随机森林四种模型在不同参数设置下表现各异。这一研究有助于更好地理解各模型的性能特点，为实际应用提供参考。

（4）深度学习算法及其相关的超参数

表 6-9 总结了几种深度学习算法中常见的超参数及其调优经验。超参数的选择和调整直接影响模型的性能和训练效果。通过合理地调节这些超参数，可以显著提升模型的准确性和泛化能力。

表 6-9 深度学习算法中超参数及其调优经验

算法	深度学习算法中超参数及其调优经验
通用	layers 和 units：在神经网络的设计中，选择网络的层数和每层神经元的数量通常没有固定标准。这个过程可以考虑以下因素。 ● 神经网络层数影响模型的学习能力（学习深度）：更深的网络结构能学习到更高水平的抽象特征，但过深可能导致过拟合。神经网络中的不同的层会影响模型学习到不同程度的抽象概念，实际上，这也正是深度学习学习能力的重要来源。例如在基于 CNN 的图像分类任务中，浅层可能提取低级局部特征如边角线条，中层可能学习到部分形状或组合，更深层可能对图像进行全局理解，抽象出完整对象的概念。 ● 神经元数量影响模型的表现能力（表现强度）：较多的神经元表示更强的模型表现能力。但是，隐藏单元过多可能导致过拟合，即在未见过的数据上的泛化能力较差。 ● 逐步增大层数和神经元数量：推荐采用逐步增大层数和神经元数量的方法，观察效果并选择平衡点，以取得在训练和泛化之间的最佳性能平衡

(续)

算法	深度学习算法中超参数及其调优经验
DNN	units（每个全连接层的神经元数量）：选择合适的神经元数量可以影响模型的容量和性能。通常情况下，可以通过交叉验证等方法来确定最佳的神经元数量。 activation（激活函数）：ReLU（Rectified Linear Unit）是一种常用的激活函数，但在输出层应根据具体任务选择合适的激活函数，如 sigmoid（二分类问题）或 softmax（多分类问题）。 optimizer（优化器）：常用的优化器包括 Adam、SGD（随机梯度下降）等。根据数据规模和特性选择合适的优化器，并根据训练过程调整学习率等超参数。 loss（损失函数）：根据任务类型选择合适的损失函数，如交叉熵损失函数适用于分类问题，均方误差适用于回归问题。 epochs（训练轮数）：指使用全部训练数据完成一次正向和反向传播的过程数，即在一个轮次内将所有训练数据"看"一遍。通常需要进行多轮训练以使模型收敛，但过多的训练轮数可能导致过拟合。可以通过监控验证集的性能来确定最佳的训练轮数。 ● epoch 是模型迭代训练的基本单位，代表模型在整个训练数据集上的一个完整训练周期。在每个 epoch 结束时，可以评估模型在训练集和测试集上的性能。 ● 在使用 mini-batch 学习的情况下，一个 epoch 表示所有训练数据被使用过一次的更新次数。每个 mini-batch 都是从训练数据中随机抽取的一部分样本。通常，在每个 epoch 开始前，会将所有训练数据随机打乱，然后按指定的批次大小生成 mini-batch。每个 mini-batch 都有一个索引号，用于遍历整个训练数据集。遍历一次所有的 mini-batch，就完成了一个 epoch 的训练过程。 batch_size（批量大小）：指每次训练模型使用的样本数（以批为单位可实现高效数组运算），主要影响模型训练的速度和稳定性。通常情况下，较大的批量大小能够加快训练速度，更新频率变低，但可能会降低模型的泛化能力。 ● 一般来说，mini-batch 大小相对于其他超参数如学习率、网络层数等，具有一定的独立性和稳定性。初始选择一个合适的 mini-batch 大小后，在后续微调其他超参数时，通常可以保持 mini-batch 不变，不需要频繁调整。但是，较大的 mini-batch 会占用更多的内存和计算资源
CNN	kernel_size（卷积核大小）：卷积核大小直接影响了特征提取的能力，通常选择合适的卷积核大小可以更好地捕获图像中的特征。 activation（激活函数）：在卷积层和全连接层中通常使用 ReLU 作为激活函数，但在输出层应根据具体任务选择合适的激活函数。 optimizer（优化器）、loss（损失函数）、epochs（训练轮数）和 batch_size（批量大小）与 DNN 中的使用经验相似
RNN	units（RNN 单元数量）：选择适当数量的 RNN 单元可以平衡模型容量和计算成本，并根据任务和数据集的大小进行调整。 activation（激活函数）、optimizer（优化器）、loss（损失函数）、epochs（训练轮数）和 batch_size（批量大小）与 DNN 中的使用经验类似，但在序列数据中更加重要，因为 RNN 模型对序列数据的处理更为敏感

示例1——可视化深度神经网络随着 epoch 的 loss 变化曲线并对比归一化。

如图 6-19 所示，通过分析深度神经网络模型训练过程中的损失曲线，评估了模型的训练效果和泛化能力。随着训练周期（epochs）增加，训练损失和验证损失均呈下降趋势，表明模型学习效果良好。右图是未归一化的训练效果，存在有较大的波动。可知，归一化处理对模型性能有显著提升，训练更加稳定，同时加速了模型收敛并提高了泛化能力。通过比较两个图表，可以观察到归一化前后模型的训练损失和验证损失的变化情况，以及归一化对模型训练的影响。

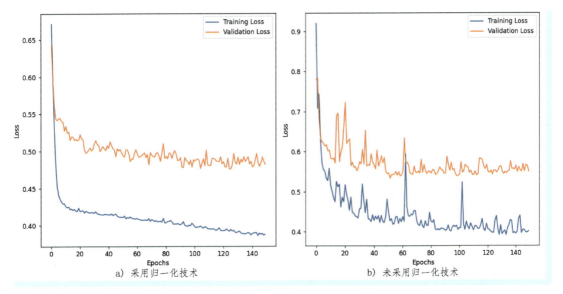

图 6-19 是否采用归一化技术对神经网络的训练损失和验证损失的影响对比
（数据来自泰坦尼克号数据集）

示例 2——可视化深度神经网络随着不同层数（layers）、不同优化器（optimizers）的性能变化。

如图 6-20 所示，左图展示了在不同层数配置下，深度神经网络模型的评估指标 ACC、F1 和 AUC 的变化，其中（64, 32）和（128, 64）层数配置时，模型的 ACC 和 AUC 表现较好。在（32, 16）层数配置时，F1 分数显著下降，表明此配置下模型的分类效果较差。

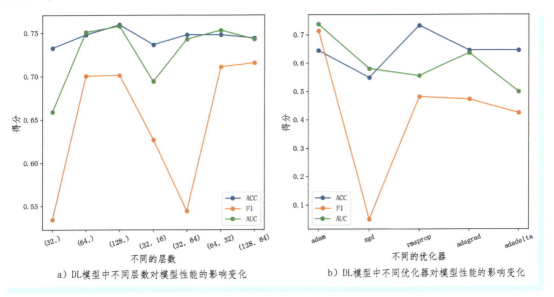

图 6-20 不同层数和优化器对深度神经网络模型性能的影响（数据来自泰坦尼克号数据集）

右图展示了在不同优化器下，深度神经网络模型的评估指标变化，其中使用 Adam 优化器时，模型的 ACC 和 AUC 得分最高。使用 sgd 优化器时，模型的所有评估指标显著下降，表明其不适合该模型的训练。

2. 模型调参方法

超参数调优常用方法：手动调参、随机调参、贪心调参、网格调参、贝叶斯调参、hyperopt 调参。每种方法都有其适用的场景和优缺点，见表 6-10。在实践中，常常需要结合多种方法，需要根据具体问题和资源情况选择最合适的超参数调优策略。

表 6-10 超参数调优常用方法对比

		简 介	特 点	适 应 场 景
简介	手动调参	手动调参（Manual Tuning）——手动靠经验：基于人工经验和领域知识采用试错法来手动逐步地调整超参数。手动调参是最基本的调参方法。 • 当手动调整超参数的值时，其实人类本身就是一种优化方法。人类大脑有时可能是一种低效的优化策略。因为人类通常不善于处理高维度和非凸优化问题	优点是简单直观，但缺点是比较主观、耗时、依赖于专家知识且不一定能找到最优的超参数组合，容易陷入局部最优，导致效率较低	适用于对模型及其超参数具有较好理解并且搜索空间相对较小的情况。通常用于初步调优或者在具体场景中根据经验手动调整参数
	随机调参	随机调参（Random Search）——随机靠运气：在在预定义的超参数空间中随机选择一组超参数组合，并评估其性能，重复多次（提高找到全局最优解的概率）覆盖更广泛的搜索空间，以找到最优组合	优点是简单快速，可以探索更广泛的超参数空间，但缺点是可能需要大量尝试才能找到最优解，效率较低，需要依靠运气来获得好结果	适用于搜索空间较大、搜索时间有限且没有明确的优化方向的情况
	贪心调参	贪心调参（Greedy Search）——贪心迭代易陷入局部最优：贪心调参是一种逐步调整超参数的方法，每次仅调整一个超参数，并比较模型性能的变化。选择能够最大程度提升性能的参数值，逐步逼近最优解。 在每一步选择当前看起来最有利于性能提升的超参数，逐渐优化模型。如果性能提升，则保留该参数设置，否则更换该参数	优点是简单快速，但可能会陷入局部最优解。 贪心调参迭代地进行，直到无法进一步提升性能或达到预定的迭代次数	适用于参数空间较小且有明确最优值的情况，或者优化过程中可以通过贪心策略进行局部优化的情况
	网格调参	网格调参（Grid Search）——穷举探测全局最优：将超参数空间划分成网格，并在网格中进行系统性地穷举搜索所有可能组合，选择模型表现最佳的组合。 全面地穷举尝试每个可能的超参数组合，也可以采用启发式搜索。经常结合多线程技术提高速度	优点是可以确保搜索到全局最优解，但缺点是计算量大，不适用于高维超参数空间，其评估模型所需的次数随着参数数量呈指数增长	用于搜索空间较小且超参数之间相互独立的情况，适合于确定性的超参数优化

第 6 章 模型训练、评估与推理

(续)

(续)

		简 介	特 点	适应场景
简介	贝叶斯调参	贝叶斯优化（Bayesian Optimization）——基于已有结果智能选择：基于用贝叶斯优化方法，在每次迭代中根据之前的结果来调整下一次搜索的位置（最有希望的超参数组合），以便在尽可能少的试验次数下找到最优参数组合。 通过构建参数与模型性能的概率模型，并不断更新这个模型，以智能地来选择下一个最有可能提升性能的参数组合。 利用概率模型来指导超参数搜索，通过高效利用先验信息和历史评估结果，能够更智能地找到最优或近似最优的超参数组合。 参考文章：《Practical Bayesian Optimization of Machine Learning Algorithms》	需要更多的计算资源，特别是在初始阶段，因为需要建立初始的概率模型。 优点是高效，能够在相对少量的迭代中找到较优解，但需要合适的先验知识。 贝叶斯调参能够在有限的尝试次数内找到较优的参数组合，并且对于参数空间的探索是自适应的	适用于搜索空间较大且存在潜在参数之间相关性的情况
	hyperopt 调参	hyperopt 调参——采用高效搜索策略+动态并行探索：Hyperopt 是一个使用序列模型优化（SMBO）算法的 Python 库或调参工具，通过使用贝叶斯优化来选择超参数（即可以实现贝叶斯调参赛算法），建一个概率模型来估计超参数的性能，从而指导下一步的搜索方向。 它结合了随机搜索和贝叶斯优化的优点，支持并行计算，且提供了多种优化算法	优点是简单易用，但缺点是可能需要大量的计算资源。对于大规模超参数空间，计算成本可能很高。需要对目标函数的性质进行一些假设	适用于搜索空间较大且对搜索效率要求较高的情况，适用于复杂的参数优化问题

模型调参的经验技巧如下所示。

- **手动调参**：可采用分阶段和可视化技术优化，先调整对模型性能影响最大的超参数，再微调次要参数，同时利用可视化工具（如学习曲线和验证曲线）帮助理解模型表现和超参数的关系，并详细记录实验结果。
- **随机调参**：可采用分布和并行技术，根据经验和先验知识设定合理的搜索空间，进行分步搜索（先宽范围再窄范围）并利用并行计算加速过程。
- **贪心调参**：可综合随机或网格搜索综合优化，逐步调整参数值，设置适中的步长，并结合随机搜索或网格搜索结合使用，先粗调再细调。
- **网格调参**：先选择合适的步长，分阶段进行搜索（先粗粒度后细粒度），并结合交叉验证方法，确保模型性能评估的稳定性和可靠性。
- **随机搜索**：可能优于网格搜索。随机搜索在神经网络超参数优化中可能优于网格搜索的观点在学术界有一定的支持。在 2012 年 Bergstra 和 Bengio 的论文 *Random Search for Hyper-Parameter Optimization. Journal of Machine Learning Research* 中，通过实验比对，证明了随机搜索被认为更适合超参数优化，因为不同超参数对模型性能的影响程度不同，即贡献不尽相同，而随机搜索能够更灵活地探索超参数空间，并在相同时间内找到更优的解决方案。

参考文献：James Bergstra and Yoshua Bengio（2012）：*Random Search for Hyper-Parameter Optimization. Journal of Machine Learning Research 13*，Feb（2012），281-305.

- **优值域缩小搜索法是一种有效的超参数调优方法**：优值域缩小搜索是一种结合了随机性、贪心性和基于历史信息的超参数调优方法。该方法通过逐步缩小超参数的"好值"存在范围，帮助找到最佳的超参数配置。具体步骤包括初略设定超参数范围，随机采样多次评估，根据结果不断缩小"好值"范围，然后重复该过程直至收敛至最优解。这种方法可以在较短的时间内有效地优化超参数空间，提高模型的性能

经验技巧

代码实战

示例1——依次实现手动调参、随机调参、贪心调参、网格调参和贝叶斯调参。
T1、手动调参（手动靠经验）

```python
def manual_tuning(param_space, model, X_train, y_train, X_val, y_val):
    best_score = 0
    best_params = None
    for params in param_space:
        model.set_params(**params)
        model.fit(X_train, y_train)
        score = model.score(X_val, y_val)
        if score > best_score:
            best_score = score
            best_params = params
    return best_params
param_space = {'alpha': [0.1, 0.2, 0.5, 1.0]}
best_params = manual_tuning(param_space, model, X_train, y_train, X_val, y_val)
```

T2、随机调参（随机靠运气）

```python
def random_search(param_space, model, X_train, y_train, X_val, y_val, n_iter=10):
    param_samples = [dict(np.random.choice(param_space, size=1)[0]) for _ in range(n_iter)]
    random_search = RandomizedSearchCV(estimator=model, param_distributions=param_space, n_iter=n_iter)
    random_search.fit(X_train, y_train)

    return random_search.best_params_
param_space = {'alpha': [0.1, 0.2, 0.5, 1.0]}
best_params = random_search(param_space, model, X_train, y_train, X_val, y_val)
```

T3、贪心调参（贪心迭代易陷入局部最优）：耗时最短

```python
def greedy_search(param_space, model, X_train, y_train, X_val, y_val):
    best_score = 0
    best_params = None
    for param_name, param_values in param_space.items():
        for value in param_values:
            params = {param_name: value}
            model.set_params(**params)
            model.fit(X_train, y_train)
            score = model.score(X_val, y_val)
            if score > best_score:
                best_score = score
                best_params = params
    return best_params
param_space = {'alpha': [0.1, 0.2, 0.5, 1.0]}
best_params = greedy_search(param_space, model, X_train, y_train, X_val, y_val)
```

T4、网格调参（穷举探测全局最优）：耗时最长

```
def grid_search(param_space, model, X_train, y_train, X_val, y_val):
    grid_search =GridSearchCV(estimator=model, param_grid=param_space)
    grid_search.fit(X_train, y_train)
    return grid_search.best_params_
param_space = {'alpha': [0.1, 0.2, 0.5, 1.0]}
best_params = grid_search(param_space, model, X_train, y_train, X_val, y_val)
```

运行代码，输出结果如下所示。

```
training_time 21.7
最佳参数：{'learning_rate': 0.06, 'max_depth': 2}
最佳 AUC 分数：0.8513647306274102
```

图 6-21 展示了使用 Grid Search 在 LightGBM 模型上针对泰坦尼克数据集进行参数调优的结果。图中显示了不同学习率（learning_rate）和最大深度（max_depth）组合下的 AUC 分数，其中最佳参数为学习率 0.6 和最大深度 2，对应的最佳 AUC 分数为 0.851。训练时间为 21.7 秒，表明最佳参数组合显著提升了模型的性能。

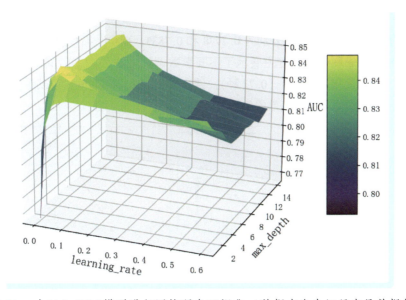

图 6-21　对 LightGBM 模型进行网格调参可视化（数据来自泰坦尼克号数据集）

T5、贝叶斯调参（基于已有结果智能选择）

```
def bayesian_optimization(param_space, model, X_train, y_train, X_val, y_val):
    def objective(params):
        model.set_params(**params)
        model.fit(X_train, y_train)
        return -model.score(X_val, y_val)
```

```
    best_params = fmin(objective, param_space, algo=tpe.suggest, max_evals=50)
    return best_params
param_space = {'alpha': [0.1, 0.2, 0.5, 1.0]}
best_params = bayesian_optimization(param_space, model, X_train, y_train, X_val, y_val)
```

示例2——综合对比多种调参方法的准确性和耗时,并可视化随机调参、贪心调参、网格调参、贝叶斯调参。

运行上述功能代码,输出结果如下所示。

```
random_search : {'max_depth': 8, 'learning_rate': 0.1}
greedy_search:   {'learning_rate': 0.6, 'max_depth': 2}
grid_search:    {'learning_rate': 0.6, 'max_depth': 1}
bayesian_optimization:   {'learning_rate': 0.002, 'max_depth': 8}
random_search: AUC=0.7778101046197531, Training Time=1.46 Second
greedy_search: AUC=0.8799435028248587, Training Time=6.98 Second
grid_search: AUC=0.7833270732598402, Training Time=19.98 Second
bayesian_optimization: AUC=0.8355402542372882, Training Time=0.72 Second
```

如图 6-22 所示,左图展示了不同参数调优方法在 LightGBM 模型上的 AUC 值,其中贪婪搜索(greedy_search)取得了最高的 AUC 值 0.8799,表现最佳。随机搜索(random_search)和网格搜索(grid_search)的 AUC 值相对较低,分别为 0.7778 和 0.7833,而贝叶斯优化(bayesian_optimization)的 AUC 值为 0.8355,表现良好。右图展示了不同参数调优方法的训练时间,网格搜索耗时最长(19.98 秒),而贝叶斯优化耗时最短(0.72 秒)。结合 AUC 值和训练时间,可以看出,贝叶斯优化在性能和效率上均表现良好,是一种高效的参数调优方法。

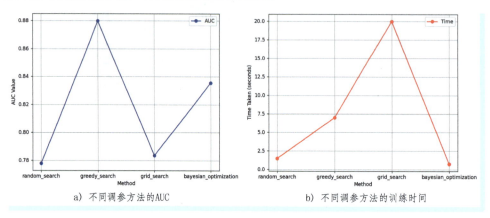

a) 不同调参方法的AUC   b) 不同调参方法的训练时间

图 6-22 基于 LightGBM 模型进行调参的多种方法的准确性和耗时对比(数据来自泰坦尼克号数据集)

综合而言,在本次的实验中,贪心调参和贝叶斯调参方法在此数据集上表现较好,它们在 AUC 指标上取得了较好的性能,并且在训练时间方面也相对较快。

6.5 模型预测结果剖析

图 6-23 为本小节内容的思维导图。

第 6 章
模型训练、评估与推理

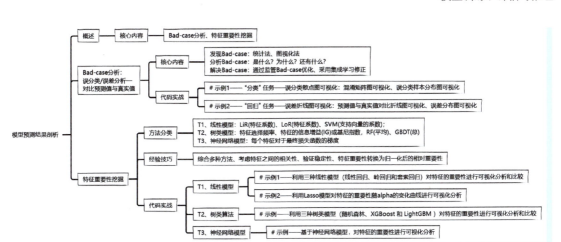

图 6-23 本小节内容的思维导图

背景	在数据科学和机器学习的应用中，模型预测结果的准确性和可靠性是至关重要的。然而，在实际应用中，模型往往会在某些特定情况下的性能表现不佳，这可能会对业务决策产生负面影响。为了确保模型能够在各种情况下都能提供可靠预测，并在出现问题时能够及时调整，模型预测结果剖析阶段成为机器学习项目流程中不可或缺的一环。
简介	模型预测结果剖析阶段是机器学习项目全流程中的一个关键步骤，它发生在模型训练和初步评估之后。这一阶段的目标是深入分析模型预测的结果，特别是关注那些模型表现不佳的情况（Bad-case），以及识别和量化各个特征对模型预测结果的影响（特征重要性）。通过这一过程，数据科学家能够更好地理解模型的行为，发现模型的潜在缺陷，进而采取相应措施优化模型性能。
核心内容	模型预测结果剖析主要包括两个核心内容：Bad-case 分析和特征重要性挖掘。Bad-case 分析侧重于识别和分析模型在某些情况下的失误或误差，帮助研究者了解模型的局限性和改进方向；特征重要性挖掘则通过评估各个特征对模型预测结果的贡献，帮助研究者理解模型的决策过程和数据特征的重要性。这两个过程相辅相成，既有助于优化模型性能，也提高了模型的可解释性。

▶▶ 6.5.1 Bad-case 分析

背景	在机器学习领域，会经常对模型预测后的结果进行分析，对比预测值与真实值，以进一步了解模型的性能和准确性。比如在回归预测任务中会经常遇到被预测偏低或者偏高的样本，在分类任务中会经常遇到被误分类的样本，这个过程叫做模型的误差/误分类分析。
简介	Bad-case 分析（误差/误分类分析）：Bad-case 分析是指在模型评估与调优阶段中对模型在某些"糟糕情况"下的表现（比如误差或误分类）进行深入分析的过程。这个过程旨在帮助研究者深入了解模型的性能，识别模型的局限性和缺陷，以便进一步采取相应的措施来优化和改进模型的性能和鲁棒性。 • 目的：误差/误分类分析可以帮助研究者更全面地审视模型，发现模型的"盲区"，进而帮助研究者了解模型的性能和优化方向，进而采取针对性的措施来进一步降低偏差/错误率。比如分类预测任务中，找到误分类样本集中的特征和模式，以进一步优化模型。

(续)

<table>
<tr><td rowspan="3">核心内容</td><td>

Bad-case 分析的核心内容包括发现 Bad-case、分析 Bad-case、解决 Bad-case。
（1）发现 Bad-case：一般有两种方法，即统计法和图视化法。
T1、统计法：对于分类任务可以采用混淆矩阵，统计错误样本的数量、错误率、错误样本的特征分布等。
T2、图视化法：折线图、散点图、热图等可视化手段。对于回归预测任务，可以采用误差折线图可视化；而对于分类预测任务，可以采用误分类散点图可视化。

</td></tr>
<tr><td>

（2）分析 Bad-case：针对 bad cases，分析的角度包括哪些训练样本分错了（或误差比较大）？哪部分特征使得它做了这个判定？这些 bad cases 有没有共性？是否有还没挖掘的特性？
- 在回归预测任务中，还可以比较多个不同的模型预测值与真实 y 值，并输出误差绝对值、对比可视化。
- 在分类预测任务中，可以遵循以下步骤。
- 先导出模型为每个测试样本预测的阳性概率值，接着再找到所有误分类样本，继续分析其阳性概率值。
- 根据标签分析，查看哪些标签对应的样本被分类错误最多。对概率值降序排序，然后层次百分比统计阳性率，比如 Precision@ K。
- 根据特征值分析，查看哪些特征值对应的样本被分类错误最多，比如采用 PCP 图可视化。

</td></tr>
<tr><td>

（3）解决 Bad-case：一般有两种方法，通过监管 Bad-case 优化、采用集成学习修正。
- 通过监管 Bad-case 优化：可以针对错误高频特征再训练一个专门的模型，其次对错误高频的样本加强监督，优化训练数据。
- 采用集成学习修正：采用集成学习或者模型融合的方法，可以效减少整体错误率。

</td></tr>
</table>

代码实战

示例1——"分类"任务——误分类散点图可视化：混淆矩阵图可视化、误分类样本分布图可视化。

运行代码，输出结果如下所示。

```
conf_matrix:
[[129  15]
 [ 33  85]]
Accuracy: 0.816793893129771
F1 Score: 0.7798165137614678
AUC: 0.8080861581920903
```

如图 6-24 所示，混淆矩阵显示了 LightGBM 模型在泰坦尼克数据集上的分类结果，其中模型正确分类了 129 个负类样本（未幸存）和 85 个正类样本（幸存），错误分类了 15 个负类样本（即将未幸存的乘客预测为幸存）和 33 个正类样本（即将幸存的乘客预测为未幸存）。模型的准确率（Accuracy）为 0.817，表明整体分类性能较好。F1 得分为 0.780，反映了模型在处理不平衡数据时的分类效果。AUC 值为 0.808，表明模型在区分正负样本方面具有较高的能力。

从混淆矩阵中可以看出，模型在预测上取得了一定的成功，但也存在一定程度的误差。特别是假负例（FN）的数量较多，共计 33 个，这意味着模型未能将一些真正存活的乘客正确分类为生还。准确率是模型在所有样本中正确分类的比例。在这里，准确率达到了 81.7%，这意味着模型能够准确预测约 81.7% 的样本。F1 分数综合了精确率和召回率，对模型在不平衡数据集上的表现进行了综合评价。在这里，F1 分数为 0.780，这意味着模型在精确率和召回率之间取得了一定的平衡。AUC 值为

0.808，表明模型的预测性能较好，但可能还有一些改进的空间。

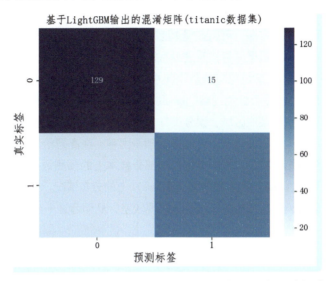

图 6-24　混淆矩阵可视化（数据来自泰坦尼克号数据集）

综上所述，模型在整体上表现良好，但对于一些真正存活的乘客却存在一定程度的误分类。可能的改进方向包括增加更多的特征、调整模型超参数、或者尝试其他模型来提高模型性能。

图 6-25 展示了泰坦尼克号数据集中各个特征的分布情况，其中蓝色直方图代表真实标签样本，红色直方图代表误分类标签样本。在 pclass（乘客等级）和 age（年龄）特征上，真实标签和误分类标签的分布具有明显的重叠，这意味着模型在这些特征上没有很好地捕捉到样本的区分信息，表明模型在这些特征上的预测效果较差。在 sex（性别）和 fare（票价）特征上，真实标签和误分类标签的分

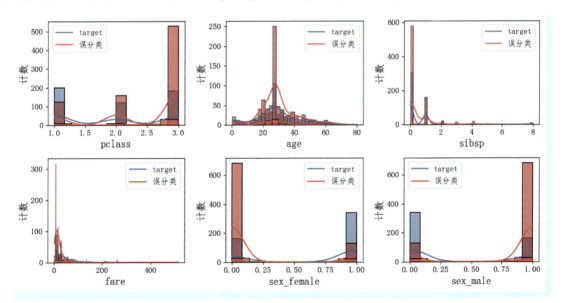

图 6-25　在 LightGBM 模型中不同特征下正确分类与错误分类分布图（数据来自泰坦尼克号数据集）

布存在一定的差异，模型能够较好地区分这两个特征。通过这种对比分析，可以更好地理解模型在不同特征上的预测差异，进而改进模型性能，减少误分类。

综上所述，通过这种可视化方法，可以直观地比较真实标签和误分类标签在不同特征上的分布情况，从而更好地理解模型的预测结果并寻找改进模型性能的方向。

如图 6-26 所示，左图展示了泰坦尼克号数据集中真实样本（蓝色点）和误分类样本（红色点）在年龄（age）、票价（fare）和是否女性（sex_female）三个特征上的三维分布情况。通过对比蓝色点和红色点的分布，可以观察到在某些区域，误分类样本与真实样本有较大的重叠，特别是在低年龄和低票价的区域，表明模型在这些特征组合上可能存在预测困难。在高票价区域，尤其是年龄较大和票价较高的样本，误分类样本相对较少，表明模型在这部分样本上的预测效果较好。右图类似左图，分析的是在年龄（age）、票价（fare）和客舱等级（pclass）上的分布情况。通过这种三维散点图的可视化，可以直观地识别和理解模型在哪些特征组合上表现较差，从而为进一步优化模型提供方向。

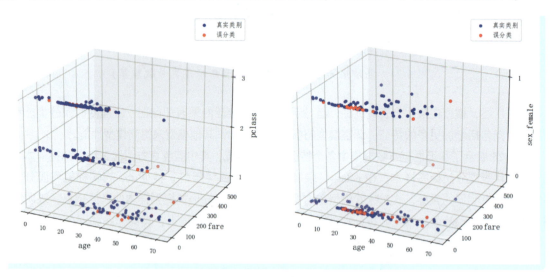

图 6-26　在 LightGBM 模型中不同特征下正确分类与错误分类三维散点分布图
（数据来自泰坦尼克号数据集）

示例 2——"回归"任务——误差折线图可视化：预测值与真实值对比折线图可视化、误差分布图可视化。

运行代码，输出结果如下所示。

```
MSE: 8.338757275893952
RMSE: 2.887690647540687
MAE: 2.0025454916547183
R2: 0.886290371005902
```

图 6-27 展示了 LightGBM 模型在波士顿房价数据集上的预测结果，对比真实值（红色）、预测值（蓝色）以及误差曲线（绿色）可得，整体上两者的走势较为接近，表明模型有一定的预测能力。绿色的误差曲线在零误差水平线附近波动，波动幅度相对较小，表示模型的预测误差较为稳定。在评估

指标中，R2 值为 0.886，表明模型对数据的拟合程度较好，能解释 88.6% 的观测值变化。模型的 MSE 和 RMSE 分别为 8.34 和 2.89，显示了预测误差存在一定幅度，模型仍有改进的空间以提升预测精度。

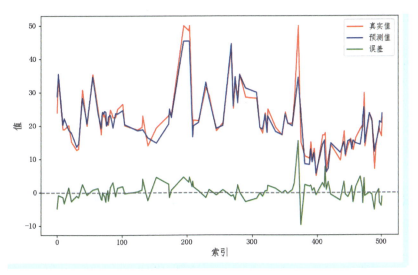

图 6-27　基于 LightGBM 模型的预测值与真实值对比误差分布图
（数据来自波士顿房价数据集）

如图 6-28 所示，图中的直方图展示了模型预测误差的分布，大多数误差集中在 -5 到 5 之间，呈现近似正态分布。误差的分布中心接近于零，表明模型预测值总体上与真实值较为接近。

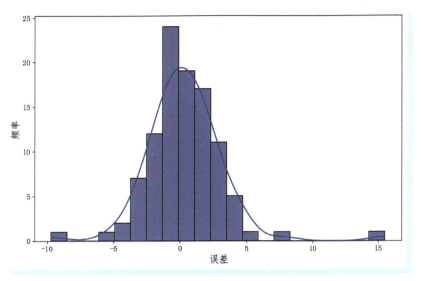

图 6-28　基于 LightGBM 模型的预测误差分布图
（数据来自波士顿房价数据集）

6.5.2 特征重要性挖掘

简介

特征重要性挖掘是指在机器学习模型中,通过分析各个特征对模型预测结果的贡献程度,来确定哪些特征对于模型的预测结果具有较大的影响力的过程。这对于理解模型的决策过程、进行特征选择、优化模型和提高解释性都具有重要作用。同时也有助于理解数据和问题本质,为解读提供参考依据。在实际应用中,理解特征的重要性对于解释模型的行为和为业务决策提供洞察都非常关键。

- 目的:特征重要性挖掘旨在回答以下问题:在给定的机器学习任务中,哪些特征对于模型的性能具有较大影响,哪些特征相对不那么重要或无关紧要。通过这种挖掘,可以帮助研究者理解数据的本质、模型的行为以及潜在的业务影响。

注意:本小节主要探讨基于模型本身得出的特征重要性,而利用与模型无关的方法得到特征重要性的相关技术,请参考下节。

不同的机器学习算法模型有不同的计算特征重要性的方法,具体见表6-11。

表6-11 机器学习算法中计算特征重要性常见的方法及其原理

分类		算法	原 理	特 点
方法分类	T1、线性模型	线性回归	线性回归:线性回归模型基于特征的系数来衡量特征的重要性。系数的绝对值越大,特征对目标变量的影响越大	适用于连续型目标变量,对特征的线性关系进行建模,特征的重要性直接由系数大小决定
		逻辑斯谛回归	逻辑斯谛回归:逻辑斯谛回归模型同样基于特征的系数来衡量特征的重要性,系数表示对目标变量的对数几率(log odds)的影响	适用于二分类问题,特征的系数代表对目标变量的影响程度,系数的绝对值越大,特征对目标变量的影响越大
		支持向量机	支持向量机(SVM):支持向量机可以通过查看支持向量与超平面之间的距离来间接评估,它通常使用线性核或非线性核进行分类。对于线性核,特征的重要性可以通过支持向量的权重来衡量,支持向量的权重系数值越大,表明相应特征对于分隔超平面的影响越大	对于线性可分问题,支持向量的权重反映了特征在决策边界上的重要性
	T2、树类模型	决策树	决策树:树类模型可以通过多种方法计算特征重要性,比如直接根据每个节点的特征选择频率(或分裂次数),或者间接计算每个特征的信息增益(IG)或基尼指数(GI)来衡量。 • 信息增益(Information Gain,IG):衡量在树的分裂过程中,特征对信息熵的减少程度,计算分裂前后熵的差值,熵的减少量越大,信息增益越大。信息增益越大,特征重要性越高。 • 基尼不纯度(Gini Impurity,GI):衡量在树的分裂过程中,特征对类别的纯度提升程度。特征的分裂点的基尼不纯度降低越多,代表在这个特征上做分割可以使样本集合的不纯度更小,特征重要性越高	易于理解和解释,特征重要性基于树的结构和节点分裂情况
		随机森林	随机森林:随机森林是通过集成多个决策树来提高模型性能,特征重要性可以通过平均每棵树的特征贡献(即平均减少不纯度或平均信息增益)来得到整个模型的特征重要性	通过集成多个决策树,随机森林能够减少过拟合,提高模型的泛化能力,特征重要性更为稳健

(续)

(续)

分类		算法	原 理	特 点
方法分类	T2、树类模型	梯度提升树	梯度提升树：梯度提升树迭代地构建决策树，每次迭代都会尝试减少上一轮残差。特征重要性通常是基于特征在所有树中的总增益，或者通过计算特征在模型中的分裂次数或其带来的 loss 减少量来衡量	能够处理各种类型的数据，包括数值型和类别型数据，通过集成弱学习器提高模型性能
	T3、神经网络模型	神经网络算法	神经网络：神经网络模型通常使用反向传播算法进行训练，特征的重要性可以通过分析神经网络中各个层的权重、激活值或梯度来衡量，而一种常见的方法是通过反向传播算法来计算每个特征对于最终损失函数的梯度（gradient），即梯度的绝对值可以反映特征对输出的影响程度。此外，有一些方法可以用于近似估计神经网络中的特征重要性，比如可以采用递归特征消除 RFE 法，计算每个特征对模型输出的影响程度（敏感程度）	神经网络适用于复杂的非线性问题，但特征的重要性通常难以直观理解。一种简单的方法是查看神经网络模型的第一层权重，尝试解释特征的重要性。这种方法的前提是假设第一层的权重可以反映每个特征对模型的贡献程度。需要注意的是，这种方法只是一种近似方法，实际中神经网络的特征重要性可能更为复杂，需要进一步研究和解释
经验技巧			在特征重要性挖掘阶段，常用的经验技巧如下所示。 • 综合多种方法：由于不同的特征重要性评估方法可能适用于不同类型的数据和模型，综合多种方法可以更全面地评估特征的重要性。 • 考虑特征之间的相关性：在特征重要性挖掘时，需要考虑特征之间的相关性。如果两个特征高度相关，它们的重要性可能会被高估。因此，可以使用特征相关性矩阵或其他方法来检测和处理特征之间的相关性。 • 验证稳定性：特征重要性可能随着数据集的变化而变化，因此建议通过交叉验证等方法验证特征重要性的稳定性，以确保结果的可靠性。 • 特征重要性转换为归一化后的相对重要性：特征重要性在统计时最好先进行 MinMax 归一化，然后再计算相对重要性，即各个特征的重要性的占比。归一化后的相对重要性能更直观地体现各特征在模型中的重要程度排序，同时相对重要性之和为 1，便于分析比较。	
核心函数代码			在特征重要性挖掘阶段，涉及的核心函数代码如下所示。 • XGBR 库自带的 plot_importance 输出特征重要性。 from xgboost import plot_importance plot_importance（model） • lgbm 库自带的 feature_importances_ 输出特征重要性。 importance = model.feature_importances_ • catboost 库自带的 feature_names_、feature_importances_、get_feature_importance 函数输出特征重要性。 feature_importances = model.get_feature_importance()	

代码实战

> T1、线性模型

示例 1——利用三种线性模型（线性回归、岭回归和套索回归）对特征的重要性进行可视化分析和比较。

图 6-29 比较了线性回归（LiR）、岭回归（RiR）和套索回归（LassoR）三种模型对特征的重要性，显示了它们在预测结果中的贡献。

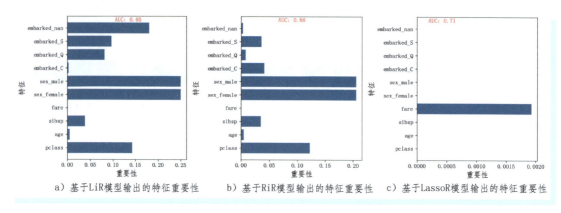

a）基于LiR模型输出的特征重要性　　b）基于RiR模型输出的特征重要性　　c）基于LassoR模型输出的特征重要性

图 6-29　采用三种线性模型（线性回归、岭回归和套索回归）对特征的重要性进行可视化分析和比较（数据来自泰坦尼克号数据集）

在线性回归模型中，sex_female 和 sex_male 是最重要的特征，重要性约为 0.25，其次是 embarked_nan 和 pclass，重要性分别为约 0.18 和 0.14，说明性别特征对模型的预测结果贡献最大。岭回归模型对特征的重要性进行了正则化，尽管 sex_female 和 sex_male 仍是最重要的特征，但其重要性降低到了约 0.21，其他特征的重要性变化不大。套索回归模型通过 L1 正则化将除 fare 外的所有特征系数压缩为零，实现特征选择，表明在这个模型中票价是唯一重要的特征。

综合来看，性别是最重要的特征，其次是船舱等级和登船港口。不同的线性模型对特征的重要性有不同解释，其中套索回归模型则可以用于特征选择，帮助识别最重要的特征。

示例 2——利用 Lasso 模型对特征的重要性随 alpha 的变化曲线进行可视化分析。

如图 6-30 所示，图中展示了基于泰坦尼克号数据集在不同的 alpha 参数下，Lasso 回归模型中各特征系数的变化情况，左图为标准化之前，右图为标准化之后。

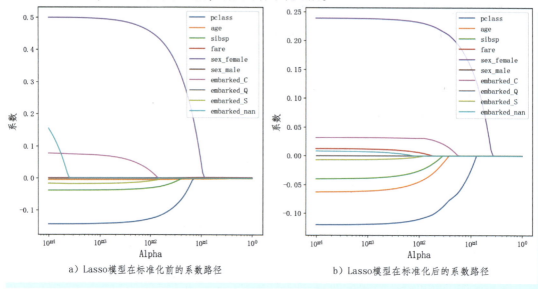

a）Lasso模型在标准化前的系数路径　　b）Lasso模型在标准化后的系数路径

图 6-30　标准化前后 Lasso 回归系数路径对比图（数据来自泰坦尼克号数据集）

系数的变化趋势：随着 alpha 参数的增加，Lasso 回归模型的正则化强度增加，系数的绝对值逐渐减小。这是因为 Lasso 回归通过 L1 正则化来惩罚系数的绝对值，促使一些系数变为零，从而实现特征选择的效果。图 6-31 中可以看到，一些特征的系数在某个 alpha 值下变为零，表示这些特征被模型排除，不再对预测结果有贡献。

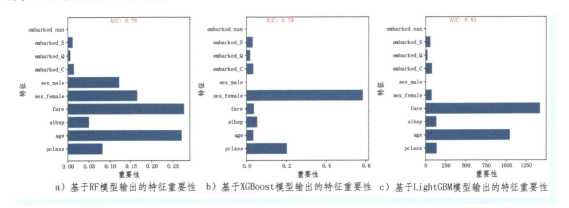

图 6-31　采用三种树类模型（随机森林、XGBoost 和 LightGBM）对特征的重要性进行可视化分析和比较（数据来自泰坦尼克号数据集）

特征的相对重要性：随着 alpha 的增加，一些特征的系数比其他特征更早趋近于零，表明这些特征的重要性相对较低，模型倾向于排除它们。例如，embarked_nan 的系数较早趋近于零，而 sex_female 的系数在更高的 alpha 值下才趋近于零，表明这些特征对模型的预测结果有一定的影响。

特征的影响顺序：可以观察到，在某些 alpha 值下，某些特征的系数先于其他特征趋近于零，这表明在正则化过程中，某些特征被更早排除，而其他特征则保持较高的系数。这反映了模型对不同特征的重要性排序。

T2、树类算法

示例——利用三种树类模型（随机森林、XGBoost 和 LightGBM）对特征的重要性进行可视化分析和比较。

图 6-31 展示了基于泰坦尼克号数据集的随机森林（Random Forest）、XGBoost 和 LightGBM 模型的特征重要性。

在 RF 模型中，fare（票价）和 age（年龄）是对模型预测结果贡献最大特征，它们的重要性分别为 0.276 和 0.271；其次，性别特征也有显著影响，特别是 sex_female（女性）和 sex_male（男性），重要性分别为 0.165 和 0.122；船舱等级（pclass）和同行兄弟姐妹/配偶数量（sibsp）的影响较小，但仍有一定的贡献。

在 XGBoost 模型中，sex_female（女性）和 pclass（船舱等级）对预测结果的贡献最大，其重要性分别为 0.585 和 0.203，远高于其他特征。其他特征的重要性均在 0.05 以下，特别是 age（年龄）、sibsp（同行兄弟姐妹/配偶数量）和 embarked_S（登船港口为 Southampton），表明这些特征对模型的预测影响较小。

在 LightGBM 模型中，fare（票价）和 age（年龄）再次成为最重要的特征，其重要性分别为 1424 和 1045，这与随机森林中的结果相似。其他特征的重要性较低，但 sex_female（女性）的重要性高于 sex_male（男性），而 embarked_Q（登船港口为 Queenstown）的重要性较低。

综合来看，不同的树类模型在特征重要性方面有所差异，但大多数模型都认为性别、票价和年龄是影响预测结果的关键因素。船舱等级、同行兄弟姐妹/配偶数量和登船港口等特征的重要性相对较低，但在预测中仍有一定的作用。

T3、神经网络模型

 # 示例——基于神经网络模型，对特征的重要性进行可视化分析。

为了解释特征的重要性，使用可视化神经网络模型中第一个全连接层的权重。具体步骤如下：首先，使用 model.fc1.weight.detach().numpy() 提取神经网络模型第一个全连接层（线性层）的权重，然后将其从计算图中分离为普通张量并转换为 NumPy 数组。该数组的形状为（32,10），表示输入特征数量为 10，输出特征数量为 32。接着，使用 np.mean 函数对权重数组的第一个维度（32）进行求平均值，以获得每个输入特征对应的平均权重。这里选择 axis 参数为 0，以保持第一个维度，并将结果重塑为一维数组。通过这种方法，可以初步量化每个输入特征在神经网络模型中的相对重要性。

如图 6-32 所示，对泰坦尼克号数据集采用神经网络模型进行的特征重要性分析表明，特征权重在 -0.01 到 0.07 之间变化。其中，权重值为正表示特征对正类别预测有正向影响，负值则表示负向影响。embarked_C、sex、age 等特征的权重最大，表明其对模型输出影响较大。

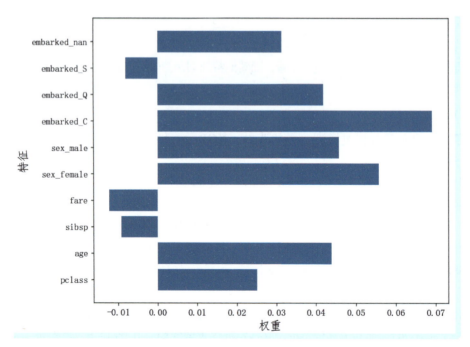

图 6-32　采用 DNN-FC1 模型对特征的重要性进行可视化分析和比较
（数据来自泰坦尼克号数据集）

综上所述，通过对神经网络模型第一层权重的可视化，可以初步了解不同特征对模型的重要性和影响程度。然而，这只是一种简单的近似方法，实际中神经网络的特征重要性可能更为复杂，需要进一步研究。

6.6 模型可解释性分析

图 6-33 为本小节内容的思维导图。

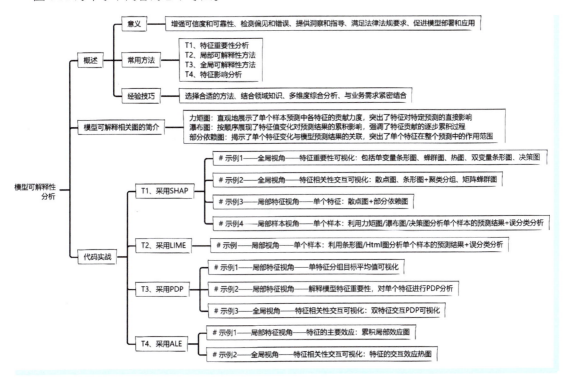

图 6-33 本小节内容的思维导图

简介　　模型可解释性分析是指在机器学习或深度学习任务中，对模型内部决策过程进行解释和理解的过程。其核心在于帮助人们理解模型如何处理输入数据并得出最终的预测或分类结果。这对于确保模型的可信度和可靠性至关重要，因为用户和决策者需要了解模型的决策逻辑，以便信任和接受模型的结果。特别地，在需要对决策过程进行解释或理解的应用场景中，如医疗诊断、金融风控和司法决策等领域，模型可解释性显得尤为重要。通过可解释性分析，能够提供透明的决策依据，增强用户对模型的信任，促进模型在实际应用中的接受度和应用。

在模型可解释性分析阶段，其意义如下所示。

意义

- 增强可信度和可靠性：通过解释模型的决策过程，使人们能够更好地理解模型的工作原理，增强对模型的信任度，从而提高模型的实际应用价值。
- 检测偏见和错误：可解释性有助于发现模型在特定情况下的偏见或错误，使模型更容易被改进和优化。
- 提供洞察和指导：可解释性分析可以揭示模型在处理数据时所关注的特征、特征之间的关系，以及对最终预测结果的影响程度，为进一步优化模型提供指导。
- 满足法律法规要求：在一些领域，如金融、医疗等，对于模型决策的解释性要求较高，要求模型的决策过程必须是透明和可解释的，以确保决策的公正性和合法性。可解释性分析可以帮助满足这些法律法规的要求。
- 促进模型部署和应用：对模型进行解释和理解有助于提高模型的部署效率和应用范围，因为人们更容易接受并信任能够解释清楚的模型。

(续)

常用方法	在模型可解释性分析阶段，常用的方法如下所示。 T1、特征重要性分析：通过评估模型中各个特征对最终预测结果的贡献程度，来衡量特征的重要性。除了前文已讲述的基于模型输出特征重要性的方法外，还有一种叫做置换重要性的通用方法。 • 置换重要性（Permutation Importance，PI）：通过打乱单个特征的值，观察模型性能的变化来评估特征的重要性。如果某个特征对模型性能有很大影响，那么打乱这个特征将导致模型性能下降。 T2、局部可解释性方法：这类方法着重于解释模型对单个样本或小样本集的预测结果的原因。例如，局部可解释性方法可以通过LIME来生成针对单个样本的可解释性解释。 • LIME（Local Interpretable Model-agnostic Explanations，与模型无关的局部可解释）：LIME解释模型在局部区域的行为，例如使用LIME算法生成局部可解释性的近似模型。 T3、全局可解释性方法：这类方法着重于解释整个模型的工作原理和决策过程。例如，决策树模型本身就具有较好的可解释性，可以直接解释每个节点的分裂规则和决策路径。 T4、特征影响分析：这类方法着重于分析特征对模型输出的影响程度，以及特征之间的相互影响。例如，可以使用SHAP方法来计算特征对于模型输出的影响。 • SHAP（Shapley Additive Explanations）：SHAP使用博弈论中的Shapley值理论，为每个特征分配一个贡献值，从而解释模型的输出。
经验技巧	在模型可解释性分析阶段，常用的经验技巧如下所示。 • 选择合适的方法：根据具体的任务和模型类型，选择合适的可解释性分析方法。不同的方法适用于不同的场景和模型类型。 • 结合领域知识：可解释性分析并不是一劳永逸的过程，需要不断地结合领域知识和专业经验进行解释和理解。 • 多维度综合分析：可以从多个角度对模型进行解释和分析，包括特征重要性、局部解释和全局解释等。 • 与业务需求紧密结合：可解释性分析的结果应当与实际业务需求相结合，以确保模型的解释性符合实际应用场景的需求。

6.6.1 模型可解释相关图的简介

1. 力矩图（Force Plot）简介

简介	力矩图（Force Plot，FP）是机器学习模型解释性工具，用于解释机器学习模型单个样本预测中各特征的重要性。它通过展示每个特征对特定实例预测的影响，揭示了各个特征如何共同为最终预测做出贡献，以及特征值如何影响预测结果。 力矩图起名源于物理系统中的作用力，来展示不同特征如何影响模型的预测。力矩图通过力的方向和大小来表示特征对预测的贡献。每个特征的力的大小表示该特征在当前模型预测中对结果的影响程度，力的方向则表示该特征对预测是正影响还是负影响。通过这种直观的方式，可以清晰地看到每个特征的重要性以及它们是如何共同作用于模型输出的。
核心原理	力矩图基于局部可解释性技术，根据模型预测的偏导数，计算各特征对预测结果的贡献，并通过可视化手段表现其相对影响。每个特征的贡献通过条形图展示，其长度和颜色分别表示影响的程度和方向，其中红色表示推动作用，蓝色表示阻碍作用。基准值（Base Value）代表所有特征取值的预测平均值，而预测值$f(x)$是基准值与特征贡献的总和。
作用	力矩图能够清晰地展示每个特征对模型预测结果的影响，这对于理解模型的内在机制、解释模型的预测、发现模型偏差、以及优化特征都非常有帮助。具体的作用及其意义如下所示。 • 直观理解：力矩图提供了直观的理解方式，展示个别特征如何影响特定实例的模型输出。这使得用户能够清楚地看到每个特征在推动预测结果上升或下降过程中的具体作用。 • 识别特征影响：力矩图帮助确定哪些特征推动了预测结果的上升或下降，从而识别出影响模型决策的重要特征。 • 调试和验证：通过分析每个特征对预测的贡献，力矩图有助于模型调试和验证。这一过程可以发现模型中的潜在偏差，并验证特征的合理性和有效性，从而提升模型的整体性能和可靠性。

第 6 章
模型训练、评估与推理

（续）

图示内容	如图 6-34 所示的力矩图中，通常包括特征值、基准值、条形图长度和预测值 $f(x)$。特征值显示在条形旁边，条形图长度和颜色表示特征对预测结果的贡献大小和方向，基准值作为参考点，预测值 $f(x)$ 是所有特征贡献的总和。具体如下所示。 ● 特征值：在图表的底部，每条线条旁边显示的是该特征的实际值。可以根据特征值所对应的条形图长短来判断该特征是否对预测结果产生了重要影响。 ● 基准值（Base Value）：在图表的顶部，有一个横线表示基准值。基准值是所有特征取值的预测平均值。正负值的特征贡献会使得样本的预测值相对于基准值有所增加或减少。通过红色和蓝色条形图显示特征值对预测的正向或负向影响，即该特征的值使得模型的预测值增加或减小。 ● 条形图长度：在图的中间，每个特征对应的条形图长度表示其对预测结果的绝对贡献大小，即对模型预测结果的影响程度，线条越长，说明该特征对预测结果的影响越大。此外，条形图的水平位置表示该特征的贡献是增加还是减少了预测值。 ● 预测值 $f(x)$：在每个条形图的顶部，有一个数字表示模型的最终预测值。它是基准值与所有特征的影响累加之后得到的结果，可以更好地理解该特征对于模型预测的影响。 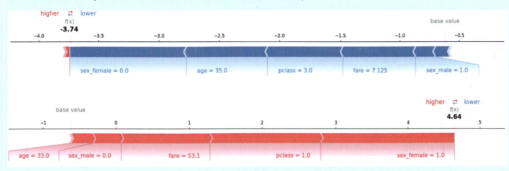 图 6-34　力矩图（数据来自泰坦尼克号数据集）
应用场景	使用力矩图的常见应用场景如下所示。 ● 可视化单个预测样本的解释：通过单个样本的力矩图，直观地展示了单个样本中每个特征对预测结果的具体影响，有助于理解模型对于该个体样本的决策过程。 ● 发现模型偏差：如果某些特征的影响与预期不符合或模型依赖性过高，力矩图能够揭示这些潜在的模型偏差，促进模型的改进和优化。
核心函数代码	● 在 SHAP 库中，力矩图是利用 shap.force_plot() 函数绘制而实现。
质疑	力矩图函数的反向研究：利用 shap.force_plot() 函数分析误分类样本，探究误分类的逻辑，反向研究并改进模型的偏差点—以正确的逻辑去分析其错误的支撑点—实现反向研究。
	疑问：利用 shap.force_plot() 函数分析误分类样本是否有效？考虑到该函数是基于已有的训练模型进行解释，如果此时模型已经出现预测错误，那么分析的结果是否具有可靠性？因为根据预测错误的结果去正确分析，会导致分析本身也是错的或不可靠的。
	解答：确实，如果使用已经存在偏差或错误的模型来应用 shap.force_plot() 函数，可能会得到有偏差或错误的解释结果。然而，该函数的主要目的并非解决模型本身的预测错误，而是试图解释模型为何做出这样的预测。无论预测是正确还是错误，通过可视化每个特征对预测结果的影响，可以通过反向研究与探讨，来更深入地理解模型的决策机制和内在逻辑。

质疑	反向利用	尽管模型已经出现预测错误，使用 shap.force_plot( ) 函数仍然能够帮助研究者准确定位错误的根源。通过这种解释，可以识别出导致误分类的特定特征，进而为改进模型提供指导。例如，可以调整特征选择策略或修正模型中的偏差，从而提升模型的性能和可靠性。
	价值指导	此外，通过汇总和分析所有误分类样本的力矩图，可能还能发现一些模式和趋势，例如哪些类型的样本容易被误分类，以及哪些特征对误分类的影响最为显著。这些发现可以为模型的改进提供有价值的指导，对于进一步优化模型具有重要意义。
	意义	因此，尽管单一的解释方法可能存在局限性，shap.force_plot( ) 函数仍然是理解和改进模型的有力工具之一。它帮助我们研究者分析模型的决策过程，并在模型出现预测错误时提供指导，有助于提升模型的可解释性和应用价值。
	反思	然而，需要注意的是，如果模型本身存在严重偏差或错误，单靠 shap.force_plot( ) 函数可能无法提供足够准确的解释和改进方向。在这种情况下，应结合其他模型评估和诊断方法，综合分析模型的优缺点，以制定更全面的改进策略，而不能完全依赖于单一的解释方法。

2. 瀑布图（Waterfall Plot）简介

简介	瀑布图（Waterfall Plot，WP）是一种可视化工具，通过展示特征值变化对机器学习模型预测的逐步影响，帮助理解模型的预测过程及每个特征对最终预测结果的相对重要性（或贡献）。
核心原理	瀑布图的核心原理在于将复杂的机器学习模型预测结果分解为可解释的组成部分，从而增强对模型决策过程的理解和透明度。
意义	在使用瀑布图的阶段，作用及其意义如下所示。 • 展示贡献累积效应：每个阶段代表特征值变动对预测结果的累积影响，揭示了特征在模型预测中的逐步作用。 • 比较特征重要性：通过矩形块的长度直观比较每个特征对预测结果的影响大小，提供了特征相对重要性的信息。 • 解释预测输出：将模型预测结果拆解为各个特征的贡献（或拆分为可理解的组件），帮助用户理解模型如何基于特征值变化做出最终预测。即如何正面或负面地对模型输出产生影响。从而增强对模型决策过程的透明度和信任度。 • 理解特征交互作用：通过分析瀑布图，可以深入理解特征之间的交互作用，以及这些交互如何在预测中产生累积效应。
图示内容	在如图 6-35 所示的瀑布图中，内容通常包括横坐标、纵坐标、颜色以及条形图，具体如下所示。 • 横坐标（x 轴）：$E[f(x)]$，表示模型的基准预测值。通常为模型在所有特征取中位数时的输出值的期望，即所有特征对预测无影响时的预测值。换句话说，这是模型的基础预测。 • 纵坐标（y 轴）：$f(x)$，这表示模型的最终预测结果，即模型对于给定输入的预测输出值。 • 颜色：每个特征的颜色表示该特征对最终预测结果的贡献是正向还是负向。红色代表正向贡献，即增加该特征值会增加预测结果；蓝色代表负向贡献，即增加该特征值会减少预测结果。 • 条形图长度：条形图的长度表示每个特征对于最终预测结果的贡献程度，条形图越长意味着该特征对于模型输出的影响更大。 瀑布图本质是将复杂的预测结果分解为可解释的组成部分。它包含多个阶段，每个阶段代表了模型预测过程中特征值变动的累积效应。瀑布图通过将特征值的变化表示为沿着图表的条形图，并根据其前一个阶段的结果进行缩放，可以直观地展现特征值变化如何逐步影响最终的预测结果。它显示了每个特征对于模型在特定实例和平均模型输出之间的差异的贡献。总的来说，瀑布图展示了每个特征对于模型输出的贡献如何逐步累积到最终的预测结果上。可以从基准值开始，逐步加上每个特征的贡献来计算最终的预测值。

图示内容	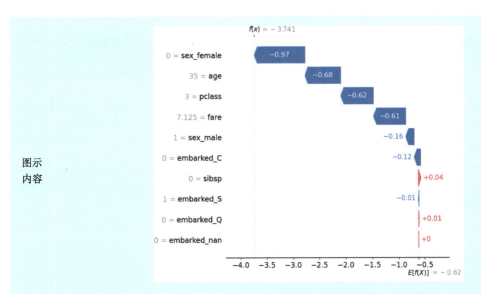
图 6-35 瀑布图（数据来自泰坦尼克号数据集）
应用场景	在使用瀑布图时，常见的应用场景如下所示。 ● 模型解释：帮助解释机器学习模型在具体预测中，每个特征如何影响最终结果。 ● 特征选择：评估特征的相对重要性，优化模型的特征选择过程。 ● 异常检测：识别特定输入条件下，特征值变化对预测结果的异常影响。
核心函数代码	在使用瀑布图的阶段，核心函数代码如下所示。 ● 在 SHAP 库中，瀑布图具体是利用 shap.plots.waterfall() 函数来实现瀑布图的绘制。此时，瀑布图的本质是基于 Shapley 值的累加特性，用于可视化某个样本各特征的 Shap 值对模型预测的贡献情况。

3. 部分依赖图（Partial Dependence Plot）简介

简介	部分依赖图（Partial Dependence Plot, PDP）是机器学习中一种重要的解释工具，它通过可视化的方式展示了单个特征与模型预测结果（目标变量）之间的关系，通过固定其他特征的取值（不变），展示某一特定特征的变化如何影响模型的预测结果。这种可视化技术能够帮助研究者和数据科学家深入理解模型的行为方式及特征之间的关系。 ● 本质：PDP 的本质在于分析特定特征与目标变量的独立关系，通过控制其他因素，揭示出特征对预测的单独贡献。
核心原理	PDP 的核心原理在于通过反复调整单个特征的值，并绘制其对应的预测结果，揭示该特征对模型预测的独立影响。具体来说，就是固定其他特征不变，改变某一特征的不同取值，观察模型预测结果如何变化。 　　如果 PDP 显示特征值的增加导致预测值的增加，则说明这个特征值对于模型而言是正相关的。但需要注意的是，PDP 只展示了单个特征与预测结果的关系，并没有考虑特征之间的交互作用。
意义	使用 PDP 的作用及其意义如下所示。 ● 直观解释：PDP 通过直观的视觉化信息，帮助理解模型如何利用不同特征进行预测。它提供了特征与预测结果之间关系的直观理解。 ● 量化单个特征的贡献度：PDP 帮助量化单个特征对模型预测结果的贡献，独立于其他特征的影响。这有助于识别关键特征，从而优化模型性能和解释模型行为。

（续）

内容	如图 6-36 所示的 PDP 图，内容具体如下所示。 • 特征期望值——E（feature）：表示该特征的期望值或平均值。它是一条虚线，代表在无视其他特征的情况下，该特征对模型预测结果的平均影响。图中的横坐标表示特征的取值范围，通常是特征在训练数据中的取值范围。E（feature）表示特征 feature 在给定模型和其他特征值的情况下，对预测的期望值的影响。通过观察部分依赖图中的曲线变化，可以了解在不同的 feature 取值下，模型的预测结果如何变化。 • 模型预期输出值——E[f(x)]：表示模型的预期输出值或平均预测值。它也是一条虚线，代表在未考虑任何特征的情况下，模型的基准预测结果。图表中的纵坐标表示预测的期望值。E[f(x)] 表示在特定条件下，模型的预测结果的期望值。这个条件包括了当前分析的特征以外的其他特征值。因此，E[f(x)] 可以帮助理解模型在给定特征值之外的其他特征值情况下的预测结果。 • 曲线的形状：曲线的形状反映了该特征值与模型预测值之间的关系。如果曲线是上升形的，则表示该特征值的增加会导致模型预测值增加。如果曲线是下降形的，则表示该特征值的增加会导致模型预测值减小。曲线的陡峭程度反映了该特征对模型预测结果的影响程度。 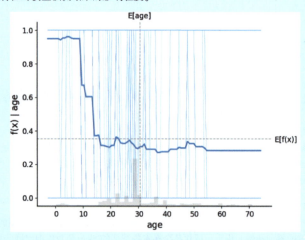 图 6-36 部分依赖图（数据来自泰坦尼克号数据集）
核心函数代码	在使用 PDP 的阶段，核心函数代码如下所示。 • 在 SHAP 库中，PDP 具体是利用 shap.partial_dependence_plot() 函数绘制而实现。

▶▶ 6.6.2 模型可解释性分析代码实战

T1、采用 SHAP

示例 1——全局视角——特征重要性可视化：包括单变量条形图、蜂群图、热图、双变量条形图、决策图。

单变量条形图

图 6-37 是基于泰坦尼克号数据集绘制的条形图，展示了各个特征的 SHAP 值，以反映特征对模型预测的重要性。这三张子图分别从不同的角度揭示了特征的重要性排序。

第一张子图展示了各个特征的平均 SHAP 值绝对值的条形图。此图显示每个特征对模型预测结果的平均影响，并按照重要性进行了降序排序。可以看出，sex_female（女性）对预测结果的贡献最大，其次是 pclass（船舱等级）。

第二张子图同样基于 SHAP 值的平均绝对值展示每个特征的重要性。结果与第一张图一致，sex_female（女性）仍然是对预测结果影响最大的特征，pclass（船舱等级）次之。

第三张子图基于 SHAP 值的最大绝对值展示每个特征的重要性。与前两张图不同，此图显示 age（年龄）对预测结果的最大贡献，sex_female（女性）和 pclass（船舱等级）紧随其后。

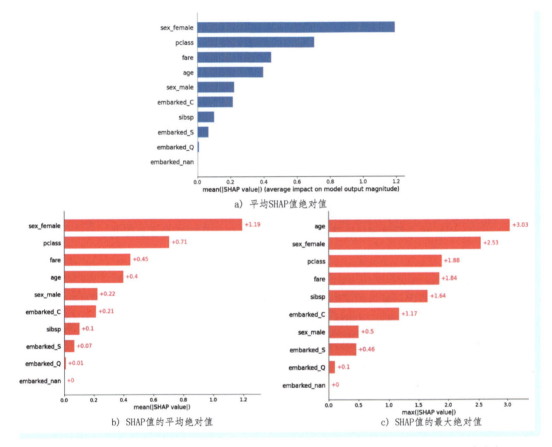

图 6-37　依次采用平均 SHAP 值绝对值、SHAP 值的平均绝对值、最大绝对值来可视化特征的重要性排序（数据来自泰坦尼克号数据集）

总体而言，三张条形图均强调了 sex_female（女性）的重要性，这三张图共同揭示了性别、客舱等级在泰坦尼克号数据集中对预测模型的重要贡献。

蜂群图

图 6-38 展示了基于泰坦尼克号数据集的 SHAP 值蜂群图，显示了每个特征对单个预测的贡献及其分布情况。从图中可以看出，sex_female（女性）对预测结果的贡献度最大，SHAP 值分布较广，且高值集中在正向影响区域。其他特征如 pclass（船舱等级）、fare（票价）和 age（年龄）的贡献度次之，

但它们的 SHAP 值分布相对分散，表明这些特征对模型输出的影响较为复杂。总体而言，SHAP 值蜂群图清晰地展示了各个特征对模型预测结果的影响程度和方向。

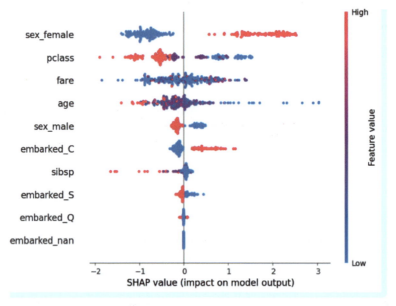

图 6-38　基于 SHAP 值的蜂群图（数据来自泰坦尼克号数据集）

热图

图 6-39 的热图基于泰坦尼克号数据集的 SHAP 值展示了不同特征对模型预测结果的影响。第一张子图展示了各个特征在所有样本中的 SHAP 值分布情况，突出显示了特征对模型输出的整体影响。第二张子图基于最大绝对值 SHAP 值绘制，突出了对模型预测影响最大的特征。在第三张子图中，样本按 SHAP 值总和排序，展示了特定样本中特征的重要性，进一步强调了 sex_female（女性）和 age（年龄）对模型预测的显著影响。

双变量条形图

图 6-40 展示了基于泰坦尼克号数据集的双变量条形图，显示了不同性别在各个特征上的 SHAP 值平均影响程度。结果表明，sex_female（女性）对模型输出的平均影响显著高于 sex_male（男性）。此外，特征 pclass（船舱等级）、fare（票价）和 age（年龄）在不同性别中的影响也存在明显差异，进一步揭示了性别如何与其他特征交互作用影响模型预测。

决策图

图 6-41 所示的五张子图依次展示了使用 SHAP 库中的 decision_plot 函数绘制的决策图，旨在解释模型的输出值。第一张子图展示了所有测试样本的 SHAP 值对模型输出的影响；第二张子图在第一张子图的基础上，突出显示了被错误分类的样本；第三张子图仅展示了前五个测试样本的 SHAP 值，并突出显示了第一个样本；第四张子图展示了所有被错误分类样本的 SHAP 值；第五张子图与第四张子图类似，但使用了对数几率（logit）链接函数来转换模型输出值。其中采用对数几率技巧的作用是改

变图中显示的模型输出值的比例尺度，这可以放大小概率事件的影响，使得图中的变化更容易解释。这些图形直观地展示了各特征对模型决策的贡献和影响，帮助理解模型的行为和识别潜在的误分类原因。

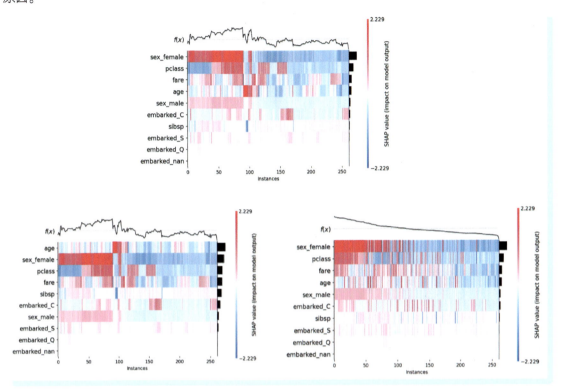

图 6-39　基于 SHAP 值的不同特征对模型预测结果的影响图（数据来自泰坦尼克号数据集）

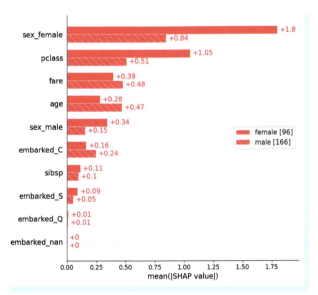

图 6-40　基于 SHAP 值的不同特征的双变量条形图（数据来自泰坦尼克号数据集）

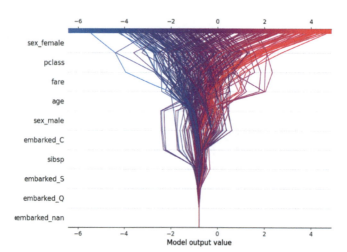

a) 所有测试实例的SHAP决策图

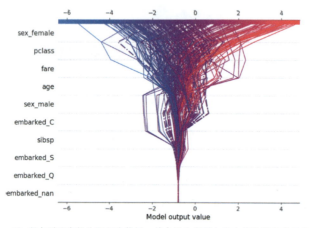

b) 所有测试实例的SHAP决策图,其中误分类样本的决策路径高亮显示

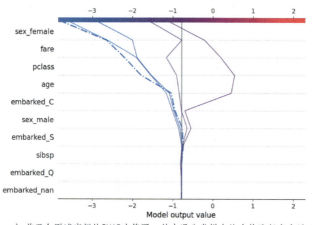

c) 前五个测试实例的SHAP决策图,其中误分类样本的决策路径高亮显示

图 6-41　测试实例的 SHAP 决策图及其误分类样本分析
（数据来自泰坦尼克号数据集）

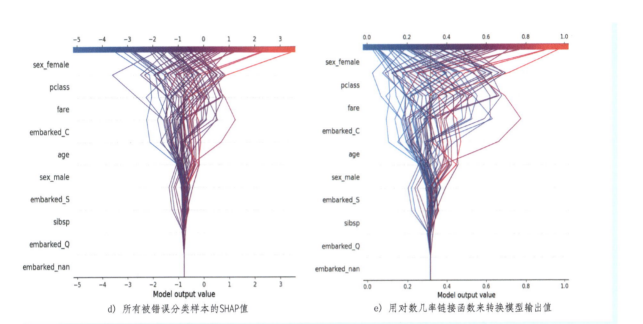

d）所有被错误分类样本的SHAP值　　　　e）用对数几率链接函数来转换模型输出值

图 6-41　测试实例的 SHAP 决策图及其误分类样本分析
（数据来自泰坦尼克号数据集）（续）

示例 2——全局视角——特征相关性交互可视化：散点图、条形图+聚类分组、矩阵蜂群图。

散点图

如图 6-42 所示，这三张散点图基于泰坦尼克号数据集的 SHAP 值展示了不同特征对模型预测的影响。第一张子图显示 fare（票价）与 age（年龄）的关系，发现票价对年轻乘客的影响相对较大。第二张子图展示 fare（票价）与 pclass（舱位等级）的关系，指出高舱位等级乘客的票价对模型预测影响较大。第三张子图展示了 age（年龄）与 fare（票价）的交互作用，并且该图底部的浅灰色区域显示了 age（年龄）特征值分布的直方图，发现年龄较小和票价较高的乘客对模型预测有显著影响。

条形图+聚类分组

图 6-43 基于 SHAP 值显示了泰坦尼克号数据集中各个特征的重要性，并通过聚类分析进行了分组。第一张子图中，特征按重要性排序并分组，显示了 sex_female 特征对模型预测影响最大，而特征 pclass 和 fare 被关联在一起，表明它们可能存在相关性，其实从现实角度来说，更高等级的船舱的确对应着更高的票价。第二张子图进一步应用了聚类截断阈值 0.8，对特征进行过滤，显示了聚类距离小于等于 0.8 的特征组，进一步凸显了相关性较高的特征。通过这些图，可以更清晰地理解特征对模型预测的贡献及其相互关系。

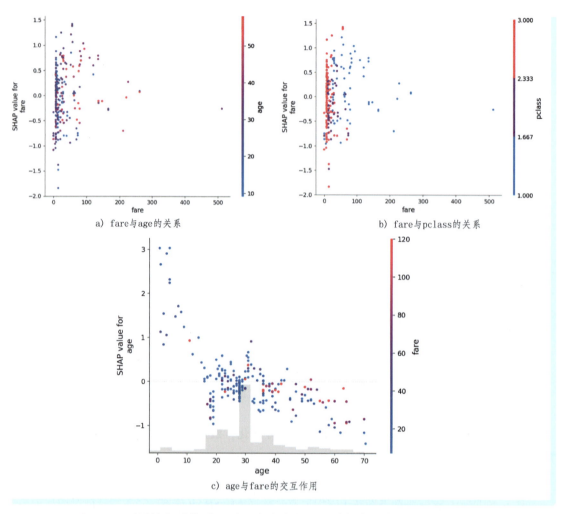

图 6-42 不同特征对模型预测影响的散点图（数据来自泰坦尼克号数据集）

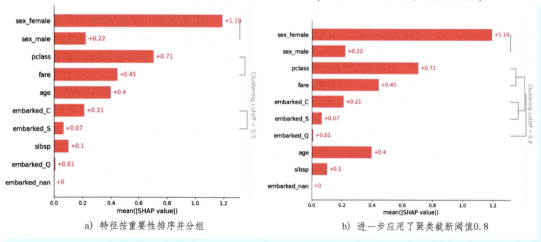

图 6-43 各个特征的重要性及其关联分析的条形图（数据来自泰坦尼克号数据集）

矩阵蜂群图

图 6-44 通过 SHAP 值直观展示了泰坦尼克号数据集中各个特征对预测结果的独立贡献和相互之间的联合影响（或联合贡献），得到了交互作用值，为模型解释提供了深入的理解和分析依据。其中女性（sex_female）和船票费用（fare）显著影响预测，此外，sex_female 特征通常与正面的预测贡献相关（SHAP 值较高），而 fare 的贡献则呈现出多种情况。可以看到，一些特征如"pclass"和"sex_female"不仅单独对预测有强影响，而且与其他特征（如"fare"和"age"）有显著的交互作用。这种交互作用提供了更细粒度的洞察力，帮助理解不同特征在不同环境中的影响力。

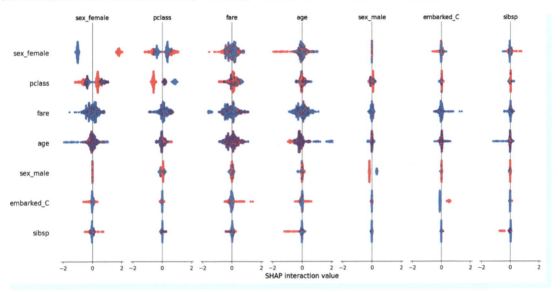

图 6-44　各特征对预测结果的独立贡献和相互之间的联合影响的矩阵蜂群图
（数据来自泰坦尼克号数据集）

示例 3——局部特征视角——单个特征：散点图+部分依赖图。

散点图+部分依赖图

图 6-45 所示展示了泰坦尼克号数据集不同特征（age、fare、pclass）对预测模型输出的影响。左侧栏的子图是特征对应的 SHAP 值散点图，右侧栏的子图是特征对应的部分依赖图（PDP）。在 SHAP 值散点图中，横轴是具体的特征值，纵轴是 SHAP 值，表示特征值对模型预测输出的贡献。在部分依赖图（PDP）中，横轴是具体的特征，纵轴是模型预测的生存概率。以 age 特征为例，两张图都展示了年龄对模型预测输出的整体影响和细微的局部变化。SHAP 值散点图通过单个数据点提供了更细致的交互视角，而 PDP 则通过平均效应展示了年龄对预测输出的总体影响。

示例 4——局部样本视角——单个样本：利用力矩图/瀑布图/决策图分析单个样本的预测结果+误分类分析。

本研究利用 SHAP 库提供的强大可视化工具来绘制前文介绍过的力矩图、瀑布图和决策图，用于解释机器学习模型中特征的重要性及其对预测结果的影响。

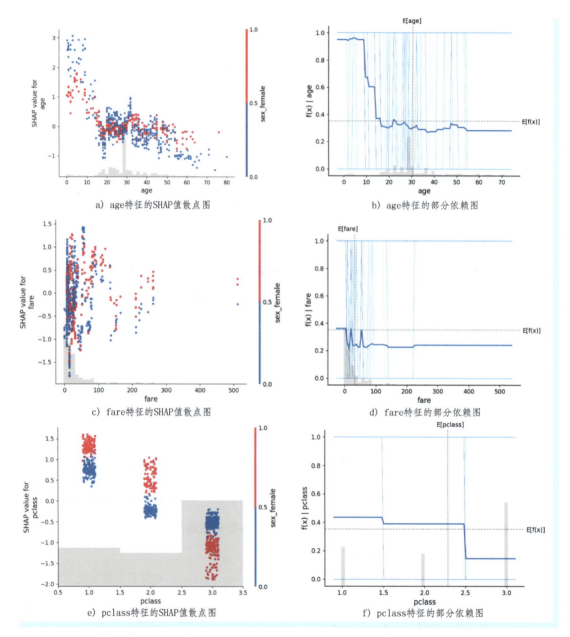

图 6-45 不同特征对预测模型输出影响的散点图及其部分依赖图（数据来自泰坦尼克号数据集）

力矩图直观展示了各特征对预测结果的影响，使研究人员可以清晰地了解特征的重要性。瀑布图通过逐步显示特征值的变化及其在模型预测中的累积效应，帮助分析特征对预测的逐级影响。决策图则展示了模型的决策过程，具体说明了各特征值如何逐步影响最终的模型输出。

这些可视化工具不仅有助于研究人员和开发者更好地理解模型的决策过程，还在模型解释性和信任度方面提供了重要支持，使得研究人员可以做出更加明智的决策。

在后续的分析中，每个样本均包含乘客的相关信息。这些信息包括舱位等级（pclass）、年龄（age）、同行亲属人数（sibsp）、票价（fare）、性别（sex）、登船港口（embarked）等。此外，还包括标注的真实生存情况（y_test）、模型预测的生存情况（y_pred）以及生存概率（y_pred_prob）。

图 6-46 是索引为 0 的正确分类样本示例的力矩图、瀑布图、决策图（数据来自泰坦尼克号数据集）。

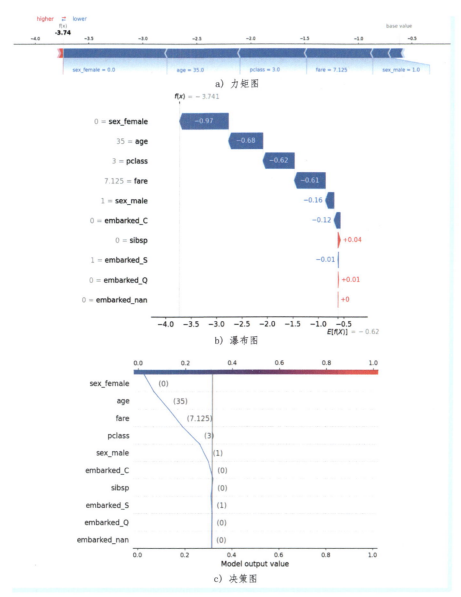

图 6-46　索引为 0 的正确分类样本示例的力矩图、瀑布图、决策图
（数据来自泰坦尼克号数据集）

解读如下所示。

原始数据	索引为 0 的样本，其详细数据如下所示。 {'pclass': 3.0, 'age': 35.0, 'sibsp': 0.0, 'fare': 7.125, 'sex_female': 0.0, 'sex_male': 1.0, 'embarked_C': 0.0, 'embarked_Q': 0.0, 'embarked_S': 1.0, 'embarked_nan': 0.0, 'y_test': 0.0, 'y_pred': 0.0, 'y_pred_prob': 0.023}
解读样本	索引为 0 的样本是一位 35 岁的三等舱男性乘客，没有同行亲属，票价为 7.125，登船港口为 embarked_S（南安普顿）。他的真实生存情况为未生存（y_test=0），模型也正确预测了他未生存（y_pred=0），且预测生存概率为 0.023。通过模型的预测与真实情况的对比，可以看出模型在此样本上的预测是准确的。
解读图	力矩图显示了该样本各特征的 SHAP 值对模型输出的影响，揭示了各个特征如何影响模型的预测结果。一些特征对预测结果的负面影响较大，包括性别（男性）和船票等级（3 等舱）。 瀑布图进一步细化了每个特征对模型输出的贡献，展示了单个样本预测的 SHAP 值分解，表明每个特征如何增加或减少预测值，从而提供逐特征的贡献度视图。其中，性别为男性和乘坐三等舱分别减少了 0.97 和 0.62 的模型输出值。 决策图展示了模型的决策过程，显示了各特征值如何逐步影响最终的模型输出。最终预测该样本的生存概率为 0.023，实际情况是未生还。
得出结论	综合这三张图，可以得出以下结论：对于索引为 0 的样本（一位 35 岁的男性，三等舱，没有兄弟姐妹或配偶同船，票价为 7.125），模型预测其生存概率较低（0.023）。影响这一预测的主要因素包括票价较低和性别为男性。这些图提供了对模型决策过程的深入理解，使研究者能够洞察哪些特征对预测结果最为关键。

图 6-47 是索引为 9 的正确分类样本示例的力矩图、瀑布图、决策图（数据来自泰坦尼克号数据集）。

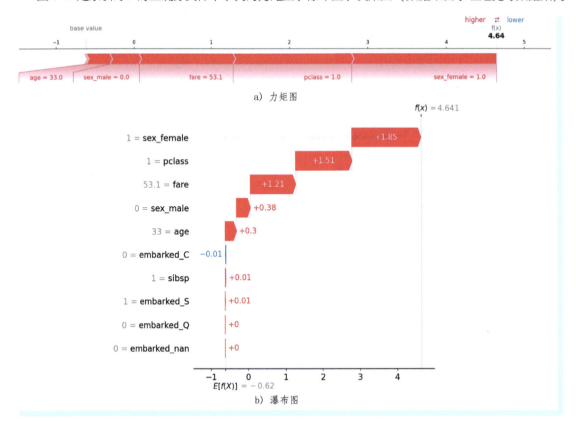

图 6-47　索引为 9 的正确分类样本示例的力矩图、瀑布图、决策图（数据来自泰坦尼克号数据集）

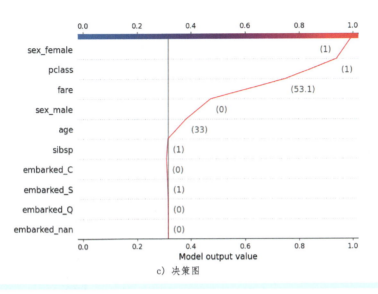

c）决策图

图 6-47 索引为 9 的正确分类样本示例的力矩图、瀑布图、决策图（数据来自泰坦尼克号数据集）（续）

原始数据	索引为 9 的样本，其详细数据如下所示。 {'pclass': 1.0, 'age': 33.0, 'sibsp': 1.0, 'fare': 53.1, 'sex_female': 1.0, 'sex_male': 0.0, 'embarked_C': 0.0, 'embarked_Q': 0.0, 'embarked_S': 1.0, 'embarked_nan': 0.0, 'y_test': 1.0, 'y_pred': 1.0, 'y_pred_prob': 0.99}
解读样本	索引为 9 的样本是一位 33 岁的女性，乘坐 1 等舱，有一名同行亲属，支付的票价为 53.1，她从南安普顿登船。她的真实生存情况是生还（y_test=1），模型同样预测她生还（y_pred=1），预测生存概率高达 99%。这表明模型在该样本上的预测非常准确。
解读图	在力矩图中，其中性别（女性）和船票等级（1 等舱）对预测结果的正面影响最大，最终预测该样本的生存概率为 0.99。瀑布图进一步细化了每个特征对模型输出的贡献，显示了性别（女性）和船票等级（1 等舱）分别增加了 1.65 和 1.51 的模型输出值。而决策图展示了模型决策过程，显示了各特征值如何逐步影响最终的模型输出，最终预测该样本的生存概率为 0.99。
得出结论	通过三个子图的综合分析，可以看出性别（女性）、船票等级（1 等舱）和票价（53.1）是影响该样本生存预测的主要正面因素，而登船港口（S）对预测结果影响较小。

T2、采用 LIME

示例——局部视角——单个样本：利用条形图/Html 图分析单个样本的预测结果+误分类分析。

本研究利用 LIME 技术来解释模型对若干样本的预测结果。LIME 提供了特征条件及其对应的权重，并通过可视化的解释结果，帮助研究者理解模型的预测机制及其合理性。

在利用 LIME 库进行条形图可视化输出时，有以下几个重要组件。

- 截距项（Intercept）：表示模型的截距项，即在所有特征值为 0 的情况下的基线预测概率。
- 局部预测结果（Prediction_local）：针对该样本的局部预测结果，表示在考虑该样本特征后，模型预测的概率。

- 正确预测概率（Right）：模型在该样本上的正确预测概率。

此外，LIME 生成的 exp_list 列出了各特征对预测结果贡献大小的排序列表。该列表中的每个解释项包含一个特征条件及其对应的权重，揭示了各特征对模型预测的重要性。

通过结合样本的真实标签（如 y_test）和 LIME 生成的解释结果，可以评估模型的预测合理性，并识别出决定性特征。这种方法不仅有助于理解模型的决策过程，还能提升模型的透明度和可信度。

图 6-48 是索引为 0 的正确分类样本示例的局部解释图、预测概率图（数据来自泰坦尼克号数据集）。

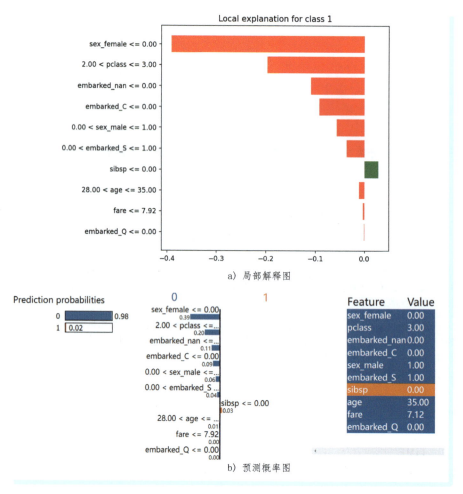

图 6-48　索引为 0 的正确分类样本示例的局部解释图、预测概率图（数据来自泰坦尼克号数据集）

原始数据	索引为 0 的样本数据如下所示。 {'pclass': 3.0, 'age': 35.0, 'sibsp': 0.0, 'fare': 7.125, 'sex_female': 0.0, 'sex_male': 1.0, 'embarked_C': 0.0, 'embarked_Q': 0.0, 'embarked_S': 1.0, 'embarked_nan': 0.0, 'y_test': 0.0, 'y_pred': 0.0, 'y_pred_prob': 0.023} Intercept 0.9379266947179863

（续）

原始数据	Prediction_local [0.07235264] Right：0.023189371224505668 exp_list：[('sex_female <= 0.00', -0.39068147464195857), ('2.00 < pclass <= 3.00', -0.19705850489040555), ('embarked_nan <= 0.00', -0.10817081171852276), ('embarked_C <= 0.00', -0.09134262024188709), ('0.00 < sex_male <= 1.00', -0.05606958844357557), ('0.00 < embarked_S <= 1.00', -0.03540120066657659), ('sibsp <= 0.00', 0.028165321739798015), ('28.00 < age <= 35.00', -0.01096306085057384), ('fare <= 7.92', -0.003164333808764895), ('embarked_Q <= 0.00', -0.000887780031404222)]
解读样本	根据索引为0的样本数据可知，该乘客是一位35岁的三等舱男性，没有同行亲属，支付的票价为7.125，登船港口为南安普顿（embarked）。其真实生存情况为未生存（y_test = 0），模型也正确预测其未生存（y_pred = 0），预测生存概率为0.023。由此可以看出，模型在该样本上的预测是准确的。
解读LIME解释器的输出	通过LIME解释器的输出结果，可以进一步分析模型的预测机制，如下所示。 ● 截距项（Intercept）：为0.938，表示在所有特征值为0的情况下，模型预测未生存的基线概率。 ● 局部预测结果（Prediction_local）：为0.072，表示在考虑该样本的特征后，模型预测其生存的局部概率为0.072，低于0.5的阈值，因此正确分类为未生存。 ● 正确预测概率（Right）：为0.023，表示模型在该样本上的预测结果与真实标签一致。在该样本的特征贡献排序列表（exp_list）中，各特征对预测结果的贡献如下。 "sex_female <= 0"（非女性）：对未生存概率贡献最大正值（0.391）。 "pclass在（2，3）"（三等舱）：对未生存概率贡献较大正值（0.197）。 "sibsp <= 0"（无同行亲属）：对未生存概率贡献较小负值（-0.028）。
解读图	● 局部解释图：显示性别（男性）和舱位等级（三等舱）对未生存预测的影响最大，最终预测该样本的生存概率为0.023。 ● 预测概率图：显示性别（男性）、舱位等级（三等舱）和登船港口（南安普顿）对预测结果的负面影响较大。
得出结论	结合LIME解释器的输出结果和可视化图，可以得出以下结论。 ● 主要负面因素：性别（男性）和舱位等级（三等舱）是影响该样本生存预测的主要负面因素。 ● 次要因素：年龄（35岁）、登船港口（南安普顿）等对预测结果的影响较小。 ● 模型预测合理性：该样本的生存概率极低，主要受性别（男性）和舱位等级（三等舱）的负面影响，模型的预测是合理的。 综上所述，该样本的生存概率极低，主要由性别（男性）和舱位等级（三等舱）决定。通过这类案例，可以大致了解模型的决策依据及其局限性。模型在该样本上的预测准确，符合一般情况，即头等舱和二等舱的乘客更容易生存，而没有同行亲属略微提高了生存概率。其他特征如年龄和登船港口对预测贡献较小。这些分析结果表明模型在预测未生存乘客时具有一定的可靠性。

图6-49是索引为9的正确分类样本示例的局部解释图、预测概率图（数据来自泰坦尼克号数据集）。

原始数据	索引为9的样本数据如下所示。 {'pclass': 1.0, 'age': 33.0, 'sibsp': 1.0, 'fare': 53.1, 'sex_female': 1.0, 'sex_male': 0.0, 'embarked_C': 0.0, 'embarked_Q': 0.0, 'embarked_S': 1.0, 'embarked_nan': 0.0, 'y_test': 1.0, 'y_pred': 1.0, 'y_pred_prob': 0.99} Intercept 0.0962579025617813 Prediction_local [0.70850359] Right：0.9904445431181058 exp_list：[('0.00 < sex_female <= 1.00', 0.400670020498841), ('pclass <= 2.00', 0.22394506741593173), ('embarked_C <= 0.00', -0.10355020940752532), ('embarked_nan <= 0.00', 0.0907913543275093), ('sex_male <= 0.00', 0.05839172036196884), ('0.00 < embarked_S <= 1.00', -0.027519053453487163), ('fare > 31.27', -0.022537022298631464), ('embarked_Q <= 0.00', 0.014870602541502494), ('28.00 < age <= 35.00', -0.014078113730314366), ('0.00 < sibsp <= 1.00', -0.008738675214857789)]

（续）

解读样本	索引为9的样本是一位33岁的女性，乘坐1等舱，有一名同行亲属，支付的票价为53.1，她从南安普顿登船。她的真实生存情况是生还（y_test=1），模型同样预测她生还（y_pred=1），预测生存概率高达99%。这表明模型在该样本上的预测非常准确。
得出结论	通过LIME方法，可以清晰地看到每个特征对模型预测结果的影响。对于索引为9的样本，性别（女性）和乘客等级（头等舱）是主要的正向影响因素，而登船港口（C港）则是主要的负向影响因素。这种解释有助于理解模型的决策过程，增强模型的透明度和可解释性。

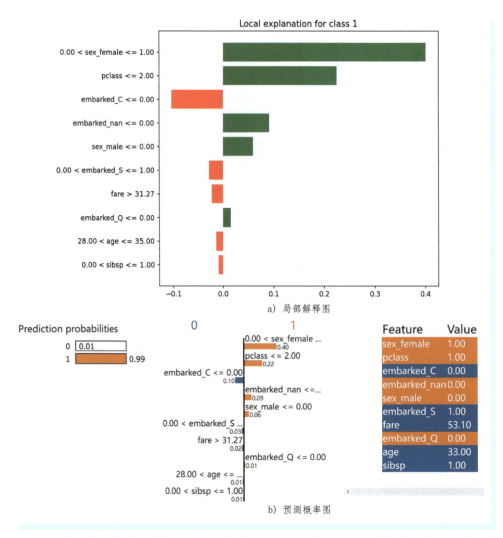

图 6-49 索引为9的正确分类样本示例的局部解释图、预测概率图（数据来自泰坦尼克号数据集）

T3、采用PDP

 # 示例1——局部特征视角——单特征分组目标平均值可视化。

显示单一特征的不同组（或桶）中目标变量平均值的图表提供了关于选定特征在不同组中目标平

均值如何变化的洞察，对于全面的特征分析至关重要，并有助于解释模型预测。如图 6-50 所示，两个子图分别展示了特征 age 和 fare 对目标变量的影响。

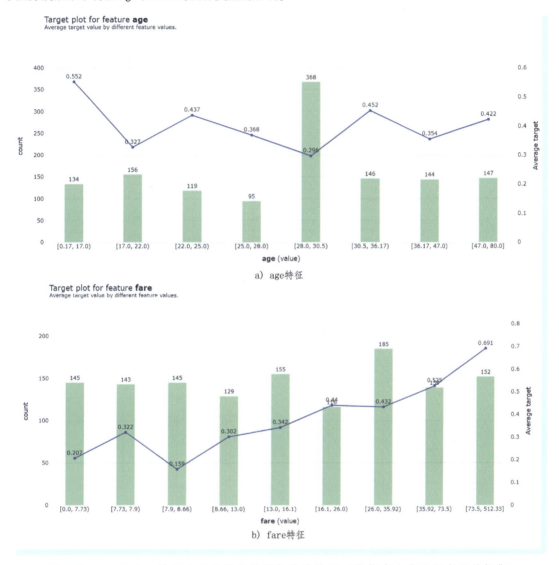

图 6-50　age 和 fare 特征分组目标平均值柱状统计图（数据来自泰坦尼克号数据集）

第一张子图显示了不同年龄组中目标变量的平均值，可见年龄在 0.17 到 17.0 岁之间的组别目标变量平均值最高。这表明，较小年龄的乘客，特别是儿童，由于被优先救援，因此其目标变量值较高。这一现象反映了在紧急情况下，儿童通常被优先照顾的实际情况。

第二张子图展示了不同票价组中目标变量的平均值，可见票价在 73.5 到 512.3 之间的组别目标变量平均值最高。这表明，支付较高票价的乘客通常享有更好的设施和服务，在灾难发生时可能获得更多的关注和救援资源。

这两张图提供了关于特征 age 和 fare 在不同组别中目标变量平均值变化的洞察，有助于全面理解特征对模型预测的影响。

示例 2——局部特征视角——解释模型特征重要性，对单个特征进行 PDP 分析。

图 6-51 展示了特征 fare 对模型预测的影响。

第一张子图是部分依赖图（PDP），显示了票价在不同值时对预测结果的影响。可见票价在 0 到 100 之间的变化对预测结果波动影响较大。

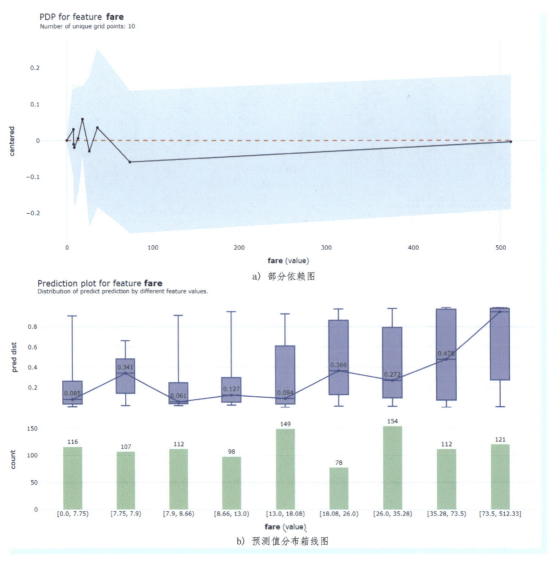

图 6-51 fare 特征的部分依赖图和预测值分布箱线图（数据来自泰坦尼克号数据集）

第二张子图是预测值分布的箱线图，展示了不同票价组的预测值分布。可见票价在 73.5 到 512.3 之间的组别预测值分布较高且较为集中。

这两张图提供了关于特征 fare 在不同组别中预测值变化的洞察，有助于全面理解特征对模型预测的影响和解释模型的预测结果。

图 6-52 展示了特征 age 对模型预测的影响。第一张子图是部分依赖图（PDP），显示了年龄在 0 到 80 岁之间对预测结果的影响，可见年龄越大预测结果越低。这可能意味着模型在处理老年个体时表现不佳。第二张子图是预测值分布的箱线图，展示了不同年龄组的预测值分布，可见年龄在 0 到 17 岁之间的组别预测值最高且分布较为集中。

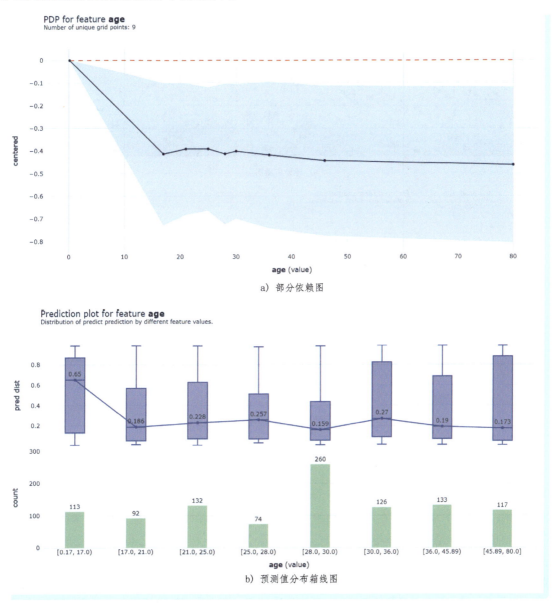

a）部分依赖图

b）预测值分布箱线图

图 6-52　age 特征的部分依赖图和预测值分布箱线图（数据来自泰坦尼克号数据集）

示例 3——全局视角——特征相关性交互可视化：双特征交互 PDP 可视化。

图 6-53 展示了特征 fare 和 pclass 之间的交互关系。

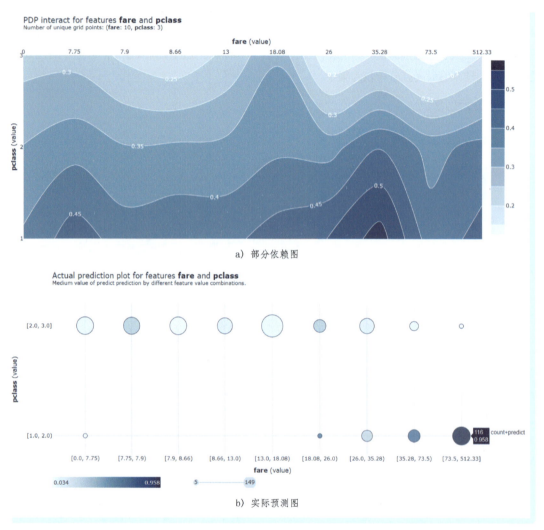

图 6-53　fare 和 pclass 特征交互的部分依赖图和实际预测图（数据来自泰坦尼克号数据集）

第一张子图是采用等高线图形式表达的两个交互特征的部分依赖图（PDP），揭示了票价（fare）和船舱等级（pclass）两个特征在不同取值组合下对目标变量预测效果的变化，并且，颜色越深表示模型预测的生存概率越高。整体等高线向右上方倾斜，表明 fare 和 pclass 之间存在一定的线性关系。具体来看，右下部分的颜色更深，显示生存概率更大，这一部分正对应船舱等级为头等舱且票价较高的区域。相反，左上区域的颜色较浅，生存概率较低，这对应船舱等级为三等舱且票价较低的情况。例如，当乘客船舱等级为 3 且票价较低时，生存概率较低，而当乘客船舱等级为 1 且票价较高时，生存概率较高。

第二张子图是两个交互特征组合在实际数据中预测值分布的气泡散点图。气泡的大小表示样本数量，颜色越深表示模型预测的生存概率越高。每个散点代表了一个具体的 fare 和 pclass 组合，通过散点图的形式展示了 fare 和 pclass 这两个特征对预测值的影响。结果显示，票价在 73.5 以上且乘客船舱等级为 1 的样本数量较多，且模型预测的生存概率也最高，进一步验证了票价和乘客船舱等级对生存概率的显著影响。

这两张图提供了关于特征 fare 和 pclass 在不同组合情况下目标变量变化的深入洞察。通过分析这两个特征对目标变量的影响，可以更深入地理解模型的预测逻辑。

图 6-54 展示了乘客年龄（age）和船舱等级（pclass）两个特征之间的部分依赖图（PDP），其中颜色越深表示模型预测的生存概率越高。可见，乘客船舱等级为 1 的乘客随着年龄增加，生存概率逐渐降低，而乘客船舱等级为 3 的乘客生存概率较低。这表明乘客舱等和年龄对生存概率有显著影响，尤其是年龄较小且处于较高舱等的乘客生存概率更高。

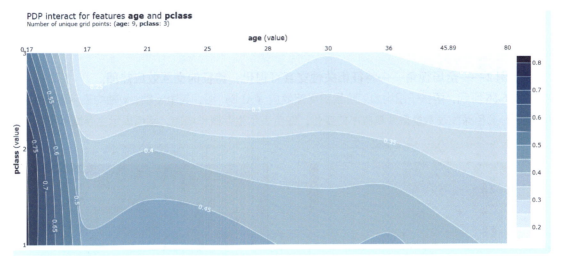

图 6-54　age 和 pclass 特征交互的部分依赖图（数据来自泰坦尼克号数据集）

T4、采用 ALE

示例 1——局部特征视角——特征的主要效应：累积局部效应图。

如图 6-55 所示，两张子图均为累积局部效应（ALE）图，其中 x 轴表示特征的取值范围，y 轴表示模型预测的概率变化，揭示了特征值的变化如何影响模型的输出。通过观察每个区间的高度，可以更好地理解特征如何影响模型决策，有助于解释模型的行为和决策依据。

左图展示了年龄（age）特征的 ALE 图。可以看到，随着年龄从 0 增加到 20，模型预测的生存概率显著下降，之后变化较为平稳。这表明年龄较小的乘客，尤其是 20 岁以下的乘客，生存概率较高。右图展示了票价（fare）特征的 ALE 图。结果显示，票价从 0 到 100 时，模型预测的生存概率急剧上升，之后趋于稳定。这表明支付较高票价的乘客生存概率更高。

综合来看，年龄较小的乘客（尤其是 20 岁以下）生存概率较高，而票价较高的乘客生存概率更高，反映了这两个特征对模型预测结果的重要性。通过这些分析，可以更好地理解模型的预测逻辑。

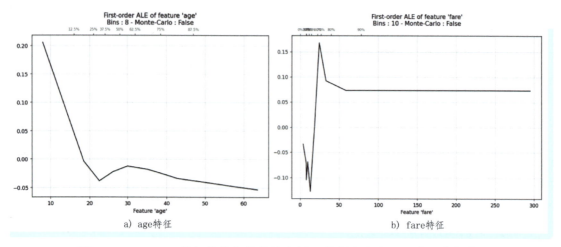

图 6-55　age、fare 特征的累积局部效应图（数据来自泰坦尼克号数据集）

示例 2——全局视角——特征相关性交互可视化：特征的交互效应热图。

如图 6-56 所示，两张子图均为二阶累积局部效应（ALE）图，其中 x 轴、y 轴均表示各自特征的取值范围，颜色深浅表示模型预测概率的变化，红色表示生存概率增加，蓝色表示生存概率降低。

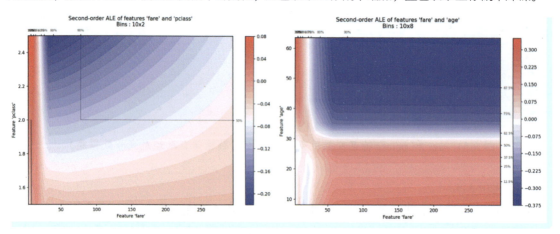

图 6-56　fare 和 pclass 特征以及 fare 和 age 特征的二阶累积局部效应图（数据来自泰坦尼克号数据集）

左图展示了特征票价（fare）和船舱等级（pclass）的 ALE 图，可以看到票价较高且船舱等级较低的乘客生存概率显著增加，而票价较低且船舱等级较高的乘客生存概率显著降低。右图展示了特征票价（fare）和年龄（age）的 ALE 图，可以看到票价较高且年龄较小的乘客生存概率显著增加，而票价较低且年龄较大的乘客生存概率显著降低。

这些图表明了票价与船舱等级、票价与年龄之间存在显著的交互效应，这些交互效应显著影响了模型的预测结果。通过观察这些图，可以更好地理解特征之间的复杂交互关系，有助于解释模型的决策和识别重要的特征组合。

第 6 章 模型训练、评估与推理

6.7 模型导出并推理

图 6-57 为本小节内容的思维导图。

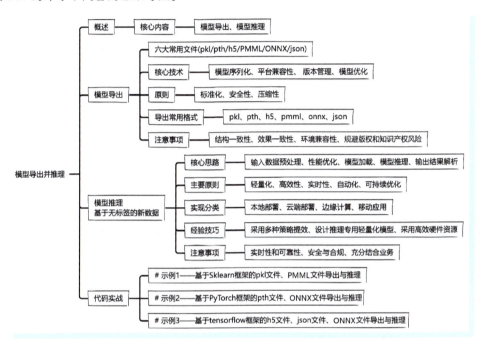

图 6-57 本小节内容的思维导图

简介	在机器学习流程中，模型导出和推理阶段是将训练好的模型应用于实际数据以生成预测结果的关键步骤。它涉及将已经训练好的模型导出为可执行的形式，并使用该模型对新的数据进行预测或推断。一般情况下，该阶段是将训练好的模型文件从开发环境导出到生产环境，并在生产环境中使用模型进行实时的推断，以便在实际应用场景中使用。模型导出并推理的整个过程需要考虑模型的泛化能力、稳定性和可维护性。随着 AI 模型在生产环境中的应用越来越广泛，该领域也在不断发展，模型压缩、量化、硬件加速等技术都是为了提高模型的推理效率和降低成本。 • 目的：将模型从训练环境顺利迁移到生产环境，并确保其在实际应用中能够高效、准确地进行推理。
核心内容	在模型导出并推理阶段，核心内容主要包括以下几点。 • 模型导出：模型导出是指将经过训练和评估的模型从训练环境中提取出来，并转换为适合在生产环境中使用的格式。 • 模型推理：模型推理是指使用导出的模型对新数据进行预测的过程。

6.7.1 模型导出

简介	模型导出（Model Export）是将在训练环境中训练好的机器学习模型保存为可在其他环境（比如生产环境）中加载和使用的格式的过程。其核心内容是将模型或数据从内存中保存到磁盘或其他存储介质中，以便以后可以快速加载和使用，并要确保模型的完整性和一致性。

（续）

核心内容	模型导出的主要内容包括选择适合目标部署环境的模型格式、在导出过程中进行模型优化（如量化和剪枝），以及利用特定框架提供的工具（比如 TensorFlow 的 tf.saved_model.save、PyTorch 的 torch.jit.trace）来确保模型的便携性和兼容性，从而提高推理性能并适应不同的生产环境。
核心技术	在模型导出阶段，核心技术点如下所示。 ● 模型序列化：将训练好的模型保存到磁盘以便后续使用。这通常涉及将模型的结构、权重参数和其他相关信息保存为一个文件或一组文件。常见的模型序列化格式包括 HDF5、PMML、ONNX、Protocol Buffers 等。 ● 平台兼容性：确保导出的模型能够在目标平台上运行。这包括检查模型的依赖项和所需的运行时环境，以确保在部署和推理阶段没有任何缺失或兼容性问题。 ● 版本管理：在实际应用中，模型会不断更新和迭代。要确保模型和其依赖的库版本得到有效的管理，以避免不同环境中的不一致性。可以通过建立有效的模型版本管理系统，并能够追踪、回滚，以应对潜在的问题。 ● 模型优化：在导出模型之前，可以进行一些模型优化的操作，以提高模型的推理速度、减小模型的存储空间或改善模型的准确性。这可能涉及量化模型参数、剪枝、压缩等技术。
原则	在模型导出阶段，模型序列化的几个原则如下所示。 ● 标准化：序列化的数据格式应该是标准的、通用的格式，以便在不同的编程语言中进行读取和使用。 ● 安全性：序列化和反序列化的过程需要进行安全性检查，以防止潜在的安全漏洞。 ● 压缩性：序列化的数据需要经过压缩处理，以减小存储空间并提高读取速度。
导出常用格式	在模型导出阶段，常见的导出格式包括 pkl、pth、h5、PMML、ONNX、json 等，其特点如下所示。 |	特 点 | |---|---| | pkl	● 专为 Python 环境而设计。 ● 可以保存模型整个对象（结构+参数）。 ● 不能跨语言性，不是标准格式，只能在特定框架（如 sklearn）中使用。 | | pth	● 专为 PyTorch 而设计。 ● 仅保存模型权重参数，不包含模型的结构，便于迁移学习。 | | h5	● 常用于 Keras 环境。 ● 可保存模型结构和权重。 ● 跨平台和跨框架性，适合高性能需求。 | | PMML	● 可保存完整模型（包括结构和参数等）。 ● 兼容性好，能被用于跨语言和跨环境。 ● 偏传统的机器学习相关的算法。 ● 适用于大规模场景。 | | ONNX	● 兼容性好，兼具跨框架和跨设备性。 ● 更灵活和更通用。 ● 偏深度学习相关的算法，适用于复杂的神经网络模型。 ● 跨框架。 | | json	● 仅保存模型结构或超参数——更轻量化。 ● 不能保存模型权重——空间效率略低。	
注意事项	在模型导出阶段，注意事项如下所示。 ● 结构一致性：验证导出的模型结构是否与训练时使用的结构相匹配。这包括检查模型的层数、神经元数目、激活函数等关键参数是否保持一致。 ● 效果一致性：评估导出模型的性能，确保其预测结果与训练模型的结果相吻合，同时确认模型的准确率没有下降。这通常涉及使用相同的测试集来比较预测结果。 ● 环境兼容性：保证导出的模型能够在新的环境中正确重建和运行。这要求在导出模型时考虑到环境的兼容性，比如保持依赖库和框架的版本一致，以避免由于版本不匹配导致的模型加载失败。 ● 规避版权和知识产权风险：在分享或发布模型时，应当注意避免公开完整的模型代码，以规避潜在的版权和知识产权风险。这可能涉及仅分享模型的接口或部分关键信息，而不泄露完整的实现细节。

6.7.2 模型推理（基于无标签的新数据）

背景	导出后的模型可以被部署到服务器、嵌入式设备或移动设备等上，以进一步对新数据进行预测或分类操作。
简介	模型推理（Model Inference）是指使用导出的模型应用到新数据进行预测的过程，以实现离线或实时预测、分类或聚类等操作，并获取输出结果的过程。它具体是在生产环境中使用从开发环境中导出的模型来进行基于数据驱动的决策，帮助解决实际问题。推理可以在本地设备或云端服务器上执行。特别地，模型推理允许在实时或近实时环境中做出预测，对于如推荐系统、自动驾驶等许多应用至关重要。 • 目标：模型推理的最终目标是将模型部署到生产环境中进行预测。它广泛应用于数据科学、推荐系统、图像识别、自然语言处理等领域，实现自动化并节省人力和物力成本。
核心内容	模型推理的核心内容包括选择适合的推理框架和服务（如 TensorFlow Serving、TorchServe、ONNX Runtime），设计满足应用需求的部署策略（如离线批量推理、在线实时推理、边缘推理），并在生产环境中监控并优化模型性能，确保模型能够实时处理输入数据、保持高预测准确性，同时支持大规模数据处理和高并发请求。
核心思路	模型推理过程通常包括数据预处理、性能优化、模型加载、模型推理、输出结果解析等环节。 • 输入数据预处理：对新数据进行预处理，确保格式和预处理过程与模型训练时保持一致，可能包括归一化、缩放、填充或其他必要的转换操作。 • 性能优化：针对推理任务进行模型优化，提高生产环境中的响应时间，如利用硬件并行加速和分布式计算。 • 模型加载：将训练好的模型加载到内存，包括读取保存的模型文件、构建模型的结构和权重参数。 • 模型推理：将输入数据提供给加载的模型，获取预测结果。 • 输出结果解析：将模型输出的预测结果转换为可读形式，如类别标签、概率分布可视化。这包括对模型的输出进行后处理操作，如解码或转换，使模型输出可理解或可用。
主要原则	在模型推理阶段，常见的原则如下所示。 • 轻量化：为适应资源有限的场景，如移动设备或边缘计算环境，推理阶段的模型通常需要进行轻量化优化。这可以包括减少模型参数、压缩模型等操作，以降低模型的计算和存储需求。 • 高效性：模型推理需要在有限的资源下运行，因此需要高效的算法和实现。关键在于如何快速高效地对大量数据进行预测，并在保证准确性的同时提高预测速度。可使用硬件加速、并行计算等技术来提升性能。 • 实时性：某些应用需要快速响应新产生的数据，因此推理需要在实时或近实时条件下执行，要求低延迟，比如快速响应新产生的数据。这可以通过优化算法、使用专门的硬件加速设备等方式实现。 • 自动化：通过实时推理，可以实现对大量数据的自动化处理，减轻人工负担。这使得模型能够在生产环境中应用，自动处理数据并生成预测结果。 • 可持续优化：模型实时推理可以持续优化和更新，以适应数据分布的变化和业务需求的变动。通过监控模型性能和效果，可以对模型进行调优、迭代和更新，以提高预测准确性和效率。
实现分类	在模型推理阶段，部署场景主要包括本地部署、云端部署、边缘计算、移动应用等，具体如下所示。 • 本地部署：将模型直接部署在本地计算机设备或服务器上，通过 API 或其他方式调用模型进行推理。适用于数据安全性要求较高、数据传输成本较高的场景，如医疗、金融等领域。 • 云端部署：将模型部署在云服务商提供的服务器上，用户可以通过网络请求云服务进行模型推理。适用于计算资源有限、数据传输成本较低、需要高速网络的场景。 • 边缘计算：将模型部署在离数据源较近的边缘设备（如物联网设备、路由器等）上进行模型推理任务，以降低网络延迟，减少对云服务的依赖，提高响应速度。适用于需要实时处理数据、网络带宽有限的场景，比如自动驾驶、工业自动化、智能家居等场景。 • 移动应用：将模型部署在智能手机、平板等移动设备上运行的模型推理任务，以便在本地实时处理数据并提供用户反馈。移动设备通常具有有限的计算资源和能耗，因此移动应用需要对模型进行压缩和优化，以满足设备的性能要求。移动应用适用于需要随时随地获取模型推理结果的场景，如人脸识别、语音识别等。

	（续）
经验技巧	在模型推理阶段，常用的经验技巧如下所示。 （1）采用多种策略提效：比如多线程技术、批处理技术、分布式技术、缓存策略等。 • 多线程技术：利用多线程技术可以在多核处理器上同时执行多个推理任务，从而提高并行处理能力。 • 批处理技术：通过批处理技术，可以将多个输入数据集合成一个批次进行处理，减少模型加载和预测的次数，提高效率。 • 分布式技术：在分布式系统中，可以将推理任务分配到多个节点上并行处理，适用于大规模数据集和模型。 • 缓存策略：对于频繁推理的输入，可以使用缓存技术存储预计算的结果，避免重复推理，减少延迟。 （2）设计推理专用轻量化模型：比如通过模型压缩、剪枝、量化等技术来优化模型，并专门用于推理。 • 模型压缩：通过技术如知识蒸馏，可以将大型模型转换为小型模型，同时保持较高的预测准确性。 • 模型剪枝：去除模型中不重要的权重和结构，减少模型大小和计算复杂度。 • 模型量化：将模型中的权重和激活函数从浮点数转换为低精度表示（如8位或16位整数），以减少模型大小和提高推理速度。比如限制浮点数精度，仅保留float16。 • 结构简化：删除模型中不必要或冗余的层和参数，简化模型结构，以减少计算量和存储需求。比如只保留模型中真正需要的层，如最终的输出层（final layer）；或者删除一些在训练过程中可能起到正则化作用但在推理时并不需要的层，如批归一化层（Batch Normalization）和dropout层。 （3）采用高效硬件资源：选择专用的硬件加速器，比如利用GPU、TPU、FPGA、ASIC等，这些设备专为数值计算优化，可以显著提高模型推理速度。或者使用软件加速，比如专门优化的软件库和框架，像TensorRT或ONNX Runtime，它们可以对模型进行编译和优化，以提高推理性能。
注意事项	在模型推理阶段，主要注意事项如下所示。 • 实时性和可靠性：在生产环境中，模型推理需要考虑实时性和可靠性，需要进行充分的测试和评估，并具备自动化的运维和监控机制。关注容错与恢复，设计容错机制，确保模型在生产环境中的稳定运行。 • 安全与合规：需要对模型和数据进行保护，以防止泄漏和滥用，同时需要遵守相关法律法规和隐私政策。同时确保在推理过程中采取适当的安全措施，防止潜在的攻击。 • 充分结合业务：模型推理需要和实际业务场景结合，充分理解业务需求和用户需求，以实现最佳的性能和用户体验。

▶▶ 6.7.3 模型导出并推理代码实战

示例1——基于Sklearn框架的pkl文件、PMML文件导出与推理。

```
if model_save_type == 'model_pkl':
    import pickle
    pickle.dump(model, open('model.pkl', 'wb'))
    loaded_model_pkl = pickle.load(open('model.pkl', 'rb'))
    y_prob = loaded_model_pkl.predict(X_test)
    # 对比模型文件导出前后的预测结果
    res_df['loaded_model_pkl_y_prob'] = y_prob
    res_df.to_csv('loaded_model_pkl_y_prob.csv', index=False)
    print(res_df)


elif model_save_type == 'model_pmml':    # 切记,如果缺少Java环境,下述代码会报错!
    from sklearn2pmml import PMMLPipeline
    from sklearn2pmml import sklearn2pmml
```

```python
pipeline = PMMLPipeline([('classifier', model)])
pipeline.fit(X_train, y_train)
sklearn2pmml(pipeline, "model.pmml", with_repr=True)
from sklearn2pmml import PMMLParser
parser = PMMLParser("model.pmml")
pipeline = PMMLPipeline.from_pmml(parser.pmml)
y_prob = pipeline.predict(X_test)
# 对比模型文件导出前后的预测结果
res_df['loaded_model_pmml_y_prob'] = y_prob
res_df.to_csv('loaded_model_pmml_y_prob.csv', index=False)
print(res_df)
```

示例2——基于 PyTorch 框架的 pth 文件、ONNX 文件导出与推理。

```python
# 模型导出与推理
model_save_type = 'weights_pt'  # weights_pt、model_ONNX
print(model_save_type, '-------------------')

# T1、导出+载入模型.pth文件(模型的权重参数),并进行推理
if model_save_type == 'weights_pt':
    # 保存模型
    torch.save(model.state_dict(), 'weights_pt.pth')  # weights_pt.pth
    # 加载模型
    model = DNNModel(input_dim=X_train.shape[1], hidden_dim=32, output_dim=1)
    model.load_state_dict(torch.load('weights_pt.pth'))

    # 进行推理
    with torch.no_grad():
        y_prob = model(X_val_tensor)
        y_prob = y_prob.squeeze()
        y_pred_binary = (y_prob > 0.5).float()
        accuracy = (y_pred_binary == y_val_tensor).float().mean()
        print('Accuracy on validation set: {:.4f}'.format(accuracy.item()))
    # 对比模型文件导出前后的预测结果
    res_df['loaded_weights_pt_y_prob'] = y_prob
    res_df.to_csv('loaded_weights_pt_y_prob.csv', index=False)
    print(res_df)

# T2、导出+载入 ONNX 模型(模型结构和参数),并进行推理
elif model_save_type == 'model_ONNX':
    import onnxruntime

    # 将模型导出为 ONNX 格式
```

```python
input_names = ['input']
output_names = ['output']
dummy_input = torch.randn(X_val.shape[0], X_val.shape[1])
print('dummy_input: ', dummy_input.shape)
onnx_path = 'model.onnx'
torch.onnx.export(model, dummy_input, onnx_path, input_names=input_names, output_names=output_names)

# 加载 ONNX 模型
sess_options = onnxruntime.SessionOptions()
sess_options.graph_optimization_level = onnxruntime.GraphOptimizationLevel.ORT_ENABLE_ALL
sess = onnxruntime.InferenceSession(onnx_path, sess_options)

# 数据类型转换
X_val_tensor = X_val_tensor.numpy().astype(np.float32)
y_val_tensor = y_val_tensor.numpy().astype(np.float32)
print('X_val_tensor: ', X_val_tensor.shape)
# 模型推理
input_feed = {input_names[0]: X_val_tensor}
y_prob_np = sess.run(output_names, input_feed)
y_prob = torch.Tensor(y_prob_np[0])

# 对比模型文件导出前后的预测结果
res_df['loaded_model_ONNX_y_prob'] = y_prob
res_df.to_csv('loaded_model_ONNX_y_prob.csv', index=False)
print(res_df)
```

示例 3——基于 tensorflow 框架的 h5 文件、json 文件、ONNX 文件导出与推理。

```python
# 模型导出与推理
model_save_type = 'model_onnx'  # model_h5、weights_h5、model_json、model_onnx
print(model_save_type, '-------------------')
# T1、导出+载入模型文件(结构和参数),并进行推理
if model_save_type == 'model_h5':
    model.save('model_tf.h5')
    loaded_model = tf.keras.models.load_model('model_tf.h5')
    y_prob = loaded_model.predict(X_val)
    # 对比模型文件导出前后的预测结果
    res_df['loaded_model_y_prob'] = y_prob
    res_df.to_csv('loaded_model_y_prob.csv', index=False)
    print(res_df)
# T2、导出+载入模型权重参数,并进行推理
    elif model_save_type == 'weights_h5':
```

```python
    # 导出模型权重参数
    model.save_weights('weights_tf.h5')
    model.load_weights('weights_tf.h5')
    # 模型推理
    y_prob = model.predict(X_val)
    # 对比模型文件导出前后的预测结果
    res_df['loaded_model_weights_y_probt'] = y_prob
    res_df.to_csv('loaded_model_weights_y_probt.csv', index=False)
print(res_df)
# T3、导出+载入模型结构(但还需载入模型权重才能实现推理)：
# 并从JSON文件中加载模型结构,并使用load_weights()函数加载模型权重参数来恢复完整的模型
elif model_save_type == 'model_json':
    # 导出模型结构
    model_json = model.to_json()
    with open('model_tf.json', 'w') as f:
        f.write(model_json)
    # 导出模型权重参数
    model.save_weights('weights_tf.h5')

    # 先载入模型结构
    with open('model_tf.json', 'r') as f:
        loaded_model_json = f.read()
    loaded_model = tf.keras.models.model_from_json(loaded_model_json)
    # 再载入模型权重参数来恢复完整的模型
    loaded_model.load_weights('weights_tf.h5')
    # 对数据进行推理
    y_prob = loaded_model.predict(X_val)
    # 对比模型文件导出前后的预测结果
    res_df['loaded_model_json_y_prob'] = y_prob
    res_df.to_csv('loaded_model_json_y_prob.csv', index=False)
    print(res_df)

# T4、导出+载入onnx模型文件(结构和参数),并进行推理
elif model_save_type == 'model_onnx':
    import onnxruntime
    import tf2onnx

    onnx_path = 'model.onnx'
    # 使用tf2onnx将模型转换为ONNX格式
    onnx_model, _ = tf2onnx.convert.from_keras(model)
    # 将ONNX模型保存到磁盘
    with open(onnx_path, "wb") as f:
```

```python
        f.write(onnx_model.SerializeToString())

# 加载 ONNX 模型并进行预测
onnx_session = onnxruntime.InferenceSession(onnx_path)
inputs = onnx_session.get_inputs()
for input in inputs:
    print(input.name)    # 获取输入名称 dense_input

X_val = X_val.astype(np.float32).values
y_pred = onnx_session.run(None, {"dense_input": X_val})[0]
# 对比模型文件导出前后的预测结果
res_df['loaded_model_ONNX_y_prob'] = y_prob
res_df.to_csv('loaded_model_ONNX_y_prob.csv', index=False)
print(res_df)
```

第7章 模型发布、部署与监控

图 7-1 为本章内容的思维导图。

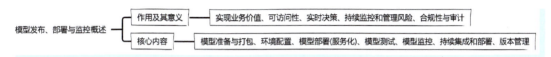

图 7-1 本章内容的思维导图

7.1 模型发布、部署与监控概述

简介	在机器学习生命周期中，模型发布、部署与监控阶段是将训练好的模型应用于实际生产环境中的关键步骤。这个阶段的主要任务是将模型从开发环境迁移到生产环境，并确保其在生产环境中稳定、高效地运行，同时持续监控模型的性能和行为，进行必要的维护和优化。 ● 本质：模型发布、部署与监控的本质是将机器学习模型从研究转化为实际应用，实现其商业价值和社会效益。这个过程涉及技术实现、系统集成和运维保障，是机器学习项目成功的关键环节。 ● 目的：模型发布的目的是将经过验证的模型从开发环境转移到生产环境，使其能够被实际应用系统调用。模型部署目的是将模型嵌入到生产系统中，确保其可以处理实时数据并提供预测或决策支持。模型监控的目的是持续监控模型的性能和行为，确保其在生产环境中保持高效、准确和稳定。
作用及其意义	模型发布、部署与监控的作用及意义如下所示。 ● 实现业务价值：模型发布与部署是技术成果转化为业务价值的关键步骤。通过将模型集成到现有的业务流程中，可以实现对业务决策的支持和自动化。通过模型的实际应用，企业可以实现数据驱动的决策，提高运营效率和业务价值。 ● 可访问性：模型部署后，非技术用户（如业务分析师、客户服务等）能够通过 API 或应用程序访问模型预测，增强了模型的应用范围。 ● 实时决策：部署的模型能够实时或近实时地处理数据，为需要即时响应的应用场景（如欺诈检测、推荐系统）提供决策支持。 ● 持续监控和管理风险：监控帮助确保模型性能稳定，及时发现并处理模型退化、数据偏移等问题，保证模型输出的准确性和可靠性，降低业务风险。通过监控和反馈，识别模型的不足和改进点，不断优化模型和系统性能。 ● 合规性与审计：在许多行业，模型部署需要满足特定的合规性要求。监控有助于记录模型行为，为审计提供必要的信息。

(续)

	具体内容
整体思路	在模型发布、部署与监控阶段，整体思路是通过将训练好的模型集成或嵌入到生产系统中，使得模型能够在实际环境中有效运行，并转化为可用的服务（比如 API 或微服务），以便其他系统或应用可以轻松地与其交互，同时保持良好的性能和稳定性。在这个阶段，模型被部署到生产环境中，接收输入数据并生成预测结果。同时，对模型的运行情况进行监控和管理，及时处理可能出现的问题，进而提高模型的可靠性和稳定性，使其能够持续满足预期要求或产生有价值的结果。这需要关注模型的性能监控、安全性和隐私保护、故障处理和回滚等方面。通过有效的模型发布和部署与监控策略，可以实现机器学习模型的持续运行和优化。这一阶段对确保模型在现实场景中的可靠性和生命周期管理至关重要。 值得注意的是，在部署和监控过程中，必须满足隐私和安全合规性要求。同时还需要考虑模型的可解释性和公平性，以确保模型决策的透明度和公正性。假设在一个电商平台上建立了一个商品推荐模型。在模型部署阶段，可以使用 Docker 容器将模型打包，并在某个云平台上建立基于 RESTful API 的微服务。通过自动化工具实现持续集成和部署，确保模型的及时更新。在监控方面，建立了一套监控系统，每小时检查模型的性能指标，同时记录用户的实时交互和推荐点击数据，以支持后续模型优化。

在模型发布、部署与监控阶段，核心内容如下所示。

		具体内容
核心内容	模型准备与打包	• 在模型发布前，需将其导出为可以在生产环境中运行的格式，如 HDF5、ONNX 或 PMML。 • 模型及其依赖应封装为可部署的包，便于传递和版本控制。
	环境配置	• 确保确保部署环境与训练环境一致，包括硬件资源（如 GPU、TPU）、操作系统、软件依赖（如特定版本的库）等。比如需要检测服务器是否有相应版本的 Python 环境及其相关库依赖，同时硬件是否能够支持对应的算法（比如是否支持 CUDA）。 • 对于特定领域如医疗保健，需确保计算资源、数据库连接等依赖项已配置妥当。
	模型部署（服务化）	• 部署模型至生产环境，使其能够处理输入数据并输出预测。 • 通过 Flask 等框架创建 RESTful API，将模型嵌入到 Web 服务中。用户可以通过 HTTP 请求向服务发送数据，并接收模型的预测结果。 • 设计易于调用的 API 接口，方便其他应用程序集成模型推理功能。
	模型测试	• 编写详细的模型文档，包括使用说明、输入输出格式、依赖项等。 • 进行单元测试、集成测试，以及 A/B 测试，确保模型在各种环境下都能正常工作。在控制条件下比较不同模型版本的性能，以决定是否推广新模型。
	模型监控	• 模型部署后，持续监控其性能，跟踪准确度、响应时间和资源利用率等关键指标。 • 确保模型符合安全性和合规性要求，包括输入输出验证、敏感数据处理以及确保模型的使用符合法规和政策。 • 若模型性能下降，考虑调整超参数或重新训练以适应数据分布变化。
	持续集成和部署	• 模型发布后，持续集成和部署流程，确保模型能适应新数据和需求。 • 实施数字化流程和使用相关工具，以自动化方式维护模型性能和可靠性。 • 定期重训练模型，更新版本以保持模型相关性和准确性。
	版本管理	• 确保每个模型版本都有明确的文档和记录，包括训练数据、参数配置、模型架构等信息。 • 建立模型版本管理机制，便于追踪更新、改进，并确保在必要时可以回滚到先前版本。 • 版本控制有助于应对模型更新带来的问题，确保系统稳定性。

7.2 模型发布

图 7-2 为本小节内容的思维导图。

第 7 章
模型发布、部署与监控

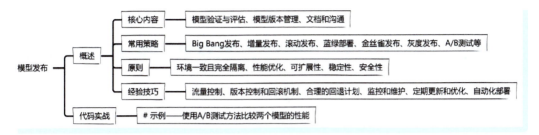

图 7-2 本小节内容的思维导图

▶▶ 7.2.1 模型发布概述

简介	模型发布是指将训练和验证完成的机器学习模型从开发环境迁移到生产环境，以解决实际业务问题。在这一过程中，模型被整合到生产系统中，用于实时推理和预测。这标志着项目从研究和开发阶段迈向实际应用和价值实现阶段。在此过程中，需要解决与不同环境、数据源和实时性相关的问题，以确保模型在生产环境中能够高效运行。 • **本质**：模型发布的本质在于将模型从开发环境部署到生产环境，使其能够在实际应用中发挥预测能力。 • **意义**：模型发布确保模型可以以标准化方式被其他系统或用户使用，同时考虑数据隐私和模型保护，并对不同版本的模型进行管理和跟踪。
整体思路	在模型发布阶段，开发团队准备好训练好的模型，并将其转换为可以部署的格式，发布为一个可访问的服务（如 Web 服务或 API 接口）。这通常涉及模型文件、依赖库、环境配置等的打包，以及必要的测试，确保模型在生产环境中的安全性和版本管理。此外，还会创建 API 接口文档，以便其他团队或系统能够理解如何与模型服务交互，确保模型能够被其他应用程序轻松调用，并在更新和回滚时保持稳定性和一致性。
核心内容	在模型发布阶段，核心内容如下所示。 • **模型验证与评估**：在发布之前，确保模型在开发和测试环境中经过充分验证和评估，以确保其性能达到预期标准。 • **模型版本管理**：使用版本控制系统来管理不同版本的模型，确保可以追踪和回滚到特定版本。 • **文档和沟通**：生成详细的文档，包括模型的假设、输入输出格式、依赖环境等，并与相关团队进行充分沟通，确保发布过程顺利。

在模型发布阶段，常用的策略包括 Big Bang 发布、增量发布、滚动发布、蓝绿部署、金丝雀发布、灰度发布、A/B 测试等，具体内容见表 7-1。

表 7-1 模型发布阶段常用策略

		内　　容	优　缺　点	适应场景
模型发布常用策略	Big Bang 发布	Big Bang 发布是指一次性将整个系统或应用的新版本部署到生产环境，完全替代旧版本模型	优点：简单直接，部署速度较快，一次性完成整个系统的更新 缺点：风险较高，如果新版本模型存在问题，可能导致整个系统的故障	适用于小型系统或新项目，风险可控且系统迭代不频繁的情况
	增量发布	增量发布是将新功能或更新逐步引入生产环境，一步一步地更新系统。新功能可以在一段时间内与旧功能共存，从而实现渐进式的系统更新	优点：逐步降低风险，可以快速部署小的功能或修复。 缺点：可能导致系统在更新期间的不一致状态，需要额外的管理和处理	适用于需要频繁更新，但希望降低风险的大型系统

·325

（续）

		内　容	优　缺　点	适　应　场　景
模型发布常用策略	滚动发布	滚动发布是逐步替换系统中的旧版本模型，确保在整个过程中系统保持可用	优点：部署过程中系统一直可用，降低了整个系统出现故障的风险。 缺点：部署时间相对较长	适用于需要确保系统一直可用的关键业务系统
	蓝绿部署	蓝绿部署是在生产环境中同时部署新旧版本模型，将新版本模型与旧版本并行部署，并通过切换流量的方式逐步将请求引导到新版本模型	优点：部署过程中可以随时切换回旧版本模型，降低了风险。 缺点：需要维护两个版本模型的环境，资源占用较大	适用于需要最小化系统停机时间且能够承受一些额外资源开销的系统
	金丝雀发布	金丝雀（Canary）发布是在一小部分用户中测试新版本模型，然后根据反馈逐步扩大规模	优点：风险较低，能够及时获取用户反馈。 缺点：部署过程相对较慢	适用于追求用户体验、需要实时反馈和对系统性能要求较高的场景
	灰度发布	灰度（Grey）发布是逐步将新版本模型引入生产环境，逐步扩大应用范围。一部分用户使用新模型，一部分用户继续使用旧模型	优点：可以平滑地过渡，降低整个系统更新的风险。 缺点：部署过程可能较慢	适用于需要平滑过渡、并能够接受一段时间内系统存在两个版本模型的情况
	A/B测试	A/B测试是通过将用户随机分为两组（A组和B组），其中一组使用旧版本模型，另一组使用新版本模型，从而评估新版本的性能。从某种角度来说，灰度测试可以算作A/B测试的一种特例	优点：可以通过对比两组用户的实际使用情况来评估新版本模型的效果。 缺点：需要额外的时间和资源来进行测试	适用于需要量化评估不同版本性能的情况，特别是涉及用户体验和交互的系统

原则

在模型发布阶段，常见的原则如下所示。
- 环境一致且完全隔离：确保模型发布时所需的软件和硬件环境与训练时保持一致，包括库版本、操作系统、依赖项等，并且与生产环境完全隔离，以避免影响线上业务正常运行。
- 性能优化：对模型进行优化，以提高推理速度和资源利用率，例如量化模型、模型剪枝、硬件加速等方法。
- 可扩展性：设计模型发布架构时要考虑系统的可扩展性，能够应对高并发请求和大规模数据的处理需求。
- 稳定性：提供稳定可靠的服务接口，降低接口调用风险，确保模型在生产环境中的稳定运行。
- 安全性：确保模型的部署、调用过程中模型和数据的安全性，尤其是在处理敏感数据时。遵守数据保护和隐私政策，确保模型发布过程中合规性，并对用户数据进行适当的处理和保护，包括身份认证、访问控制、数据加密等措施。

经验技巧

在模型发布阶段，常用的经验技巧如下所示。
- 流量控制：采用合适的部署策略，如蓝绿部署或金丝雀发布，逐步引入新版本，降低潜在风险。
- 版本控制和回滚机制：对模型进行版本管理，确保能够跟踪模型的演化和变化。始终准备好回滚到旧版本的机制，以防模型出现问题。
- 合理的回退计划：在发布新模型之前，制定合理的回退计划，以应对可能出现的问题。
- 监控和维护：设置详细的监控和日志系统，以便追踪模型的性能、行为和潜在问题，并记录详细的日志以便排查故障。
- 定期更新和优化：模型发布不是一次性的任务，需要根据实际效果和反馈进行迭代改进，不断提升模型的准确性和效能。
- 自动化部署：尽量自动化模型的部署过程，减少人工错误的可能性，提高部署效率和一致性。

7.2.2 模型发布代码实战

 # 示例——使用 A/B 测试方法比较两个模型的性能。

下面是一个简单的 Python 示例,演示了如何使用 A/B 测试方法来比较两个模型的性能。

在这个示例中,假设有两个版本的模型,分别是模型 A 和模型 B。随机选择一部分数据来评估两个模型的性能,并比较它们的表现。

示例使用了独立样本 t 检验来比较两个模型的性能。如果 p 值小于显著性水平(例如 0.05),则拒绝零假设,即认为两个模型的性能存在显著差异。如果置信区间不包含 0,则表明两个模型的平均差异是显著的。

```python
import numpy as np

# 模拟生成一些样本数据:假设模型 A 和模型 B 的预测结果均为正态分布
np.random.seed(0)
num_samples = 1000
model_a_predictions = np.random.normal(loc=10, scale=2, size=num_samples)
model_b_predictions = np.random.normal(loc=10.5, scale=2, size=num_samples)

# 定义 A/B 测试函数
def perform_ab_test(model_a_preds, model_b_preds, alpha=0.05):
    """
    执行 A/B 测试
    model_a_preds: 模型 A 的预测结果
    model_b_preds: 模型 B 的预测结果
    alpha: 显著性水平,默认为 0.05
    返回是否拒绝零假设,以及统计量(例如,t 值或 z 值)和 p 值
    """
    from scipy import stats

    # 计算两个模型的均值和方差
    mean_a = np.mean(model_a_preds)
    mean_b = np.mean(model_b_preds)
    var_a = np.var(model_a_preds)
    var_b = np.var(model_b_preds)

    # 计算统计量(这里使用独立样本 t 检验)
    t_stat, p_value = stats.ttest_ind(model_a_preds, model_b_preds)

    # 计算置信区间
    diff_mean = mean_b - mean_a
    se = np.sqrt(var_a / num_samples + var_b / num_samples)
    margin_of_error = stats.t.ppf(1 - alpha / 2, 2 * num_samples - 2) * se
    ci_lower = diff_mean - margin_of_error
```

```
    ci_upper = diff_mean + margin_of_error
    # 检查是否拒绝零假设
    reject_null = p_value < alpha
    return reject_null, t_stat, p_value, ci_lower, ci_upper

# 执行 A/B 测试
reject_null, t_stat, p_value, ci_lower, ci_upper = perform_ab_test(model_a_predictions, model_b_
predictions)

# 输出结果
print("A/B 测试结果:")
print("拒绝零假设:", reject_null)
print("t 统计量:", t_stat)
print("p 值:", p_value)
print("置信区间: ({:.4f}, {:.4f})".format(ci_lower, ci_upper))
```

7.3 模型部署

图 7-3 为本小节内容的思维导图。

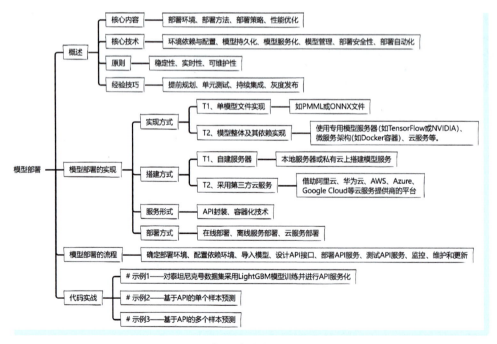

图 7-3 本小节内容的思维导图

7.3.1 模型部署概述

简介

模型部署是机器学习工程中的关键步骤,旨在将训练好的模型服务部署到目标运行环境(通常是生产环境)中,以提供实际应用的服务。该过程将模型的预测能力转化为实际业务价值。部署过程中,模型服务需要配置到服务器或云平台上,将开发环境中的模型文件(如参数文件和代码)迁移并推送到生产环境,使其能够接受实时或批量数据输入,进行预测和推理,并返回预测结果,从而产生实际效益。

在部署之前,需选择合适的部署环境和方法,并对模型进行性能优化,确保其在生产环境中高效运行和处理数据。部署过程可能包括配置计算资源、网络配置、安全性设置,以及与其他系统服务的集成。

- 目标:模型部署的核心目标是将机器学习模型服务化,实现从理论研究到实际应用的转变,即将模型转化为可操作的服务,以便在生产环境中进行新数据的实时或批量预测。
- 意义:模型部署在机器学习工程化流程中至关重要。它不仅是流程的最后阶段,也是确保模型在实际环境中稳定、准确处理数据和进行预测的关键。成功的模型部署能够确保模型的准确性、稳定性和可扩展性,从而实现机器学习项目的商业价值和技术目标。

核心内容

在模型部署阶段,核心内容如下所示。

- 部署环境:确定模型将部署到哪种环境中,如本地服务器、云端服务器(或容器环境)或边缘设备(如物联网设备)等。
- 部署方法:选择适当的部署方法,如容器化、服务器端部署、客户端部署等,以确保模型可以被轻松集成到目标环境中。同时,根据不同的应用场景和业务需求,选择适合的部署方案,如使用 API 或容器技术等。
- 部署策略:采用分层部署(如金丝雀部署或蓝绿部署)、A/B 测试等策略,用于平滑过渡和风险控制。
- 性能优化:针对生产环境的硬件和延迟要求,采用压缩、量化等技术对模型进行性能优化,包括模型大小、推理速度和内存占用等方面的优化,以适应生产环境的需求。

核心技术

在模型部署阶段,核心技术点如下所示。

- 环境依赖与配置:为模型建立一致的开发和部署环境,包括软件环境、硬件环境、库和框架依赖。使用容器化技术,如 Docker,可以简化环境配置和迁移过程。
- 模型持久化:将训练好的模型参数序列化为文件,然后在生产环境中进行反序列化和加载。常用的格式包括 HDF5、ONNX、PMML 等。
- 模型服务化:通过封装模型并提供 API 接口,实现模型服务化。可以使用 Flask、FastAPI 等框架,使其他应用能够访问模型服务。
- 模型管理:通过模型注册表或仓库来管理模型版本,实现快速回滚和升级。制定版本管理策略,确保模型迭代和跟踪。
- 部署安全性:确保模型部署的安全性,包括使用 HTTPS、认证授权、输入验证等,以防止未授权访问和数据泄露。
- 部署自动化:使用 CI/CD 工具自动化模型部署的过程,如 Jenkins、GitLab CI 等工具,提高部署效率和一致性。

原则

模型部署需要可重复和可扩展的流程,以实现自动化的模型生产,同时保证高质量的模型输出和系统性能。这涉及将模型与生产环境的数据流集成,确保模型在生产中表现良好。在模型部署阶段,常见的原则如下所示。

- 稳定性:确保部署的模型在生产环境中表现稳定,避免系统崩溃或异常。
- 实时性:保证模型能够在实时或近实时环境中进行推理,以适应业务需求。
- 可维护性:建立容易维护和更新的模型部署架构,支持快速迭代和版本管理。

经验技巧

在模型部署阶段,常用的经验技巧如下所示。

- 提前规划:在模型训练的初期,就应该考虑部署的需求,规划合适的架构和流程。确保模型的准确性和稳定性,通过充分的测试和验证来减少生产环境中出现问题的风险。考虑模型的性能和并发处理能力,确保在高负载情况下仍能正常运行。合理利用服务器资源,避免浪费和过度消耗,也是规划的重要部分。此外,考虑部署环境的限制,如计算资源和依赖库,可以在模型训练阶段即可使用模型剪枝和量化技术进行优化。为模型设计健壮的异常处理机制,可以确保在生产环境中的稳定运行。

(续)

经验技巧	• 单元测试：在部署模型之前，进行单元测试是必要的，以确保模型的各个部分（如数据预处理、特征工程、模型推理和 API 接口）都能正确无误地工作。 • 持续集成：采用持续集成（CI）技术可以自动化测试和部署流程，提高系统的稳定性和可靠性。通过在代码仓库中集成自动化测试，可以确保每次代码变更不会破坏现有功能。使用 CI 工具（如 Jenkins、GitLab）自动构建项目，包括模型训练代码、数据预处理代码、服务端代码等，确保构建过程中无错误，并且所有依赖项都能正确安装。持续集成还可以扩展为持续部署（CD），在通过测试并提交后，可以自动将模型服务部署到生产环境。 • 灰度发布：灰度发布技术允许逐步将模型部署到生产环境中，通过控制流量比例来降低风险。可以使用负载均衡器或 API 网关进行流量分发，初始时仅将一小部分流量引导至新版本，随后根据用户反馈和测试结果逐渐增加流量比例。此方法有助于在收集用户反馈的同时，控制新版本可能带来的风险。

▶▶ 7.3.2 模型部署的实现

实现方式	在模型部署阶段，常用的实现方式具体分为以下几种。 T1、单模型文件实现：利用 Python 训练生成模型文件，如 PMML 或 ONNX 文件，然后通过不同的编程语言（如 Python、Java 等）加载和评估模型。 • PMML 文件：PMML 是一种用于表示预测模型的标准化语言。可以使用如 JPMML-Evaluator 或 PMML4J 等 Java 库加载和评估 PMML 文件。 • ONNX 文件：ONNX 是一个开放的深度学习模型交换格式。ONNX 模型可以通过 ONNX Runtime Java 库加载和评估，实现跨平台和多语言的模型使用。 T2、模型整体及其依赖实现：使用专用模型服务器（如 TensorFlow 或 NVIDIA）、微服务（如 Docker 容器）、云服务等。 • 专用模型服务器：如 TensorFlow Serving 或 NVIDIA TensorRT，用于高效管理和部署深度学习模型。 • 微服务架构：利用容器化技术（如 Docker）将模型及其依赖项打包成独立的服务。容器化技术确保模型在不同的部署环境中保持一致性。 • 云服务：利用阿里云、华为云、AWS SageMaker、Azure ML 等云平台，可以快速部署和管理模型，并享受云计算的弹性资源。
搭建方式	在模型部署阶段，模型服务常用的搭建方式有以下两种。 T1、自建服务器：通过在本地服务器或私有云上搭建模型服务，可以更好地控制和定制部署环境。这种方式适用于对数据安全性和控制权要求较高的应用场景。 T2、采用第三方云服务：借助阿里云、华为云、AWS、Azure、Google Cloud 等云服务提供商的平台，可以快速、安全地部署模型服务。这些平台提供了丰富的工具和自动化功能，简化了模型部署和管理的流程。
服务形式	在模型部署阶段，模型服务可以以不同的形式呈现，具体如下所示。 T1、API 封装：将模型封装为 API 接口，使用户可以通过发送请求并传递输入数据来获取模型的预测结果。这种方式可以通过 Web 服务或 RESTful API 实现。比如使用 Flask 或 FastAPI 等框架，在服务器上建立 API 端点，用户可以通过发送 HTTP POST 请求来使用模型。 T2、容器化技术：使用 Docker 等容器技术，将模型及其所有依赖项打包成容器镜像（可以简单理解为重载小系统，以在不同的部署场景中运行）。这种方式确保模型能够在任何支持容器运行的环境中一致运行。利用 Kubernetes 等容器编排工具，可以高效管理和扩展多个模型服务。
部署方式	在模型部署阶段，根据应用需求和任务类型，模型可以通过以下方式部署。 T1、在线部署：适用于需要实时预测的任务，通过 Web API 提供实时响应。 • 实时任务（适合实时的单次预测）：用户发送请求后，模型立即返回预测结果，适合低延迟、高并发的应用场景。

第 7 章
模型发布、部署与监控

（续）

部署方式		
	• 异步任务（适合可延迟的批量预测）：利用消息队列处理批量预测任务，可以在一定的延迟下实现高效的批量处理。	
	T2、离线服务部署：将模型部署为离线服务，适用于不需要即时响应的批处理任务，将模型作为异步任务运行。	
	• 异步任务：模型在后台执行，预测结果可以持久化存储在数据库中，用于后续分析和查询。	
	T3、云服务部署：利用云服务平台的弹性计算和存储资源，支持实时和异步任务的混合部署模式。提供了高可用性和扩展性的解决方案，适用于多样化的应用场景。	

7.3.3 模型部署的流程

在模型部署阶段，主要流程包括确定部署环境、配置依赖环境、导入模型、设计 API 接口、部署 API 服务、测试 API 服务以及监控、维护和更新。它们确保了模型能够顺利地从开发环境部署到生产环境，并能够提供可靠的服务。

具体流程如下所示。

- **确定部署环境**：首先需要确定模型将部署在哪种环境中，例如云端、本地服务器或边缘设备。这需要考虑到部署环境的计算资源、存储资源、网络带宽等因素，以确保能够满足模型部署和运行的要求，比如硬件配置（如 GPU 等）、操作系统（如 Linux 系统）、网络环境等。
- **配置依赖环境**：在确定了部署环境后，根据模型的需求，需要配置相关的依赖环境，包括编程语言（如 Python）及其版本、相关库版本、开发框架（如 PyTorch）等。这确保了模型部署时所需的软件环境与开发环境一致，能够正常运行模型。
- **导入模型**：将训练好的机器学习或深度学习模型导入到部署环境中。这包括将模型文件、权重参数等相关文件复制到部署环境，并确保模型文件的完整性和一致性。
- **设计 API 接口**：根据业务需求，设计模型的 API 接口，以便其他系统或应用程序能够与模型进行交互。这需要定义接口的输入和输出格式，以及接口的调用方式和参数。通常，RESTful API 是常用的设计方式。
- **部署 API 服务**：在设计好 API 接口后，将 API 服务部署到目标环境中。这可能涉及使用 Web 框架（如 Flask、Django）或容器技术（如 Docker）将 API 服务打包，并在目标环境中启动容器实例。
- **测试 API 服务**：在部署完 API 服务后，需要进行测试以确保 API 服务能够正常工作。这包括功能测试、性能测试、负载测试等，以验证 API 接口的正确性和性能指标，并输出模型预测的期望结果。
- **监控、维护和更新**：最后，需要设置监控系统来监控部署的 API 服务的运行状态和性能指标，确保服务的稳定性和安全性。同时，定期进行维护工作，包括修复 bug、优化性能、更新模型等。如果需要更新模型，还应考虑如何平滑地用新模型替换旧模型，以确保服务的连续性和稳定性。

模型部署的具体流程，见表 7-2。

表 7-2 模型部署的流程

步骤	概述	核心内容	优化建议
1. 确定部署环境	确定模型部署的目标环境，确保满足模型的计算、存储和网络需求	• 环境类型：选择云端、本地服务器或边缘设备。 • 计算资源：评估硬件需求，如 CPU、GPU、TPU。 • 操作系统：考虑操作系统的兼容性和性能优化。 • 网络带宽：评估网络支持能力	使用专用云服务简化部署并提供弹性扩展。对于边缘计算，选择合适的设备和环境
2. 配置依赖环境	配置模型运行所需的软件环境，确保与开发环境的一致性	• 编程语言和版本：如 Python 3.10。 • 库和框架：如 TensorFlow、PyTorch 等。 • 依赖包管理：使用虚拟环境管理依赖关系	使用容器化技术（如 Docker）打包依赖环境。在云端时，选择预配置的镜像或环境

(续)

步骤	概述	核心内容	优化建议
3. 导入模型	将训练好的模型导入部署环境，确保文件完整性和一致性	• 模型文件：包括结构、权重和配置文件。 • 文件完整性：验证传输过程中的文件完整性。 • 兼容性检查：确保文件格式与环境兼容	使用自动化工具简化导入过程。预先转换和测试模型格式以确保顺利部署
4. 设计API接口	设计与模型交互的API接口，定义输入输出格式和调用方式	• 接口设计：采用 RESTful API 设计标准。 • 输入输出格式：通常使用 JSON 或 XML 格式。 • 安全性：考虑身份验证和数据加密	使用 API 文档工具（如 Swagger）生成接口文档。对 API 进行负载测试以确保稳定性
5. 部署API服务	将API接口和服务部署到目标环境中，确保其可以对外提供服务	• Web 框架选择：如 Flask、Django 或 FastAPI。 • 容器化部署：使用 Docker 确保一致性。 • 扩展性：配置负载均衡和自动扩展	使用 Kubernetes 管理和扩展服务实例。通过 CI/CD 工具实现自动化部署
6. 测试API服务	对部署后的API服务进行测试，确保其正常运行	• 功能测试：验证接口的正确性。 • 性能测试：评估响应时间和吞吐量。 • 负载测试：模拟高并发条件下的性能	使用自动化工具（如 Postman、JMeter）进行测试。定期测试并优化服务性能
7. 监控、维护和更新	持续监控 API 服务的运行状态，进行维护和更新	• 监控系统：使用工具（如 Prometheus、Grafana）跟踪状态和性能。 • 日志记录：记录操作日志和错误日志。 • 维护计划：定期检查和更新服务。 • 平滑更新：采用蓝绿部署或滚动更新策略	实现自动化故障恢复和报警系统。通过 A/B 测试评估更新对服务的影响

7.3.4 模型部署代码实战

 # 示例1——对泰坦尼克号数据集采用 LightGBM 模型训练并进行 API 服务化。

首先加载并预处理泰坦尼克号数据集，然后使用 LightGBM 模型进行训练，并在测试集上进行预测，计算准确率、F1 分数和 AUC 值等评估指标。

接着，设计一个简单的 API 接口，接收 POST 请求，并返回模型的预测结果。

在测试 API 接口时，发送一个包含特征数据的 POST 请求，并打印出预测结果。

最后，使用 Flask 框架来部署 API 接口，使其可以在本地运行。

```
# 导入所需的库
import numpy as np
import pandas as pd
from sklearn.model_selection import train_test_split
from sklearn.metrics import accuracy_score, f1_score, roc_auc_score
importlightgbm as lgb
from flask import Flask, request,jsonify


import numpy as np
import pandas as pd
```

```python
from sklearn.ensemble import RandomForestClassifier
from sklearn.metrics import accuracy_score, precision_score, recall_score, f1_score, roc_auc_score, roc_curve, precision_recall_curve
import matplotlib.pyplot as plt

#1、定义数据集
from sklearn.datasets import fetch_openml
data_name = 'titanic'
label_name = 'target'
titanic_data_Bunch = fetch_openml(data_name, version=1, as_frame=True)
titanic_df = titanic_data_Bunch.data
titanic_df[label_name] = titanic_data_Bunch.target
print(titanic_df.info())

#2、数据预处理和特征工程
# 选择适合的特征
titanic_df = titanic_df[['pclass', 'sex', 'age', 'sibsp', 'fare', 'embarked', 'target']]

# 处理缺失值
# 使用fillna方法将缺失值填充为中位数
mis_features = ['age','fare','embarked']
titanic_df[mis_features] = titanic_df[mis_features].fillna(titanic_df[mis_features].median())

# 特征编码
from sklearn.preprocessing import OneHotEncoder
encode_features = ['sex','embarked']
encoder = OneHotEncoder()
features_encoded = encoder.fit_transform(titanic_df[encode_features])
# 将编码特征与原始数据集合并
titanic_df = pd.concat([titanic_df.drop(encode_features, axis=1), pd.DataFrame(features_encoded.toarray(), columns=encoder.get_feature_names_out(encode_features))], axis=1)
print(titanic_df.info())

# 目标变量编码
from sklearn.preprocessing import LabelEncoder
label_encoder = LabelEncoder()
titanic_df[label_name] = label_encoder.fit_transform(titanic_df[label_name])

# 输出一个测试样本案例
print(titanic_df.iloc[100,:].to_dict())

# 分离特征与标签
df_X = titanic_df.drop(label_name, axis=1)
df_y = titanic_df[label_name]

#3、模型训练与评估
```

```python
# 划分训练集和测试集
from sklearn.model_selection import train_test_split
X_train, X_test, y_train, y_test = train_test_split(df_X, df_y, test_size=0.2, random_state=42)

# 使用 LightGBM 模型进行训练
model = lgb.LGBMClassifier()
model.fit(X_train, y_train)

# 在测试集上进行预测
y_pred = model.predict(X_test)

# 计算评估指标
accuracy = accuracy_score(y_test, y_pred)
f1 = f1_score(y_test, y_pred)
auc = roc_auc_score(y_test, model.predict_proba(X_test)[:, 1])

print("Accuracy:", accuracy)
print("F1 Score:", f1)
print("AUC Score:", auc)

# 设计 API 接口
app = Flask(__name__)

@app.route('/predict', methods=['POST'])
def predict():
    data = request.json
    input_data = pd.DataFrame(data, index=[0])
    prediction = model.predict(input_data)[0]
    return jsonify({'prediction': int(prediction)})

@app.route('/predict_batch', methods=['POST'])
def predict_batch():
    data = request.json
    predictions = []
    for entry in data:
        input_data = np.array([[entry['pclass'], entry['age'], entry['sibsp'], entry['fare'],
                    entry['sex_female'], entry['sex_male'], entry['embarked_C'],
                    entry['embarked_Q'], entry['embarked_S'], entry['embarked_nan']]])
        prediction = int(model.predict(input_data)[0])
        predictions.append(prediction)
    return jsonify({'predictions': predictions})
```

```python
# 部署 API 接口
if __name__ == '__main__':
    app.run(debug=True)
```

示例 2——基于 API 的单个样本预测。

```python
# 测试 API 接口
import requests
test_data = {'pclass': 1.0, 'age': 49.0, 'sibsp': 1.0, 'fare': 56.9292,
             #'target': 1.0,
             'sex_female': 0.0, 'sex_male': 1.0, 'embarked_C': 1.0, 'embarked_Q': 0.0, 'embarked_S': 0.0, 'embarked_nan': 0.0}

response = requests.post("http://127.0.0.1:5000/predict",json=test_data)
print("Prediction:", response.json()['prediction'])
```

示例 3——基于 API 的多个样本预测。

```python
# 测试 API 接口
import requests

# 多个测试数据
test_data = [
    {'pclass': 1.0, 'age': 49.0, 'sibsp': 1.0, 'fare': 56.9292,
     'sex_female': 0.0, 'sex_male': 1.0, 'embarked_C': 1.0, 'embarked_Q': 0.0, 'embarked_S': 0.0, 'embarked_nan': 0.0},
    {'pclass': 3.0, 'age': 25.0, 'sibsp': 0.0, 'fare': 7.925,
     'sex_female': 1.0, 'sex_male': 0.0, 'embarked_C': 0.0, 'embarked_Q': 0.0, 'embarked_S': 1.0, 'embarked_nan': 0.0}
]

# 批量预测
response = requests.post("http://127.0.0.1:5000/predict_batch",json=test_data)
predictions = response.json()['predictions']

# 打印预测结果
for i, prediction in enumerate(predictions):
    print("Prediction {}:".format(i+1), prediction)
```

7.4 模型监控

图 7-4 为本小节内容的思维导图。

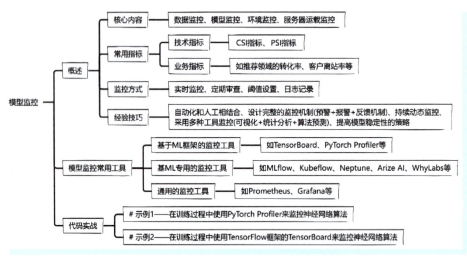

图 7-4 本小节内容的思维导图

7.4.1 模型监控概述

简介

模型监控：模型监控是指在模型部署后，对模型在生产环境中的性能和行为表现进行实时的、持续性的监控和评估，以确保其稳定性和可靠性。这包括跟踪模型的性能指标、数据质量、资源使用情况、错误和异常行为，并记录使用情况和操作日志。

- **目的**：模型监控的目的是及时发现潜在问题，确保模型在生产环境中保持预期的性能水平，并在出现问题时及时发出警报，以便采取相应的维护或更新措施。同时，模型监控的反馈可能会触发新的模型训练和发布周期，以优化模型性能和适应新的数据分布。
- **本质**：模型监控的本质是关注模型在实际运行中的表现，以及是否符合预期。它不仅仅是为了检测模型性能是否下降，还包括检测模型对新数据的适应能力以及潜在的偏差、方差等问题。

在模型监控阶段，核心内容主要包括数据监控、模型监控、环境监控、服务器运载监控等。具体如下所示。

核心内容

数据监控

- **数据质量监控**：监控输入数据的质量，确保数据没有异常值、缺失值或不一致之处。数据质量的下降可能预示着模型性能的下降。
- **数据分布偏移监控**：监控输入数据的分布是否发生显著偏移，与模型训练时使用的数据分布进行比较，以检测数据是否在可接受的范围内。

模型监控

- **性能监控**：跟踪模型的预测性能指标（如准确率、召回率、AUC 值、MSE 等），确保模型性能符合既定的业务标准。
- **模型行为监控**：分析模型的输出，确保模型的行为符合预期，例如，通过监控模型的不确定性估计或异常检测来识别模型的不稳定行为。

环境监控

- **依赖性监控**：监控模型运行环境的依赖项，如库、框架或外部服务等，以确保所有依赖项都是最新的，并且没有安全漏洞。
- **硬件资源监控**：监控模型运行所需的硬件资源，如 CPU、GPU 等，确保资源充足，避免性能瓶颈。

服务器运载监控

- **系统健康监控**：监控服务器的健康状况，包括响应时间、错误率、吞吐量、资源利用率等，确保模型服务的高可用性。
- **容量规划**：监控服务器负载，根据需求调整资源，确保服务器能够处理预期的请求量。

（续）

在模型监控阶段，常用的监控指标包括技术指标和业务指标，其中技术指标又包括准确性指标和稳定性指标，具体如下所示。

- 技术指标：主要是数据异常检测（如处理未见过的数据导致模型输出异常）、模型性能监测、数据漂移检测（如训练时和实际部署时数据分布发生的变化）等相关的指标，及时记录这些指标随时间的变化情况。具体见表 7-3。

表 7-3 模型监控指标

	类别	CSI 指标	PSI 指标
常用指标	简介	特征稳定性指标（Characteristic Stability Index，CSI）	人群偏移度指标（Population Stability Index，PSI）
	特点	特征在不同窗口时期（如比较线上/线下）	特征在不同人群（如比较训练集/测试集）
	量化	越接近 1 稳定性越高	越接近 0 分布偏移程度越小
	一般经验	CSI ∈ [0.9,1] 表示该特征的预测能力非常可靠。 CSI ∈ [0.6,0.9] 表示该特征的预测能力较可靠。 CSI ∈ [0,0.6) 表示该特征的预测能力较不可靠	PSI ∈ [0.25,1] 表示存在明显的数据漂移。 PSI ∈ [0.1,0.25) 表示存在一些偏移，需要进一步关注。 PSI ∈ [0,0.1) 表示较小的偏移
	场景	特征筛选/特征监控等	风控业务/风险评估/市场分析等

- 业务指标：业务指标通常与公司的业务目标直接相关，用于衡量模型对业务成果的影响，如推荐领域的转化率、客户离站率等，风控领域的违约率、损失率，零售领域的库存周转率、客户保留率等。

监控方式

通过选择合适的监控方式，及时发现并解决模型退化、数据漂移等问题。常用的监控方式包括实时监控、定期审查、阈值设置、日志记录等，在模型监控阶段，常用的监控方式如下所示。
- 实时监控：连续监测模型的性能，实时捕获潜在问题。
- 定期审查：对模型进行定期审查，检查性能和输入数据的变化。
- 阈值设置：设定阈值，当模型的性能或行为超出阈值时触发警报。
- 日志记录：记录模型的预测结果、特征、输入数据等信息，以便分析和追踪问题。

经验技巧

在模型监控阶段，常用的经验技巧如下所示。
- 自动化和人工相结合：定期进行人工审核，深入了解模型的决策过程，以确保模型的决策是合理和可解释的，特别是对于高风险应用，如金融风控、医疗诊断等。
- 设计完整的监控机制（预警+报警+反馈机制）：完整的监控机制应包括预警系统、报警系统和反馈机制。预警系统用于预测潜在问题，报警系统在问题发生时及时通知，反馈机制则确保问题得到及时解决并改进模型。
- 持续动态监控：模型监控不应是一次性的，而应该是持续的过程，以适应数据分布的变化和模型性能的衰减。
- 采用多种工具监控（可视化+统计分析+算法预测）：单一的监控工具可能无法全面发现模型的问题，因此需要结合可视化工具来直观检查数据，通过统计分析来量化性能变化，通过算法预测来预测未来的性能趋势。
- 提高模型稳定性的策略：针对不同类型的模型采用不同的方法。例如，在计算机视觉领域，可以通过对抗训练加扰动来增强模型的鲁棒性。对于泛线性模型，如逻辑斯谛回归，可以通过分箱处理减少个别变量的影响。基于树的模型则可以通过剪枝或集成学习来降低过拟合，提高模型的稳定性。

7.4.2 模型监控常用工具

在模型监控阶段，常用的工具可以分为基于 ML 框架的监控工具、ML 专用的监控工具和通用的监控工具。每类工具从不同角度提供监控功能，具体如下。

基于 ML 框架的监控工具	**基于 ML 框架的监控工具**：比如 TensorBoard、PyTorch Profiler 等，这些工具通常与特定的机器学习框架集成，主要用于在模型训练过程中收集和分析性能数据。 • TensorBoard：TensorFlow 框架提供的可视化工具，能够监控和展示模型训练过程中的各种指标和图表。它支持查看训练过程中损失函数、准确率等重要的训练参数，并可用于调试和优化模型。 • PyTorch Profiler：PyTorch 框架中的性能分析工具，设计用于帮助开发者识别和解决模型训练及推理中的性能瓶颈。Profiler 可以收集关于 PyTorch 程序中各组件的详细性能数据，包括 CPU 和 GPU 的利用率、内存使用情况和各个函数的耗时情况等。
ML 专用的监控工具	**基于 ML 专用的监控工具**：比如 MLflow、Kubeflow、Neptune、Arize AI、WhyLabs 等，这些工具专注于机器学习生命周期的各个阶段，包括模型追踪、实验管理、部署及实时监控。 • MLflow：这是一个全面的机器学习生命周期管理平台，涵盖模型追踪、实验管理和部署功能。MLflow 允许用户记录和比较不同的实验结果，并简化了从开发到生产的模型转换过程。 • Kubeflow：这是一个基于 Kubernetes 的机器学习工作流平台，专门用于部署和管理复杂的机器学习工作流。Kubeflow 集成了模型训练、服务和实验管理，适合大规模分布式环境。 • Neptune：这是一个实验跟踪和模型管理工具，帮助数据科学家记录、存储、展示和比较机器学习实验。它支持与各种机器学习框架的集成，并提供丰富的可视化功能。 • Arize AI 和 WhyLabs：这两个平台专注于实时监控和告警机器学习模型的性能。它们能够自动检测模型性能的下降，并提供详细的诊断信息，帮助用户及时采取纠正措施。
通用的监控工具	**通用的监控工具**：比如 Prometheus、Grafana 等，这些工具并非专门为机器学习设计，但它们强大的监控和可视化功能也可应用于模型性能的监控。 • Prometheus：这是一个开源的系统监控和警报工具，广泛用于监控分布式系统。它能够通过其强大的数据采集和查询功能，实时追踪机器学习模型的性能指标。 • Grafana：常与 Prometheus 配合使用，Grafana 是一个强大的仪表板和可视化工具。它允许用户创建动态的、交互式的可视化面板，以直观地展示和分析从 Prometheus 收集到的监控数据。

▶ 7.4.3 模型监控代码实战

 # 示例 1——在训练过程中使用 PyTorch Profiler 来监控神经网络算法。

下述代码展示了如何使用 PyTorch Profiler 对一个简单的神经网络模型（SimpleNet）进行性能监控。代码通过 Python 编程实现，并输出各个操作的 CPU 利用率、CPU 时间、CPU 内存占用等信息，以及每个操作的调用次数和平均 CPU 时间等统计数据，如图 7-5 所示。

```python
import torch
import torch.nn as nn
import torch.optim as optim
from torch.profiler import profiler

# 使用一个简单的神经网络和自定义数据集作为示例
class SimpleNet(nn.Module):
    def __init__(self):
        super(SimpleNet, self).__init__()
        self.fc = nn.Linear(10, 2)

    def forward(self, x):
```

```python
        return self.fc(x)

# 模拟数据
input_data = torch.randn((1000, 10))

# 模型和优化器初始化
model = SimpleNet()
criterion = nn.CrossEntropyLoss()
optimizer = optim.SGD(model.parameters(), lr=0.01)

# 使用 Profiler 进行性能分析
with profiler.profile(
        activities=[
            profiler.ProfilerActivity.CPU,
            profiler.ProfilerActivity.CUDA],
        record_shapes=True,
        profile_memory=True,
        with_stack=True
) as prof:
    for epoch in range(10):
        # 模拟训练过程
        optimizer.zero_grad()
        output = model(input_data)
        target = torch.randint(2, (1000,))
        loss = criterion(output, target)
        loss.backward()
        optimizer.step()

# 分析和可视化性能数据
print(prof.key_averages().table(sort_by="self_cpu_time_total", row_limit=5))
```

```
                         Name    Self CPU %    Self CPU   CPU total %   CPU total   CPU time avg   CPU Mem   Self CPU Mem   # of Calls
                   aten::addmm        19.45%    10.337ms        23.30%   12.379ms        1.238ms   78.12 Kb       78.12 Kb           10
             aten::_log_softmax         8.13%     4.318ms         8.13%    4.318ms      431.800us   78.12 Kb       78.12 Kb           10
          aten::nll_loss_backward         7.45%     3.957ms         7.46%    3.965ms      396.500us   78.12 Kb       78.12 Kb           10
                       aten::t         6.86%     3.647ms        10.79%    5.735ms      143.375us        0 b            0 b           40
          Optimizer.step#SGD.step         4.81%     2.558ms         6.94%    3.689ms      368.900us        0 b            0 b           10
Self CPU time total: 53.140ms
```

图 7-5　使用 PyTorch Profiler 来监控神经网络算法

示例 2——在训练过程中使用 TensorFlow 框架的 TensorBoard 来监控神经网络算法。

同样地，下述代码展示了如何使用 TensorBoard 对一个简单的神经网络模型（SimpleNet）进行性能监控。代码通过 Python 编程实现，并演示了如何记录和可视化模型训练过程中生成的各种数据，能够显示损失曲线、权重和偏置的直方图和分布图、模型的计算图结构以及其他信息，帮助开发者更好地理解模型的行为、识别问题并优化模型性能。

```python
import tensorflow as tf
from sklearn.preprocessing import StandardScaler
import pandas as pd
from sklearn.metrics import accuracy_score, precision_score, recall_score, f1_score, roc_auc_score, roc_curve, precision_recall_curve

# 1、定义数据集
from sklearn.datasets import fetch_openml
data_name = 'titanic'
label_name = 'target'
titanic_data_Bunch = fetch_openml(data_name, version=1, as_frame=True)
titanic_df = titanic_data_Bunch.data
titanic_df[label_name] = titanic_data_Bunch.target
print(titanic_df.info())

# 2、数据预处理和特征工程
# 选择适合的特征
titanic_df = titanic_df[['pclass', 'sex', 'age', 'sibsp', 'fare', 'embarked', 'target']]

# 处理缺失值
# 使用fillna方法将缺失值填充为中位数
mis_features = ['age','fare', 'embarked']
titanic_df[mis_features] = titanic_df[mis_features].fillna(titanic_df[mis_features].median())

# 特征编码
from sklearn.preprocessing import OneHotEncoder
encode_features = ['sex','embarked']
encoder = OneHotEncoder()
features_encoded = encoder.fit_transform(titanic_df[encode_features])
# 将编码特征与原始数据集合并
titanic_df = pd.concat([titanic_df.drop(encode_features, axis=1), pd.DataFrame(features_encoded.toarray(), columns=encoder.get_feature_names_out(encode_features))], axis=1)
print(titanic_df.info())

# 目标变量编码
from sklearn.preprocessing import LabelEncoder
label_encoder = LabelEncoder()
titanic_df[label_name] = label_encoder.fit_transform(titanic_df[label_name])

# 分离特征与标签
df_X = titanic_df.drop(label_name, axis=1)
df_y = titanic_df[label_name]

# 3、模型训练与评估
# 划分训练集和测试集
from sklearn.model_selection import train_test_split
```

第7章 模型发布、部署与监控

```python
X_train, X_test, y_train, y_test = train_test_split(df_X, df_y, test_size=0.2, random_state=42)

# 特征标准化
scaler = StandardScaler()
X_train = scaler.fit_transform(X_train)
X_test = scaler.transform(X_test)

# 构建简单的神经网络模型
model = tf.keras.Sequential([
    tf.keras.layers.Dense(32, activation='relu', input_shape=(X_train.shape[1],)),
    tf.keras.layers.Dense(1, activation='sigmoid')
])

# 编译模型
model.compile(optimizer='adam', loss='binary_crossentropy', metrics=['accuracy'])

# 使用TensorBoard
tensorboard_callback = tf.keras.callbacks.TensorBoard(log_dir='logs', histogram_freq=1)

# 超参数设置
epochs = 100
batch_size = 32

# 训练模型
model.fit(X_train, y_train.astype(float), epochs=epochs, batch_size=batch_size,
          validation_data=(X_test, y_test.astype(float)),
          callbacks=[tensorboard_callback])

# 在测试集上评估模型
y_pred = model.predict(X_test)
y_pred_binary = (y_pred > 0.5).astype(float)
# 将 y_true 转换为浮点数数组
y_test_float = y_test.astype(float)

# 计算评估指标
accuracy = accuracy_score(y_test_float, y_pred_binary)
auc = roc_auc_score(y_test_float, y_pred)
f1 = f1_score(y_test_float, y_pred_binary)

# 输出评估指标
print(f"Accuracy: {accuracy:.4f}")
print(f"AUC: {auc:.4f}")
print(f"F1 Score: {f1:.4f}")

'''
启动 TensorBoard,注意,运行下述命令,要定位到当前 py 文件(会产生 run 文件)所在的路径
```

```
tensorboard --logdir=logs
```
然后在浏览器中打开 http://localhost:6006/，即可查看 TensorBoard 的可视化界面，包括损失曲线等信息。在实际场景中，可能希望记录更多的信息，如准确度、学习率等。可以根据需要使用 writer.add_scalar() 等函数记录其他指标。

图 7-6 和图 7-7 展示了模型在训练过程中的准确率（epoch_accuracy）和损失（epoch_loss）变化情况。图 7-6 表明，训练准确率（红色曲线）在前期迅速上升并在后期趋于稳定，而验证准确率（蓝色曲线）则整体较为平稳。图 7-7 表明，训练损失（红色曲线）在训练初期迅速下降，最终趋于平稳，而验证损失（蓝色曲线）则在训练过程中波动较小，略有下降。

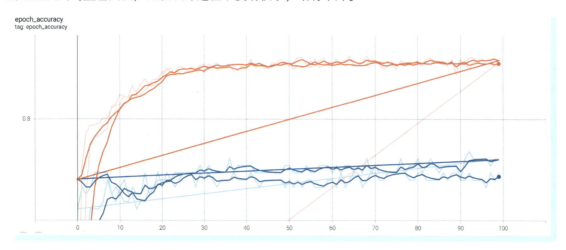

图 7-6 模型在训练和验证数据集上的准确率随训练轮数的变化（数据来自泰坦尼克号数据集）

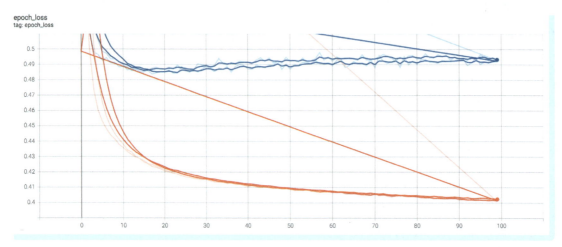

图 7-7 模型在训练和验证数据集上的损失随训练轮数的变化（数据来自泰坦尼克号数据集）

第8章

模型项目整体性分析、反思与优化

8.1 模型项目整体性分析、反思与优化概述

图 8-1 为本章内容的思维导图。

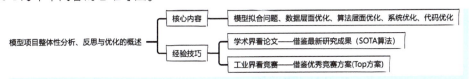

图 8-1 本章内容的思维导图

简介	在机器学习项目完成后,进行对模型项目的整体性分析、反思与优化的回顾阶段很关键。进行这个阶段不仅有助于深入了解模型的性能,还能发现潜在问题,并提出改进方案。主要的分析和反思内容包括模型拟合性问题(如过拟合或欠拟合),以及从数据、算法、系统和代码等不同层面的具体优化。 • 目的:通过评估项目的成功和失败,提取有价值的见解,以指导未来的模型开发和优化。 • 意义:通过持续的学习和改进,提升模型的交付质量和实际业务价值。
核心内容	本章节的核心内容主要包括模型拟合问题、数据层面优化、算法层面优化、系统优化、代码优化等内容。
经验技巧	模型提效是一个持续的过程,需要不断地学习新的知识、尝试新的方法,并根据模型的实际表现进行调整和优化。通过多方面的学习和借鉴,可以有效地提升模型的性能和效率。模型提效的技巧或策略,可以从学术界和工业界两个领域去参考和借鉴。 • 学术界看论文——借鉴最新研究成果(SOTA算法)推进偏理论上的优化:学术界的最新研究成果通常发表在顶级会议和期刊上,如 NeurIPS、ICML 等。这些论文往往提出新的算法、理论或技术,这些创新可能为模型优化提供新的思路和方法。通过分析这些科研论文,研究人员可以了解领域的最新动态,并将这些最新的 SOTA 算法应用到自己的模型中,以提升性能。例如,阅读和应用最新的深度学习算法或优化技术,可以显著提高模型在特定任务上的表现。 • 工业界看竞赛——借鉴优秀竞赛方案(Top方案)推进偏工程上的优化:在工业界,查看国内外各大平台竞赛找算法在工程上提效的经验。机器学习竞赛,如 Kaggle 等,吸引了全球的数据科学家和工程师参与。这些竞赛中的获奖方案通常包含了创新的模型架构、特征工程技巧和超参数优化策略。通过研究这些方案,实践者可以学习如何在有限的计算资源下实现高效的模型优化,如何将理论应用于实际问题。例如,从 Kaggle 竞赛的 Top 方案中,可以学到如何有效地处理数据、选择和调优模型架构,以及应用复杂的特征工程和集成方法来提高模型的精度和稳健性。

8.2 模型过拟合/欠拟合问题

图 8-2 为本小节内容的思维导图。

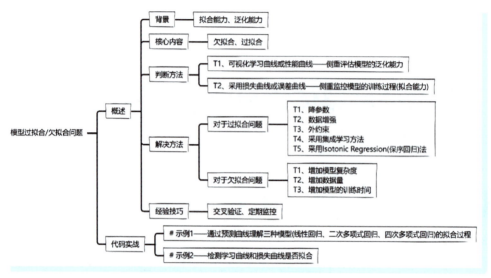

图 8-2 本小节内容的思维导图

8.2.1 模型过拟合/欠拟合问题概述

模型拟合问题是机器学习中的一个重要挑战之一。在训练模型时，研究者希望模型能够准确地捕捉到数据中的模式和关联，以便在未见过的数据上做出准确的预测。然而，过分关注训练损失的最小化，比如在训练集上的损失接近为 0，也只是表明了模型可能和训练数据拟合得非常好，并不代表它在实际应用中泛化能力强，因为它这很可能带来了过拟合问题。实际上，研究者希望模型不仅仅能够记忆训练数据，而是能够理解数据背后的真实规律，并能够推广到未见过的数据上。模型拟合示意图如图 8-3 所示。

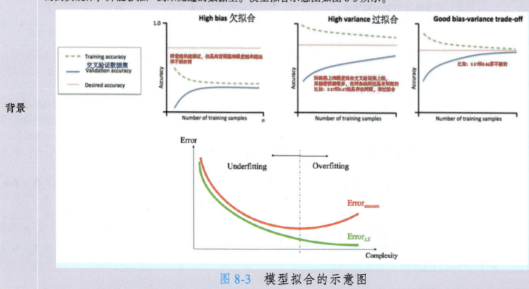

图 8-3 模型拟合的示意图

第 8 章 模型项目整体性分析、反思与优化

（续）

背景	• 拟合能力：拟合能力是指模型在训练过程中，通过优化参数来适应训练集内数据的能力。良好的拟合能力意味着模型能很好地再现训练数据的模式。 • 泛化能力：泛化能力是指模型在处理未被观察过的新数据（非训练集内的数据）的能力，即对新样本的适应能力。机器学习的最终目标之一就是期望模型算法具有较强的泛化能力，即在未见数据上保持合理的预测性能。
简介	在机器学习中，模型的拟合能力决定了其对训练数据的预测（或泛化）能力。然而，如果模型过于简单，以至于无法捕捉数据中的复杂关系或隐藏规律，就会导致欠拟合；相反，如果模型过于复杂，会将训练数据中的噪声也学习进去，就会出现过拟合。这两者都会影响模型在新数据上的泛化能力，因此需要在训练中应该尽量避免。
核心内容	本小节的核心内容主要涉及欠拟合和过拟合，具体如下所示。 • 欠拟合（Underfitting）：欠拟合是指模型在训练数据上的表现较差，无法很好地拟合数据的真实分布。欠拟合的本质是训练数据量太少或模型过于简单（能力不足），无法有效地捕捉数据中真实的复杂关系或模式（内在规律），以至于没有学到东西。欠拟合的意义在于，如果模型无法很好地拟合训练数据，那么它在实际应用中的预测能力将会受到限制。 • 过拟合（Overfitting）：过拟合是指模型在训练数据上表现非常好，但在新数据上的表现较差的情况。过拟合的本质是模型在学习过程中过于复杂化，随着训练的进行，过多地学习了训练数据中的噪声或特定的样本特征（学习得太好），以至于学到了训练数据中的随机噪声，而不是真实的数据分布，使得预测能力反而下降，导致对新数据的泛化能力下降。过拟合的意义在于，如果模型只能在训练数据上表现好而不能泛化到新数据，那么它在实际应用中的价值就会大打折扣。有时候算法模型学习了过多的样本细节，反而不能反映样本内含的规律，导致模型在训练集上表现好（得分高），但不能泛化到测试集上（得分低）。 两者的对比见表 8-1。 **表 8-1 欠拟合和过拟合对比** | 问题类型 | 表现 | 原因 | 影响 | |---|---|---|---| | 欠拟合 | 模型在训练数据和测试数据上都表现较差 | 模型复杂度不足，未能学习到数据的关键特征和模式 | 模型无法提供有用的预测，表现为低训练准确率和低测试准确率 | | 过拟合 | 模型在训练数据上表现极佳，但在测试数据上表现不佳 | 模型过于复杂，捕捉了训练数据中的噪声或特异样本特征 | 模型的泛化能力下降，尽管在训练集上表现良好，但在实际应用中效果不佳 |
理解	从贝叶斯的视角来看，欠拟合和过拟合可以被视为模型假设空间大小不合适的表现。 • 欠拟合：对应于模型假设空间过小，无法涵盖数据中的复杂模式。 • 过拟合：对应于模型假设空间过大，能够拟合数据中的噪声和异常。 从现实角度来讲，过拟合在一定程度上是难以完全避免的，关键是找到一个合适的 trade-off 应对模型的拟合能力和泛化能力。所以，在机器学习实践中追求的是一种平衡：希望模型足够复杂以捕捉数据中的关键信息，但又不能过于复杂以至于无法泛化到新的数据。这要求在模型设计和训练过程中，不断地评估模型的性能，并根据实际情况调整模型的复杂度和训练策略，以确保模型既具有良好的拟合能力，又有出色的泛化能力。
判断方法	在模型过拟合/欠拟合问题背景下，判断模型拟合的方法有很多。可以采用可视化直观分析（比如学习曲线、损失曲线等）或者性能指标法，有时候也需要结合具体的领域经验进行判断。其中性能指标法是指，在训练集和测试集上的性能指标差异较大时，可能过拟合。具体如下所示。 T1、可视化学习曲线（Learning Curve）或性能曲线：侧重评估模型的泛化能力，展示了模型在不同训练集大小下的性能表现，通常包括训练误差和验证误差两条曲线。它绘制的是在不同训练样本数量下，模型的训练得分和验证得分的变化情况。可视化学习曲线的横轴表示训练样本（训练集和测试集）的数量（在神经网络模型中则是训练的迭代次数或批次数），纵轴表示模型性能指标，如错误率、准确率（分数）、均方误差等。

（续）

判断方法	过拟合	欠拟合	理想状态
	过拟合：如果训练曲线显示较低的错误率，但验证曲线的错误率相对较高，可能存在高方差的问题。这表明模型在训练集上表现良好，但不能泛化到新的数据。	欠拟合：如果训练曲线和验证曲线都收敛到一个较高的错误率，那么可能存在高偏差的问题。这意味着模型不能很好地捕捉数据的复杂性，无论是在训练集还是验证集上。	理想状态：一个理想的学习曲线是两者都收敛到一个较低的错误率，而且训练曲线和验证曲线之间的差距较小。这表示模型在训练和验证集上都表现良好，没有明显的欠拟合或过拟合问题。

T2、损失曲线（Loss Curve）或误差曲线：侧重监控模型的训练过程（拟合能力），主要用于神经网络系列模型。损失曲线是一种用于观察模型训练过程中损失函数值的图形工具，提供了关于模型性能和拟合状态的详细信息。损失曲线的横轴通常表示训练轮数或训练批次，纵轴表示模型的损失值。损失函数可以是均方误差、交叉熵等，具体选择取决于问题的性质。

过拟合	欠拟合	理想状态
过拟合：训练损失和验证损失曲线分离。如果训练损失持续下降，而验证损失在某一点开始上升或收敛，说明模型可能开始过拟合。这是因为模型在训练时过度适应了训练集的噪声和细节，导致在新数据上表现较差。此时，可取该验证损失最小点对应的模型作为最优模型。	欠拟合：在欠拟合情况下，训练损失和验证损失都可能维持在较高的水平，且两者之间的差距较小。这表明模型不能很好地拟合训练数据，也不能泛化到验证集或测试集。	理想状态：如果训练损失和验证损失在迭代过程中都下降，都能够取得较低的损失，且两条曲线基本重合，表明模型在学习特征表示时，在训练和验证数据上的泛化能力都很好，拟合程度适中。这表示模型既能够拟合训练数据，又能够泛化到新数据。

T3、结合领域经验判断：要考虑业务场景的实际需求判断模型过拟合/欠拟合问题，比如说推荐系统可以容忍一定的过拟合，但医疗诊断系统就需要更强的泛化能力。

在模型过拟合/欠拟合问题场景下，在实际应用中，需要综合考虑数据特性、问题复杂度等因素，灵活选择合适的方法。过拟合和欠拟合常用的解决方法见表8-2。

表 8-2 过拟合和欠拟合常用解决方法

	特点	原因	解决方法
解决方法	过拟合问题	学得太细，没有泛化性	模型拥有大量参数、太过复杂、训练过度	T1、降参数——减小规模+防止模型过于复杂：用较少的参数进行建模，以减少学习的自由度，减少模型的复杂度。 ● 特征筛选，减少冗余特征，降低模型复杂度。 ● 模型简化，选择更简单的模型，减少参数数量，比如采用 LoR 或 DT 代替 DNN。 ● 模型优化，添加约束项，通过在损失函数中添加约束项以缩小假设空间，限制模型的参数大小。比如权值衰减（引入正则化项如 L1/L2/Elastic Net），树类模型剪枝，其中预剪枝（设置规则禁止分裂生长）、后剪枝（基于生成后的树根据标准去除分支）。 ● 模型改进，深度学习中 DNN 的 Dropout 技术，通过随机忽略一部分神经元，从而避免模型过于依赖某些特定特征。 T2、数据增强：增加数据样本的多样性，在训练集中引入变化，根据一些先验知识，在保持特定信息的前提下，对原始数据进行适当变换，以达到扩充数据集的效果。比如 CV 领域进行旋转、缩放、翻转等，增加数据的多样性，有助于模型更好地泛化到未见过的数据。

第 8 章 模型项目整体性分析、反思与优化

（续）

（续）

	特点	原因	解 决 方 法
解决方法	过拟合问题 学得太细，没有泛化性	模型拥有大量参数、太过复杂、训练过度	T3、外约束——提前终止：当性能不再提升时，采用早停法来提前终止迭代或训练，防止过拟合。 T4、采用集成学习方法：结合多个简单模型的预测，防止单一模型过拟合，比如 RF、GBDT 等。 T5、采用保序回归（Isotonic Regression）法：通过强制模型输出单调增加或单调减少，限制模型的复杂度，减少对数据的过拟合
	欠拟合问题 没学到东西，没有拟合性	模型复杂度不够、特征不足、训练时间不足等原因引起	T1、增加模型复杂度：选择更复杂的模型，增加参数数量。 T2、增加数据量：增加样本量或构造更多的特征。比如添加多项式特征或交互特征，即进行充分的特征工程，使模型能够更好地捕捉更多的信息。 T3、增加模型的训练时间：如果模型还没有收敛，可以增加训练时间或训练轮数，允许模型更充分地学习数据中的模式
经验技巧	在模型过拟合/欠拟合问题场景下，常用的一些经验技巧如下所示。 • 交叉验证：通过交叉验证来选择最优的模型，减少过拟合的影响。 • 定期监控：定期监控学习曲线，观察模型在训练和验证集上的表现趋势。		

8.2.2 L1 正则化和 L2 正则化对比

	L1 正则化	L2 正则化
简介	L1 正则化是惩罚系数绝对值之和。将模型参数的 L1 范数加到损失函数中，促使某些参数变为零，可以实现特征选择和压缩模型。更适用于特征稀疏的任务。	L2 正则化是惩罚系数平方和。将模型参数的 L2 范数加到损失函数中，通过对参数的平方和进行惩罚，使参数趋向于较小的值。没有特征选择效果，但缓解过拟合效果更佳。
数学公式	数学公式如下所示： $CostFunction = Loss + \dfrac{\lambda}{2m} \sum \|w\|$ $\|w\| = \|w_1\| + \|w_2\| + \cdots + \|w_n\|$	数学公式如下所示： $CostFunction = Loss + \dfrac{\lambda}{2m} \sum \|w\|^2$ $\|w\|^2 = \sqrt{w_1^2 + w_2^2 + \cdots + w_n^2}$
原理	通过稀疏参数（减少参数的数量）来降低复杂度。	通过减小参数值的大小来降低复杂度。
特点	• 采用曼哈顿距离。 • L1 的减少参数性。 • 偏特征选择（也可防止过拟合）。 • 鼓励产生稀疏权重。	• 采用欧式距离的平方。 • L2 的减小数值性。 • 偏防止模型过拟合。 • 鼓励小而分散的权重。 • 使用所有特征。
可视化分析	可以利用谷歌的一个在线 DNN 动态调参小工具（基于 TensorFlow 库实现）来动态观察正则化效果，如图 8-4 所示。可以看到随着 epoch 的增加，采用 L1 正则化后的权重图中部分连接线变成了灰白色，这表明这些权重已经缩减至零，相应的神经元不再对模型产生影响。而如果采用 L2 正则化，权重图中的连接线变得越来越细，表示权重值在减小，但所有特征都保留在模型中，这有助于防止过拟合。	

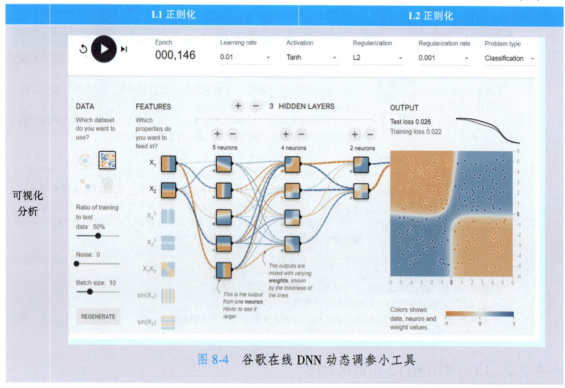

图 8-4 谷歌在线 DNN 动态调参小工具

8.2.3 模型过拟合/欠拟合问题代码实战

示例1——通过预测曲线理解三种模型（线性回归、二次多项式回归、四次多项式回归）的拟合过程。

```
import numpy as np
from sklearn.linear_model import LinearRegression
from sklearn.preprocessing import PolynomialFeatures
from sklearn.metrics import r2_score
import matplotlib.pyplot as plt

# 生成数据集
X_train = np.array([[6], [8], [10], [14], [18]])
y_train = np.array([[7], [9], [13], [17.5], [18]])
X_test = np.array([[6], [8], [11], [16]])
y_test = np.array([[8], [12], [15], [18]])

# 初始化线性回归模型
regressor = LinearRegression()
regressor.fit(X_train, y_train)
```

```python
# 初始化二次多项式特征
poly2 = PolynomialFeatures(degree=2)
X_train_poly2 = poly2.fit_transform(X_train)

# 初始化四次多项式特征
poly4 = PolynomialFeatures(degree=4)
X_train_poly4 = poly4.fit_transform(X_train)

# 创建画布
plt.figure(figsize=(12, 4))

# 绘制第一个子图:线性回归
plt.subplot(1, 3, 1)
plt.scatter(X_train, y_train, color='red')
plt.plot(X_train, regressor.predict(X_train), color='blue', label='LiR')
plt.title('Underfitting')
plt.legend()
r2_linear = r2_score(y_train, regressor.predict(X_train))
plt.text(10, 15, f'R$^2$={r2_linear:.2f}', fontsize=10, ha='center')

# 绘制第二个子图:二次多项式回归
plt.subplot(1, 3, 2)
regressor_poly2 = LinearRegression()
regressor_poly2.fit(X_train_poly2, y_train)
plt.scatter(X_train, y_train, color='red')
plt.plot(X_train, regressor_poly2.predict(X_train_poly2), color='blue', label='poly2')
plt.title('poly2-Adequate Fitting')
plt.legend()
r2_poly2 = r2_score(y_train, regressor_poly2.predict(X_train_poly2))
plt.text(10, 15, f'R$^2$={r2_poly2:.2f}', fontsize=10, ha='center')

# 绘制第三个子图:四次多项式回归
plt.subplot(1, 3, 3)
regressor_poly4 = LinearRegression()
regressor_poly4.fit(X_train_poly4, y_train)
plt.scatter(X_train, y_train, color='red')
plt.plot(X_train, regressor_poly4.predict(X_train_poly4), color='blue', label='poly4')
plt.title('poly4-Overfitting')
plt.legend()
r2_poly4 = r2_score(y_train, regressor_poly4.predict(X_train_poly4))
plt.text(10, 15, f'R$^2$={r2_poly4:.2f}', fontsize=10, ha='center')

plt.tight_layout()
plt.show()
```

图 8-5 展示了线性回归模型、二次多项式回归模型和四次多项式回归模型的拟合情况及其对应的 R^2 指标。

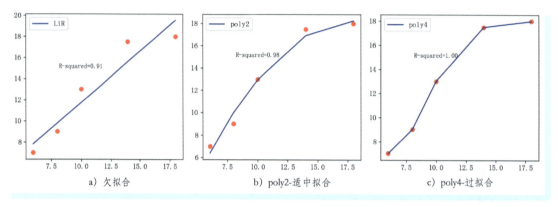

图 8-5 三种模型（线性回归、二次多项式回归、四次多项式回归）的拟合效果图

第一张子图（线性回归模型）：线性回归模型（蓝线）并没有很好地拟合训练数据（红点）。R^2 值为 0.91，表明模型未能充分捕捉数据的变异，存在欠拟合问题。

第二张子图（二次多项式回归模型）：二次多项式回归模型（蓝线）较好地拟合了训练数据。R^2 值为 0.98，显示模型对数据的拟合效果显著提高，能够更好地解释数据的变异。

第三张子图（四次多项式回归模型）：四次多项式回归模型（蓝线）几乎完美地拟合了所有训练数据点。R^2 值为 1.00，表明模型几乎完全解释了数据的变异，但可能存在过拟合风险，可能无法很好地泛化到新的数据集。

总的来说，随着模型复杂度的增加，模型对训练数据的拟合效果逐渐提高。然而，线性回归模型存在欠拟合问题，二次多项式回归模型能够较好地拟合数据，而四次多项式回归模型虽能完美拟合训练数据，但却有可能过拟合，无法泛化到新数据。因此，选择合适的模型复杂度对于建立有效的模型至关重要。

示例2——检测学习曲线和损失曲线是否拟合。

```python
import numpy as np
import pandas as pd
from sklearn.ensemble import RandomForestClassifier
from sklearn.metrics import accuracy_score, precision_score, recall_score, f1_score, roc_auc_score, roc_curve, precision_recall_curve
import matplotlib.pyplot as plt

#1、定义数据集
from sklearn.datasets import fetch_openml
data_name = 'titanic'
label_name = 'target'
titanic_data_Bunch = fetch_openml(data_name, version=1, as_frame=True)
titanic_df = titanic_data_Bunch.data
```

```python
titanic_df[label_name] = titanic_data_Bunch.target
print(titanic_df.info())

#2、数据预处理和特征工程
#选择适合的特征
titanic_df = titanic_df[['pclass','sex','age','sibsp','fare','embarked','target']]

#处理缺失值
#使用fillna方法将缺失值填充为中位数
mis_features = ['age','fare','embarked']
titanic_df[mis_features] = titanic_df[mis_features].fillna(titanic_df[mis_features].median())

#特征编码
from sklearn.preprocessing import OneHotEncoder
encode_features = ['sex','embarked']
encoder =OneHotEncoder()
features_encoded = encoder.fit_transform(titanic_df[encode_features])
#将编码特征与原始数据集合并
titanic_df = pd.concat([titanic_df.drop(encode_features, axis=1), pd.DataFrame(features_encoded.toarray(), columns=encoder.get_feature_names_out(encode_features))], axis=1)
print(titanic_df.info())

#目标变量编码
from sklearn.preprocessing import LabelEncoder
label_encoder =LabelEncoder()
titanic_df[label_name] = label_encoder.fit_transform(titanic_df[label_name])

#分离特征与标签
df_X = titanic_df.drop(label_name,axis=1)
df_y = titanic_df[label_name]

from tensorflow.keras.models import Sequential
from tensorflow.keras.layers import Dense
from tensorflow.keras.callbacks import History
#3、模型训练与评估
#划分训练集和测试集
from sklearn.model_selection import train_test_split
X_train, X_test, y_train, y_test = train_test_split(df_X, df_y, test_size=0.2, random_state=42)

#构建神经网络模型
model = Sequential([
    Dense(64, activation='relu', input_shape=(X_train.shape[1],)),
    Dense(32, activation='relu'),
    Dense(1, activation='sigmoid')
])
```

```python
model.compile(optimizer='adam', loss='binary_crossentropy', metrics=['accuracy'])
# 训练模型
history = model.fit(X_train, y_train, epochs=500, batch_size=32, validation_split=0.2, verbose=0)

# 可视化损失曲线和学习曲线
plt.figure(figsize=(12, 6))
# 损失曲线
plt.subplot(1, 2, 1)
plt.plot(history.history['loss'], label='Training Loss')
plt.plot(history.history['val_loss'], label='Validation Loss')
plt.title('Loss Curve(%s)'%data_name)
plt.xlabel('Epochs')
plt.ylabel('Loss')
plt.legend()

# 学习曲线
plt.subplot(1, 2, 2)
plt.plot(history.history['accuracy'], label='Training Accuracy')
plt.plot(history.history['val_accuracy'], label='Validation Accuracy')
plt.title('Accuracy Curve(%s)'%data_name)
plt.xlabel('Epochs')
plt.ylabel('Accuracy')
plt.legend()
plt.tight_layout()
plt.show()
```

图 8-6 展示了模型在训练过程中的损失曲线和准确率曲线。

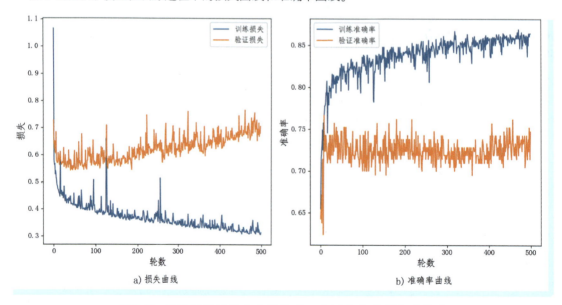

a) 损失曲线   b) 准确率曲线

图 8-6 模型训练过程中在训练集、验证集上的损失曲线和
准确率曲线图（数据来自泰坦尼克号数据集）

左图是损失曲线：蓝色线条代表训练损失，橙色线条代表验证损失。随着训练轮数的增加，训练损失持续下降，而验证损失则先下降后上升，并且验证损失远高于训练损失。这种现象表明模型在训练数据上表现良好，但在验证数据上表现较差，导致过拟合。

右图是准确率曲线：蓝色线条代表训练准确率，橙色线条代表验证准确率。随着训练轮数增加，训练准确率不断提高并趋于稳定，而验证准确率在某一水平后不再增加，甚至略微下降。这同样表明模型在训练集上表现良好，但未能在验证集上泛化，进一步证明存在过拟合现象。

总的来说，图中显示的损失曲线和准确率曲线均表明模型在训练过程中出现了过拟合现象。随着训练轮数的增加，训练损失和准确率持续优化，但验证损失和准确率并未同步改善，反而表现出验证损失上升和验证准确率下降的趋势。这表明模型在训练集上表现良好，但无法很好地泛化到验证集，导致过拟合问题。

8.3 数据层面优化

图 8-7 为本小节内容的思维导图。

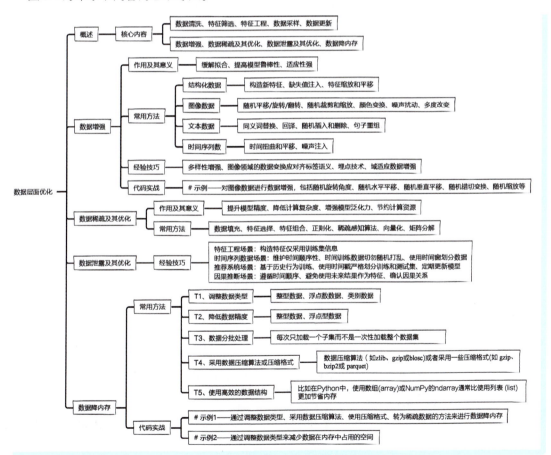

图 8-7　本小节内容的思维导图

8.3.1 数据层面优化概述

背景	数据层面优化源于早期机器学习研究和应用中的限制。在机器学习发展的早期阶段,由于计算机运算能力和模型算法类型的限制,研究人员在提升模型性能时面临挑战。为了克服这些限制,他们将重心放在数据预处理上,特别是在特征工程阶段。通过深入分析和处理数据,可以显著提升模型的性能和效果。
简介	数据层面优化旨在通过改进数据的质量、特征和样本分布,提高机器学习模型的性能和泛化能力。数据质量是构建高效模型的基础,因此优化数据处理过程至关重要。
核心内容	在进行数据层面优化时,主要关注数据的质量、特征的有效性以及数据对模型性能的影响。数据层面的优化策略,除了前文已经讲述的内容,比如数据清洗、特征筛选、特征工程、数据采样,以及数据实时更新等,还有本节主要侧重探讨和分析的数据增强、数据稀疏及其优化、数据泄露及其优化、数据降内存等相关内容。

8.3.2 数据增强

背景		在机器学习和深度学习领域,数据是训练模型的基石,扮演着训练模型的核心角色。然而在实际应用中,经常会遇到训练数据不足的问题。有限的训练数据容易导致模型拟合问题,导致模型泛化性能差。为了克服这一问题,数据增强技术被引入并得到广泛应用。数据增强通过对原始数据进行多样化的变换和扩展,从而扩大训练数据集,提升模型的泛化能力。
简介		数据增强是一种常见的机器学习技术,特别适用于数据有限或样本失衡的情况下。通过对原始数据采用扩展(侧重增加样本量,如重采样或数据生成)、扩充(侧重增加多样性,如对现有数据进行多种变换)等技术,为模型提供更多样化和丰富的训练样本,改善样本分布,有助于提高模型的鲁棒性和泛化性能,使其更适应复杂的实际应用场景。数据增强虽然方法简单,但在实际应用中展现了显著的效果,尤其是在提升识别精度和应对复杂数据场景方面。这使得数据增强成为机器学习过程中不可或缺的重要环节,为模型的训练和应用带来了显著的益处。
作用及其意义		数据增强的作用及其意义如下所示。 ● 缓解拟合:引入更多的数据变化和样本多样性,有效减少模型对训练数据的过度依赖,提升模型在未见数据上的表现,即泛化能力。 ● 提高模型鲁棒性:数据增强使得模型能够更好地适应实际环境中可能出现的各种变化和噪声,增强了模型对数据的处理能力和稳健性。 ● 适应性强:特别是在样本不平衡或训练数据有限的情况下,数据增强能够通过人工扩展训练集样本数量,从而增加模型训练的有效性和效果。
常用方法		在数据增强阶段,根据数据类型的不同,常用的方法也不尽相同,具体如下所示。
	结构化数据	结构化数据:在处理结构化数据时,常用的数据增强方法包括过采样、构造新特征、缺失值注入、特征缩放和平移等。这些方法可以根据具体问题和数据分布的特点进行选择和组合,以增加数据的多样性和训练集的丰富性。需要注意的是,增强操作的幅度和类型应该与具体任务的要求相符,以避免引入不必要的噪声。 ● 构造新特征:通过对现有特征进行组合或转换,增加数据集的信息量,提升模型的表达能力。 ● 缺失值注入:引入随机缺失值,模拟真实世界中数据缺失的情况,增加数据的随机性和鲁棒性。 ● 特征缩放和平移:对数值型特征进行缩放操作(例如将数值乘以一个随机的缩放因子)或平移操作(例如在特征上添加随机的偏移量),引入一定程度的变化,帮助模型更好地捕捉数据的变化趋势和范围。

第 8 章
模型项目整体性分析、反思与优化

（续）

常用方法	图像数据	图像数据：对图像数据进行数据增强能够有效增加训练样本的多样性和数量。可以通过对图像数据执行各种随机的微小变化，从而创造出"新"图像，但不会影响图像的类别，可以极大地增加训练数据量。这些变换对应着同一个目标在不同角度下的观察结果。 • 随机平移/旋转/翻转：在一定尺度范围内对图像进行平移、旋转和翻转操作，增加数据集中图像的多样性。 • 随机裁剪和缩放：随机选择图像中的部分区域进行裁剪或缩放，引入空间变换，增强模型对不同图像尺度的适应能力。 • 颜色变换：对图像的亮度、对比度等进行变换，模拟不同光照条件下的图像表现，扩展数据集的多样性。 • 噪声扰动：添加不同类型的噪声，如椒盐噪声或高斯白噪声，使模型更鲁棒地处理现实场景中的图像。 • 多度改变：改变图像的亮度、清晰度、对比度、锐度等。
	文本数据	文本数据：针对文本数据，数据增强的方法主要集中在增加文本的多样性和语义复杂性，从而提升模型的泛化能力。 • 同义词替换：将文本中的部分词汇替换为其同义词，扩展文本的表达方式，增加数据的多样性。 • 回译：将文本翻译成另一种语言，再翻译回原语言，引入不同的表达方式和语法结构，增加数据的丰富性。 • 随机插入和删除：随机在文本中插入额外的词汇或删除部分词汇，改变句子结构和语义，增加训练样本的变化性。 • 句子重组：改变句子的结构和语法，如主被动语态转换或词序调换，增加模型对不同文本表达方式的理解能力。
	时间序列数	时间序列数据：对于时间序列数据，合适的数据增强方法有助于提高模型对时间变化的感知能力和预测准确性。 • 时间扭曲和平移：对时间序列进行扭曲或平移操作，引入更多时间维度上的变化，增加数据的多样性。 • 噪声注入：向时间序列中引入随机噪声，模拟实际数据中的随机波动，提高模型对数据的稳健性和泛化能力。
经验技巧		在数据增强阶段，经验技巧如下所示。 • 多样性增强：数据增强不仅仅是简单的几何变换或颜色变换，还应考虑引入更多的多样性。例如，在处理图像数据时，可以结合不同的增强技术，如旋转、缩放、裁剪、仿射变换等，以及不同的参数设置，以增加数据集中样本的多样性和复杂性。 • 图像领域的数据变换应对齐标签语义：在进行数据增强时，特别是在分类任务中使用图像数据时，需不改变图像的原有标签，即不会影响图像的类别。例如，在处理 MNIST 数据集时，若使用数据增强技术，就避免使用旋转 180°的方法，因为标签为"6"的数字在旋转 180°后会变成"9"。 • 埋点技术：在业务运营层面，还可以采用埋点技术来搜集更多的数据，以丰富数据集，提升模型的训练效果和泛化能力。 • 域适应数据增强：在不同数据域之间分布差异较大的情况下，可以采用域适应的数据增强方法。这包括通过特定的数据转换和对抗性训练技术，使得模型更好地适应于目标域的数据分布，从而提高泛化能力和模型的鲁棒性。

代码实战

示例——对图像数据进行数据增强，包括随机旋转角度、随机水平平移、随机垂直平移、随机错切变换、随机缩放等。

```python
import numpy as np
import matplotlib.pyplot as plt
from tensorflow.keras.preprocessing.image import ImageDataGenerator
from tensorflow.keras.datasets import mnist

# 加载 MNIST 数据集
(x_train, y_train), (x_test, y_test) = mnist.load_data()

# 将图像数据归一化并调整为 4D 张量 (samples, rows, cols, channels)
x_train = x_train.reshape(x_train.shape[0], 28, 28, 1).astype('float32') / 255
x_test = x_test.reshape(x_test.shape[0], 28, 28, 1).astype('float32') / 255

# 创建 ImageDataGenerator 实例进行数据增强
datagen = ImageDataGenerator(
    rotation_range=20,          # 随机旋转角度范围
    width_shift_range=0.1,      # 随机水平平移范围
    height_shift_range=0.1,     # 随机垂直平移范围
    shear_range=0.2,            # 随机错切变换范围
    zoom_range=0.2,             # 随机缩放范围
    fill_mode='nearest'         # 填充模式
)

# 对训练集进行数据增强
augmented_data = []
augmented_labels = []

for x_batch, y_batch in datagen.flow(x_train, y_train, batch_size=32, shuffle=False):
    augmented_data.append(x_batch)
    augmented_labels.append(y_batch)
    if len(augmented_data) * 32 >= 10000:  # 停止条件:生成10000个增强样本
        break

augmented_data = np.concatenate(augmented_data)
augmented_labels = np.concatenate(augmented_labels)

# 可视化部分增强后的图像
plt.figure(figsize=(7, 7))
for i in range(9):
    plt.subplot(3, 3, i + 1)
    plt.imshow(augmented_data[i].reshape(28, 28), cmap='gray')
    plt.title(f"Label: {augmented_labels[i]}")
    plt.axis('off')
```

```
plt.tight_layout()
plt.show()

# 比较增强前后的数据量
print("原始训练集样本数量:", x_train.shape[0])
print("增强的训练集样本数量:", augmented_data.shape[0])
```

代码通过识别 MNIST 手写数字数据集并进行归一化处理和数据增强，生成了包含各种随机变换（如旋转、平移、错切、缩放等）的增强样本，以扩充训练数据集并提高模型的泛化能力，然后，可视化了一部分增强后的图像样本，如图 8-8 所示。

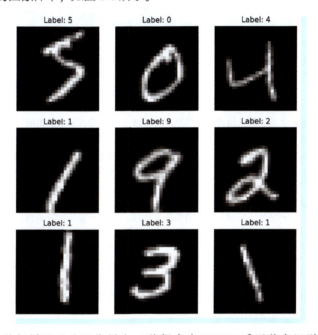

图 8-8　数据增强后的图像样本（数据来自 MNIST 手写数字识别数据集）

▶▶ 8.3.3　数据稀疏及其优化

背景	数据稀疏性是机器学习和数据科学中一个广泛存在的问题，尤其在处理高维数据集和大规模用户交互数据时表现得尤为显著。数据稀疏性指数据集中存在大量的零值或缺失值，这些稀疏数据会显著影响模型的训练和推理效率。 ● 计算复杂度增加：稀疏数据常常会导致模型训练和推理时需要处理大量的无效信息，从而增加计算负担。 ● 泛化能力下降：稀疏数据中有效信息的缺失会导致模型无法充分学习到数据的潜在模式和规律，影响其在未见数据上的预测能力。 ● 数据资源浪费：大量的零值或缺失值数据可能导致模型训练资源的浪费，因为模型需要在这些无效数据上消耗计算资源。
简介	数据稀疏优化是指在机器学习任务中，针对输入数据的稀疏性进行有效处理和优化，以提升模型的性能和效率。优化稀疏数据的关键在于如何有效地利用和处理这些稀疏数据，最大限度地提取有用的信息，同时减少模型训练和推理的复杂度。

(续)

作用及其意义	优化数据稀疏性的主要目的是提升机器学习模型的性能和效率，具体体现在以下几个方面。 • 提升模型精度：通过有效处理稀疏数据，增强模型对数据的理解能力，从而提升预测精度。 • 降低计算复杂度：通过减少无效数据的参与，减轻模型的计算负担，加快训练和推理速度。 • 增强模型泛化力：通过优化稀疏数据，使模型能够更好地学习到数据的潜在模式，提高其在未见数据上的表现。 • 节约计算资源：减少在稀疏数据上的不必要计算，提升资源利用效率。	

在数据稀疏及其优化阶段，常用方法及其经验技巧见表 8-3。

表 8-3 数据稀疏及其优化阶段常用方法及其经验技巧

		简　介	经验技巧
常用方法	数据填充	数据填充：通过对缺失值进行合理的填充，减少数据的稀疏性。比如在推荐系统中，可以使用用户或物品的平均评分来填充缺失的评分	对于缺失值，可以使用全局平均值、局部平均值（如用户或物品的平均评分）、中位数或者众数来填充。对于零值，可以考虑使用其他值（如极小值）来代替，以避免对模型训练的影响
	特征选择	特征选择：通过筛选出对模型预测性能贡献较大的特征，移除不重要或冗余的特征，从而降低数据的维度和稀疏性	需要根据数据集的特点选择适当的特征选择算法，如基于统计方法的算法（如方差选择法）、基于模型的算法（如递归特征消除法）、基于学习的算法（如基于树的特征选择）等
	特征组合	特征组合：将原始特征进行有意义或的组合，生成新的特征，以增加数据的信息量和减少稀疏性	在进行特征组合时，需要结合领域知识和实际经验，设计有效的特征组合方式，以提高模型的泛化能力。例如，在自然语言处理任务中，可以通过词袋模型（Bag-of-Words）和词嵌入（Word Embedding）来创建新的特征
	正则化	正则化：在模型训练过程中引入正则化项，如 L1 正则化（Lasso）或 L2 正则化（Ridge），以促使模型学习到稀疏的权重参数	在使用正则化方法时，需要调优正则化参数的取值，以达到合适的稀疏程度和模型性能之间的平衡
	稀疏感知算法	使用稀疏感知的模型：可以采用基于稀疏感知的算法模型进行优化，比如稀疏编码、稀疏矩阵分解等	使用支持稀疏数据的模型，如稀疏线性回归、稀疏逻辑斯谛回归或者基于树的方法（如决策树、随机森林）
	向量化	使用向量化技术：在文本数据中，常常会遇到词汇稀疏的情况，即部分词汇出现频率较低，可以使用向量化技术的方法	比如词袋模型（Bag-of-Words）、TF-IDF、和词向量（词嵌入技术）等，这些技术能够有效地捕捉文本的语义信息，减少稀疏性。或者利用预训练的词向量模型来初始化模型参数
	矩阵分解	在用户与物品之间的交互数据中，通常存在用户仅与少部分物品有交互的情况，导致用户-物品矩阵稀疏，可以采用基于矩阵分解的方法，减少数据的稀疏性，提高推荐系统的性能	利用基于矩阵分解的方法对用户-物品矩阵进行填充或压缩，以及结合内容信息和协同过滤等技术来提高推荐的准确性和覆盖度

8.3.4 数据泄露及其优化

背景：数据泄露是机器学习模型开发中的一个隐蔽但致命的问题,尤其在处理时间序列数据、推荐系统和因果推断时容易发生。数据泄露不仅破坏了模型的泛化能力,还可能导致对模型性能的误判,从而在实际应用中引发严重的后果。例如,在金融预测中,误导性的高预测准确性可能会造成重大的经济损失;在医疗诊断中,则可能导致错误的诊断和治疗方案。因此,识别和防止数据泄露是确保模型在真实环境中可靠和准确的关键步骤。

简介：数据泄露,也称为特征穿越,是指在机器学习模型的训练过程中,训练数据中无意间包含了来自测试数据的信息。这会导致模型错误地使用未来信息或目标变量的信息来进行预测,从而在训练时表现出色,但在面对未见过的数据时,性能显著下降,无法有效泛化,导致在实际应用中表现不佳。为了构建健壮且具有实际应用价值的模型,开发者必须严格遵循数据处理和模型训练中的最佳实践,避免未来信息或目标变量信息的错误引入。

在数据泄露及其优化阶段,数据泄露的常见案例及其经验技巧见表 8-4。

表 8-4 数据泄露的常见案例及其经验技巧

	简介	经验技巧
经验技巧 - 特征工程场景	在数据预处理阶段,可能对整个数据集进行了某种操作,而未将训练集和测试集分开处理。例如,在标准化或归一化数据时,应该仅使用训练集的统计信息进行处理,而不应该包括测试集的信息	• 构造特征仅采用训练集信息:在进行特征选择和特征工程时,需要确保仅使用训练集中的信息,不包括测试集的信息。可以通过在训练集上构建特征,然后在测试集上应用相同的特征变换
经验技巧 - 时间序列场景	时间序列数据:在时间序列分析中,未来的信息被错误地用来预测过去的数据点。例如,在股票价格预测中,如果模型在训练时使用了未来的价格信息,预测结果将显著偏高,但实际应用中无效	• 维护时间顺序性:确保训练数据仅包含在当前时间点之前的数据。 • 时间训练数据切勿随机打乱:在数据集划分时,保持时间顺序,不要打乱顺序。 • 使用时间窗划分数据:使用严格的时间窗来划分训练和测试数据,防止未来信息渗透到当前预测中
经验技巧 - 推荐系统场景	推荐系统:用户的未来行为被用来生成当前的用户推荐。例如未来购买的产品或未来的点击行为,模型会利用这些信息进行不准确的预测。这在实践中表现为模型无法推荐用户未来实际感兴趣的内容	• 基于历史行为训练:在处理用户数据时,确保训练集只包含已发生的交互记录。 • 使用时间戳严格划分训练和测试集:使用时间戳信息严格划分训练和测试集,防止未来行为的泄露。 • 定期更新模型:定期重新训练模型以反映最新的用户行为变化,避免使用过时数据进行预测
经验技巧 - 因果推断场景	因果推断:因果推断模型旨在识别变量之间的因果关系。然而,如果目标变量或未来事件被错误地包含在训练特征中,模型可能会建立虚假的因果关系。例如,在医疗研究中,使用了未来的病情变化来预测当前的治疗效果,或者在评估药物效果时,错误地将治疗后的结果作为特征,都会导致错误的因果结论	• 遵循时间顺序:在因果推断中,确保因变量和自变量的关系严格按照时间顺序处理。 • 避免使用未来结果作为特征:避免在模型中包含未来的结果或决策信息作为特征。 • 确认因果关系:采用假设检验和敏感性分析等方法来确认因果关系的可靠性

8.3.5 数据降内存

背景	在当今数据驱动的时代，处理和分析大型数据集已成为日常工作的一部分。然而，随着数据量的不断增加，计算资源（尤其是内存）的限制成为一个关键问题。高效的数据处理不仅需要快速的计算速度，还需要优化内存的使用。当内存不足时，系统可能会变得缓慢，甚至出现崩溃。因此，数据降内存技术应运而生。
简介	数据降内存（即优化数据的内存占用），通过降低内存需求，提高计算效率。该技术在数据科学、机器学习以及大数据处理领域尤为重要。通过优化内存的使用，能够显著提高计算效率，并降低计算成本。 • 本质：通过调整数据类型和结构，减少数据在内存中的占用空间，提升模型运行效率和训练速度。
常用方法	在数据降内存阶段，常用的方法如下所示。 • T1、调整数据类型：不同的数据类型在内存中的占用差异显著。选择适合的最小数据类型能够有效减少内存使用。例如—— 　• 整型数据：使用适合数据范围的最小整数类型（如 int8、int16、int32）可以显著降低内存占用。 　• 浮点型数据：对于数值精度要求不高的数据，使用低精度的浮点型数据（如 float16）能够减少内存需求。 　• 类别数据：使用 category 数据类型可以通过整数编码来表示类别，从而减少内存占用。 在实际操作中，可以根据数据的范围和特性选择合适的类型。例如，含有 0 到 255 之间的整型数据，可以用 uint8 来代替 int32。 注意，在进行数据类型转换时，需要小心确保不会损失数据的精度或者引入不良影响。例如，将 float64 数据转换为 float16 时可能会因为精度不足而引入数值误差。 • T2、降低数据精度：对于一些对数值精度要求不高的应用，可以降低数值的精度来减小内存占用。比如—— 　• 整型数据：将 int64 类型的数据降为 int32 或 int16。 　• 浮点型数据：将 float64 类型的数据降为 float32 或 float16。 注意，这可能会对模型的性能产生一些影响，因此需要谨慎使用。在某些情况下，降低数据精度可能会导致数值误差积累，从而影响计算结果的准确性。使用此方法时，应仔细评估对模型精度和性能的潜在影响。 • T3、数据分批处理：当数据集过大以至于无法一次性装入内存时，可以采用分块处理的方法。即每次只加载和处理数据集的一个子集，可以将数据分批加载到内存中进行处理，而不是一次性加载整个数据集，这样可以有效控制内存的使用。 • T4、采用数据压缩算法或压缩格式：通过数据压缩算法（如 zlib、gzip 或 blosc）或者采用一些压缩格式（如 gzip、bzip2 或 parquet），可以在磁盘上存储压缩数据，减少磁盘空间占用，并在需要时解压缩到内存中。这虽然不直接减少内存占用，但可以减少数据在磁盘上的存储需求，间接帮助内存管理。 • T5、使用高效的数据结构：某些数据结构比其他的数据结构更高效。例如，在 Python 中，使用数组（array）或 NumPy 的 ndarray 通常比使用列表（list）更加节省内存。
经验技巧	在数据降内存阶段，常用的经验技巧如下所示。 优化 DataFrame 的内存使用：在处理大型数据集时，pandas.DataFrame 是一个常用的数据结构。然而，pandas.DataFrame 中的每一列默认使用的内存类型可能并不是最优的。因此，通过调整每一列的数据类型，可以显著减少内存的使用，从而提高程序的运行效率。 • 检查和调整数据类型：使用 pandas 的 pd.to_numeric 或 astype 方法，将适合的列转换为较小的数据类型。 • 转换对象类型：对于包含重复值的列，使用 astype('category') 方法将其转换为分类类型。 • 在实践中，首先通过 DataFrame 的 info() 方法查看各列的数据类型及内存使用情况，然后逐列调整数据类型，确保在满足数据需求的前提下最小化内存占用。

代码实战

示例1——通过调整数据类型、采用数据压缩算法、使用压缩格式、转为稀疏数据的方法来进行数据降内存。

通过调整数据类型、使用压缩格式和数据压缩算法等方法，可以显著降低数据的内存和磁盘空间占用，提高数据处理效率。

```python
import numpy as np
import pandas as pd
import gzip
import blosc
from scipy import sparse

# 示例数据
data = np.random.rand(1000, 1000).astype(np.float64)

# 调整数据类型
data_float32 = data.astype(np.float32)

# 压缩数据
compressed_data_gzip = gzip.compress(data_float32.tobytes())
compressed_data_blosc = blosc.compress(data_float32.tobytes(), typesize=data_float32.itemsize)

# 使用 Parquet 存储压缩数据
df = pd.DataFrame(data_float32, columns=[f'col_{i}' for i in range(data_float32.shape[1])])
df.to_parquet('data.parquet', compression='gzip')

print("原始数据大小:", data.nbytes)
print("gzip 压缩后大小:", len(compressed_data_gzip))
print("blosc 压缩后大小:", len(compressed_data_blosc))

# 转为稀疏数据
data_sparse = data.copy()
density = 0.1  # 稀疏度(非零元素占总元素的比例)
mask = np.random.rand(1000, 1000) < density
data_sparse[~mask] = 0
print(data_sparse)
# 使用稀疏矩阵
data_sparse_matrix = sparse.csr_matrix(data_sparse)
print("原始数据大小(稀疏数据):", data_sparse.nbytes)
print("稀疏矩阵存储大小:", data_sparse_matrix.data.nbytes + data_sparse_matrix.indptr.nbytes + data_sparse_matrix.indices.nbytes)
```

示例 2——通过调整数据类型来减少数据在内存中占用的空间。

通过调整数据类型来减少数据在内存中占用的空间，比如将 int64 转换为 int32，将 float64 转换为 float32，可以在保持数据准确性的同时，显著减少 DataFrame 所需的内存空间，从而提高处理大型数据集时的效率。

```python
def num_df_reduce_memusage(df):
    """
    数据降内存:通过调整数据类型来减少数据在内存中占用的空间
    遍历数据帧的所有列并修改数据类型以减少内存使用
    iterate through all the columns of a dataframe and modify the data type to reduce memory usage.
    """
    start_mem = df.memory_usage().sum()
    print('Memory usage of dataframe is {:.2f} MB'.format(start_mem))

    for col in df.columns:
        col_type = df[col].dtype
        if col_type != object:
            c_min = df[col].min()
            c_max = df[col].max()
            if str(col_type)[:3] == 'int':
                if c_min > np.iinfo(np.int8).min and c_max < np.iinfo(np.int8).max:
                    df[col] = df[col].astype(np.int8)
                elif c_min > np.iinfo(np.int16).min and c_max < np.iinfo(np.int16).max:
                    df[col] = df[col].astype(np.int16)
                elif c_min > np.iinfo(np.int32).min and c_max < np.iinfo(np.int32).max:
                    df[col] = df[col].astype(np.int32)
                elif c_min > np.iinfo(np.int64).min and c_max < np.iinfo(np.int64).max:
                    df[col] = df[col].astype(np.int64)
            else:
                if c_min > np.finfo(np.float16).min and c_max < np.finfo(np.float16).max:
                    df[col] = df[col].astype(np.float16)
                elif c_min > np.finfo(np.float32).min and c_max < np.finfo(np.float32).max:
                    df[col] = df[col].astype(np.float32)
                else:
                    df[col] = df[col].astype(np.float64)
        else:
            # df[col] = df[col].astype('category').cat.as_ordered()
            df[col] = df[col].astype('category')

    end_mem = df.memory_usage().sum()
    print('Memory usage after optimization is: {:.2f} MB'.format(end_mem))
    print('Decreased by {:.1f}%'.format(100 * (start_mem - end_mem) / start_mem))
    return df


import numpy as np
import pandas as pd
from sklearn.ensemble import RandomForestClassifier
from sklearn.metrics import accuracy_score, precision_score, recall_score, f1_score, roc_auc_score, roc_curve, precision_recall_curve
```

```python
import matplotlib.pyplot as plt

#1、定义数据集
from sklearn.datasets import fetch_openml
data_name = 'titanic'
label_name = 'target'
titanic_data_Bunch = fetch_openml(data_name, version=1, as_frame=True)
titanic_df = titanic_data_Bunch.data
titanic_df[label_name] = titanic_data_Bunch.target
print(titanic_df.info())

#2、数据预处理和特征工程
# 选择适合的特征
titanic_df = titanic_df[['pclass', 'sex', 'age', 'sibsp', 'fare', 'embarked', 'target']]

# 处理缺失值
# 使用 fillna 方法将缺失值填充为中位数
mis_features = ['age','fare', 'embarked']
titanic_df[mis_features] = titanic_df[mis_features].fillna(titanic_df[mis_features].median())

# 特征编码
from sklearn.preprocessing import OneHotEncoder
encode_features = ['sex', 'embarked']
encoder = OneHotEncoder()
features_encoded = encoder.fit_transform(titanic_df[encode_features])
# 将编码特征与原始数据集合并
titanic_df = pd.concat([titanic_df.drop(encode_features, axis=1), pd.DataFrame(features_encoded.toarray(), columns=encoder.get_feature_names_out(encode_features))], axis=1)
print(titanic_df.info())

# 目标变量编码
from sklearn.preprocessing import LabelEncoder
label_encoder = LabelEncoder()
titanic_df[label_name] = label_encoder.fit_transform(titanic_df[label_name])

num_df_reduce_memusage(titanic_df)
```

8.4 算法层面优化

图 8-9 为本小节内容的思维导图。

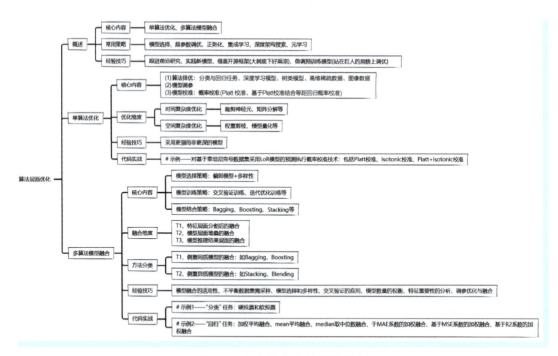

图 8-9 本小节内容的思维导图

8.4.1 算法层面优化概述

简介	算法层面的优化主要集中在两个方面：选择合适的机器学习算法和对选定算法进行优化与改进。这些方法旨在提升模型的预测准确性和泛化能力。优化过程不仅涉及算法本身的调整，还包括对超参数的调优、正则化方法的应用、集成模型的构建以及新兴算法的探索。
核心内容	算法层面的优化包括单算法优化、多算法模型融合。
常用策略	在进行算法层面优化时，常用的策略包括以下几种。 ● 模型选择：根据任务的特点、问题的性质和数据属性，选择最适合的算法或架构。例如，线性回归适用于线性关系的建模，而决策树和随机森林适合处理非线性数据和分类任务。神经网络，特别是深度学习模型，则在处理图像、文本等复杂数据时表现优异。 ● 超参数调优：模型的性能在很大程度上依赖于超参数的设定。常用的调优技术包括网格搜索、随机搜索和贝叶斯优化。这些方法通过系统性地调整和评估超参数（如学习率、正则化系数）来找到最优的设置，从而提升模型的性能。 ● 正则化：为防止模型过拟合，可以在损失函数中加入正则化项，如 L1 正则化（Lasso）和 L2 正则化（Ridge）。这些方法通过增加模型参数的约束来减少模型的复杂度和过拟合风险。 ● 集成学习：通过组合多个基础模型的预测结果来构建更强大的模型。这种方法提高了模型的稳定性和准确性。常见的集成学习方法包括 Bagging（如随机森林）和 Boosting（如梯度提升树）。 ● 深度架构搜索：自动化地搜索和优化深度神经网络的结构。通过算法自动选择和调整神经网络的层数、节点数以及连接方式，可以发现最优的网络架构以应对特定任务。 ● 元学习：关注学习算法的学习能力（如更新规则），即如何使模型更好地适应新任务和数据。元学习包括研究如何更有效地训练模型，如何快速适应新任务，以及如何提高模型的泛化能力。

第 8 章 模型项目整体性分析、反思与优化

（续）

经验技巧	在实际应用中，以下经验和技巧常用于优化算法。 ● 跟进前沿研究：保持对最新机器学习论文研究的关注，以获取适合特定应用场景的先进算法。传统模型可能在某些任务中表现有限，因此不断探索和试验新模型是提升性能的关键。 ● 实践新模型：将最新研究成果转化为实用的代码和工具。新模型的实现往往能带来性能上的提升，并且这些模型有时也会被进一步开发为通用的工具包供广泛使用。 ● 借鉴开源框架——大树底下好乘凉：研究大型科技公司发布的开源框架和代码，有助于理解复杂算法的工作原理和实现细节，并在此基础上进行学习和优化。 ● 微调预训练模型——站在巨人的肩膀上调优：在图像识别等任务中，使用预训练模型（如 ImageNet 上的 LeNet、AlexNet、VGG、Inception、ResNet 等）进行微调，能够高效地适应特定任务。这种方法通常比从零开始设计和训练新的神经网络要更为高效，特别是在数据量有限的情况下。

▶▶ 8.4.2 单算法优化

背景	在机器学习和数据挖掘中，模型的性能受到入模特征、超参数选择以及算法设计等多方面因素的影响。不同的组合会导致模型在性能表现上的显著差异。学术界与工业界在算法优化上的关注点有所不同：学术界通常侧重于算法设计与创新，以及对新颖模型的探索；而工业界则更关注如何在特定数据分析任务中充分利用现有算法，最大化模型的性能表现。
简介	在机器学习和数据挖掘中，算法优化是提高模型性能和效率的关键步骤。单个算法优化内容主要包括算法挑选、模型调参、模型校准等内容。每个步骤都需要深刻理解问题背景和数据特性，以实现最佳的优化效果。
核心内容	单个算法优化内容，具体如下所示。 （1）算法择优：算法选择是算法优化的第一步，它要求对待解决问题和数据特性有深入理解。不同的任务（如分类、回归、聚类等）和数据特征（如高维稀疏数据、图像数据等）适合不同类型的算法。 ● 分类与回归任务：简单且有效的算法如逻辑斯谛回归（LoR）和朴素贝叶斯广泛用于基础任务。对于更复杂的任务，支持向量机（SVM）因其核函数的强大而适用于处理非线性问题，因为许多工程问题都是非线性的（也主要因为世界的本质是非线性的）。 ● 深度学习模型：例如微软的 ResNet-152 层网络，尽管在理论上表现出色，但在工业应用中由于复杂性和计算资源需求高，实际使用受到限制，不太实用。 ● 树类模型：如 XGBoost 和 LightGBM，在结构化数据上表现出色，且具有强大的预测能力，因而在工业界广受欢迎。 ● 高维稀疏数据：朴素贝叶斯和 SVM 可能表现良好。 ● 图像数据：卷积神经网络（CNN）是处理此类数据的最佳选择。 注意：各种熵的算法在实践中较少应用，更多用于理论研究。 （2）模型调参：在选定合适的算法后，模型调参是提升模型性能的关键步骤。通过系统调整模型的超参数，可以显著优化模型的表现。常见的方法包括网格搜索、随机搜索以及贝叶斯优化等。 注意：一般来说，通常会比较多个算法，选择最佳模型，然后基于最佳模型进行参数调优。 （3）模型校准：模型校准也是模型优化的一个重要技术，它旨在提高模型的预测性能和稳定性，以更好地适应重要应用场景，例如医疗诊断、金融风控等。主要包括概率校准、温度缩放、贝叶斯模型校准等。 概率校准：特别是对于分类器，其输出的概率值可能并不精确。通过概率校准，可以调整这些概率值，使其更接近真实的概率分布。常用的方法包括 Platt 校准和等距回归校准（Isotonic Regression）。 ● Platt 校准：适用于二元分类问题，它通过对原始分类分数进行 sigmoid 函数拟合，将其转换为预测正类的概率。 ● 基于 Platt 校准结合等距回归概率校准：作为 Platt 校准的改进版本，先进行 Platt 校准，再利用等距回归进一步调整概率值，以提高校准精度。

优化维度	在深度学习领域，算法优化主要关注两个方向：时间复杂度和空间复杂度。这些优化对于提高模型效率和在资源受限的环境中的应用尤为重要。 （1）时间复杂度优化：时间复杂度优化旨在减少模型计算所需的时间，提高计算速度。常用的方法包括裁剪神经元、矩阵分解等。 • 裁剪神经元：通过删除网络中连接权重较小（接近0）的神经元，减少模型的复杂性，从而加快计算速度。例如，在深度神经网络中，权重接近零的神经元对输出的贡献极小，通过删除这些神经元，模型的计算速度得以提升。 • 矩阵分解：使用主成分分析（PCA）技术可以减少数据或权重矩阵的秩，从而降低计算量。矩阵分解能够通过减少计算规模来加速处理过程，这在大型矩阵计算时尤其有效。 （2）空间复杂度优化：空间复杂度优化旨在减少模型占用的存储空间，这在内存有限的设备上尤为重要。常用的方法包括权重剪枝、模型量化等。 • 权重剪枝：通过移除权重矩阵中不重要的连接（权重接近零），减少模型的参数数量，从而减少模型的大小。 • 模型量化：通过减少每个权重所需的比特数。例如，将浮点数权重转换为整数或更低精度的表示形式，从而减少模型占用的空间。早期的深度学习模型，如 VGG16，在 CPU 上运行时速度较慢（例如，每张图片处理近 2 秒），且模型大小较大（百兆级别），不适合移动设备。为克服这些缺点，研究者们开发了新的模型结构，如门控循环单元（GRU），这种结构在简化长短期记忆网络（LSTM）的同时，保持了相似的学习能力。
经验技巧	在单算法优化中，常用的经验技巧如下所示。 • 采用更强而非更深的模型：对于神经网络来说，简单问题通常更适合使用简单网络，而不是盲目增加网络深度。比如，在基于 MNIST 数据集的任务中，优秀算法的识别精度甚至达到了 99.79%，这些方法多基于卷积神经网络（CNN）结构，但并没有采用非常深的网络（仅有几层）。这表明，对于手写数字识别这种简单任务，增加网络深度并不能显著提高性能。然而，对于复杂任务，如大规模物体识别，增加网络深度能够显著提升识别精度。因此，网络深度应根据任务的复杂度进行调整，以确保模型不过度复杂或过于简单。

代码实战

 # 示例——对基于泰坦尼克号数据集采用 LoR 模型的预测执行概率校准技术：包括 Platt 校准、Isotonic 校准、Platt+Isotonic 校准。

如图 8-10 所示，这三张子图展示了对基于泰坦尼克号数据集采用 LoR 模型的预测依次采用 Platt 校准、采用 Isotonic 校准、采用 Platt+Isotonic 校准方法后，模型预测概率与真实标签之间的关系，以评估模型的校准效果。

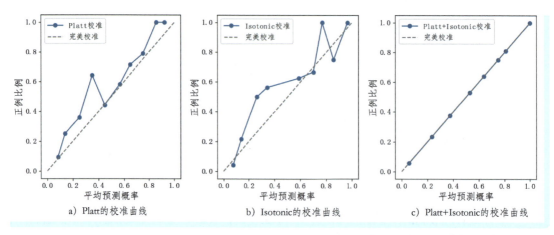

图 8-10 对采用 LoR 模型的预测依次采用 Platt 校准、Isotonic 校准、Platt+Isotonic 校准并对比（数据来自泰坦尼克号数据集）

Platt 校准（左图）：蓝色线条表示使用 Platt 校准后的模型预测概率。观察发现，尽管部分数据点接近完美校准线（灰色虚线），但整体而言，预测概率与真实标签之间存在较大偏差，尤其是在中间概率区域，表明 Platt 校准方法的效果有待提高。

Isotonic 校准（中图）：在此方法下，模型预测概率同样由蓝色线条表示。与 Platt 校准相比，Isotonic 校准效果更佳，更多数据点接近完美校准线。然而，在低预测概率范围内，仍存在一定的偏差。

Platt+Isotonic 校准（右图）：此方法首先进行 Platt 校准，然后进行 Isotonic 校准。结果显示，预测概率的蓝色线条几乎与完美校准线（灰色虚线）完全重合，形成接近 45 度的直线。这表明，Platt 校准与 Isotonic 校准的结合显著提升了模型的校准性能，接近理想水平。

综上所述，单独采用 Platt 校准或 Isotonic 校准方法均能在一定程度上改善模型的校准效果，但效果有限。而将这两种方法结合使用，则能使校准曲线接近完美校准线，显著提高模型的校准性能，使得预测概率与实际概率高度一致。因此，在实际应用中，采用组合校准方法是一种提高模型校准性能的有效策略。需要注意的是，校准曲线仅反映模型概率预测与实际概率的一致性，而未考虑其他可能影响模型性能的因素。

8.4.3 多算法模型融合——模型提效技巧点 ☆

背景	集成学习是数据科学中的一个重要领域，被广泛研究并在许多实际问题中得到应用。例如，随机森林和 AdaBoost 都是集成学习领域内的经典工作。集成学习的成功证明了通过组合多个简单模型，可以获得强大的预测能力，这是数据科学和机器学习中的一个重要概念。
简介	模型融合是指将多个独立训练的机器学习模型的预测结果结合起来，以获得更好的性能和泛化能力，也被称作集成学习（Ensemble Learning），这是一种机器学习技术，旨在结合多个不同的学习算法来改善单个模型的性能。通过结合多个模型，模型融合可以弥补单一模型的局限性，提高整体性能，降低过拟合的风险，能够对抗噪声，进而提高模型的泛化能力。集成学习在数据科学和机器学习竞赛中非常流行，因为它们通常能够提供比单个模型更好的预测准确性和鲁棒性。 ● 目标：集成学习的目标是创建一个最终的模型，该模型在预测准确性、泛化能力和稳定性方面都优于其组成模型。其中，提高稳定性是指降低模型对特定数据集的依赖，使其在面对不同类型的数据时表现更加稳定。 ● 本质：集成学习的本质是利用多个模型的多样性和准确性来减少单个模型预测的方差（variance）和偏差（bias），从而提高整体性能。 ● 思路：集成学习利用多个模型的集体智慧，通过采用某种集成策略，组合它们的预测结果，以期望在性能和泛化能力上取得优势。 ● 意义：集成学习在理论和实践中都具有重要的意义。它证明了简单模型的集合可以产生强大的预测能力，这为提高机器学习模型的性能提供了一种有效的方法。尤其适用于大规模数据、复杂问题、高维特征等场景下的模型构建和优化。
核心内容	在多算法模型融合优化阶段，其核心内容如下所示。 （1）模型选择策略（偏弱模型+多样性）：模型融合的关键是组合不同模型，尤其是弱模型，并确保它们在某些方面有所不同，以增加集成的多样性。 ● 选择弱模型：一般采样弱模型，通常是为了平衡误差，避免强模型对集成结果产生过大的影响，因为一旦某个模型（比如分类器）太强就会造成后面的结果受其影响太大，严重的会导致后面的分类器无法进行分类。常用的弱模型包括线性回归（LiR）、逻辑斯谛回归（LoR）、决策树（DT）、支持向量机（SVM）、K 近邻（KNN）等。

（续）

核心内容	● 模型多样性：通过使用不同的算法、参数设置或数据子集来训练模型，增加模型之间的差异性，可以提高融合效果。 （2）模型训练策略：交叉验证训练、迭代优化训练等。在实际案例中，经常采用交叉验证来评估模型融合的效果，避免过拟合。 （3）模型结合策略：选择合适的组合策略，例如简单平均、加权平均、投票等，以综合模型的预测结果。常用方法包括 Bagging、Boosting、Stacking 等。 ● 简单平均或投票法（Bagging）：对于分类问题，可以使用投票法来选择输出最多的类；对于回归问题，可以将学习器输出的结果求平均值法，比如随机森林算法。 ● 调整模型融合权重（Boosting）：通过序列化地训练模型，根据模型在验证集上的表现来调整权重，并重视前一个模型错误分类的样本，逐步提升模型性能。比如 XGBoost、LightGBM 算法。 ● 整合学习算法（Stacking）：使用多个不同的模型，并将它们的输出（或多个体学习器的结果）作为特征来训练一个元模型（通常是线性模型），以融合它们的预测。
融合维度	在多算法模型融合优化阶段，基于模型融合的三种思路或者三个层面具体如下所示。 T1、特征层面分割后的融合：在特征层面，可以将特征分割给不同的模型进行训练，然后再后续进行模型融合或结果融合，以提升整体效果。这种方法利用了同种模型对不同特征的适应性，有时能够取得显著效果。 T2、模型层面堆叠的融合：在模型层面，通过堆叠和设计模型，比如使用 Stacking 层，将部分模型的结果作为下一层模型的输入特征。这需要多次实验尝试，不同模型的类型最好有一定的差异。 ● 根据过往经验，利用同种模型的不同参数的收益一般是比较小的。 T3、模型推理结果层面的融合：在结果层面，基于模型推理结果的得分进行加权融合，也可以应用对数和指数等数学操作。在进行结果融合时，重要条件是模型结果的得分要相近，同时结果的差异要较大，这样的结果融合通常能够显著提升效果。
方法分类	模型融合方法可以分为两大类：基于同质模型的融合（如 Bagging/Boosting）、基于异质模型的融合（如 Stacking/Blending）。 T1、侧重同质模型的融合 ● Bagging——组合：通过构建多个相同类型的模型，每个模型在不同的数据子集上训练，并通过取平均或投票来融合结果。代表性算法比如随机森林等。 ● Boosting——迭代：通过串行迭代地训练多个弱学习器，每个学习器专注于纠正前一个学习器的错误，最终通过加权求和来融合结果。代表性算法比如 AdaBoost、GBDT、XGBoost 和 LightGBM 等。 T2、侧重异质模型的融合 ● Stacking——堆叠：通过训练多个不同类型的模型，将它们的预测结果作为新特征，再用一个元模型（通常是线性模型）进行训练，从而融合不同模型的优点。Stacking 包括两个阶段：训练基学习器和训练元学习器。 ● Blending——混合/聚合：与 Stacking 类似，但 Blending 一般情况下只使用固定的验证集的预测结果生成第二阶段元模型的入模特征，训练一个元模型（如线性回归）进行最终预测。 对比总结：Stacking 更倾向于使用交叉验证来生成第二阶段的训练数据，而 Blending 则主要使用一个固定的验证集，可能导致模型在这个特定的验证集上过拟合。在实际应用中，Stacking 通常被认为比 Blending 更加强大和灵活，因为它可以通过交叉验证减少过拟合的风险，并且可以处理更大的数据集。
优缺点	在多算法模型融合优化阶段，优缺点如下所示。 ● 优点：准确度高、鲁棒性好、泛化能力强。 ● 缺点：可解释性差、部署困难、计算量大。
经验技巧	在多算法模型融合优化阶段，常用的经验技巧如下所示。 ● 模型融合的适用性：模型融合特别适合于科学竞赛和需要高预测准确性的场景，应充分应用，因为它能够显著提高模型的性能。 ● 不平衡数据集需采样：在集成学习中，面对不平衡数据集，应保持数据的原始分布或采用过采样、欠采样等技术来平衡类别，以确保模型训练的有效性。

第 8 章 模型项目整体性分析、反思与优化

（续）

经验技巧	• **模型选择和多样性**：为了提高集成学习的性能，应选择性能互补的模型，并确保模型之间具有一定的差异性，避免过度依赖某个模型。可以通过不同的初始化、特征选择或使用不同类型的模型来实现。 • **交叉验证的应用**：使用交叉验证可以更准确地评估集成模型的泛化能力，特别是对于加权平均的融合方法，在确定模型权重时，交叉验证是一种有效的策略。 • **模型数量的权衡**：集成中模型的数量需要权衡，以避免过拟合和减少计算成本。通常，通过实验来确定最佳的模型数量。 • **特征重要性的分析**：分析集成中各个模型的特征重要性有助于理解哪些特征对预测最为关键，这可以指导特征工程的优化。 • **调参优化与融合**：在模型融合之前，对各个模型进行细致的调参优化是非常重要的，这可以提高融合后模型的性能。

代码实战

示例 1——"分类"任务：硬投票和软投票。

```python
# 假设有 3 个模型的预测结果, 每个模型的预测结果存储在 predictions 列表中
predictions = np.array([[1, 2, 3],
                        [2, 3, 4],
                        [3, 4, 5]])
# 假设有 3 个模型的权重
weights = np.array([0.2, 0.3, 0.5])

# 使用硬投票机制
def hard_voting(predictions):
    """
    硬投票机制
    """
    return mode(predictions, axis=1)[0].ravel()
hard_voting_result = hard_voting(predictions)
print("Hard Voting Result:", hard_voting_result)

# 使用软投票机制
def soft_voting(predictions, weights=None):
    """
    软投票机制
    """
    if weights is None:
        weights = np.ones(predictions.shape[1])
    return np.dot(predictions, weights) / np.sum(weights)
weights = np.array([0.3, 0.3, 0.4])    # 假设给不同模型不同权重
soft_voting_result = soft_voting(predictions, weights)
print("Soft Voting Result:", soft_voting_result)
```

示例 2——"回归"任务：加权平均融合、mean 平均融合、median 取中位数融合、于 MAE 系数的加权融合、基于 MSE 系数的加权融合、基于 R2 系数的加权融合。

```python
# 使用加权平均融合模型
def weighted_average(predictions, weights):
```

·369

```python
"""
    加权平均融合模型
"""
    return np.dot(predictions, weights) / np.sum(weights)
weighted_avg_result = weighted_average(predictions, weights)
print("Weighted Average Result:", weighted_avg_result)

# 使用 mean 平均融合模型
def mean_average(predictions):
    """
    mean 平均融合模型
    """
    return np.mean(predictions, axis=1)
mean_avg_result = mean_average(predictions)
print("Mean Average Result:", mean_avg_result)

# 使用 median 取中位数融合模型
def median_average(predictions):
    """
    median 取中位数融合模型
    """
    return np.median(predictions, axis=1)
median_avg_result = median_average(predictions)
print("Median Average Result:", median_avg_result)

# 使用基于 MAE 系数的加权融合模型
def weighted_mae(predictions, weights):
    """
    基于 MAE 系数的加权融合模型
    """
    return np.dot(predictions, weights) / np.sum(weights)
mae_weights = weights
weighted_mae_result = weighted_mae(predictions, mae_weights)
print("Weighted MAE Result:", weighted_mae_result)

# 使用基于 MSE 系数的加权融合模型
def weighted_mse(predictions, weights):
    """
    基于 MSE 系数的加权融合模型
    """
    return np.dot(predictions, weights) / np.sum(weights)
mse_weights = weights
weighted_mse_result = weighted_mse(predictions, mse_weights)
print("Weighted MSE Result:", weighted_mse_result)

# 使用基于 R2 系数的加权融合模型
```

```
def weighted_r2(predictions, weights):
"""
    基于R2系数的加权融合模型
"""
    return np.dot(predictions, weights) / np.sum(weights)
r2_weights = weights
weighted_r2_result = weighted_r2(predictions, r2_weights)
print("Weighted R2 Result:", weighted_r2_result)
```

8.5 系统优化

图 8-11 为本小节内容的思维导图。

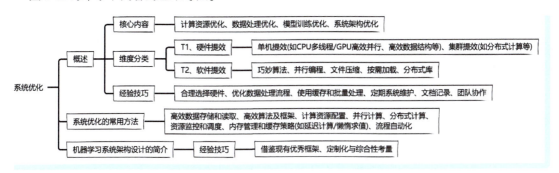

图 8-11 本小节内容的思维导图

8.5.1 系统优化概述

简介

系统层面优化是指在机器学习项目中,通过优化计算环境、软件框架、数据处理流程和模型部署等方面,提高系统的性能、稳定性、可扩展性和效率,并减少资源占用。其目的是使系统更好地适应业务需求。这一过程涉及硬件资源的使用、软件架构的设计、数据处理的管道化、模型训练的并行化,以及系统的维护和监控,以确保整个项目的高效运行。

- 目标:系统层面优化的目标包括减少训练和推断的计算时间,提升效率和性能,增强系统稳定性,减少系统崩溃或错误的发生概率,并提高可扩展性,确保系统在面对更大规模数据和更复杂模型时仍能高效运行。同时,这种优化能够更有效地利用计算资源,如 CPU、GPU 和内存等。
- 意义:系统层面优化的意义在于减少项目的运行成本和节省资源,提高模型的训练速度,使模型能够更快地部署和迭代,从而提高项目的成功率。

核心内容

在系统优化阶段,核心内容包括以下几个方面。
- 计算资源优化:合理分配和使用 CPU、GPU 等计算资源,以最大化计算效率。
- 数据处理优化:优化数据预处理流程,提高数据处理速度,确保数据能够快速且高效地被模型使用。
- 模型训练优化:采用高效的算法和框架,提高模型训练速度,减少训练时间。
- 系统架构优化:设计高效的系统架构,提高系统的稳定性和可扩展性,以应对更大规模的数据和更复杂的模型。

（续）

维度分类	在系统优化阶段，依次可以从硬件提效和软件提效两个层面进行分析，具体如下所示。 **T1、硬件提效** - 单机提效 ○ CPU 多线程/GPU 高效并行：利用多核 CPU 或多 GPU 系统进行并行计算，可以显著提高数据处理、特征提取和模型训练的效率。 ○ 高效数据结构：使用列式存储格式如 Parquet，它适合于大规模数据集，因为它具有高效的压缩率和快速的读取速度，同时支持复杂数据类型。对于小规模数据，可以选择其他格式，如 CSV。 - 集群提效 ○ 分布式计算：对于大规模数据集，使用分布式计算框架如 Apache Spark 可以分散计算任务，提高数据处理和模型训练的速度。分布式计算可以有效地利用多台机器的计算资源。 **T2、软件提效** - 巧妙算法：使用如懒惰求值和内存映射等算法，可以减少不必要的计算，提高效率。 - 并行编程：通过并行化数据处理和模型训练，提高计算效率。 - 文件压缩：使用 HDF5 等压缩格式存储数据，可以减少存储空间的需求和提高数据加载速度。 - 按需加载：使用 pandas 等库进行按需加载数据，可以减少内存的使用。 - 分布式库：比如 PySpark 适用于大型数据和集群高性能计算；PyODPS 是基于 MaxCompute 的分布式计算框架；Vaex 适用于单机提效，支持内存映射、延迟计算、列式存储、零复制计算、过滤器下推、并行计算和 GPU 加速；Dask 适用于中小型数据和集群轻量级计算，支持延迟计算图、延迟加载、任务分解、数据分区、内存管理和自动优化，能够整合现有工具生态系统进行分布式计算。
经验技巧	在系统优化阶段，常用的经验技巧包括以下几点。 - 合理选择硬件：根据项目需求选择合适的硬件，例如使用 GPU 来加速深度学习模型的训练。GPU 特别适合处理并行计算任务，这对于提高深度学习模型的训练速度至关重要。 - 优化数据处理流程：使用高效的数据处理工具和库，如 pandas 和 NumPy，可以显著提高数据处理速度。这些工具提供了丰富的数据处理功能，可以简化数据清洗、转换和准备的步骤。 - 使用缓存和批量处理：缓存技术可以存储重复使用的数据，减少不必要的计算和 I/O 操作，从而提高系统的响应速度。批量处理则允许一次性处理大量数据，比条处理数据更高效。 - 定期系统维护：定期检查和维护系统是确保系统稳定性和性能的重要措施。这包括更新软件和库、监控系统性能、以及及时处理任何潜在的问题。 - 文档记录：记录系统优化的过程和结果对于团队协作至关重要。清晰的文档可以帮助团队成员理解优化措施的效果，并便于未来的回顾和改进。此外，记录模型的优点和缺陷有助于持续的模型维护和迭代。 - 团队协作：与数据科学家、领域专家等团队成员的密切合作对于模型的优化至关重要。系统性优化通常需要跨学科的知识和技能，因此团队合作和交流是成功的关键。

▶▶ 8.5.2 系统优化的常用思路和方法

常用思路	在机器学习项目实战中，系统优化常用的思路和方法包括高效数据存储和读取、高效算法及框架、计算资源配置、并行和分布式计算、资源监控和调度、内存管理和缓存策略（如延迟计算/懒惰求值），以及流程自动化。以下是具体的方法和思路。 - 高效数据存储和读取：高效的数据存储和读取是机器学习项目优化的基础。使用内存映射可以提高大文件的读取效率，而列式存储格式（如 Parquet）特别适合大规模数据集，具有高效压缩、快速读取（按需读取）和对复杂数据类型（嵌套/数组等）的支持。对于小规模数据集，可以选择简单的格式如 CSV。 - 高效算法及框架：选择适合项目需求的算法和框架是提高系统性能的关键。框架如 TensorFlow 和 PyTorch 提供了优化的计算图和自动微分工具，可以显著加快模型训练速度。 - 计算资源配置：根据项目需求选择合适的硬件资源至关重要。CPU 适合一般的计算任务，而 GPU 则因其并行计算能力，尤其适合深度学习模型的训练。

第 8 章
模型项目整体性分析、反思与优化

（续）

常用思路	• 并行计算：利用多核 CPU 或多 GPU 系统进行并行计算，可以加速数据处理、模型训练和推断过程。并行计算可以通过多线程、多进程或使用并行计算框架实现。 • 分布式计算：对于大规模数据集，使用分布式计算框架如 Apache Spark 可以分散计算任务，提高数据处理和模型训练的速度。分布式计算能够有效利用多台机器的计算资源。 • 资源监控和调度：监控计算资源的使用情况，并根据任务需求合理调度资源，可以提高资源使用效率。这包括 CPU、GPU、内存和存储等资源的监控和管理。 • 内存管理和缓存策略：优化数据在内存中的加载和存储，减少内存占用，避免不必要的数据复制。合理使用缓存，减少 I/O 操作，提高数据读取速度。例如，延迟计算和懒惰求值（如 pandas 库中的 DataFrame）技术可以显著提高性能。 • 流程自动化：自动化数据处理、模型训练、评估和部署的流程可以提高效率并减少人为错误。使用自动化工具和脚本可以加速迭代过程，并确保一致性和可重复性。 切记，如果有成本更低的方法能够实现更好的效果，不要盲目追求全自动模型。
总结	在机器学习项目中，优化系统性能需要综合考虑数据存储、算法选择、资源配置、计算方式、资源管理、内存管理以及流程自动化等多个方面。合理应用这些方法，可以显著提高机器学习项目的效率和效果。同时，在追求自动化和高性能的过程中，也应考虑成本效益，避免盲目追求全自动化而忽略更低成本的优化方法。

▶▶ 8.5.3 机器学习系统架构设计简介

背景	随着业务规模和复杂度的不断提升，发展到一定程度的时候，机器学习会逐渐走向系统化和平台化的方向。这时就需要结合业务特点和机器学习本身的特性来设计一套全面的架构，包括上游数据仓库和数据流的架构设计、模型训练的架构以及线上服务的架构等。因此，高效设计机器学习系统架构就变成了一个非常重要的方向。
简介	机器学习系统架构设计主要研究如何构建一个完整的机器学习系统，涵盖数据采集、存储、数据预处理、特征提取、模型选择、模型训练、模型评估与调优以及服务部署等所有环节及其关系。在设计过程中，需要考虑算法选择、资源调度、系统拓扑、模块设计等各层面的系统问题。根据数据和应用场景，灵活利用各种机器学习技术和算法，设计出合理的系统解决方案，并通过不断的迭代和优化，提高系统的效率和性能，为业务提供更好的服务。 机器学习系统架构设计旨在设计高效、可扩展和可靠的机器学习系统，以解决特定问题或需求。它将数据科学、机器学习和深度学习的技术应用于实际项目中，通过系统化的方法提高模型的性能和效率。 实际上，机器学习系统架构设计是一个广泛而密集的研究领域，涉及机器学习算法、软件工程、系统架构、云计算和大数据等多个领域的知识。其核心还是以机器学习应用为中心，深入理解实际业务场景和需求，构建最优的软硬件环境来服务机器学习，实现算法的落地和产业化。 • 核心思想：以机器学习任务为中心，以解决实际问题为导向，构建完整的系统解决方案。通过模块化设计，实现系统的高扩展性、高性能和易维护性，整体优化各个环节，改善任务的最终效果。 • 目的：针对不同问题和场景，综合各种机器学习技术，构建高效、稳定、可扩展且易于维护的机器学习系统。
经验技巧	在机器学习系统架构设计过程中，有一些关键的经验和技巧，如下所示。 • 借鉴现有优秀框架：目前，国内外有许多成熟机器学习系统设计的成功案例，如谷歌机器学习系统、Amazon 机器学习平台、Uber Ludwig 等。从这些成功案例中总结优秀经验可以得到许多宝贵的设计思想与建议，然后结合实战经验，多总结、多抽象、多迭代，进而形成适合自身的架构体系。 • 定制化与综合性考量：机器学习系统的架构设计需要结合具体的应用场景进行设计，根据数据的特点、问题的性质以及算法的可行性等方面进行综合考虑。同时，也需要注意到机器学习系统的可解释性、安全性和鲁棒性等问题，确保系统在各种情况下都能稳定运行。

8.6 代码优化

图 8-12 为本小节内容的思维导图。

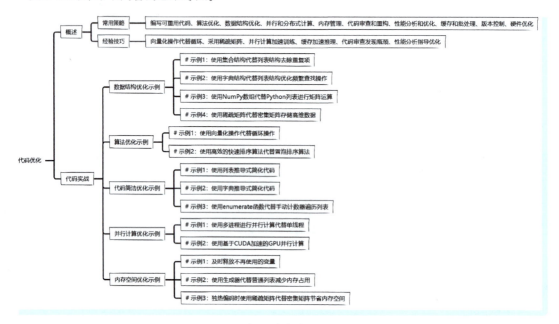

图 8-12　本小节内容的思维导图

▶▶ 8.6.1　代码优化概述

背景	在机器学习项目中，代码优化是提升代码质量和性能的关键步骤。本小节将探讨代码优化的常用策略以及实战经验，提供系统性的指导。
简介	代码优化是指对机器学习项目的代码进行重构和改进，以提高代码的质量和性能。具体来说，通过使用更高效的算法、数据结构和编程技巧，提高代码执行效率。良好的代码结构能提高可扩展性和维护性。代码优化主要涉及改进算法、优化数据结构和提高代码的运行效率，进而提高模型的性能和效率，增强代码的可重用性、可维护性和可扩展性，同时更好地利用硬件资源，以加速模型的训练和预测过程。
常用策略	在进行代码优化时，以下策略被广泛应用。 ● 编写可重用代码：通过将常用功能封装成模块，可以显著提高代码的可重用性和维护性。这种方法不仅减少了代码的冗余，还使得功能模块可以在不同的项目间共享。例如，创建一个通用的数据预处理模块，可以在多个机器学习项目中重复使用，减少开发时间。 ● 算法优化：选择高效的算法是提高代码性能的关键。例如，向量化操作比显式的循环结构更高效。在 Python 中，使用 NumPy 或 pandas 库的底层优化可以显著加快计算速度。具体案例包括以下几个。 　○ 在数据操作中，使用 NumPy 的矢量化操作来代替 Python 的 for 循环，以减少计算时间。 　○ 对于大数据集，可以选择时间复杂度更低的算法，例如使用快速傅里叶变换（FFT）替代直接计算离散傅里叶变换（DFT）。

第 8 章
模型项目整体性分析、反思与优化

（续）

常用策略	• 数据结构优化：选择合适的数据结构是提升代码效率的重要环节。例如，使用稀疏矩阵来处理大规模稀疏数据可以显著节省存储空间和计算资源。字典和集合在查找操作上比列表更高效，适用于需要频繁检索数据的场景。 • 并行和分布式计算：为了充分利用多核 CPU 和 GPU 的计算能力，可以采用并行计算技术。Python 中的 multiprocessing、numba 和 Cython 库能够有效地加速计算过程。分布式计算框架如 Apache Spark，适合处理大规模数据集。例如，在深度学习中，使用 CUDA 加速 GPU 计算可以显著减少模型训练时间。 • 内存管理：优化内存使用可以避免性能瓶颈。使用生成器表达式而非一次性加载大量数据到内存中，可以减少内存消耗。及时清除不再使用的变量，释放内存资源，也有助于维持系统的高效运行。例如，在处理大型数据集时，使用 Python 的 yield 生成器来逐步读取数据，可以显著降低内存使用。 • 代码审查和重构：定期进行代码审查有助于发现潜在的性能瓶颈和代码质量问题。通过重构提高代码的可读性和可维护性，可以减少技术债并提高开发效率。代码审查工具如 pylint 可以自动检测代码中的常见问题。 • 性能分析和优化：使用性能分析工具（如 cProfile、line_profiler）可以识别代码中的热点和性能瓶颈，针对这些问题进行优化。例如，在一个大型的机器学习项目中，性能分析工具有助于找出耗时最长的函数，然后针对这些函数进行优化，以整体提升系统性能。 • 缓存和批处理：对于昂贵的计算结果，可以使用缓存来存储，以避免重复计算。例如，在深度学习训练中，使用批处理可以减少梯度更新的频率，从而提高训练效率。 • 版本控制：使用版本控制系统（如 Git）来管理代码，以便于追踪代码变更和回滚错误的更改。这不仅有助于团队协作，也能有效地管理项目的不同版本。 • 硬件优化：针对特定硬件进行优化可以进一步提升代码的运行效率。例如，利用 CUDA 优化深度学习模型的 GPU 计算，可以大幅缩短训练时间。在实际应用中，为特定的硬件平台（如特定型号的 GPU 或 CPU）进行针对性的优化，能够充分发挥硬件的性能。
经验技巧	代码优化是一个综合考虑算法、数据结构和计算资源的过程，需要在项目中不断调整和改进。通过遵循一些方法和技巧，可以确保机器学习模型在实际应用中能够高效地运行。以下是一些实战中的经验和技巧。 • 向量化操作代替循环：在一个自然语言处理（NLP）项目中，原本使用 for 循环处理文本数据，通过将操作向量化，处理速度可以提升数倍。 • 采用稀疏矩阵：在处理用户行为数据时，原始数据非常稀疏，使用稀疏矩阵表示数据，可以大大降低存储和计算的开销。 • 并行计算加速训练：在一个深度学习模型的训练中，使用多 GPU 并行计算，加快了训练速度，可以缩短训练周期。 • 缓存加速推理：在一个实时推荐系统中，缓存用户的历史计算结果，减少在线推理的时间，可以提高系统响应速度。 • 代码审查发现瓶颈：在一个金融预测项目中，通过代码审查发现某个数据预处理步骤耗时过长。优化数据结构后，处理时间可以减少一半左右。 • 性能分析指导优化：在一个图像处理项目中，使用 cProfile 发现某个图像处理函数是性能瓶颈，通过优化该函数，可以提高整个系统的处理效率。

▶▶ 8.6.2 代码优化代码实战

1. 数据结构优化示例

 # 示例 1——使用集合结构代替列表结构去除重复项。

场景：在数据预处理阶段，需要高效地去除重复项并检查成员的任务。

效果对比：使用集合去除重复项和检查成员的耗时显著低于使用列表，实现了数百倍的效率提升。

原因剖析：集合基于哈希表实现，查找操作的时间复杂度为 $O(1)$，而列表的查找操作时间复杂度为 $O(n)$。

```python
import time

# 使用列表进行成员检查
def list_check_membership(items):
    unique_items = []
    for item in items:
        if item not in unique_items:
            unique_items.append(item)
    return unique_items

# 使用集合进行成员检查
def set_check_membership(items):
    unique_items = list(set(items))
    return unique_items

# 生成包含随机整数的大型列表
items = [1, 2, 2, 3, 4, 4, 4, 5] * 100000

# T1、测试使用列表进行成员检查的耗时
start_time = time.time()
result_list = list_check_membership(items)
end_time = time.time()
list_check_time = end_time - start_time

# T2、测试使用集合进行成员检查的耗时
start_time = time.time()
result_set = set_check_membership(items)
end_time = time.time()
set_check_time = end_time - start_time

# 输出优化前后的对比
print(f"列表检查耗时：{list_check_time:.6f} 秒")
print(f"集合检查耗时：{set_check_time:.6f} 秒")
```

运行代码，输出结果如下所示。

列表检查耗时：0.030322 秒
集合检查耗时：0.002983 秒

示例2——使用字典结构代替列表结构优化频繁查找操作。

场景：在推荐系统的数据预处理阶段，需要高效地根据用户ID查找用户特征信息。

效果对比：使用字典结构后，查找操作的时间几乎可以忽略不计，相比于列表查找时间显著减少，特别适合处理大量用户数据的场景。

原因剖析：字典基于哈希表实现，查找操作的时间复杂度为 $O(1)$，而列表的查找操作时间复杂

度为 $O(n)$。

```python
import time
# 示例用户特征数据
user_features = [
    {'user_id': 1, 'feature': [0.1, 0.3, 0.5]},
    {'user_id': 2, 'feature': [0.2, 0.6, 0.1]},
    {'user_id': 3, 'feature': [0.4, 0.9, 0.2]}
]

# 列表查找
start_list = time.time()
user_list = next((user['feature'] for user in user_features if user['user_id'] == 2), None)
end_list = time.time()

# 字典查找
user_dict = {user['user_id']: user['feature'] for user in user_features}
start_dict = time.time()
user_dict_feature = user_dict[2]
end_dict = time.time()

# 输出优化前后的对比
print(f"列表查找时间: {end_list - start_list:.6f} 秒")
print(f"字典查找时间: {end_dict - start_dict:.6f} 秒")
```

运行代码，输出结果如下所示。

列表查找时间: 0.000203 秒
字典查找时间: 0.000000 秒

示例3——使用 NumPy 数组代替 Python 列表进行矩阵运算。

场景：在特征工程阶段，需要进行大型矩阵运算以处理和转换数据。

效果对比：使用 NumPy 数组进行矩阵乘法的计算速度显著快于使用 Python 列表。

原因剖析：NumPy 底层使用了 C 语言和优化的线性代数库，使其在处理大型数据集时具有更高的计算效率。

```python
import numpy as np
import time

# 定义使用 Python 列表进行矩阵乘法的函数
def matrix_multiply_list(A, B):
    result = [[0 for _ in range(len(B[0]))] for _ in range(len(A))]
    for i in range(len(A)):
        for j in range(len(B[0])):
            for k in range(len(B)):
                result[i][j] += A[i][k] * B[k][j]
    return result
```

```python
# 定义使用 NumPy 数组进行矩阵乘法的函数
def matrix_multiply_numpy(A, B):
    return np.dot(A, B)

# 生成随机的大型矩阵
A = np.random.rand(100, 100)
B = np.random.rand(100, 100)

# T1、测试使用 Python 列表进行矩阵乘法的时间
start_list = time.time()
result_list = matrix_multiply_list(A, B)
end_list = time.time()
time_list = end_list - start_list

# T2、测试使用 NumPy 数组进行矩阵乘法的时间
start_numpy = time.time()
result_numpy = matrix_multiply_numpy(A, B)
end_numpy = time.time()
time_numpy = end_numpy - start_numpy

# 输出优化前后的对比
print(f"列表计算时间:{time_list:.6f} 秒")
print(f"NumPy 计算时间:{time_numpy:.6f} 秒")
```

运行代码,输出结果如下所示。

列表计算时间:0.452781 秒
NumPy 计算时间:0.000000 秒

示例 4——使用稀疏矩阵代替密集矩阵存储高维数据。

场景:在自然语言处理任务中,需要高效存储和处理高维稀疏文本数据。

效果对比:使用稀疏矩阵显著减少了内存占用和存储时间。

原因剖析:稀疏矩阵仅存储非零元素,而密集矩阵需要为每个元素分配内存,包括零值,所以需要更高的存储成本和更长的存储时间。

```python
import numpy as np
from sklearn.feature_extraction.text import CountVectorizer
from scipy.sparse import csr_matrix
import time
import sys

# 示例中文文本数据:李白的《将进酒》原文
corpus = [
    "君不见,黄河之水天上来,奔流到海不复回。",
    "君不见,高堂明镜悲白发,朝如青丝暮成雪。",
    "人生得意须尽欢,莫使金樽空对月。",
    "天生我材必有用,千金散尽还复来。",
```

第 8 章
模型项目整体性分析、反思与优化

```
"烹羊宰牛且为乐,会须一饮三百杯。",
"岑夫子,丹丘生,将进酒,杯莫停。",
"与君歌一曲,请君为我倾耳听。",
"钟鼓馔玉不足贵,但愿长醉不复醒。",
"古来圣贤皆寂寞,惟有饮者留其名。",
"陈王昔时宴平乐,斗酒十千恣欢谑。",
"主人何为言少钱,径须沽取对君酌。",
"五花马,千金裘,呼儿将出换美酒,与尔同销万古愁。"
]

# 密集矩阵方法
vectorizer_dense = CountVectorizer()
start_dense = time.time()
X_dense = vectorizer_dense.fit_transform(corpus).toarray()
end_dense = time.time()

# 稀疏矩阵方法
vectorizer_sparse = CountVectorizer()
start_sparse = time.time()
X_sparse = vectorizer_sparse.fit_transform(corpus)
end_sparse = time.time()

# 输出优化前后的对比
print(f"密集矩阵存储时间: {end_dense - start_dense:.6f} 秒")
print(f"稀疏矩阵存储时间: {end_sparse - start_sparse:.6f} 秒")
print(f"密集矩阵内存占用: {sys.getsizeof(X_dense)} 字节")
print(f"稀疏矩阵内存占用: {sys.getsizeof(X_sparse.data) + sys.getsizeof(X_sparse.indptr) + sys.getsizeof(X_sparse.indices)} 字节")
```

运行代码,输出结果如下所示。

```
密集矩阵存储时间: 0.001005 秒
稀疏矩阵存储时间: 0.000000 秒
密集矩阵内存占用: 2912 字节
稀疏矩阵内存占用: 508 字节
```

小结

上述四个示例系统性地说明了在数据科学和机器学习项目中,通过合理选择和优化数据结构,可以显著提升数据预处理、特征工程和模型训练的效率。具体总结如下。

数据预处理	数据预处理阶段: • 集合去重与成员检查:使用集合代替列表来去除重复项和检查成员,大幅提升了操作效率,适合大数据集。 • 字典快速查找:在需要频繁查找操作的场景中,使用字典代替列表,提高查找速度,适合处理大量用户数据。
特征工程	特征工程阶段: • NumPy 矩阵运算:采用 NumPy 数组进行矩阵运算,利用其底层优化显著加快计算速度,适合大型矩阵运算。

模型训练	模型训练阶段： • 稀疏矩阵存储：对于高维稀疏数据，使用稀疏矩阵节省内存并提高存储和计算效率，适合处理文本等稀疏特征数据。

总结起来，这些优化措施通过选择合适的数据结构，有效提升了处理大数据和高维数据的性能，使得数据科学和机器学习任务更加高效和可扩展。

2. 算法优化示例

示例1——使用向量化操作代替循环操作。

场景：在数据预处理和特征工程阶段，需要对大规模数据进行高效的数值计算。

效果对比：使用向量化操作比显式循环快得多，处理大规模数据时速度提升尤为显著。

原因剖析：向量化操作利用了底层的 C 语言优化，计算速度远超 Python 的显式循环，非常适合大规模数据处理。

```python
import numpy as np
import time

# 创建两个大矩阵
matrix_a = np.random.rand(1000, 1000)
matrix_b = np.random.rand(1000, 1000)

# 显式循环方法
start_loop = time.time()
result_loop = np.zeros((1000, 1000))
for i in range(1000):
    for j in range(1000):
        result_loop[i, j] = matrix_a[i, j] + matrix_b[i, j]
end_loop = time.time()

# 向量化操作方法
start_vectorized = time.time()
result_vectorized = matrix_a + matrix_b
end_vectorized = time.time()

# 输出优化前后的对比
print(f"显式循环操作时间：{end_loop - start_loop:.6f} 秒")
print(f"向量化操作时间：{end_vectorized - start_vectorized:.6f} 秒")
```

运行代码，输出结果如下所示。

```
显式循环操作时间：0.360531 秒
向量化操作时间：0.000000 秒
```

示例2——使用高效的快速排序算法代替冒泡排序算法。

场景：在需要对大规模数据进行排序的数据预处理和特征工程阶段，选择合适的排序算法至关重要。

效果对比：快速排序比冒泡排序显著高效，特别是在处理大规模数据时。

原因剖析：快速排序的平均时间复杂度为 $O(n\log n)$，远远优于冒泡排序的 $O(n^2)$，因此快速排序在大规模数据排序任务中表现更加出色。

```python
import numpy as np
import time

# 创建一个大的随机数组
large_array = np.random.rand(1000)

# 冒泡排序（低效示例）
def bubble_sort(arr):
    n = len(arr)
    for i in range(n):
        for j in range(0, n-i-1):
            if arr[j] > arr[j+1]:
                arr[j], arr[j+1] = arr[j+1], arr[j]
    return arr

# 使用冒泡排序
start_bubble = time.time()
sorted_array_bubble = bubble_sort(large_array.copy())
end_bubble = time.time()

# 使用 NumPy 快速排序
start_quicksort = time.time()
sorted_array_quick = np.sort(large_array, kind='quicksort')
end_quicksort = time.time()

# 输出优化前后的对比
print(f"冒泡排序时间: {end_bubble - start_bubble:.6f} 秒")
print(f"快速排序时间: {end_quicksort - start_quicksort:.6f} 秒")
```

运行代码，输出结果如下所示。

冒泡排序时间：0.143787 秒
快速排序时间：0.000000 秒

小结

这些示例突出了优化算法在数据科学和机器学习中的重要性，选择适当的算法能显著提升处理效率和性能。比如，快速排序相对于冒泡排序在大规模数据排序中表现更出色，而向量化操作则能极大提高数据处理和计算的速度，尤其适用于大规模数据集。

3. 代码简洁优化示例

 # 示例 1——使用列表推导式简化代码。

场景：在数据预处理和特征工程阶段，简化代码结构以提高代码可读性和执行效率至关重要。

效果对比：使用列表推导式比传统的循环方式执行更快，并且代码更为简洁明了。

原因剖析：列表推导式通过减少循环体和临时变量的使用，优化了代码结构，同时在性能上也有所提升，适合处理大规模数据。

```python
import time

# 传统方式生成平方数列表
start_loop = time.time()
squares_loop = []
for x in range(100000):
    squares_loop.append(x**2)
end_loop = time.time()

# 列表推导式生成平方数列表
start_list_comp = time.time()
squares_list_comp = [x**2 for x in range(10000)]
end_list_comp = time.time()

# 输出优化前后的对比
print(f"传统方式执行时间：{end_loop - start_loop:.6f} 秒")
print(f"列表推导式执行时间：{end_list_comp - start_list_comp:.6f} 秒")
```

运行代码，输出结果如下所示。

传统方式执行时间：0.027192 秒
列表推导式执行时间：0.002038 秒

示例2——使用字典推导式简化代码。

场景：在数据处理过程中，使用字典推导式能够简化字典的创建和初始化过程。

效果对比：字典推导式不仅使代码更简洁易读，还在执行效率上表现更优。

原因剖析：字典推导式减少了显式循环和临时变量的使用，通过更高效的内部实现提升了代码执行速度，特别适合在数据预处理和特征工程中提升效率。

```python
import time

# 使用循环创建字典
start_loop = time.time()
numbers = range(100000)
number_dict_loop = {}
for n in numbers:
    number_dict_loop[n] = n**2
end_loop = time.time()

# 使用字典推导式创建字典
start_dict_comp = time.time()
number_dict_comp = {n: n**2 for n in range(10000)}
```

```
end_dict_comp = time.time()

# 输出优化前后的对比
print(f"循环方式执行时间: {end_loop - start_loop:.6f} 秒")
print(f"字典推导式执行时间: {end_dict_comp - start_dict_comp:.6f} 秒")
```

运行代码，输出结果如下所示。

```
循环方式执行时间: 0.029882 秒
字典推导式执行时间: 0.002998 秒
```

示例 3——使用 enumerate 函数代替手动计数器遍历列表。

场景：在数据预处理和特征工程中，需要遍历列表的场景。

效果对比：使用 enumerate 函数能够更简洁地实现列表的遍历，提高了代码的可读性和可维护性。

原因剖析：enumerate 函数返回一个包含索引和元素的迭代器，避免了手动维护计数器变量，使得代码结构更加简洁清晰，特别适合用于数据处理任务中的循环操作。

```python
my_list = [1, 2, 3, 4, 5]

# T1、使用手动计数器
print("手动计数器:")
index = 0
for item in my_list:
    print(index, item)
    index += 1

# T2、使用 enumerate() 函数
print("使用 enumerate() 函数:")
for index, item in enumerate(my_list):
    print(index, item)
```

小结

这些示例展示了在数据科学和机器学习项目中如何通过简洁优化代码来提升效率和可读性。比如，使用列表推导式和字典推导式可以简化数据结构的创建和初始化过程，而使用 enumerate 函数取代手动计数器可以更优雅地遍历列表。这些优化不仅使代码更紧凑，还有助于减少潜在的错误，并提升代码的维护性和可扩展性。

4. 并行计算优化示例

示例 1——使用多进程进行并行计算代替单线程。

场景：在需要执行大量独立计算任务时，使用 Python 的 multiprocessing 模块可以显著提升性能，特别适用于独立且计算密集的任务场景。

效果对比：多进程计算可以充分利用多核 CPU 的计算能力，显著减少计算时间。

原因剖析：多进程能同时执行多个任务，每个进程在不同的 CPU 核心上运行，避免了单线程的计算瓶颈，因此大幅加速了独立任务的并行执行效率。

```python
from multiprocessing import Pool
import numpy as np
import time

# 定义计算函数
def complex_square(x):
    # 为了对比效果,增加计算复杂度,通过多次平方运算
    result = 0
    for _ in range(100):
        result += x ** 2
    return result

def parallel_computation():
    # 创建一个数组
    array = np.random.rand(1000000)
    chunk_size = len(array) // 4   # 分成 4 块后每块的大小

    # 单线程计算
    start_single = time.time()
    result_single = [complex_square(x) for x in array]
    end_single = time.time()

    # 多进程计算
    start_multi = time.time()
    with Pool(4) as p:   # 创建一个包含 4 个进程的池
        # 将数据分成 4 块,每个进程处理一块
        chunks = [array[i:i + chunk_size] for i in range(0, len(array), chunk_size)]
        result_multi = p.map(complex_square, chunks)
    end_multi = time.time()

    # 将多进程计算的结果合并
    result_multi = np.concatenate(result_multi)

    # 输出优化前后的对比
    print(f"单线程计算时间: {end_single - start_single:.6f} 秒")
    print(f"多进程计算时间: {end_multi - start_multi:.6f} 秒")

if __name__ == "__main__":
    parallel_computation()
```

运行代码,输出结果如下所示。

单线程计算时间: 19.786690 秒
多进程计算时间: 0.661184 秒

示例 2——使用基于 CUDA 加速的 GPU 并行计算。

场景:在深度学习任务中,使用 CUDA 加速 GPU 计算可以显著缩短模型训练和推理的时间。

效果对比：通过 CUDA 加速，GPU 计算可以将计算速度提升数倍，特别是在处理大型数据集时表现显著。

原因剖析：GPU 的并行计算能力远超过 CPU，在深度学习中，大规模矩阵运算的加速效果尤为明显，使得模型训练过程大大加快。

```python
import time
import torch
print(torch.cuda.is_available())

# 检查是否支持 CUDA
if torch.cuda.is_available():
    # 创建一个大的随机张量
    a = torch.rand(10000, 10000)

    # 在 CPU 上进行张量加法
    start_cpu = time.time()
    c_cpu = a + a
    end_cpu = time.time()

    # 在 GPU 上进行张量加法
    a_cuda = a.cuda()
    start_gpu = time.time()
    c_gpu = a_cuda + a_cuda
    end_gpu = time.time()

    # 输出优化前后的对比
    print(f"CPU 计算时间: {end_cpu - start_cpu:.6f} 秒")
    print(f"GPU 计算时间: {end_gpu - start_gpu:.6f} 秒")
else:
    print("当前环境不支持 CUDA。请检查是否安装了支持 CUDA 的 PyTorch,以及是否配置了正确的 CUDA 路径。")
```

运行代码，输出结果如下所示。

```
CPU 计算时间: 0.1203 秒
GPU 计算时间: 0.0020 秒
```

小结

并行计算优化示例展示了两种不同的方法来提升计算效率：第一个示例使用了多进程进行并行计算，适合于多个独立任务的并行处理，能够充分利用多核 CPU 的计算能力，显著缩短任务执行时间；第二个示例则利用 CUDA 加速 GPU 计算，这种方式在深度学习任务中特别有效，尤其在大规模数据集上表现突出。

5. 内存空间优化示例

示例 1——及时释放不再使用的变量

场景：在处理大规模数据时，及时删除不再使用的变量可以有效释放内存资源。

效果对比：删除不再使用的变量并进行垃圾收集后，可以显著减少内存占用，避免内存泄漏和过高的内存使用。

原因剖析：及时释放不再使用的变量操作可以通过 Python 的垃圾收集机制有效管理内存，特别适用于长时间运行的数据处理和机器学习任务。

```python
import numpy as np
import sys
import gc

# 创建一个大的随机数组
large_array = np.random.rand(10000000)
print(f"数组创建后内存占用：{sys.getsizeof(large_array)} 字节")
# 进行一些计算
result = np.mean(large_array)
# 删除大数组
del large_array
# 进行垃圾收集
gc.collect()
# 重新检查内存占用(只是模拟效果,不是真实内存值)
print("大数组删除并进行垃圾收集后,内存已释放。")
```

运行代码，输出结果如下所示。

```
数组创建后内存占用：80000112 字节
大数组删除并进行垃圾收集后,内存已释放。
```

示例2——使用生成器代替普通列表减少内存占用。

场景：在处理大规模数据时，使用生成器可以有效减少内存占用，避免一次性加载大量数据到内存中。

效果对比：生成器表达式相比普通列表生成方式，显著减少了内存占用，特别适用于处理非常大的数据集合。

原因剖析：生成器表达式不会一次性在内存中存储所有数据，而是按需生成每个元素，因此占用的内存远低于普通列表，能够有效防止内存溢出问题，提升数据处理的效率和稳定性。

```python
import sys

# 普通列表生成
large_list = [i for i in range(1000000)]
# 生成器表达式
large_generator = (i for i in range(1000000))
# 输出优化前后的对比
print(f"普通列表内存占用：{sys.getsizeof(large_list)} 字节")
print(f"生成器内存占用：{sys.getsizeof(large_generator)} 字节")
```

运行代码，输出结果如下所示。

```
普通列表内存占用：8448728 字节
生成器内存占用：112 字节
```

示例 3——独热编码时使用稀疏矩阵代替密集矩阵节省内存空间。

场景：在处理包含分类特征的数据时，使用独热编码可以有效节省内存空间，特别适用于大规模数据集。

效果对比：使用稀疏矩阵（sparse=True）进行独热编码比使用密集矩阵（sparse=False）能够显著减少内存占用。

原因剖析：稀疏矩阵存储仅记录非零元素的位置和值，适合处理大量分类特征的数据，而密集矩阵则会占用更多内存，尤其在数据维度高时差异更为明显。

```python
import pandas as pd
from memory_profiler import profile
from sklearn.preprocessing import OneHotEncoder
import sys

# 假设 df 是一个包含分类特征的数据框
df = pd.DataFrame({'category': ['A', 'B', 'C', 'A', 'B', 'C'] * 100})

@profile
def method1():
    # T1、使用独热编码进行特征转换
    encoder = OneHotEncoder(sparse=True)
    transformed_data = encoder.fit_transform(df[['category']])
    return transformed_data


@profile
def method2():
    # T2、使用独热编码进行特征转换
    encoder = OneHotEncoder(sparse=False)  # 设置 sparse=False 以避免稀疏矩阵的使用
    transformed_data = encoder.fit_transform(df[['category']])
    return transformed_data


# 获取内存占用大小
def get_memory_usage(obj):
    return sys.getsizeof(obj)


# 输出优化前后的对比:可通过查看 Increment(相对于上一行的内存使用增量)进行对比
transformed_data1 = method1()
transformed_data2 = method2()
```

运行代码，输出结果如下所示。

```
Line #    Mem usage    Increment   Occurrences   Line Contents
=============================================================
    40    168.6 MiB    168.6 MiB           1     @profile
    41                                           def method1():
    42                                               # T1、使用独热编码进行特征转换
    43    168.6 MiB      0.0 MiB           1         encoder = OneHotEncoder(sparse=True)
```

```
    44    169.0 MiB      0.4 MiB         1       transformed_data = encoder.fit_transform
(df[['category']])
    45    169.0 MiB      0.0 MiB         1       return transformed_data

Line #    Mem usage      Increment  Occurrences  Line Contents
=============================================================
    47    169.0 MiB    169.0 MiB         1   @profile
    48                                        def method2():
    49                                            # T2、使用独热编码进行特征转换
    50    169.0 MiB      0.0 MiB         1       encoder = OneHotEncoder(sparse=False)
                                                # 设置sparse=False以避免稀疏矩阵的使用
    51    169.1 MiB      0.1 MiB         1       transformed_data = encoder.fit_transform
(df[['category']])
    52    169.1 MiB      0.0 MiB         1       return transformed_data
```

小结

在数据科学和机器学习项目中，通过使用生成器减少内存占用、采用独热编码的稀疏矩阵，以及及时释放不再使用的变量等方法，可以显著降低内存消耗，提高程序效率和运行速度，特别适用于处理大规模和高维度数据，有效避免了内存泄漏和不必要的内存占用。

示例 3——独热编码时使用稀疏矩阵代替密集矩阵节省内存空间。

场景：在处理包含分类特征的数据时，使用独热编码可以有效节省内存空间，特别适用于大规模数据集。

效果对比：使用稀疏矩阵（sparse = True）进行独热编码比使用密集矩阵（sparse = False）能够显著减少内存占用。

原因剖析：稀疏矩阵存储仅记录非零元素的位置和值，适合处理大量分类特征的数据，而密集矩阵则会占用更多内存，尤其在数据维度高时差异更为明显。

```python
import pandas as pd
from memory_profiler import profile
from sklearn.preprocessing import OneHotEncoder
import sys

# 假设 df 是一个包含分类特征的数据框
df = pd.DataFrame({'category': ['A', 'B', 'C', 'A', 'B', 'C'] * 100})

@profile
def method1():
    # T1、使用独热编码进行特征转换
    encoder = OneHotEncoder(sparse=True)
    transformed_data = encoder.fit_transform(df[['category']])
    return transformed_data


@profile
def method2():
    # T2、使用独热编码进行特征转换
    encoder = OneHotEncoder(sparse=False)   # 设置 sparse=False 以避免稀疏矩阵的使用
    transformed_data = encoder.fit_transform(df[['category']])
    return transformed_data


# 获取内存占用大小
def get_memory_usage(obj):
    return sys.getsizeof(obj)

# 输出优化前后的对比:可通过查看 Increment(相对于上一行的内存使用增量)进行对比
transformed_data1 = method1()
transformed_data2 = method2()
```

运行代码，输出结果如下所示。

```
Line #    Mem usage    Increment   Occurrences   Line Contents
=============================================================
    40    168.6 MiB    168.6 MiB           1     @profile
    41                                           def method1():
    42                                               # T1、使用独热编码进行特征转换
    43    168.6 MiB      0.0 MiB           1         encoder = OneHotEncoder(sparse=True)
```

```
    44    169.0 MiB      0.4 MiB         1      transformed_data = encoder.fit_transform
(df[['category']])
    45    169.0 MiB      0.0 MiB         1      return transformed_data

Line #    Mem usage      Increment  Occurrences  Line Contents
=============================================================
    47    169.0 MiB    169.0 MiB         1      @profile
    48                                          def method2():
    49                                          # T2、使用独热编码进行特征转换
    50    169.0 MiB      0.0 MiB         1      encoder = OneHotEncoder(sparse=False)
                                                # 设置 sparse=False 以避免稀疏矩阵的使用
    51    169.1 MiB      0.1 MiB         1      transformed_data = encoder.fit_transform
(df[['category']])
    52    169.1 MiB      0.0 MiB         1      return transformed_data
```

小结

在数据科学和机器学习项目中，通过使用生成器减少内存占用、采用独热编码的稀疏矩阵，以及及时释放不再使用的变量等方法，可以显著降低内存消耗，提高程序效率和运行速度，特别适用于处理大规模和高维度数据，有效避免了内存泄漏和不必要的内存占用。